物流法規實務

主　編◎姚會平
副主編◎向　欣、李小容、劉　華

前　言

　　現代物流作為推動經濟發展的新的利潤源和競爭資源，其所蘊涵的巨大潛力得到政府、企業和學術界越來越多的重視。國內外許多企業把物流視為「企業的第三利潤源泉」。這讓物流業成為經濟領域中發展最快、最活躍的一個行業。由於物流管理人才緊缺，個別職員責任意識薄弱，法律知識欠缺，讓「有毒快遞」案、暴力運輸案、物流公司失蹤案等頻繁出現，物流行業服務質量和整體信譽備受爭議。加強物流服務管理，提高物流服務質量，促進物流行業健康發展，離不開高素質物流管理人才的培養。

　　物流法規課程是培養物流管理人才的專業核心基礎課程。為了適應高職高專物流管理類專業應用型人才的培養和實踐工作的需要，我們曾組織編寫了《物流法理論與實務》教材，並獲得了教材使用教師和學生的廣泛好評。在物流互聯網新經濟時代到來之際，國家進一步深化經濟改革，新法律法規不斷出台，我們再次與高職學院、大學、律師事務所、公司和法院等單位合作，共同開發第二代教材即《物流法規實務》。本教材基本觀點為：物流法規是調整物流交易關係和物流管理關係的法律規範的總稱，它是民商法、經濟法在物流領域中法律知識的整合。相對於其他教材，《物流法規實務》具有以下鮮明特點：

　　（1）內容新穎，突出務實。教材將最新頒布實施的有關物流業的法律法規納入編寫體系。理論夠用，重在實踐，且體現電商時代對物流業的新需求、新變化，力求專業法律的新穎性和務實性。

　　（2）通俗簡明，趣味性強。教材的內容闡述簡潔清晰，通過重點知識部分連結——微案例討論、微法律連結、微司法案例等，讓教材專業知識在簡潔的闡述中更通俗易懂和生動有趣。

　　（3）注重操作，增強互動。教材章節均配有課堂討論案例，增加課堂學生互動性。同時，每章附有課後實訓作業，強化課後訓練，能提高學生的思辯能力。

　　（4）編排合理，知識模塊化。教材的章節及內容是按照現代物流市場的重點環節和要素進行體系編排的，體現了知識體系的完整性。以物流節點編寫章節內容，讓知識模塊化。

　　本書由姚會平（經濟法副教授、執業律師、勞動人事爭議仲裁員）任主編，向欣、李小容、劉華任副主編。教材編寫的體系和內容經全體編寫人員多次討論確定，各章節分工撰寫，最后由主編負責統稿和審定。本教材編寫具體分工如下（以撰寫章節先后為序）：

前言

第一章　物流法規概論：姚會平（四川商務職業學院）

第二章　企業法實務：劉華（石家莊鐵路職業技術學院）

第三章　合同法實務：姚會平（四川商務職業學院）

第四章　物流採購法實務：劉華（石家莊鐵路職業技術學院）

第五章　物流運輸法實務：向欣（四川交通職業學院）

第六章　物流倉儲法實務：李小容（四川化工職業技術學院）

第七章　物流配送法實務：朱利平（四川省食品發酵工業研究設計院）

第八章　物流加工、包裝與裝卸法實務：李小容（四川化工職業技術學院）

第九章　物流保險法實務：姚會平（四川商務職業學院）

第十章　物流代理法實務：王勁夫（四川蓉城律師事務所）

第十一章　物流市場秩序法實務：李璟（四川商務職業學院）

第十二章　涉外物流管制法實務：孫順強（西南大學）

第十三章　物流交易爭議程序法實務：汪仁可（成都市溫江區人民法院）

本書適用於高等職業教育和高等專科教育的物流管理、連鎖經營等專業。同時，本書也可以作為物流、連鎖經營工作者的指導用書。

本教材是在物流管理專業教學、物流企業法律服務等實踐經驗的基礎上編寫的，同時也借鑑了《物流法理論與實務》的成功經驗。涉外物流法規實務、微案例以及電商時代法律案例等，構成本書的最大亮點。本教材的出版離不開四川蓉城律師事務所、西南財經大學出版社等單位的大力支持，對此我們深表謝意。但因時間倉促，書中難免有不足之處

編者

目錄

第一章　物流法規實務概論 …………………………………（1）
第一節　物流法規概述 …………………………………（1）
第二節　物流法律關係 …………………………………（5）
第三節　物流法律責任 …………………………………（8）
實訓作業 ……………………………………………（11）

第二章　企業法實務 ……………………………………（12）
第一節　企業法概述 …………………………………（12）
第二節　個人獨資企業法 ……………………………（16）
第三節　合夥企業法 …………………………………（20）
第四節　公司法 ………………………………………（30）
實訓作業 ……………………………………………（54）

第三章　合同法實務 ……………………………………（55）
第一節　合同法概述 …………………………………（55）
第二節　合同的訂立 …………………………………（58）
第三節　合同的效力 …………………………………（63）
第四節　合同的履行 …………………………………（68）
第五節　合同的擔保 …………………………………（73）
第六節　合同的變更、轉讓和終止 ……………………（78）
第七節　違約責任及其免除 …………………………（82）
實訓作業 ……………………………………………（86）

第四章　物流採購法實務 ………………………………（88）
第一節　物流採購法概述 ……………………………（88）
第二節　買賣合同當事人的義務 ……………………（98）
第三節　貨物風險轉移 ………………………………（105）
實訓作業 ……………………………………………（108）

第五章　物流運輸法實務 ………………………………（109）
第一節　貨物運輸法概述 ……………………………（109）
第二節　公路貨物運輸法 ……………………………（113）
第三節　鐵路貨物運輸法 ……………………………（119）
第四節　海上貨物運輸法 ……………………………（123）

1

目 錄

    第五節 航空貨物運輸法 …………………………（132）
    第六節 貨物多式聯運法規 ………………………（136）
    實訓作業 …………………………………………（143）

第六章 物流倉儲法實務 ………………………………（145）
    第一節 物流倉儲法概述 …………………………（145）
    第二節 倉單 ………………………………………（150）
    第三節 涉外倉儲業務 ……………………………（153）
    實訓作業 …………………………………………（159）

第七章 物流配送法實務 ………………………………（160）
    第一節 物流配送法概述 …………………………（160）
    第二節 物流配送合同 ……………………………（164）
    第三節 物流配送當事人的義務 …………………（167）
    實訓作業 …………………………………………（172）

第八章 物流包裝、裝卸與加工法實務 ………………（173）
    第一節 貨物包裝法規 ……………………………（173）
    第二節 貨物裝卸搬運法規 ………………………（179）
    第三節 物流加工法規 ……………………………（186）
    實訓作業 …………………………………………（188）

第九章 物流保險法實務 ………………………………（189）
    第一節 保險與保險法概述 ………………………（189）
    第二節 財產保險 …………………………………（195）
    第三節 海洋運輸貨物保險 ………………………（201）
    實訓作業 …………………………………………（209）

第十章 物流代理法實務 ………………………………（210）
    第一節 代理法概述 ………………………………（210）
    第二節 國際貨物運輸代理 ………………………（216）
    實訓作業 …………………………………………（220）

第十一章 物流市場秩序法實務 ………………………（222）
    第一節 反不正當競爭法概述 ……………………（222）
    第二節 產品質量法 ………………………………（228）

目　錄

　　第三節　消費者權益保護法 …………………………………（233）
　　實訓作業 ……………………………………………………（240）
第十二章　涉外物流管制法實務 ……………………………（242）
　　第一節　對外貿易法 …………………………………………（242）
　　第二節　進出口通關 …………………………………………（246）
　　第三節　進出口檢驗檢疫 ……………………………………（251）
　　實訓作業 ……………………………………………………（259）
第十三章　物流交易爭議程序法實務 ………………………（261）
　　第一節　經濟仲裁法 …………………………………………（261）
　　第二節　民事訴訟法 …………………………………………（271）
　　實訓作業 ……………………………………………………（280）
參考文獻 …………………………………………………………（281）

第一章
物流法規實務概論

發展現代物流、構建現代供應鏈，正成為眾多企業的戰略選擇。在我國經濟領域中，物流業已經成為發展最快、最活躍、最具有競爭性的熱點行業，也是國家支持發展的重點產業。但頻繁發生的物流服務爭議不但損害當事人利益，也危害物流行業的健康發展。現代物流業的可持續發展，必然以完善的物流法律制度為基礎。在實踐中，物流法規律制度的調整對象既涉及平等主體之間的物流交易關係，也涉及非平等主體之間的物流管理關係。基於物流法律制度的調整對象特點，本章探討物流法規的基本內容，主要涉及物流法的概念、物流法律關係和物流法律責任。

【導入案例】在三個月以前，某品牌手機省級總代理李經理根據濟南客戶的要求，把一批價值60,000元的某知名品牌手機交付某物流公司從廣州發運至濟南。托運後一月有餘，濟南的客戶仍沒收到該批貨物。在詢問承運的物流公司之後，李經理才知悉該貨物在運輸過程中被弄丟了。李經理要求物流公司全額賠償。物流公司聲稱：托運手續顯示為無價保運輸，按照貨運單中「貨物如不保價，發生損壞、丟失，按平均單位件貨貨物運費的4倍賠付」規定，答應賠償李經理經濟損失800元。物流公司還聲稱，該規則已經成為物流業內的共用規則。相對於該批貨物價值，800元顯得太少，李經理難以接受。雙方僵持不下，事情一直拖到今天。

對此，請談談你的看法。

第一節　物流法規概述

一、物流概念

物流與企業的生產經營和人們的生活相生相隨，並不斷豐富和發展。物流主要是指物質實體在空間和時間上的流動或位移，具體表現為貨物的運輸、裝卸和儲存等經濟活動。當人類社會進入20世紀90年代以後，物流管理活動引入了高科技手段，通過計算機進行物流信息管理、實現服務網路化、管理現代化、生產規模化、技術專業化，加快了物流速度，提高了準確率，減少了庫存，降低了損耗，節約了成本，成為企業利潤的重要來源。

關於物流的定義，目前國內外有多種不同的表述。根據《中華人民共和國國家標

準物流術語》（GB/T 18354—2006）的解釋，物流是指物品從供應地向接收地的實體流通過程。根據實際需要，將運輸、儲存、裝卸、搬運、包裝、流通加工、配送、信息處理等基本功能實施有機結合。本書基於國家標準的現代物流內涵，對物流各個環節所涉及的事務從法律角度進行分析和初探。

二、物流法規概念

（一）物流法規的定義

物流生產是社會經濟活動，必然在各方活動主體之間形成法律上的權利義務關係。實踐證明，物流事業的健康發展離不開物流法規的規範和引導。為了保障國家物流產業的健康發展，保護正常的物流秩序，維護當事人的合法權益，需要一套完善的物流法規律制度。目前，雖然沒有權威的物流法規概念，但是各國都建立了一套與物流活動相關的法律制度。一般情況下，把與物流活動相關的法律制度都理解為物流法規的範疇。

物流法規，是指國家制定的調整與物流活動相關的社會關係的法律規範的總稱。物流法規的調整對象是與物流活動相關的所有社會關係，這也是物流法規區別於其他法律制度的標誌。在實踐生活中，按社會關係主體地位的不同，「與物流活動相關的社會關係」可以分為平等主體之間的物流交易關係和非平等主體之間的物流管理關係，並都直接涉及經濟活動或為經濟活動提供服務。換言之，物流法規的調整對象中，有屬於民商法範疇的社會關係即平等主體之間的物流交易關係，也有屬於經濟法範疇的社會關係即非平等主體的物流管理關係。因此，物流法規不是一個獨立的法律部門，它是民法和經濟法中關於物流活動的法律制度的組合。

【社會觀察】物流業的發展與困惑

進入21世紀後，物流業已經成為我國經濟領域中發展最快、最活躍、最具有競爭性的熱點行業。在物流行業快速發展的同時，物流企業「小、散、亂」、低價競爭和超載等問題相當突出。「一間貨運房、一部電話、一張桌子、兩三臺車子」是眾多物流公司的全部家當。為了生存和發展，不少物流企業以低價競爭作為其主要手段。由於運輸成本高、運費低，讓許多物流公司被迫選擇以「超載換取利潤」，「價低—超載—價更低—超載更多」惡性循環，造成物流運輸安全問題。物流企業不正當競爭以及管理不善等原因，頻現暴力裝卸、貨物毀損等情形，造成物流誠信危機。物流行業不規範行為，不但損害了物流相對人的權益，也破壞了物流市場秩序，制約了物流業的可持續發展。

（二）物流法規的表現形式

在我國尚無一部統一的物流法典，物流法規是由一系列與物流各環節相關的法律制度所共同組成。除了物流運輸、物流倉儲、物流搬運裝卸等傳統物流主要領域外，現代物流業還增加許多新的經濟領域，如有：物流加工與包裝、物流配送、物流信息管理等增值服務領域。因現代物流在不斷地延伸和擴大，作為調整物流經濟活動的物流法規也不斷豐富而複雜。

（1）按照現代物流的各個環節以及法律的作用不同，物流法規可分為物流企業法

律制度、合同法律制度、商品採購法律制度、物流運輸法律制度、物流倉儲法律制度、物流配送法律制度、物流加工、包裝和裝卸法律制度、物流保險法律制度、物流市場秩序法律制度、涉外物流管制法律制度、與物流相關的知識產權保護制度、物流爭議法律制度等。

(2) 按照社會關係中主體的性質不同，物流法規可分為調整平等關係主體之間的物流法規律制度和非平等關係主體之間的物流法規律制度。前者主要有涉及物流採購、加工、包裝、配送、運輸、物流保險等活動中平等主體關係的法律制度；後者主要涉及物流企業的市場准入、物流市場秩序法、涉外物流管制法、與物流相關的知識產權法、物流訴訟與仲裁等國家對物流活動管理所形成的法律制度。

三、物流法規的特徵

(1) 技術性。物流活動中無論運輸、倉儲，還是倉儲、裝卸，都與技術規範密切相關，可以說沒有技術規範就沒有現代物流。例如，運輸途中的貨物的配載和積載、保管和照料；貨物或者產品的包裝材料、包裝方法；搬運裝卸中的裝卸、堆垛和拆垛作業、堆裝或者拆裝作業；倉儲活動中的倉庫設置、貨物保管、分揀等，都與技術規範緊密聯繫。例如，GB／T 1992—1985 集裝箱名詞術語，GB／T 4122·1—1996 包裝術語基礎，GB／T 17271—1998 集裝箱運輸術語，GB／T 18354—2006 物流術語等。作為物流法規律制度，以規範物流活動為內容，必然涉及與物流活動相關的專業術語、技術標準、設備標準及操作規程等。物流法規的立法、實施離不開技術標準和操作規範，物流法規帶有明顯的技術性特點。

(2) 廣泛性。現代物流涉及運輸、儲存、裝卸、搬運、包裝、流通加工、配送、信息處理等諸多物流環節，除了國內物流外還有國際物流，物流領域涉及面極其廣泛。換言之，為了保障物流業的健康發展和維護社會公共利益，在物流領域的各個環節和各個領域中，國家不但要規範平等物流主體之間的物流交易關係，而且還要規範非平等主體即國家與物流主體之間的物流管理關係。物流法規調整領域的廣泛性使物流法規具有廣泛性的特點。

(3) 綜合性。物流活動的廣泛性也決定了物流法規的綜合性。在物流領域的各個環節中，物流法規承擔著規範平等物流主體之間的物流交易關係和非平等主體即國家與物流主體之間的物流管理關係，這使物流法規同時擁有民商法和經濟法的內容。物流法規不但內容具有綜合性，而且其調整手段也具有綜合性。特別在規範物流管理關係時，物流法規同經濟法一樣要運用民事手段、行政手段、刑事手段或者綜合運用這些法律手段。因此，無論從法律內容看還是從法律調整手段看，物流法規都具有綜合性特點。

(4) 國際性。國際物流的出現和發展，使現代物流超越了國界，這成為現代物流的重要特點。國際物流促進了全球經濟的一體化，如在物流領域內出現了全世界通用的國際標準，包括托盤、貨架、裝卸機具、車輛、集裝箱的尺度規格、條形碼、自動掃描等技術標準。這使物流在國際範圍內進展得更快速、更安全、更高效和更便利。與國際物流相適應，物流法規也有國際化的發展趨勢。

【社會觀察】2015 年 8 月 12 日，瑞海國際物流有限公司位於天津港東疆保稅港區

的危險化學品倉庫發生特大連環爆炸事件。該起爆炸事故，造成112人死亡，95人失蹤；同時還造成特大財產損失，僅現場存放轎車損毀的直接經濟損失就超過二十多億元。天津「8‧12」爆炸事故案成為中國保險業有史以來單次事故損失最大的賠償案。國家最高人民檢察院依法嚴查該起事故所涉濫用職權、玩忽職守、徇私枉法等職務犯罪，對構成犯罪的涉案人員將依法追究刑事責任。天津「8‧12」爆炸事故案成為物流倉儲案例作業與法制教育的警示案例。

四、與物流法規相關的民法和經濟法

物流法規的調整對象可以分為平等主體之間的物流交易關係和非平等主體之間的物流管理關係。換言之，物流法規的調整對象中有屬於民法的範疇，也有屬於經濟法的範疇。基於物流法規是民法和經濟法中關於物流活動的法律規定的組合，因此學習物流法規時有必要瞭解民法、經濟法等相關法律部門。

（一）民法

民法，是指調整平等主體的自然人之間、法人之間、其他組織之間以及他們相互之間民事關係的法律制度的總稱。在現實生活中，民法與人們的生產生活關係最為密切。當然，民法規範平等主體之間關係，而這種關係也包括了平等主體之間的物流交易關係。在此領域，民法發揮著不可替代的重要作用。

民法的調整對象，就內容而言包括平等主體之間的財產關係和人身關係兩大類型。其中，財產關係是指人們在佔有、支配、交換和分配物質財富過程中形成的具有經濟內容的社會關係；人身關係是指與特定人身不可分離且不具有直接經濟內容的社會關係。物流交易活動如物流商品採購活動、物流運輸活動、物流倉儲活動、物流加工、包裝活動、物流配送活動、物流保險活動等，都屬於民事活動。無論何種民事活動都應當遵守民法的基本原則：平等原則，自願原則，公平、等價有償、誠實信用原則，遵守社會公德、維護社會公共利益原則和保護合法民事權益原則等。

（二）經濟法

經濟法，是指國家基於社會公共利益所制定的規範國民經濟管理秩序和市場運行秩序的法律制度的總稱。國家干預性是經濟法本質特徵，社會公共利益是經濟法的出發點和歸宿。物流經濟活動需要國家宏觀管理和運行市場秩序規範，由此形成的物流管理關係成為經濟法調整內容。

經濟法的調整對象具有非平等性，即其中一方是國家經濟管理機關，另一方是市場經濟活動中的主體。由於調整對象的綜合性和複雜性，經濟法是由一系列法律法規所表現的一個法律部門：在調整國民經濟管理關係方面的經濟法表現有計劃法、稅收法、固定資產投資法、經濟監督法等；在調整市場運行關係的經濟法表現有反壟斷法、反不正當競爭法、產品質量法、環境保護法、知識產權法等。同時，經濟法的調控範圍不僅涉及不同主體之間的外在關係，而且還涉及主體內部的法務關係。例如，公司法不但有國家對公司外部行為的法律干預，而且還有不少對公司內部行為的法律規範。

【法律連結】《中華人民共和國道路運輸條例》（2004年7月1日實施）

第二十七條：國家鼓勵貨運經營者實行封閉式運輸，保證環境衛生和貨物運輸安全。貨運經營者應當採取必要措施，防止貨物脫落、揚撒等。運輸危險貨物應當採取

必要措施，防止危險貨物燃燒、爆炸、輻射、泄漏等。

第二十八條：運輸危險貨物應當配備必要的押運人員，保證危險貨物處於押運人員的監管之下，並懸掛明顯的危險貨物運輸標誌。托運危險貨物的，應當向貨運經營者說明危險貨物的品名、性質、應急處置方法等情況，並嚴格按照國家有關規定包裝，設置明顯標誌。

值得注意的是，物流法規調整對象中的物流交易關係和物流管理關係，隨著客觀情況的變化以及對市場與計劃配置模式的不同選擇，兩者之間保持著互相滲透的趨向，沒有絕對界限。因此，即使在一部單行的物流法規律規範中，也會體現出規範物流關係的民法和經濟法的內容。

第二節　物流法律關係

一、物流法律關係

法律關係是指經過法律規範調整形成的法律主體之間具有權利和義務性質的社會關係。物流法律關係，是指物流法規主體在進行物流交易和物流管理活動過程中形成的、由物流法規加以確認的經濟權利和經濟義務的關係。在現代物流活動過程中，隨時發生著各種各樣的具有經濟內容的物流關係。當這些關係為物流法規所調整時，這些具體的經濟關係就會上升為法律上的權利義務關係即物流法律關係，並為法律所保護。

物流關係與物流法律關係是兩個不同的概念。物流關係屬於經濟關係，是物流法規的調整對象，具體包括物流交易關係和物流管理關係。它是社會經濟基礎的範疇，是物流法律關係產生的前提。物流法律關係是物流法規調整物流活動中經濟關係的結果。物流法律關係作為法律關係，是社會意志關係，屬於社會上層建築的範疇。沒有物流法規，也就沒有物流法律關係；沒有具體的物流關係，物流法規也就失去了賴以產生和存在的物質基礎。

二、物流法律關係的構成要素

【案例討論】6月10日，上海某商品採購中心在杭州某裝飾材料生產企業採購了5噸建築塗料，並將其交給通達物流公司承運至南京的某倉儲配送中心。暴雨導致交通阻斷，物流運輸公司存在4天的遲延送達行為。在商品入庫時，採購中心依據採購協議進行驗貨，發現貨物沒有達到合同規定的質量標準，提出退貨和賠償等要求。同時，由於該批貨物違反國家規定的強制環保標準，被當地執法部門依法查封。請問：

(1) 在本案中，哪些是物流交易法律關係？哪些是物流管理法律關係？
(2) 結合本案中貨物運輸法律關係，指出其主體、內容和客體三要素。

任何法律關係都由主體、客體、內容三要素構成，三要素相互聯繫，都不可缺少。

無論是平等主體之間的物流法律關係還是非平等主體之間的物流管理法律關係，也同樣由主體、客體和內容三要素構成。

（一）物流法律關係的主體

物流法律關係的主體即物流法規主體，是指參與物流過程中的法律關係並依法享有權利和承擔義務的當事人。由於物流關係包括了物流交易關係和物流管理關係，物流法律關係的主體也多元化，並表現出不同的法律特徵。物流法律關係主體可分為兩類，物流管理主體和物流活動主體。

1. 國家物流管理機關

國家物流管理機關，是行使國家物流管理職能的各種機關的通稱，是物流管理主體。作為國家物流管理機關，主要有國家行政機關和國家司法機關。其中，國家行政機關中的經濟管理部門承擔物流管理的主要工作，它們有：工商行政管理部門、商務部門、稅收部門、金融部門、交通管理部門、物價管理部門、產品質量管理部門、商品檢驗檢疫部門、海關等。在物流法律關係中，國家物流管理機關依法行使對物流活動的經濟管理職能，成為物流管理關係中具有管理職權的主體，與之相對的是處於從屬地位的被管理主體。

2. 物流企業和其他社會組織

物流企業是物流法律關係主體中最重要、最普遍的一種類型。物流企業是依法成立的以營利為目的的社會經濟組織。物流企業特別是具有法人資格的物流公司，承擔絕大部分的物流活動。在物流生產的各個環節，都有物流企業的身影。例如，有從事運輸業務的物流企業、從事倉儲和配送業務的物流企業、從事貨代服務的物流企業、提供財務或者信息管理的物流企業等。由於物流活動的某些特殊性，法律對一些物流行業的市場准入規定了限制條件。其他社會組織是指事業單位、社會團體等，在某些情況下它們也會成為物流法律關係的主體。

3. 物流企業內部組織

物流企業內部組織是指物流法人企業和非法人企業的內部單位。例如，物流企業法不但規範物流企業的外部交易行為，也要規範物流企業內部機構的組建與職責。因此，物流企業內部組織是物流法律關係主體的組成部分。當然，並非所有的企業內部組織都可以成為法律關係的主體，在依法組建且具有相對獨立的業務職能時，才能成為法律關係的主體。

4. 個體工商戶、承包經營戶和自然人

個體工商戶、承包經營戶和自然人屬於民事法律關係主體。根據法律的規定，他們在參加物流活動過程中，可以是物流服務的提供者，也可以是物流服務的接受者。因此，他們也是物流法律關係主體之一。

（二）物流法律關係的內容

物流法律關係的內容，是指物流法律關係主體所享有的經濟權利和承擔的經濟義務。它是物流主體之間的紐帶和橋樑。物流法律關係內容分為兩種：經濟權利和經濟義務。

經濟權利是物流法律關係主體所享有並被物流法規所確認的一種許可或者資格。依據法律規定或者合同的約定，權利主體自己可以為一定行為或者不為一定行為以及要求義務主體為或者不為一定行為，以實現其經濟利益。經濟權益主要包括所有權、

經濟職權、經營管理權、法人財產權、知識產權等。

經濟義務是依據物流法律的規定或者物流合同的約定，義務主體為實現權利主體的要求所應承擔的一種責任。經濟義務有兩種類型，一是作為義務，二是不作為義務。在物流法律關係中，各國法律為物流關係主體設定了多方面的義務：遵守貨物運輸強制性義務；保障物流作業安全生產的義務；嚴格履行合同的義務；依法納稅的義務；保證產品質量的義務；不侵犯消費者權益的義務；禁止不正當競爭行為的義務；尊重知識產權的義務；不得侵犯商業秘密的義務等。

【案例連結】貨運代理人的義務
某國際貨運代理公司是海運提單中的通知人，當提單中指明的船舶抵達目的港錨地後，作為通知人其及時將該輪的動態通知了收貨人。收貨人申請火車車皮遇到困難，致使該輪無法及時靠泊卸貨，產生了大量的滯期費。船東將收貨人和國際貨運代理公司訴至法院，要求他們承擔賠償責任。法院審理查明，國際貨代公司不是提單當事人，而作為通知人已履行了自己的職責，而且沒有過失。法院判決，國際貨代公司不承擔賠償責任。收貨人應當承擔相關的賠償責任。

(三) 物流法律關係的客體

物流法律關係的客體，是指物流法律關係主體的權利和義務所共同指向的具體對象。客體是確定權利義務關係性質的依據，如果沒有客體，經濟權利義務就失去了所依附的目標，就無法引起法律關係主體雙方經濟權利和義務關係的發生。目前，物流法律關係客體可以分為以下三類：

(1) 物。物即物質財富，是指可以為人控制和支配、具有價值和使用價值的物質。物包括自然存在物和人類勞動生產的產品，以及貨幣和有價證券等。物是各類法律關係中最常見的客體。

(2) 經濟行為。經濟行為，是指物流法律關係主體為達到一定的經濟目的，實現其權利和義務所進行的經濟活動。其主要包括：經濟管理行為、提供勞務行為和完成工作行為等。例如，物流業中的運輸行為、倉儲行為、搬運裝卸行為、包裝加工行為、信息管理行為等。物流行業的特點決定了經濟行為是物流法律關係最常見的客體。

(3) 智力成果。智力成果，是指人們從事智力勞動所創造的成果，又稱知識產品。它是文學藝術和科學作品、發明、實用新型、外觀設計、商標以及創造性勞動成果的統稱。智力成果本身不直接表現為物質財富，但可以轉化為物質財富。在物流領域內，智力成果在提升物流品牌、降低成本、提高效益等方面發揮巨大的經濟價值。

三、物流法律關係的確立

物流法律關係的確立是基於一定的法律事實而形成的。物流法規律事實是指能夠引起物流法律關係設立、變更和消滅的客觀情況。物流法規律事實屬於法律事實的一種，依照其發生與當事人意志有無關係，分為行為和事件。

1. 行為

行為，是指根據當事人的意志而作出的能夠引起物流法律關係產生、變更和消滅的活動。該行為可分為合法行為和違法行為兩種。其中，合法行為是指符合法律規範

的行為，包括經濟管理行為、經濟法律行為和經濟司法行為。合法行為要求主體資格合格；意思表示真實；內容、形式合法等。違法行為是指違反法律規定的行為或者是法律所禁止的行為，違法行為是行為人承擔法律責任的事實依據。

2. 事件

事件，是指客觀上發生和存在的，與當事人的主觀意志和自主行為無關的，能夠引起物流法律關係產生、變更和消滅的客觀事實。該事件包括自然現象和社會現象引起的事實。其中，自然現象是指自然災害，例如地震、洪水、暴風等。社會現象雖然由人的行為所引起，但其出現在特定的物流法律關係中並不以當事人的意志為轉移，如因戰爭、罷工等導致當事人違約等。

【案例連結】提單與訴權

1995年，五礦國際有色金屬貿易公司（簡稱五礦公司）與日本豐田通商株式會社（簡稱豐田通商）簽訂一份1,500噸的低磷硅錳合金進出口合同。合同貨物由海南通連公司作為承運人承運，但在目的港名古屋發生了錯誤裝卸。1996年，豐田通商以貨物不符合合同要求為由，向五礦公司提出賠償請求；五礦公司向豐田通商作了通融賠付，但對於豐田通商對提單貨物的處理及時沒有提出異議。在賠付後，作為貿易合同賣方，提單托運人的五礦公司根據運輸合同起訴，要求貨物承運人承擔賠償責任。

此案經一審、二審後，當事人向最高人民法院申請再審。最高人民法院審理認為，該批貨物提單經過背書轉讓給豐田通商，豐田通商在目的港提貨後對貨物進行了處理，視為運輸合同在目的港即完成了交、提貨程序。因此，提單所證明的運輸合同項下托運人的權利義務，轉移給提單持有人豐田通商，包括對貨物所有權和訴訟權利。對於承運人錯卸貨物造成的損害賠償請求權，應由豐田通商來行使。當然，豐田通商享有依據買賣合同向貨物賣方和依據貨物運輸合同向提單承運人主張貨物損害賠償請求權的選擇權。在五礦公司通融賠付時，豐田通商未將提單所證明的運輸合同項下對承運人的索賠權轉讓給五礦公司。

最高人民法院作出終審判決：五礦公司無權對提單承運人進行追償；訴訟費用由五礦公司承擔。

第三節 物流法律責任

一、物流法律責任

物流法律責任，是指由物流法律所規定的當物流法規主體違反經濟義務時必須承擔的不利法律后果。它是國家用以保護物流法律關係的重要措施，是國家對物流活動中違法行為實行法律制裁的根據，也是物流法規得以遵守和執行的重要保障。

物流法規所調整的物流關係由平等主體之間物流交易關係和非平等主體之間的物流管理關係兩部分所組成，所以物流法律責任也由兩類法律責任所組成。換言之，平等主體之間物流交易關係由民法所調整，由此產生的法律責任屬於民事責任；非平等主體之間的物流管理關係由經濟法所調整，由此產生的法律責任屬於經濟法律責任。

由此可見，物流法律責任也表現出自身的特殊性。

【案例連結】有毒奪命快遞案

2013年11月29日，山東廣饒縣劉某收到圓通網路服務公司快遞物品。該快遞物品是劉某網購給女兒的禮物，但其快遞包裝上的異味讓收件人劉某當晚10點就永遠閉上了雙眼。在此前後，還有兩位網購者和圓通網路服務公司7名員工因此異味染病入院。這就是震驚全國的「有毒奪命快遞」案。事後查明：該快遞物品及異味是另一寄件人即湖北某化工有限公司的有毒快遞液體「氟乙酸甲酯」泄漏污染所致。

除承擔受害人的民事賠償責任外，圓通網路服務公司被責令停業整改。武漢快遞收件公司因收寄驗視不規範而被依法吊銷快遞業務經營許可證。有毒化學品的寄件責任人楊某被依法追究刑事責任。

二、物流法律責任的歸責原則

歸責原則，是確定法律關係主體在違反法律義務或者合同義務時所應承擔責任的一般準則。它直接關係到當事人應不應承擔法律責任。在司法實踐中，追究物流法律責任會涉及兩個重要的歸責原則，即過錯責任原則和嚴格責任原則。不同的歸責原則，追究違法主體法律責任構成條件也就不同。

1. 過錯責任原則

過錯責任原則，是指追究主體的違法責任須以當事人在主觀上存在過錯為前提條件，即當事人主觀上有過錯才會承擔法律責任，主觀上沒有過錯則不承擔法律責任的原則。在過錯責任原則上追究當事人的法律責任，不但要求違法主體存在違法行為、有損害或者危害事實，違法行為與損害或者危害事實之間有因果關係，而且還要求違法主體在實施違法行為時主觀上存在過錯。主觀上的過錯，是指行為人在實施違法行為或者違反義務時，主觀上所持的故意或者過失。其中，故意表明行為人能夠預見到自己的行為會產生一定的危害社會的后果，但仍實施該行為並希望或者放任危害結果的發生；過失表明行為人應當預見自己的行為會發生危害結果，但由於疏忽大意而沒有預見或者雖然預見卻輕信可以避免而致使危害結果發生。過錯責任原則是民法普遍適用的原則。《中華人民共和國民法通則》（以下簡稱《民法通則》）規定：「公民、法人由於過錯侵害國家的、集體的財產，侵害他人財產、人身的應當承擔民事責任。」經濟法在追究違法責任時也廣泛適用過錯責任原則。

2. 嚴格責任原則

嚴格責任原則又稱無過錯責任原則，是指依據法律規定，無論在主觀上有無過錯，違法主體都要對其行為所導致的損失或者危害承擔法律責任的原則。它是在社會生產發展、科技進步和高度危險行業增多的情況下，逐步確立起來的一項新的歸責原則。嚴格責任原則能積極保護受害人的合法權益，增強義務人的法律責任意識，所以它不但被民法所採用，而且更多地為經濟法所採用。例如，環境保護法、產品質量法、道路交通法等都規定了嚴格責任原則。它可以使因實行過錯責任原則下得不到補償的受害人能夠獲得補償，從而使法律責任的承擔更加公平、合理。一般認為，嚴格責任原則是承擔法律責任的一項特殊原則，即只有在法律明確規定的情況才予以適用。《中華人民共和國合同法》（以下簡稱《合同法》）第一百零七條規定：「當事人一方不履行

合同義務或者履行合同義務不符合約定的,應當承擔繼續履行、採取補救措施或者賠償損失等違約責任。」這表明《合同法》在追究當事人的違約責任時,將無過錯責任原則列為基本原則,而過錯責任原則列為特殊原則。

【判例連結】嚴格責任判例

1963年,美國加利福尼亞法院在審理「格林曼訴尤巴電器公司」一案中第一次應用嚴格責任原則。其案情是:原告的妻子格林曼夫人購買了尤巴電器公司生產的一種多用途削木機床作為送給丈夫格林曼的聖誕禮物。格林曼在按照說明書使用機床時,一塊木頭從機器中飛出,撞擊到其頭部並造成重傷。受害人提起了違反擔保之訴,但無法證明被告在主觀上有過錯。加州最高法院審理查明,該機床屬於有缺陷的產品,並與事故有直接關係。雖然原告無法證明被告在工具製造上有過錯,被告也無違反擔保責任,但法院認為,原告無須證明明示擔保的存在,因為製造者將其產品投入市場時就明知使用者對產品不經檢查就會使用。只要能證明該產品的缺陷對人造成傷害,生產者即應當承擔賠償責任。這一判例確立了「格林曼規則」,即嚴格責任原則。

三、物流法律責任的形式

當主體違反平等主體之間的物流交易法律關係時,應適用民事法律制度追究其民事責任;當主體違反非平等主體之間的物流管理法律關係時,應依據經濟法追究其違法責任。物流法律責任具體形式有:

1. 民事責任

民事責任是指民事主體因違反法律規定或者合同約定的民事義務,侵犯他人合法的民事權益,所應承擔的法律後果。物流主體違反平等物流交易法律關係時會產生相關的民事責任。根據《民法通則》的規定,民事責任主要有違反合同的民事責任和侵權的民事責任。

(1) 違反合同的民事責任。其是指當事人不履行合同義務或者履行合同義務不符合約定條件而應當承擔的民事責任。由於物流業中存在大量的物流服務合同,因此違反合同的民事責任成為物流業中最常見的法律責任。違反合同的民事責任主要形式有:繼續履行、支付違約金、賠償損失、解除合同等。

(2) 侵權的民事責任。其是指民事主體侵犯國家、集體或者他人的合法民事權益而應承擔的法律後果。侵權的民事責任又分為一般侵權的民事責任和特殊侵權的民事責任。侵權的民事責任主要形式有:停止侵害、恢復名譽、消除影響、賠禮道歉、恢復原狀、返還財產、賠償損失等。

2. 行政責任

行政責任是指經濟法的主體因其破壞國家經濟管理秩序的違法行為所依法承擔的行政法律後果。物流主體違反物流管理法律關係則會產生行政責任。承擔行政責任的主體包括行政主體和行政相對人。在物流的行政責任中,其主體包括物流活動中的國家經濟管理部門和物流活動主體。

行政責任包括行政處罰和行政處分。依據我國《中華人民共和國行政處罰法》(以下簡稱《行政處罰法》)的規定,行政處罰有:警告、罰款、責令停產停業、沒收違法所得、暫扣或者吊銷許可證、暫扣或者吊銷執照、行政拘留以及法律、行政法規規

定的其他行政處罰。此外，國家機關、企事業單位還可根據法律法規的規定，對違法者實施警告、記過、記大過、降職、撤職、留用察看、開除等處分。

【法律連結】《中華人民共和國海運條例》

第四十七條：國際船舶運輸經營者、無船承運業務經營者、國際船舶代理經營者和國際船舶管理經營者將其依法取得的經營資格提供他人使用的，由國務院交通主管部門或者其授權的地方人民政府交通主管部門責任限期改正，逾期不改正的，撤銷其經營資格。

3. 刑事責任

刑事責任是指經濟法的主體因其行為觸犯刑法構成犯罪所承擔的法律後果。在物流法律關係中，當事人違反物流法規並觸犯刑法構成犯罪的，應當承擔刑事責任。依據《中華人民共和國刑法》（以下簡稱《刑法》）的規定，刑罰分為主刑和附加刑。主刑包括管制、拘役、有期徒刑、無期徒刑和死刑；附加刑包括罰金、剝奪政治權利、沒收財產。對於犯罪的外國人、無國籍人可以獨立適用或者附加適用驅逐出境。

公司、企業、事業單位、機關、社會團體等單位實施危害社會的行為，法律明確規定為單位犯罪的，應當負刑事責任。單位犯罪的，對單位判處罰金，並對直接負責的主管人員和其他直接責任人員判處刑罰。

實訓作業

一、實訓項目

為深入理解物流法律關係三要素對正確處理當事人之間經濟糾紛以及維護物流市場秩序的重要理論意義，以物流運輸或物流倉儲社會關係為課題，由學生分組並調查相關社會典型物流糾紛案例。根據調查案例，要求學生製作PPT並演示說明案例中物流法律關係三要素。

二、案例思考

2014年11月11日，黑龍江某制革廠將們於哈爾濱市市郊自有的固定資產和流動資產投保，並與中國某財產保險公司的代理人簽訂了企業財產保險合同。保險合同規定：自燃等風險屬於保險責任，保險費2.9萬元，保險期限一年。在財產保險合同、保險單及所附財產明細表中，均列明投保中的流動資產包括原材料和產成品及其存放位置。投保後，制革廠於2015年5月16日、19日先後兩次將保險財產中的產品發往其駐南方某市的銷售部，共計2,100件，價值34萬元。2015年7月16日，由於該市連日持續高溫，引起庫房的貨物自燃，全部被毀。對此損失，保險公司拒絕賠償。請問：

（1）本案中的物流保險合同關係的主體、客體和內容分別是什麼？

（2）本案中引起物流保險責任關係的產生、終止的法律事實各是什麼？

第二章
企業法實務

企業是生產經營活動中最常見的主體，其經營活動不但關係到企業投資者和企業職工的利益，而且關係到與之有相關業務往來的第三人的利益，甚至還會影響國家的經濟秩序和社會穩定。因此，各國無不進行企業法律制度建設，規範企業自身的設立、變更、營運和終止等一系列行為。目前，我國已經建立了現代企業法律制度，如《中華人民共和國公司法》《中華人民共和國合夥企業法》和《中華人民共和國個人獨資企業法》等。在我國，物流企業的設立、營運和終止除了遵守企業法律制度外，還要遵守與物流行業市場准入的法律制度。

【導入案例】黃某曾是某水電企業職工，兩年前辭職經商，創辦了一家服裝生產業務的個人獨資企業。因市場滯銷，其個人獨資企業欠了一家布料廠商20多萬元貨款。債主起訴後，法院判決黃某敗訴並將其企業裡的少量財產和他個人轎車等變賣後用來償還債務。兩年後，黃某做了充分的市場調研，東山再起，服裝企業的效益與日俱增，但好景不長，一家公司從他這裡採購新潮服裝欠下30萬元貨款遲遲不還。黃某幾次討債未果後，向法院提起訴訟並獲得勝訴，但該公司嚴重虧損而無力償還債務。黃某要求法院將該公司法定代表人的私房變賣後抵債，但法院堅決不同意。黃某想不通，為什麼他的企業欠下的債要用家產來抵債，而別人的企業欠債就不必用家產來抵償。

結合本案內容，談談公司與個人獨資企業在法律責任方面的不同之處。

第一節　企業法概述

一、企業概念

（一）企業的定義

企業是商品經濟發展的產物，其源於英語中的 Enterprise，有企圖冒險從事某項事業且具有持續經營的意思，後來引申為經營組織或經營體。關於企業概念，存在多種不同的表述，但一般都認為，企業是指依法設立的以營利為目的的從事生產經營活動或服務性業務的經濟組織。企業作為市場經濟活動的主體，其具有以下特徵：

（1）組織性。企業的組織性，是指企業依據法律規定所成立的經濟組織體，即有名稱、組織機構和規章制度，能夠將生產資料、勞動資料和經營者、勞動者等生產要

素相結合的生產體系。

（2）營利性。營利是企業投資者設立企業的目的所在，也是企業存在及發展的直接動機。企業要通過自己的生產經營活動，以盡可能少的勞動消耗獲得盡可能多的經濟效益，以滿足投資者實現自身經濟利益的需要。

（3）合法性。企業必須依法設立，依法設置內部機構，依法從事生產經營活動。企業在追求盈利的同時，必須承擔一定的社會責任。在企業終止註銷時，為了保障第三方利益和社會的經濟秩序，也要履行相關的法律程序。

(二) 企業的分類

不同類型的企業，法律就其設立條件、程序、籌資渠道、稅負、市場准入、投資者法律責任等方面各有差異性規定。選擇適合的企業組織形式，不但是投資者考慮的實際問題，也是與企業從事經濟活動的第三人評估企業風險的重要內容之一。依據不同的劃分標準，可以將企業劃分為以下幾類：

（1）按企業所有制形式不同，可將企業分為全民所有制企業、集體所有制企業、私營企業、外商投資企業以及混合所有制企業。我國傳統企業立法主要是以此分類來劃分的。

（2）按企業生產規模和生產能力的不同，可將企業分為大型企業、中型企業、小型企業。

（3）按企業經營領域不同，可將企業劃分為生產企業、流通企業、銷售企業等。

（4）根據企業的組織形式和財產責任方式的不同，可將企業劃分為個人獨資企業、合夥企業、公司。個人獨資企業和合夥企業是非法人企業，依法不具有法人資格。公司是依據公司法組建的具有法人資格的企業。

上述分類中，前三種分類為企業的經濟形態，第四種分類為企業的法律形態。第四種分類因其財產責任形式明確，為當今世界各國通行並成為公認的企業法律形態，也是我國建立社會主義市場經濟體制和現代企業制度所確立的企業組織形式。

【法律連結】法人與非法人企業

法人是指具有民事權利能力和民事行為能力，依法獨立享有民事權利和承擔民事義務的組織。根據《民法通則》的規定，我國法人資格的取得必須具備以下條件：①依法成立；②有必要的財產或者經費；③有必要的名稱、組織機構和場所；④能夠獨立承擔民事責任。

法人企業能夠獨立承擔民事責任，這意味著法人能以自己的財產承擔自己行為的法律后果，而非以法人成員、法人創始人或其他法人的財產承擔。法人的成員對法人的債務只負有限責任，當法人企業的財產不足以承擔法人的債務時，未承擔的債務消滅，法人成員不再以個人財產清償。公司是典型的法人企業。

非法人企業是指不具有法人主體地位，非法人企業的成員或部分成員對企業的債務要承擔無限責任的經濟組織。當非法人企業的財產不足以承擔企業的債務時，不足的部分以非法人企業成員或部分成員的個人財產承擔。個人獨資企業和合夥企業是典型的非法人企業。

二、物流企業的市場准入

物流企業，是依法設立的從事物流營利性經濟活動的經濟組織。物流企業屬於企業範疇，其不但要具備企業法規定企業一般的設立要件，還應當根據物流業相關法律規定具備市場准入條件。目前，我國物流企業的市場准入條件如下：

（一）內資物流企業市場准入規定

（1）普通物流企業類型的市場准入。對於內資投資從事普通的物流行業，如國內貨運代理、批發、公路運輸、貨物倉儲等行業的市場准入法律上沒有限制規定，只要符合相應企業的設立條件，就可以到工商登記機關申請設立登記。

（2）特殊物流企業類型的市場准入。特殊物流企業主要包括從事石油及油品物流、煤炭物流、腐蝕化學物品物流、危險品物流、廢棄物物流或國際貨運代理等業務領域企業。目前，該類企業須經主管機關審核批准，並經工商行政管理機關進行變更營業登記才能開展相關業務。

（3）關係國計民生的物流企業的市場准入。對於一些涉及我國經濟命脈的特殊物流企業，由於對國家政治、經濟、軍事等各方面都有很大影響，其市場准入必然十分嚴格，如鐵路運輸、航空運輸等企業，必須經國務院特許才能設立。

（二）外商投資物流企業市場准入規定

商務部《關於開展試點設立外商投資物流企業工作有關問題的通知》（2002）規定，在我國外商投資物流企業的市場准入條件為：

（1）外商投資的從事國際流通物流、第三方物流業務的物流企業的市場准入。外商投資物流企業應為境外投資者以中外合資、中外合作的形式設立的能為用戶提供物流多功能一體化服務的外商投資企業，可以經營國際流通物流、第三方物流業務。設立外商投資物流企業，應向擬設立企業所在地的省、自治區、直轄市計劃單列市對外貿易經濟主管部門提出申請，並提交相應的文件，由其提出初審意見並報國務院對外貿易經濟主管部門批准。

（2）外商投資從事國際流通物流、第三方物流業務以外的物流企業的市場准入。對於外商投資從事國際流通物流、第三方物流業務以外的物流企業，如從事道路普通貨物運輸、利用計算機網路管理與運作物流業務、民用航空業、國際貨物運輸代理業、倉儲配送等，必須符合相應法律法規規定的市場准入條件。

對於外商投資我國沒有專門法律法規規定市場准入的物流企業，如批發業等，只要符合我國《指導外商投資方向規定》《外商投資產業指導目錄》中市場准入範圍，並依據相關企業法規定，可向對外經濟貿易主管部門提出申請批准，並辦理企業登記手續。

三、企業法體系

企業法是指調整國家對企業進行組織管理以及企業在生產經營或服務性活動中所發生的各種經濟關係的法律規範的總稱。它主要包括兩方面的關係，即企業在設立、組織與活動中所發生的經濟管理關係和財產關係。目前，我國企業法存在兩種體系：

（1）20世紀90年代前，企業立法主要是按照企業的所有制形式來制定和劃分各種企業法。其主要的立法有：《中華人民共和國全民所有制工業企業法》《中華人民共和

國城鎮集體所有制企業條例》《中華人民共和國鄉村集體所有制企業條例》《中華人民共和國鄉鎮企業法》《中華人民共和國中外合資經營企業法》《中華人民共和國中外合作經營企業法》《中華人民共和國外資企業法》等。但是，這種企業立法使企業因所有制性質不同而使企業處於不平等的地位。企業間的權利、義務不平等，企業間的競爭也不平等。按所有制為劃分標準的立法不科學、立法規則也不統一，出現了各自為政的單行法規重複立法的現象，也嚴重阻礙了市場經濟的發展，與中國加入WTO（世界貿易組織）的基本規則也不相適應。

（2）隨著社會主義市場經濟體制的確立，我國已建立和完善了現代企業法律制度，其主要有《中華人民共和國個人獨資企業法》《中華人民共和國合夥企業法》《中華人民共和國公司法》及相應的配套法規，構成了現代企業法的基石。

儘管現行企業法體系還處於兩種立法模式並存的階段，但是隨著改革的不斷深入發展，尤其是公司制改造的不斷深化，這種並存的立法模式將最終根據公平、開放、競爭的市場規則要求，走向以組織形式、投資者責任方式為標準對市場主體進行科學分類而建立起來的我國新型的市場經濟體制下的企業立法體系。

【法律連結】企業「三證合一」登記制度

2015年8月13日，工商總局、中央編辦、國家發展改革委、稅務總局、質檢總局和國務院法制辦6部門聯合印發通知，推動「三證合一」登記制度改革。「三證合一」是指將企業依次申請的工商營業執照、組織機構代碼證和稅務登記證三證合為一證。隨著三證合一的實施，各類組織機構註冊號或登記號（包括納稅人代碼）將為具有唯一、終身不變功能的組織機構代碼所取代。這不但簡化了企業舉辦者的證照登記繁瑣事務，也為國家稅務、金融、社保、安全、質監等管理提供了方便。

四、企業年度報告公示管理制度

企業年度報告公示制度，是指企業應當按年度在規定的期限內，通過市場主體信用信息公示系統向工商行政管理機關報送年度報告，並向社會公示以便查詢的企業管理制度。根據2014年10月1日實施的《註冊資本登記制度改革方案》規定，企業年度報告公示管理制度的主要內容有：

（1）企業年度報告內容應包括企業投資者繳納出資情況、資產狀況等。企業對年度報告的真實性、合法性負責。工商行政管理機關可以對企業年度報告公示內容進行抽查。

（2）違反企業年度報告公示制度的處罰規定主要有：①企業年度報告隱瞞真實情況、弄虛作假的，工商行政管理機關依法予以處罰，並將企業法定代表人、負責人等信息通報公安、財政、海關、稅務等有關部門；②對未按規定期限公示年度報告的企業，工商行政管理機關在市場主體信用信息公示系統上將其載入經營異常名錄；③企業超過三年未履行的，工商行政管理機關將其永久載入經營異常名錄，不得恢復正常記載狀態，並列入嚴重違法企業名單，即「黑名單」。

【案例連結】托運王國的「失蹤」

物流行業企業失蹤案頻繁發生，嚴重損害了客戶的經濟利益和行業信譽。如，

2001年，四川省川運運輸連鎖有限公司在成都註冊設立，註冊資本為200萬元。企業前期的信譽贏得了眾多商家的信任，很快就在成都開設了24家連鎖店，並在邛崍、雅安、樂山等全省34個城市設置了分支機構。其經營範圍涉及日用百貨、五金交電、倉儲、代理貨物托運等多個行業，業務遍布全省，並發展成為成都最大的「托運王國」。2005年10月，令商家們意想不到的是，這個曾經以信譽為擔保的公司竟然一夜之間人去樓空，其旗下遍布全省34個城市的57個門店也隨之關閉，公司客戶近3,000萬元貨款也下落不明。消息傳出，成都物流市場一片嘩然，托運市場信用遭受嚴重傷害，托運業務量明顯下滑。為了追究公司及相關人員的違法犯罪責任，維護客戶的合法權益和淨化物流市場，當地執法機關迅速破案。同時，四川省政府也要求物流管理部門對全省物流行業進行整頓和規範。

企業年度報告公示管理制度建立企業信用體系，將會有效地阻止各企業的經營違規行為和企業失蹤案的發生，對維護健康正常的經濟市場將起到重要作用。

第二節　個人獨資企業法

一、個人獨資企業與個人獨資企業法

(一) 個人獨資企業

個人獨資企業簡稱個人企業，是指由一個自然人投資，投資者以個人財產對企業債務承擔無限責任的非法人資格的經濟組織。個人企業是人類社會商品經濟活動中最早出現的一種企業形態。個人獨資企業從事生產經營活動，不得違反法律、行政法規禁止經營或限制經營的業務。現代物流企業，可以依法選擇個人企業組織形式。

根據我國《中華人民共和國個人獨資企業法》（以下簡稱《個人獨資企業法》）的規定，個人獨資企業是指依法在中國境內設立，由一個自然人投資，財產為投資人個人所有，投資人以其個人財產對企業債務承擔無限責任的經營實體。

與其他企業組織形式相比，個人獨資企業具有以下特徵：

（1）個人獨資企業是由一個自然人投資的企業。各國法律規定設立個人獨資企業只能是一個自然人。我國法律規定，國家機關、國家授權投資的機構或者國家授權的部門、企業、事業單位等都不能作為個人獨資企業的投資人。

（2）個人獨資企業的投資人對企業的債務承擔無限責任。即當企業的財產不足以清償到期債務時，投資人依法以自己個人或家庭財產清償企業債務。

（3）個人獨資企業的內部機構設置簡單，經營管理方式靈活。法律對個人獨資企業的內部機構和經營管理方式無嚴格規定，個人獨資企業的投資者可以根據需要設置企業內部機構，設置簡單。因企業歸投資者一人所有，所以企業經營管理方式直接高效。

（4）個人獨資企業是非法人企業。個人獨資企業財產與投資人財產無明顯界限，個人獨資企業不具有法人資格，無獨立承擔民事責任的能力。個人企業雖無獨立責任能力，但依法具備獨立的法律主體資格，可依法以自己的名義從事民事、經濟活動並受法律保護。

(二) 個人獨資企業立法

個人獨資企業法有廣義和狹義之分。其中，廣義的個人獨資企業法是指國家立法機關或其他有權部門依法制定的關於個人獨資企業的各種法律規範的總稱；狹義的個人獨資企業法是指1999年8月30日第九屆全國人大常委會第十一次會議通過的，並於2000年1月1日起實施的《中華人民共和國個人獨資企業法》。《個人獨資企業法》的頒布實施，對於規範獨資企業的行為，保護投資企業的投資人和債權人的合法權益，維護市場經濟秩序，促進市場經濟的健康發展都發揮了重要作用。

二、個人獨資企業的設立

(一) 個人獨資企業的設立條件

【案例討論】 王夢多是某街道辦的公職人員，想創辦一家快遞企業，利用自己多餘的時間經營管理，也可以為自己增加收入。經過一系列的市場調查，王夢多有了自己的創業計劃：成立一家名為「吉祥鳥快遞有限責任公司」的快遞公司；聽說個人獨資企業的註冊資本沒有限制性規定，自己出資越低，承擔的責任就越少，故他決定企業的註冊資本暫定為888元；由於找不到合適的營業場地，暫時租用即將拆遷的臨街門面房作為經營場地；聘請一人擔任經理來進行日常管理，但重大事項由王夢多自己決定；為了節省成本，不設置帳簿，不配備專門的財會人員。一切準備妥當后，王夢多到工商行政管理部門申請營業執照準備開業。

對此，工商行政管理部門會予以登記嗎？

根據《個人獨資企業法》第八條的規定，設立個人獨資企業應當具備下列條件：

(1) 投資人為一個自然人。投資者雖然是自然人，但並不意味著所有的自然人都可以投資設立個人獨資企業。依據相關規定，無民事行為能力人、國家公務員、黨政機關領導幹部、警官、法官、檢察官、現役軍人等，不得作為投資人申請個人獨資企業。

(2) 有合法的企業名稱。個人獨資企業的名稱，應當符合國家《企業名稱登記管理規定》等，應與企業責任形式及從事的營業範圍相符合，不得使用「有限」「有限責任」或「公司」字樣。

(3) 有投資人申報的出資。個人獨資企業的資產由投資人本人投資，若在申請企業設立登記時以其家庭共有財產作為個人出資的，應當予以載明。為了鼓勵個人興辦企業，《個人獨資企業法》對設立個人獨資企業的出資數額未作限制，但投資人申報的出資額應當與企業的生產經營規模相適應。投資者的出資方式多樣，可以用貨幣出資，也可以用實物、土地使用權、知識產權或者其他財產權利出資。

(4) 有固定的生產經營場所和必要的生產經營條件。

(5) 有必要的從業人員。企業應要有與其生產經營範圍、規模相適應的從業人員。

(二) 個人獨資企業的設立程序

1. 設立申請

申請設立個人獨資企業，應當由投資人或者其委託的代理人向個人獨資企業所在地的登記機關提出設立申請。投資人申請設立登記，應當向登記機關提交下列文件：

①設立申請書；②投資人身分證明；③企業住所或生產經營場所使用等證明文件；④委托代理人申請設立登記的，應當提交投資人的委托書和代理人的身分證明或者資格證明；⑤其他文件。從事法律、行政法規規定須報經有關部門審批的業務的，應當提交有關部門的批准文件。

2. 設立登記

登記機關應當在收到設立申請文件之日起 15 日內，對符合個人獨資企業法規定條件的予以登記，並發給營業執照；對不符合個人獨資企業法規定條件的，不予登記，並發給企業登記駁回通知書。個人獨資企業的營業執照的簽發日期，為個人獨資企業成立日期，在領取個人獨資企業營業執照前，投資人不得以個人獨資企業的名義從事經營活動。

個人獨資企業設立分支機構，應當由投資人或者其委託的代理人向分支機構所在地的登記機關申請設立登記。分支機構的民事責任由設立該分支機構的個人獨資企業承擔。個人獨資企業在存續期間登記事項發生變更的，應當在作出變更決定之日起 15 日內依法向登記機關申請辦理變更登記。

三、個人獨資企業的事務管理

(一) 個人獨資企業事務管理的方式

【案例討論】周某於 2015 年 2 月投資設立一個從事水產品採購、運輸和倉儲的個人獨資企業。周某因身體原因委託何某管理企業事務。委託合同約定：何某僅對 10 萬元以下的交易有決定權，10 萬元以上的交易須經過周某的批准。2015 年 5 月，何某見市場上水產品的價格下降，遂與漁民吳某訂立了 20 萬元的水產品交易合同。吳某按時履行了交付水產品義務，但該企業卻因市場銷路問題而遲遲沒有支付貨款。與該企業發生爭議后，吳某遂向法院提起了民事訴訟。

法院應該如何認定和處理水產品交易合同糾紛？

個人獨資企業的投資人可以自行管理企業事務，也可以委託或者聘用其他具有民事行為能力的人負責企業的事務管理。投資人委託或者聘用他人管理個人獨資企業事務，應當與受託人或者被聘用的人簽訂書面合同，明確委託的具體內容和授予的權利範圍。

投資人對受託人或者被聘用的人員職權的限制，不得對抗善意第三人。這裡的善意第三人是指本著合法交易的目的，誠實地通過受託人或者被聘用的人員，與個人獨資企業從事交易的人，包括法人、非法人團體和自然人。個人獨資企業的投資人與受託人或者被聘用的人員之間有關權利義務的限制只對受託人或者被聘用的人員有效，對第三人並無約束力，受託人或者被聘用的人員超出投資人的限制與善意第三人的有關業務交往應當有效。

(二) 個人獨資企業事務管理的內容

個人獨資企業應當依法設置會計帳簿，進行會計核算。個人獨資企業招用職工的，應當依法與職工簽訂勞動合同，保障職工的勞動安全，按時、足額發放職工工資。個人獨資企業應當按照國家規定參加社會保險，為職工繳納社會保險費。否則將依照有

關法律、行政法規的規定予以處罰,並追究有關責任人員的責任。

四、個人獨資企業的解散和清算

【案例討論】 2014年2月1日,張某出資20萬元設立了星豪酒樓,營業登記證件中標註為個人獨資企業。該企業由張某自己經營管理,星豪酒樓發生虧損,至2014年10月已不能支付企業多筆到期欠款。張某決定解散企業,並請求法院指定清算人。10月10日,人民法院指定王某為清算人對星豪酒樓進行清算,經查,星豪酒樓和張某的資產及債權債務情況如下:星豪酒樓欠稅款8萬元,欠雇工工資6萬元,欠社會保險費3萬元,欠李某貨款19萬元;星豪酒樓銀行存款2萬元,實物折價16萬元;張某個人其他可執行的財產價值32萬元。問:
(1) 星豪酒樓財產清償順序應如何安排?
(2) 如何滿足李某的債權請求?

(一) 個人獨資企業的解散

個人獨資企業的解散是指個人獨資企業終止活動,使其民事主體資格消滅的行為。

根據《個人獨資企業法》第二十六條的規定,個人獨資企業有下列情形之一時,應當解散:
(1) 投資人決定解散。
(2) 投資人死亡或者宣告死亡,無繼承人或者繼承人決定放棄繼承。
(3) 被依法吊銷營業執照。
(4) 法律、行政法規規定的其他情形。

(二) 個人獨資企業的清算

個人獨資企業解散時,應當進行清算。《個人獨資企業法》規定,個人獨資企業解散,由投資人自行清算或者由債權人申請人民法院指定清算人進行清算。

投資人自行清算的,應當在清算前15日內書面通知債權人,無法通知的,應當予以公告。債權人應當在接到通知之日起30日內,未接到通知的應當在公告之日起60日內,向投資人申報其債權。個人獨資企業解散後,原投資人對個人獨資企業存續期間的債務仍應承擔償還責任,但債權人在五年內未向債務人提出償債請求的,該責任消滅。

個人獨資企業解散的,財產應當按照下列順序清償:
第一順序是所欠職工工資和社會保險費用;
第二順序是所欠稅款;
第三順序是其他債務。

個人獨資企業財產不足以清償債務的,投資人應當以其個人的其他財產予以清償。清算期間,個人獨資企業不得開展與清算目的無關的經營活動。在按前述財產清償順序清償債務前,投資人不得轉移、隱匿財產。如有轉移、隱匿財產的行為,依法追回其財產,並按照有關規定予以處罰。構成犯罪的,追究刑事責任。

個人獨資企業清算結束後,投資人或者人民法院指定的清算人應當編製清算報告,並於清算結束之日起15日內向原登記機關申請註銷登記。

第三節　合夥企業法

一、合夥企業概述
(一) 合夥企業概念

合夥企業與個人獨資企業一樣，屬於古老的企業形態。一般情況下，合夥企業是指由合夥人共同訂立合夥協議，共同出資、合夥經營、共享收益，合夥人依法對企業債務承擔責任的非法人企業組織。

合夥企業可分為普通合夥企業和有限合夥企業。其中，普通合夥企業由普通合夥人組成，合夥人對合夥企業債務承擔無限連帶責任，但對特殊的普通合夥企業另有規定除外；有限合夥企業則由普通合夥人和有限合夥人組成，普通合夥人對合夥企業債務承擔無限連帶責任，有限合夥人以其認繳的出資額為限對合夥企業債務承擔責任。

【案例討論】2013 年 1 月，趙、錢、孫三人投資設立智能洗車業務的普通合夥企業，簽訂了書面合夥協議。合夥協議中規定：趙以貨幣出資 10 萬元，錢以實物折價出資 8 萬元，經其他二人同意，孫以技術勞務折價出資 6 萬元。合夥協議還約定了利潤分享及債務分擔。2015 年 4 月，合夥企業又接納李入伙，李出資 4 萬元。2015 年 5 月，就 2014 年 8 月發生的貨款 30 萬元，債權人綠葉公司要求合夥企業及合夥人趙、錢、孫、李共同承擔連帶清償責任。趙、錢、孫只願承擔合夥協議約定比例債務，李以自己新入伙為由拒絕對其入伙前的債務承擔清償責任。

債權人的主張能否成立？為什麼？

(二) 合夥企業的特徵

(1) 合夥企業存續期的有限性。合夥人簽訂了合夥協議，就宣告合夥企業的成立，但新合夥人加入、合夥人的退伙、死亡、自願清算、破產清算等均可造成合夥企業的解散。

(2) 合夥企業責任的無限性。合夥組織不具有法人資格，不能獨立承擔責任。無論普通合夥還是有限合夥，該企業中的普通合夥人依法對合夥企業的債務承擔無限連帶責任。

(3) 合夥人之間的相互代理。合夥企業的經營活動，由合夥人共同決定，合夥人有執行和監督的權利。合夥人相互代理，合夥負責人和其他合夥人的經營活動，由全體合夥人承擔民事責任。

(4) 合夥財產共有。合夥人投入的財產，由合夥企業統一管理和使用，不經其他合夥人同意，任何一位合夥人不得將合夥財產移為他用。

(5) 利益共享。合夥企業在生產經營活動中所取得、累積的財產，歸合夥人共有。合夥企業經營虧損，由合夥人合同約定或法律規定共同承擔。

二、合夥企業法

合夥企業法有廣義和狹義之分。其中，廣義的合夥企業法是指國家立法機關或者

其他機關依法制定的、調整合夥企業合夥關係的各種法律規範的總稱。狹義的合夥企業法是指國家最高立法機關依法制定的規範合夥企業合夥關係的專門法律。第八屆全國人大常委會第二十四次會議於 1997 年 2 月 23 日通過，自 1997 年 8 月 1 日起施行的《中華人民共和國合夥企業法》（以下簡稱《合夥企業法》）。第十屆全國人民代表大會常務委員會第二十三次會議於 2006 年 8 月 27 日通過《合夥企業法》修正案，並自 2007 年 6 月 1 日起施行。

《合夥企業法》適用於由工商行政管理機關依法登記管理的合夥企業。採用合夥制的律師事務所、會計師事務所等專業服務機構並未註冊為企業，不適用《合夥企業法》的規定，但在責任形式上可以適用合夥企業法規定的特殊普通合夥企業的責任形式。

三、普通合夥企業

（一）合夥企業的設立

1. 設立普通合夥企業應當具備下列條件：

（1）有兩個以上普通合夥人。《合夥企業法》規定合夥企業由自然人、法人和其他組織依法設立，因此自然人、法人和其他組織都可以依法成為合夥企業的合夥人。當自然人成為普通合夥的投資者時，應當具有完全民事行為能力，無民事行為能力人、限制民事行為能力人不得成為普通合夥人。法律、行政法規禁止從事營利性活動的人，也不得成為合夥企業的合夥人。為了保護國有資產和上市公司利益以及公共利益，《合夥企業法》第三條規定：「國有獨資公司、國有企業、上市公司以及公益性的事業單位、社會團體不得成為普通合夥人」。

（2）有書面合夥協議。合夥協議依法由全體合夥人協商一致，以書面形式訂立。合夥協議是合夥企業設立、經營管理、入伙、退伙的重要法律文件。合夥協議經全體合夥人簽名、蓋章后生效。合夥協議未約定或者約定不明確的事項，由合夥人協商決定；協商不成的，依照《合夥企業法》和其他有關法律、行政法規的規定處理。

【法律連結】合夥協議主要條款

根據《合夥企業法》第十八條規定，合夥協議應當載明下列事項：①合夥企業的名稱和主要經營場所的地點；②合夥目的和合夥經營範圍；③合夥人的姓名或者名稱、住所；④合夥人的出資方式、數額和繳付期限；⑤利潤分配、虧損分擔方式；⑥合夥事務的執行；⑦入伙與退伙；⑧爭議解決辦法；⑨合夥企業的解散與清算；⑩違約責任。

（3）有合夥人認繳或者實際繳付的出資。合夥人可以用貨幣、實物、知識產權、土地使用權或者其他財產權利出資，也可以用勞務出資。合夥人以實物、知識產權、土地使用權或者其他財產權利出資，需要評估作價的，可以由全體合夥人協商確定，也可以由全體合夥人委託法定評估機構評估。合夥人以勞務出資的，其評估辦法由全體合夥人協商確定，並在合夥協議中載明。

（4）有合夥企業的名稱和生產經營場所。合夥企業名稱應當符合《企業名稱登記管理規定》要求，並且合夥企業名稱中應當標明「普通合夥」字樣。經營場所是指合夥企業從事生產經營活動的所在地，合夥企業一般只有一個經營場所，即在企業登記

機關登記的營業地點。

（5）法律、行政法規規定的其他條件。其他法律、行政法規有其他規定的，應當具備相應條件。《合夥企業法》規定：外國企業或者個人在中國境內設立合夥企業的管理辦法由國務院規定。

【法律連結】2004年實施的《中華人民共和國道路運輸條例》規定貨運條件：

第二十二條　申請從事貨運經營的，應當具備下列條件：（一）有與其經營業務相適應並經檢測合格的車輛；（二）有符合本條例第二十三條規定條件的駕駛人員；（三）有健全的安全生產管理制度。

第二十三條　從事貨運經營的駕駛人員，應當符合下列條件：（一）取得相應的機動車駕駛證；（二）年齡不超過60周歲；（三）經設區的市級道路運輸管理機構對有關貨運法律法規、機動車維修和貨物裝載保管基本知識考試合格。

第二十四條　申請從事危險貨物運輸經營的，還應當具備下列條件：（一）有5輛以上經檢測合格的危險貨物運輸專用車輛、設備；（二）有經所在地設區的市級人民政府交通主管部門考試合格，取得上崗資格證的駕駛人員、裝卸管理人員、押運人員；（三）危險貨物運輸專用車輛配有必要的通訊工具；（四）有健全的安全生產管理制度。

2. 合夥企業的設立程序

（1）設立申請。申請設立合夥企業，應當向企業登記機關提交登記申請書、合夥協議書、合夥人身分證明等文件。

合夥企業的經營範圍中有屬於法律、行政法規規定在登記前須經批准的項目的，該項經營業務應當依法經過批准，並在登記時提交批准文件。

（2）設立登記。申請人提交的登記申請材料齊全，符合法定形式，企業登記機關能夠當場登記的，應予當場登記，發給營業執照。除前述規定情形外，企業登記機關應當自受理申請之日起二十日內，作出是否登記的決定。予以登記的，發給營業執照；不予登記的，應當給予書面答覆，並說明理由。

合夥企業的營業執照簽發日期，為合夥企業成立日期。合夥企業領取營業執照前，合夥人不得以合夥企業名義從事合夥業務。此外，合夥企業設立分支機構，應當向分支機構所在地的企業登記機關申請登記，領取營業執照。

（二）合夥企業的財產

【案例討論】張某、王某和李某於2013年1月成立了合夥企業，承包經營當地某物流中心的貨物運輸服務，經營效益一直很好。2014年5月，張某的母親突發疾病，需要住院治療，於是張某想將自己在合夥企業中投資的8萬元所形成的合夥份額轉讓，用來給母親治病。張某的表兄譚某想受讓其財產份額，張某表示樂意轉讓。於是在沒有通知王某和李某的情況下，二人就完成了轉讓行為。在譚某要行使合夥企業中的權利時，王某和李某才得知張某已將自己的份額轉讓，二人非常生氣，不承認轉讓的效力，並表示他們願意出同樣的價格受讓張某在合夥企業中的財產份額。但是張某認為，自己是自己財產份額的權利人，他想轉讓給誰由自己決定，王某和李某無權干涉。於是王某和李某將張某告上了法庭，請求認定轉讓行為無效。

對於上述情況，法庭應如何判決？

1. 合夥企業財產的構成
（1）合夥人的出資。當合夥人的出資轉入合夥企業時就變成了合夥企業的財產。
（2）以合夥企業名義取得的收益。合夥企業作為一個獨立的經濟實體，以其名義取得的收益作為合夥企業獲得的財產，成為合夥企業財產的一部分。
（3）依法取得的其他財產。如接受贈與取得的財產。
2. 合夥企業財產的性質
合夥企業的財產只能由全體合夥人共同管理和使用，即合夥企業的合夥財產具有共同共有財產的性質，對合夥財產的占用、使用、收益和處分，均應依據全體合夥人的共同意志進行。除合夥企業法有特別規定外，合夥人在合夥企業清算前不得請求分割合夥企業的財產。
3. 合夥企業財產的轉讓
合夥企業財產的轉讓是指合夥人將自己在合夥企業中的財產份額轉讓給他人。由於合夥企業及其財產性質的特殊性，其財產的轉讓將會影響到合夥企業以及各合夥人的切身利益，因此，《合夥企業法》對合夥企業財產的轉讓作了以下限制性規定：
（1）合夥人之間轉讓在合夥企業中的全部或者部分財產份額時，應當通知其他合夥人。
（2）除合夥協議另有約定外，合夥人向合夥人以外的人轉讓其在合夥企業中的全部或者部分財產份額時，須經其他合夥人的一致同意。
（3）除合夥協議另有約定外，合夥人向合夥人以外的人轉讓其在合夥企業中的財產份額的，在同等條件下，其他合夥人有優先購買權。
合夥人以外的人依法受讓合夥人在合夥企業中的財產份額的，經修改合夥協議即成為合夥企業的合夥人，並依照《合夥企業法》和修改后的合夥協議享有權利，履行義務。
4. 合夥企業財產的出質
所謂出質，就是債務人或第三人將特定的財產移交債權人佔有，作為債的擔保。當債務人不履行債務時，債權人有權依法將其特定的財產折價、拍賣或變賣，所得的價款優先受償。《合夥企業法》第二十五條規定：「合夥人以其在合夥企業中的財產份額出質的，須經其他合夥人一致同意；未經其他合夥人一致同意，其行為無效，由此給善意第三人造成損失的，由行為人依法承擔賠償責任。」
（三）合夥企業的事務執行

【案例討論】昆明遠成貨運服務部是一家經營運輸、倉儲和貨運信息等的普通合夥企業，註冊地為昆明，李某、陳某、吳某等三人均為其普通合夥人。2013年12月7日，李某私下又與張某一起在昆明合夥辦了紅旗貨運企業，從事運輸服務業務。2014年5月，昆明遠成貨運企業發現李某的這一行為，要求李某停止競業經營活動，但遭到拒絕。昆明遠成貨運經研究決定，以合夥企業的名義向人民法院提起訴訟，要求陳某賠償損失15萬元。最后，法院支持了昆明遠成貨運企業全部訴訟請求。
結合本案，說說合夥人在合夥企業事務執行中有哪些權利和義務？

1. 合夥事務執行的形式

根據我國《合夥企業法》的規定，合夥人執行合夥企業事務可以有兩種形式：一是全體合夥人共同執行合夥企業事務；二是按照合夥協議的約定或者經全體合夥人決定，委託一個或者數個合夥人對外代表合夥企業，執行合夥事務。採用第二種形式的，其他合夥人不再執行合夥事務。不執行合夥事務的合夥人有權監督執行事務合夥人執行合夥事務的情況。但是合夥企業的下列事項除合夥協議另有約定外，應當經全體合夥人一致同意：

（1）改變合夥企業的名稱。
（2）改變合夥企業的經營範圍、主要經營場所的地點。
（3）處分合夥企業的不動產。
（4）轉讓或者處分合夥企業的知識產權和其他財產權利。
（5）以合夥企業名義為他人提供擔保。
（6）聘任合夥人以外的人擔任合夥企業的經營管理人員。

作為合夥人的法人、其他組織執行合夥事務的，由其委派的代表執行。

2. 合夥人在執行合夥事務中的權利和義務

（1）合夥人在執行合夥事務中的權利

依據《合夥企業法》規定，合夥人在合夥事務中的權利主要有：①合夥人對執行合夥事務享有同等的權利；②不執行合夥事務的合夥人有權監督執行事務合夥人執行合夥事務的情況；③合夥人為瞭解合夥企業的經營狀況和財務狀況，有權查閱合夥企業會計帳簿等財務資料；④合夥人分別執行合夥事務的，執行事務合夥人可以對其他合夥人執行的事務提出異議。提出異議時，應當暫停該項事務的執行。如果發生爭議，依照合夥企業事務執行的決議辦法作出決定；⑤受委託執行合夥事務的合夥人不按照合夥協議或者全體合夥人的決定執行事務的，其他合夥人可以決定撤銷該委託。

（2）合夥人在執行合夥事務中的義務

依據《合夥企業法》規定，合夥人在合夥事務中的義務主要有：①執行事務合夥人應當定期向其他不執行合夥事務的合夥人報告事務執行情況以及合夥企業的經營和財務狀況；②合夥人不得自營或者同他人合作經營與本合夥企業相競爭的業務；③除合夥協議另有約定或者經全體合夥人一致同意外，合夥人不得同本合夥企業進行交易；④合夥人不得從事損害本合夥企業利益的活動。

3. 合夥企業事務執行的決議辦法

合夥人對合夥企業有關事項作出決議，按照合夥協議約定的表決辦法辦理。合夥協議未約定或者約定不明確的，實行合夥人一人一票並經全體合夥人過半數通過的表決辦法。合夥企業法對合夥企業的表決辦法另有規定的，從其規定。

4. 合夥企業的利潤分配與虧損分擔

合夥企業的利潤分配、虧損分擔，按照合夥協議的約定辦理；合夥協議未約定或者約定不明確的，由合夥人協商決定；協商不成的，由合夥人按照實繳出資比例分配、分擔；無法確定出資比例的，由合夥人平均分配、分擔。合夥協議不得約定將全部利潤分配給部分合夥人或者由部分合夥人承擔全部虧損。

5. 非合夥人參與經營管理

經全體合夥人同意，合夥企業可以聘任合夥人以外的人擔任合夥企業的經營管理

人員。被聘任的合夥企業的經營管理人員應當在合夥企業授權範圍內履行職務。被聘任的合夥企業的經營管理人員，超越合夥企業授權範圍履行職務，或者在履行職務過程中因故意或者重大過失給合夥企業造成損失的，依法承擔賠償責任。

（四）合夥企業與第三人的關係

1. 合夥企業與善意第三人

《合夥企業法》規定，合夥企業對合夥人執行合夥事務以及對外代表合夥企業權利的限制，不得對抗善意第三人。這裡所指的合夥人，是指在合夥企業中有合夥事務執行權與對外代表權的合夥人；所指的限制，是指合夥企業對合夥人所享有的事務執行權與對外代表權權利能力的一種界定；所指的善意第三人是指本著合法交易的目的，誠實地通過合夥企業的事務執行人，與合夥企業之間建立民事、經濟法律關係的法人、非法人組織或自然人。

2. 合夥企業債務的清償

合夥企業對其債務，應先以其全部財產進行清償。合夥企業不能清償到期債務的，合夥人承擔無限連帶責任。合夥人由於承擔無限連帶責任，清償數額超過其虧損分擔比例的，有權向其他合夥人追償。

3. 合夥人個人債務的清償

合夥人發生與合夥企業無關的債務，相關債權人不得以其債權抵銷其對合夥企業的債務；也不得代位行使合夥人在合夥企業中的權利。

合夥人的自有財產不足清償其與合夥企業無關的債務的，該合夥人可以以其從合夥企業中分取的收益用於清償；債權人也可以依法請求人民法院強制執行該合夥人在合夥企業中的財產份額用於清償。人民法院強制執行合夥人的財產份額時，應當通知全體合夥人，其他合夥人有優先購買權；其他合夥人未購買，又不同意將該財產份額轉讓給他人的，依法為該合夥人辦理退伙結算，或者辦理削減該合夥人相應財產份額的結算。

（五）入伙與退伙

1. 入伙

入伙，是指在合夥企業存續期間，合夥人以外的第三人加入合夥企業，從而取得合夥人資格。實踐中合夥企業入伙包括三種情形：①非合夥人通過接受原合夥企業的合夥人在合夥企業中財產份額的轉讓或者依法繼承該財產份額，而成為合夥企業的合夥人；②非合夥人不是通過接受財產份額的轉讓，而是申請加入合夥企業並被接納，而成為合夥人；③合夥人死亡或者被宣告死亡，其合法繼承人按照合夥協議的約定或者經全體合夥人一致同意，而成為合夥人。

（1）入伙的條件與程序。新合夥人入伙，除合夥協議另有約定外，應當經全體合夥人一致同意，並依法訂立書面入伙協議。訂立入伙協議時，原合夥人應當向新合夥人如實告知原合夥企業的經營狀況和財務狀況。

（2）新合夥人的權利與責任。入伙的新合夥人與原合夥人享有同等權利，承擔同等責任。入伙協議另有約定的，從其約定。新合夥人對入伙前合夥企業的債務承擔無限連帶責任。

新合夥人入伙，應當依法訂立書面入伙協議。合夥協議是合夥企業存在和正常運行的基礎。新合夥人入伙，使合夥企業的合夥人發生變化，新合夥人的權利義務需求

明確，原合夥人的權利、義務、責任等也要進行相應的調整。合夥企業是人合性的組織，各合夥人基於互相之間的信任而組成合夥企業，每個合夥人都享有平等執行合夥事務的權利，對於合夥企業債務，合夥人互相承擔無限連帶責任。新合夥人入伙時，原合夥人負有全面告知的義務。

2. 退伙

退伙是指合夥人退出合夥企業，從而喪失合夥人資格。

（1）退伙的情形及程序

第一種是自願退伙。自願退伙是指合夥人基於自願的意思表示而退伙。自願退伙可以分為協議退伙和通知退伙兩種。合夥協議約定合夥企業的經營期限的，有下列情形之一時，合夥人可以退伙：①合夥協議約定的退伙事由出現；②經全體合夥人一致同意；③發生合夥人難以繼續參加合夥的事由；④其他合夥人嚴重違反合夥協議約定的義務。

合夥協議未約定合夥企業的經營期限的，合夥人在不給合夥企業事務執行造成不利影響的情況下，可以退伙，但應當提前30日通知其他合夥人。合夥人違反上述規定擅自退伙的，應當賠償由此給其他合夥人造成的損失。

第二種是法定退伙。法定退伙是指合夥人因出現法律規定的事由而退伙。法定退伙分為當然退伙和除名退伙：

當然退伙的法定情形：①作為合夥人的自然人死亡或者被依法宣告死亡；②個人喪失償債能力；③作為合夥人的法人或者其他組織依法被吊銷營業執照、責令關閉、撤銷，或者被宣告破產；④法律規定或者合夥協議約定合夥人必須具有相關資格而喪失該資格；⑤合夥人在合夥企業中的全部財產份額被人民法院強制執行。當然退伙以法定事由實際發生之日為退伙生效日。

合夥人被依法認定為無民事行為能力人或者限制民事行為能力人的，經其他合夥人一致同意，可以依法轉為有限合夥人，普通合夥企業依法轉為有限合夥企業。其他合夥人未能一致同意的，該無民事行為能力或者限制民事行為能力的合夥人退伙。

合夥人有下列情形之一的，經其他合夥人一致同意，可以以決議將其除名：①未履行出資義務；②因故意或者重大過失給合夥企業造成損失；③執行合夥企業事務時有不正當行為；④發生合夥協議約定的其他事由。除名退伙須經其他合夥人一致同意，可以決議將其除名；對合夥人的除名決議應當書面通知被除名人，被除名人自接到除名通知之日起，除名生效，被除名人退伙。被除名人對除名決議有異議的，可以自接到除名通知之日起30日內，向人民法院起訴。

（2）退伙的效力

①退伙人喪失合夥人身分。②合夥人退伙，其他合夥人應當與該退伙人按照退伙時的合夥企業財產狀況進行結算，退還退伙人的財產份額。退伙人對給合夥企業造成的損失負有賠償責任的，相應扣減其應當賠償的數額。退伙時有未了結的合夥企業事務的，待該事務了結后進行結算。退伙人在合夥企業中財產份額的退還辦法，由合夥協議約定或者由全體合夥人決定，可以退還貨幣，也可以退還實物。③合夥人退伙以後並未能解除對於合夥企業既往債務的連帶責任。《合夥企業法》規定，退伙人對其退伙前已發生的合夥企業債務，與其他合夥人承擔連帶責任。④合夥人死亡或者被依法宣告死亡的，對該合夥人在合夥企業中的財產份額享有合法繼承權的繼承人，按照合

夥協議的約定或者經全體合夥人一致同意，從繼承開始之日起，取得該合夥企業的合夥人資格。有下列情形之一的，合夥企業應當向合夥人的繼承人退還被繼承合夥人的財產份額：①繼承人不願意成為合夥人；②法律規定或者合夥協議約定合夥人必須具有相關資格，而該繼承人未取得該資格；③合夥協議約定不能成為合夥人的其他情形。合夥人的繼承人為無民事行為能力人或者限制民事行為能力人的，經全體合夥人一致同意，可以依法成為有限合夥人，普通合夥企業依法轉為有限合夥企業。全體合夥人未能一致同意的，合夥企業應當將被繼承合夥人的財產份額退還該繼承人。

（六）特殊的普通合夥企業

在普通合夥企業一章中，《合夥企業法》規定了「特殊的普通合夥企業」。

特殊的普通合夥企業，即一個合夥人或者數個合夥人在執業活動中因故意或者重大過失造成合夥企業債務的，應當承擔無限責任或者無限連帶責任，其他合夥人以其在合夥企業中財產份額為限承擔責任；合夥人在執業活動中非因故意或者重大過失造成的合夥企業債務以及合夥企業的其他債務，由全體合夥人承擔無限連帶責任。與一般的普通合夥企業相比，特殊的普通合夥企業的特殊之處體現在如下三個方面：

1. 特殊的普通合夥企業的適用範圍

以專業知識和專門技能為客戶提供有償服務的專業服務機構，可以設立為特殊的普通合夥企業。合夥企業法只規範註冊為企業的專業服務機構，而很多專業服務機構，如律師事務所並未註冊為企業，不適用合夥企業法的規定，但在責任形式上也可以採用合夥企業法規定的特殊的普通合夥的責任形式。

2. 對特殊的普通合夥企業的公示要求

特殊的普通合夥企業，其合夥人對特定合夥企業債務只承擔有限責任，為保護交易相對人的利益，應當對這一情況予以公示。因此，特殊的普通合夥企業名稱中應當標明「特殊普通合夥」字樣。

3. 對特殊的普通合夥企業債權人的保護

由於特殊的普通合夥企業合夥人責任形式的不同，對合夥企業的債權人的保護相對削弱。因此，《合夥企業法》規定：特殊的普通合夥企業應當建立執業風險基金，辦理職業保險；執業風險基金用於償付合夥人執業活動造成的債務；執業風險基金應當單獨立戶管理；執業風險基金的具體管理辦法由國務院規定。

四、有限合夥企業

【案例討論】2013年1月，賈某、李某二人開辦了一個有限合夥企業，經營新疆特產銷售業務。在合夥企業中，賈某為普通合夥人，李某為有限合夥人，分別出資20萬元和10萬元。因為兩人關係比較密切，合夥協議擬定的較為簡單，沒有約定利潤分配和虧損分擔，只約定兩人共同管理企業。2015年5月，由於市場行情持續走低，難以繼續經營，該合夥企業宣布解散。清算時，該合夥企業財產沖抵後還負債19萬元。債權人要求賈某、李某共同償還。

合夥企業所負債務應如何處理？

有限合夥企業，是指對合夥企業債務承擔無限責任的普通合夥人與承擔有限責任

的有限合夥人共同組成的合夥企業。與普通合夥企業相比，有限合夥具有資本的優勢，這是因為有限合夥人享有有限責任的特權；與公司相比較，又具有信用的優勢，這是由於普通合夥人對合夥企業債務承擔無限或者無限連帶責任。

《合夥企業法》對有限合夥企業作了如下特別規定（未規定部分適用普通合夥企業及其合夥人的規定）：

（一）有限合夥企業的設立條件

（1）有限合夥企業由2個以上、50個以下合夥人設立，但是法律另有規定的除外；有限合夥企業至少應當有一個普通合夥人。

（2）合夥協議除符合普通合夥企業的規定外，還應當載明下列事項：

①普通合夥人和有限合夥人的姓名或者名稱、住所。

②執行事務合夥人應具備的條件和選擇程序。

③執行事務合夥人權限與違約處理辦法。

④執行事務合夥人的除名條件和更換程序。

⑤有限合夥人入伙、退伙的條件、程序以及相關責任。

⑥有限合夥人和普通合夥人相互轉變程序。

（3）有限合夥人可以用貨幣、實物、知識產權、土地使用權或者其他財產權利作價出資。但是有限合夥人不得以勞務出資。

（4）有限合夥企業名稱中應當標明「有限合夥」字樣。有限合夥企業登記事項中應當載明有限合夥人的姓名或者名稱及認繳的出資數額。

（二）有限合夥企業的事務執行

1. 有限合夥企業的事務執行的形式

有限合夥企業由普通合夥人執行合夥事務。執行事務合夥人可以要求在合夥協議中確定執行事務的報酬及報酬提取方式。有限合夥人不執行合夥事務，不得對外代表有限合夥企業。但是有限合夥人的下列行為，不視為執行合夥事務：

（1）參與決定普通合夥人入伙、退伙。

（2）對企業的經營管理提出建議。

（3）參與選擇承辦有限合夥企業審計業務的會計師事務所。

（4）獲取經審計的有限合夥企業財務會計報告。

（5）對涉及自身利益的情況，查閱有限合夥企業財務會計帳簿等財務資料。

（6）在有限合夥企業中的利益受到侵害時，向有責任的合夥人主張權利或者提起訴訟。

（7）執行事務合夥人怠於行使權利時，督促其行使權利或者為了本企業的利益以自己的名義提起訴訟。

（8）依法為本企業提供擔保。

2. 有限合夥人的權利與義務

（1）有限合夥人可以同本有限合夥企業進行交易；但是，合夥協議另有約定的除外。

（2）有限合夥人可以自營或者同他人合作經營與本有限合夥企業相競爭的業務；但是，合夥協議另有約定的除外。

（3）有限合夥人可以將其在有限合夥企業中的財產份額出質；但是，合夥協議另

有約定的除外。

（4）有限合夥人可以按照合夥協議的約定向合夥人以外的人轉讓其在有限合夥企業中的財產份額，但應當提前 30 日通知其他合夥人。

（5）第三人有理由相信有限合夥人為普通合夥人並與其交易的，該有限合夥人對該筆交易承擔與普通合夥人同樣的責任。

（6）有限合夥人未經授權以有限合夥企業名義與他人進行交易，給有限合夥企業或者其他合夥人造成損失的，該有限合夥人應當承擔賠償責任。

3. 利潤分配與虧損分擔

有限合夥企業不得將全部利潤分配給部分合夥人，但是合夥協議另有約定的除外。

（三）有限合夥人的入夥與退夥

1. 入夥

新入夥的有限合夥人對入夥前有限合夥企業的債務，以其認繳的出資額為限承擔責任。

2. 退夥

有限合夥人有下列情形之一的，當然退夥：①作為合夥人的自然人死亡或者被依法宣告死亡；②作為合夥人的法人或者其他組織依法被吊銷營業執照、責令關閉、撤銷，或者被宣告破產；③法律規定或者合夥協議約定合夥人必須具有相關資格而喪失該資格；④合夥人在合夥企業中的全部財產份額被人民法院強制執行。

作為有限合夥人的自然人在有限合夥企業存續期間喪失民事行為能力的，其他合夥人不得因此要求其退夥。

作為有限合夥人的自然人死亡、被依法宣告死亡或者作為有限合夥人的法人及其他組織終止時，其繼承人或者權利承受人可以依法取得該有限合夥人在有限合夥企業中的資格。

有限合夥人退夥后，對基於其退夥前的原因發生的有限合夥企業債務，以其退夥時從有限合夥企業中取回的財產承擔責任。

（四）有限合夥人與普通合夥人的轉化

除合夥協議另有約定外，普通合夥人轉變為有限合夥人，或者有限合夥人轉變為普通合夥人，應當經全體合夥人一致同意。有限合夥人轉變為普通合夥人的，對其作為有限合夥人期間有限合夥企業發生的債務承擔無限連帶責任。普通合夥人轉變為有限合夥人的，對其作為普通合夥人期間合夥企業發生的債務承擔無限連帶責任。

有限合夥企業僅剩有限合夥人的，應當解散；有限合夥企業僅剩普通合夥人的，轉為普通合夥企業。

五、合夥企業的解散與清算

（一）合夥企業解散

合夥企業的解散，是指各合夥人解除合夥協議，合夥企業終止活動。合夥企業有下列情形之一的，應當解散：

（1）合夥期限屆滿，合夥人決定不再經營。

（2）合夥協議約定的解散事由出現。

（3）全體合夥人決定解散。

(4) 合夥人已不具備法定人數滿 30 天。
(5) 合夥協議約定的合夥目的已經實現或者無法實現。
(6) 依法被吊銷營業執照、責令關閉或者被撤銷。
(7) 法律、行政法規規定的其他原因。

(二) 合夥企業清算

合夥企業解散，應當由清算人進行清算。清算人由全體合夥人擔任；經全體合夥人過半數同意，可以自合夥企業解散事由出現後 15 日內指定一個或者數個合夥人，或者委託第三人，擔任清算人。自合夥企業解散事由出現之日起 15 日內未確定清算人的，合夥人或者其他利害關係人可以申請人民法院指定清算人。清算結束，清算人應當編製清算報告，經全體合夥人簽名、蓋章後，在 15 日內向企業登記機關報送清算報告，申請辦理合夥企業註銷登記。

合夥企業註銷後，原普通合夥人對合夥企業存續期間的債務仍應承擔無限連帶責任。合夥企業不能清償到期債務的，債權人可以依法向人民法院提出破產清算申請，也可以要求普通合夥人清償。合夥企業依法被宣告破產的，普通合夥人對合夥企業債務仍應承擔無限連帶責任。

第四節　公司法

一、公司與公司法概述

【案例討論】某物流有限公司（總公司）總部設在成都，為了便於業務開展，其在全國大中城市設有多家分公司。2015 年 6 月，其廣州分公司所投遞的貴重物品發生遺失事件，給托運人即某金銀銷售公司造成經濟損失 260 萬元。托運人要求分公司承擔賠償責任，但分公司財力有限，只答應賠償 160 萬元，其餘無力賠償。受害人要求總公司賠償，總公司認為其與分公司實行了外部承包，承包協議還明確規定「分公司的經濟效益除上繳承包費外其餘都留在分公司，因分公司發生的快遞物品責任事故與總公司無關，由分公司自行承擔」。因此，總公司拒絕承擔賠償責任。在要求未果的情況下，受害人提起了民事訴訟。問：
(1) 分公司與子公司在法律上有何區別？
(2) 總公司應否對分公司行為承擔賠償責任，為什麼？

(一) 公司的概念

公司是商品經濟活動中常見的一種企業組織。物流企業也多選擇公司組織形式。一般認為，公司是指依照法律規定，以營利為目的，由股東投資而設立的，公司以其全部財產對公司的債務承擔責任，股東以其認繳的出資額或認購的股份為限對公司承擔責任的法人企業。相對於國家機關、事業單位或社會團體而言，公司具有以下法律特徵：
(1) 公司的營利性。投資者設立公司的目的就是為了通過各種生產經營活動，滿

足社會各種需求並獲取利潤。對某些社會團體或組織來說，其在業務活動中雖然取得一定收入並實現盈利，但如果不是以營利為目的，則不能將其認定為公司。

(2) 公司的法人性。公司的法人性包括公司擁有獨立的名稱、財產和住所，設有獨立的組織機構，獨立承擔法律責任。公司的法人屬性使公司財產與公司成員的個人財產完全區別開來，公司是以自己的名義依法獨立享有民事權利，承擔民事義務，參與各種法律活動。而公司的股東只以其認繳的出資額或認購的股份為限對公司承擔有限責任。

(3) 公司的合法性。公司只有依法定條件和程序設立才能取得企業法人資格。如果一個企業不是按照公司法的規定設立，即使冠名為公司，法律上也不會將其視為公司而給予法律待遇。在公司成立后，公司也必須按照公司法律規定組織生產經營活動。

(二) 公司的種類

目前，世界各國有著不同性質的公司組織形式，並存在很大差異。根據不同的標準，公司可分為：

(1) 按股東對公司所負責任的不同，分為無限責任公司、有限責任公司、股份有限公司和兩合公司

無限責任公司指股東對公司的債務承擔無限責任的公司；有限責任公司指由法定數額的股東組成的，股東以其認繳的出資額為限對公司債務承擔責任的公司；股份有限公司是指由法定數額以上的發起人發起，公司的全部資本分為等額股份，股東以其認購的股份為限對公司債務承擔責任的公司；兩合公司是指由承擔有限責任的股東和承擔無限責任股東共同投資設立的公司。我國公司法只選擇了有限責任公司和股份有限公司兩種公司組織形式。

(2) 按公司信用基礎的不同，分為人合公司、資合公司和人合兼資合公司

人合公司是指以股東的信用作為公司信用基礎的公司。人合公司的人格與其股東的人格沒有完全分離，是一種較低級的公司，其典型形式為無限公司。資合公司是指以股東的出資額為基礎的公司。股份有限公司是典型的資合公司。人合兼資合公司是指同時具有人的信用和資本信用兩種因素的公司。兩合公司即屬於這種公司。

(3) 按公司體系的不同，分為總公司與分公司

總公司又稱本公司，是在一公司體系中處於管轄地位，具有獨立法人資格的公司；分公司則是指在一公司體系中處於隸屬（被管理）地位的公司，分公司是總公司不可分割的組成部分，並且不具有獨立的法人資格的公司。

(4) 按公司間的控制關係，分為母公司與子公司

母公司是指通過持有其他公司的股份而能實際控制其他公司經營活動的公司。子公司是指其一定比例的股份被其他公司持有，經營活動受其他公司控制的公司，子公司具有獨立的法人資格，能獨立承擔民事責任。

(三) 公司法

1. 公司法的概念

公司法是指調整公司設立、組織機構及其對內對外活動中發生的社會關係的法律規範的總稱。20世紀90年代，我國加快了公司立法的步伐，1993年12月29日第八屆全國人大常委會第五次會議通過《中華人民共和國公司法》（以下簡稱《公司法》）。《公司法》於1999年、2004年、2005年進行了修改。最近一次修改是2013年12月28

日第十二屆全國人大常委會通過的《公司法》修正案，該修正案自 2014 年 3 月 1 日起施行。

2. 公司法的基本原則

（1）公司的獨立人格和股東責任有限原則。公司是企業法人，有獨立的法人財產，享有法人財產權。股東將其財產投入到公司，便失去了對該部分財產的佔有、使用和處分的權利，其財產轉化為公司的全部法人財產權，換回了資產收益、重大決策和選擇管理者的權利。股東只承擔有限責任，即有限責任公司的股東以其認繳的出資額為限對公司承擔責任；股份有限公司的股東以其認購的股份為限對公司承擔責任。

【知識連結】公司之人格否認制度

為防止股東濫用公司法人人格、有限責任獲取非法利益，以保護債權人、維護正常的交易秩序，2005 年修改的《公司法》引入了公司法人人格否認制度，即《公司法》第二十條規定：「公司股東濫用公司法人獨立地位和股東有限責任，逃避債務，嚴重損害公司債權人利益的，應當對公司債務承擔連帶責任」。公司法人人格否認制度，又稱「刺破公司面紗」，是指為了防止公司人格的濫用，保護公司債權人利益和社會公共利益，針對具體法律關係中的具體事實，否認公司的獨立人格和股東的有限責任，責令股東對公司債權人或者公共利益直接負責。公司之法人否認制度的引入是期望在股東利益、債權人利益和社會公共利益之間實現一種權益平衡。

（2）股權保護原則。公司股東作為出資者依法享有資產收益、重大決策和選擇管理者等權利。股東有權要求分取收益，有權知曉公司經營活動和經營業績真實性情況的權利。當董事、高級管理人員侵犯公司權益，公司不予追究時，股東有權向人民法院提起訴訟。

（3）科學管理原則。公司治理結構具體表現為公司的組織制度和管理制度。《公司法》按決策、執行、監督三種管理職能分設三種不同機構，即股東（大）會、董事會（經理）、監事會，「三權分立」的領導體制可以保障公司決策的準確性、執行的統一性、監督的有效性。管理制度則包括公司基本管理制度和具體規章，是保證公司法人財產始終處於高效有序營運狀態的主要手段；也是保證公司各負其責、協調運轉、有效制衡的基礎。

（4）利益分享原則。公司是利益共同體，公司的利益是投資者、經營者、勞動者三方的共同利益。公司在一定程度上承擔了社會責任。《公司法》明確規定公司必須保護職工的合法權益，並有權依法組織工會等權利。公司的社會責任強調的是對其他利益相關者的利益保護，以糾正立法上對股東們利益的過度保護，從而體現出法律的公平性。

（四）公司的權利能力與行為能力

1. 公司的權利能力

公司的權利能力是指公司作為法律主體依法享有權利和承擔義務的資格。這種資格是由法律賦予的，是公司享有權利、承擔義務的前提。公司權利能力受到法律限制，主要體現在以下幾方面：

（1）經營範圍的限制。經營範圍是國家允許企業生產和經營的商品類別、品種以

及服務項目等。公司經營範圍的規定由公司章程規定，並依法登記，若公司的經營範圍中屬於法律、行政法規規定須經批准的項目，應當依法先行辦理批准手續。

（2）轉投資的限制。轉投資是公司以其現金、實物、無形資產作為出資，成為另一法律實體的所有人或者債權人的行為。公司的對外投資不應該影響公司的穩定和發展，我國法律規定公司不得成為對所投資企業的債務承擔連帶責任的出資人。

（3）為他人提供擔保的限制。為了維護市場秩序的穩定，公司可以為他人提供擔保，但法律上給予了限制，一是要遵守公司章程規定，即程序上應由董事會或者股東會、股東大會決議作出決議，二是公司章程對投資或者擔保的總額及單項投資或者擔保的數額有限額規定的，不得超過規定的限額。若公司為公司股東或者實際控制人提供擔保的，在經股東會或者股東大會決議時，利害關係股東應遵守迴避制度。

2. 公司的行為能力

公司的行為能力是指公司基於自己的意思表示，以自己的行為獨立取得權利和承擔義務的能力。公司的行為能力與其權利能力同時產生，同時終止。公司行為能力的範圍和內容與其權利能力的範圍和內容相一致，即公司有權從事實現公司經營目的所必需的一切法律行為。當然，公司權利能力所受到的限制，也同樣適用於公司行為能力。

公司是法人，具有法律擬制人格，它在按照自己的意志實施行為時，與自然人有所不同，公司的行為能力通過公司的法人機關來行使。公司的法人機關由公司的股東（或股東大會）、董事會和監事會組成，它們依照公司法規定的職權和程序，相互配合又相互制衡，進行公司的意思表示。

二、有限責任公司

（一）有限責任公司的概念

【案例討論】2014年5月，甲、乙、丙三方出資設立一家物流智能信息服務有限公司。三方投資者簽訂了《發起人協議》，約定公司資本50萬元，其中甲以貨幣25萬元出資，乙以場地使用權作價15萬元出資，丙本以勞務作價10萬元出資。協議還規定甲方出資分期支付，在公司成立時支付10萬元，公司成立後第三年支付15萬元。在公司註冊登記時，登記機關以勞務出資不符合《公司法》規定為由拒絕登記。為此，三方發起人重新修改《發起人協議》，將丙方投資改為「專利技術作價10萬元出資，並在公司成立後15日內辦理權屬轉讓手續」。公司登記成立後，丙方為公司技術總監。2015年，丙提出將其所持有的全部股份轉讓於丁某，但甲、乙雙方均認為丁某無技術優勢且不熟悉公司所從事的行業，不同意此轉讓行為。問：

（1）公司投資方式有何規定？
（2）丙方能否直接向丁某轉讓某全部股份？

有限責任公司，簡稱有限公司，是指由符合法定要求的股東依法設立，股東以其認繳的出資額為限對公司承擔責任，公司以其全部財產對公司的債務承擔責任的企業法人。根據《公司法》的規定，有限責任公司以股東人數不同可分為普通有限責任公司和特殊有限責任公司，前者的股東人數為兩人以上，後者的股東人數為一人。特殊

有限責任公司可表現為一人責任有限公司和國有獨資公司。

與其他公司相比，有限責任公司有以下特徵：

（1）公司性質的人資兩合性。有限責任公司資合性表現在，每個股東都必須出資，不出資的人是不能成為公司股東的。同時，出資人之間存在信任關係，否則不可能被接納為公司股東，所以有限責任公司又具有人合性。

（2）股東人數的限制性。有限責任公司通常是基於股東相互信任而聯合起來出資組建的，股東具有一定的範圍性，股東不能隨意轉讓股權。正基於此種原因，公司股東人數不可能太多。

（3）公司運作的封閉性。公司運作往往由股東自行負責，第三人不能隨意成為公司的股東。除法律另有規定外，公司財務等信息不對外公開。

（4）公司機構設置的靈活性。從規模上說，有限責任公司多屬於中小型企業，從而使其內部組織機構的設置，無論在立法上還是在實務中，都呈現出一定的靈活性。表現在權力機構、執行機構及監督機構的設置及職權的行使，可由公司依其規模及實際需要而靈活決定。

（二）《公司法》關於普通有限責任公司的設立

1. 設立條件

《公司法》規定，設立普通有限責任公司應當具備下列條件：

（1）股東符合法定人數。根據《公司法》的規定，普通有限責任公司的股東人數有限制，即為2人以上、50人以下。除國家有禁止或限制的特別規定外，自然人、法人、其他組織、國家以及外國投資者等均可以成為有限責任公司的股東。國家成為公司股東時，應通過國家授權的部門或者機構進行。

（2）有符合公司章程規定的全體股東認繳的出資額。對有限責任公司註冊資本管理實行認繳登記制，即由公司全體股東認繳註冊資本的出資額、出資方式、出資期限等，並記載於公司章程中。法律、行政法規以及國務院決定對有限責任公司註冊資本實繳、註冊資本最低限額另有規定的，從其規定。全體股東認繳的出資額構成有限責任公司的註冊資本，並在公司登記機關予以登記。

（3）股東共同制定公司章程。設立公司必須依法制定公司章程，它是公司自治性文件，規定公司組織與活動原則，表明公司的名稱、設立宗旨、經營範圍、註冊資金、組織形式、內部機構設置、股東的權利義務等。公司章程必須採取書面形式，經全體股東或發起人同意並在章程上簽名、蓋章才能生效。公司章程生效後，其內容具有相對穩定性，不得隨意變更、修改，變更公司章程後還要進行變更登記。公司章程應當公開，對公司、股東、董事、監事、高級管理人員具有約束力。

（4）有公司名稱、建立符合有限責任公司要求的組織機構。公司名稱是一個公司區別於其他公司的標記，是公司人格的具體體現。有限責任公司的組織機構通常包括股東會、董事會和監事會等公司內部權力、執行及監督機構。但規模較小或股東人數較少的有限責任公司，可以不設董事會和監事會，而只設一名執行董事和一至兩名監事。

（5）有公司住所。公司的住所是公司經濟活動的中心，公司以其主要辦事機構所在地為住所。公司主要辦事機構是指公司主要的經營管理機構。公司可以有多個營業所，但只能有一個住所。住所在法律上有很重要的意義，它是營業所生債務的履行地

和接受地，是決定司法管轄、商事登記管轄和稅收管轄的依據，是民事訴訟司法文書的送達地。

【法律連結】《海關對保稅物流中心（A型）的暫行管理辦法》關於保稅物流中心(以下簡稱物流中心) 設立條件

第五條　物流中心應當設在國際物流需求量較大，交通便利且便於海關監管的地方。

第六條　物流中心經營企業應當具備下列資格條件：

（一）經工商行政管理部門註冊登記，具有獨立的企業法人資格；

（二）註冊資本不低於3,000萬元人民幣；

（三）具備向海關繳納稅款和履行其他法律義務的能力；

（四）具有專門存儲貨物的營業場所，擁有營業場所的土地使用權。租賃他人土地、場所經營的，租期不得少於3年；

（五）經營特殊許可商品存儲的，應當持有規定的特殊經營許可批件；

（六）經營自用型物流中心的企業，年進出口金額（含深加工結轉）東部地區不低於2億美元，中西部地區不低於5,000萬美元；

（七）具有符合海關監管要求的管理制度和符合會計法規定的會計制度。

第七條　物流中心經營企業申請設立物流中心應當具備下列條件：

（一）符合海關對物流中心的監管規劃建設要求；

（二）公用型物流中心的倉儲面積，東部地區不低於20,000平方米，中西部地區不低於5,000平方米；

（三）自用型物流中心的倉儲面積（含堆場），東部地區不低於4,000平方米，中西部地區不低於2,000平方米；

（四）建立符合海關監管要求的計算機管理系統，提供供海關查閱數據的終端設備，並按照海關規定的認證方式和數據標準，通過「電子口岸」平臺與海關聯網，以便海關在統一平臺上與國稅、外匯管理等部門實現數據交換及信息共享；

（五）設置符合海關監管要求的安全隔離設施、視頻監控系統等監管、辦公設施；

（六）符合國家土地管理、規劃、消防、安全、質檢、環保等方面的法律、行政法規、規章及有關規定。

第九條　設立物流中心的申請由直屬海關受理，報海關總署審批。

2. 設立程序

有限責任公司的設立程序較為簡單，主要有以下步驟：

（1）發起人發起。除國有獨資公司和一人有限責任公司外，發起人實施發起行為時，通常都要先簽訂一個發起人協議，以明確各自在公司設立、經營管理等事務中的權利、義務和責任。

（2）申請公司名稱預先核准。公司名稱具有排他性，在一定範圍內，一個公司只能使用特定的經過註冊的名稱。

（3）制定公司章程。全體發起人應依照法定要求並結合擬成立公司的具體情況制定章程。章程的內容不僅要合法，而且應盡可能全面並具可操作性。

（4）繳納出資。股東可以用貨幣出資，也可以用實物、知識產權、土地使用權等可以用貨幣估價並可以依法轉讓的非貨幣財產作價出資；但是，法律、行政法規規定不得作為出資的財產除外。對作為出資的非貨幣財產應當評估作價，核實財產，不得高估或者低估作價。法律、行政法規對評估作價有規定的，從其規定。股東以貨幣出資的，應當將貨幣出資足額存入有限責任公司在銀行開設的帳戶；以非貨幣財產出資的，應當依法辦理其財產權的轉移手續。

（5）經營範圍或行業涉及審批的，應履行審批手續。

（6）申請設立公司登記。股東認足公司章程規定的出資后，由全體股東指定的代表或者共同委託的代理人向公司登記機關報送公司登記申請書、公司章程等文件，申請設立登記。

（7）公司登記成立。公司登記機關即各級工商行政管理部門，對公司設立登記的申請進行審查，對符合法定設立條件的申請予以登記並發給營業執照，否則不予登記。公司營業執照簽發日期為公司成立日期。

（三）有限責任公司股東的權利與義務

【案例討論】科華物流有限公司發起設立於2008年，公司註冊資本為人民幣3,000萬元，主營物流運輸及倉儲業務，《公司章程》規定每年6月1日召開股東會年會。由於科華公司管理混亂，自2012年起，陷入虧損境地，一些股東連續兩年要求查閱公司財務帳冊但都遭到拒絕。2015年股東會年會召開，部分股東們發覺公司財務會計報表仍不具體透明，難以理解。公司管理人員說某些數據涉及公司的商業秘密，暫不公布。后經股東強烈要求，公司才提供了一套財會報表，包括資產負債表和利潤分配表。在股東會年會閉會后，不少股東瞭解到公司提供給他們的財會報表與送交工商部門、稅務部門的不一致，公司對此的解釋是送交有關部門的會計報表是為應付檢查的，股東們看到的才是真正的帳冊。

根據本案情形，股東應當怎樣正確處理以維護自身權益？

1. 有限責任公司股東的權利

公司股東依法享有資產收益、參與重大決策和選擇管理者等權利。具體來講，有限責任公司的股東享有如下權利：

（1）股東有權查閱、複製公司章程、股東會會議記錄、董事會會議決議、監事會會議決議和財務會計報告。

（2）股東可以要求查閱公司會計帳簿。股東要求查閱公司會計帳簿的，應當向公司提出書面請求，說明目的。公司有合理根據認為股東查閱會計帳簿有不正當目的，可能損害公司合法利益的，可以拒絕提供查閱，並應當自股東提出書面請求之日起15日內書面答覆股東並說明理由。公司拒絕提供查閱的，股東可以請求人民法院要求公司提供查閱。

（3）股東按照實繳的出資比例分取紅利；公司新增資本時，股東有權優先按照實繳的出資比例認繳出資。但是，全體股東約定不按照出資比例分取紅利或者不按照出資比例優先認繳出資的除外。

（4）股東可依法轉讓股權。《公司法》第七十一條規定，有限責任公司的股東之間

可以相互轉讓其全部或者部分股權。股東向股東以外的人轉讓股權，應當經其他股東過半數同意。股東應就其股權轉讓事項書面通知其他股東徵求同意，其他股東自接到書面通知之日起滿 30 日未答覆的，視為同意轉讓。其他股東半數以上不同意轉讓的，不同意的股東應當購買該轉讓的股權；不購買的，視為同意轉讓。經股東同意轉讓的股權，在同等條件下，其他股東有優先購買權。兩個以上股東主張行使優先購買權的，協商確定各自的購買比例；協商不成的，按照轉讓時各自的出資比例行使優先購買權。公司章程對股權轉讓另有規定的，從其規定。

（5）股東還享有其他權利，如回購異議股東股權請求權、股權作為遺產的繼承權、對公司組織機構或高級管理人員的損害公司利益的違規行為提起訴訟的權利等。

2. 有限責任公司股東的義務

（1）股東應當按期足額繳納公司章程中規定的各自所認繳的出資額。股東以貨幣出資的，應當將貨幣出資足額存入有限責任公司在銀行開設的帳戶；以非貨幣財產出資的，應當依法辦理其財產權的轉移手續。

（2）有限責任公司成立後，發現作為設立公司出資的非貨幣財產的實際價額顯著低於公司章程所定價額的，應當由交付該出資的股東補足其差額；公司設立時的其他股東承擔連帶責任。

（3）公司成立後，股東不得抽逃出資。

(四) 普通有限責任公司的組織機構

【司法判決】董事會違法操作案

上海藍天實業有限公司（以下簡稱「藍天公司」）是依法成立的有限責任公司，李某系該公司的股東。1995 年 2 月 25 日，藍天公司召開董事會，會議通過第 5、6 號兩份決議，其內容為增補馬某、莫某為公司董事。同年 8 月 12 日，藍天公司又召開董事會，會議通過第 7 號決議，增補方某為公司董事並增選其為常務副董事長。藍天公司董事會增補上述 3 人為董事的依據是 1994 年 4 月 28 日藍天公司股東會通過的公司章程。該章程第 18 條規定：「股東會閉會期間，董事人選有必要變動時，由董事會決定，但所增補的董事人數不得超過董事總數的 1/3」；第二十條規定：「董事會設董事長 1 人，根據需要可設副董事長 1 至 2 人。董事長和副董事長由董事會以全體董事過半數選舉和更換。」這些決議作出後，作為股東的李某提出了異議，其認為由藍天公司董事會增補方某、馬某、莫某為董事，是違反《公司法》的行為，侵犯了股東的權益。但藍天公司董事會卻堅持認為其所作出的決議是依據公司章程而為，而公司章程是經股東會表決通過的，故增補董事決議有效，並不違反《公司法》的規定。於是李某向法院起訴，請求判令董事會作出的決議無效。法院最終認定上述董事會決議違法，要求公司撤銷，並及時召開臨時股東會，對缺額董事進行重新選舉。

1. 股東會

有限責任公司股東會由全體股東組成。股東會是公司的權力機構，依照《公司法》行使職權。

（1）根據《公司法》第三十七條規定，股東會的職權有：①決定公司的經營方針和投資計劃；②選舉和更換非由職工代表擔任的董事、監事，決定有關董事、監事的

報酬事項；③審議批准董事會的報告；④審議批准監事會或者監事的報告；⑤審議批准公司的年度財務預算方案、決算方案；⑥審議批准公司的利潤分配方案和彌補虧損方案；⑦對公司增加或者減少註冊資本作出決議；⑧對發行公司債券作出決議；⑨對公司合併、分立、解散、清算或者變更公司形式作出決議；⑩修改公司章程；⑪公司章程規定的其他職權。

對上述所列事項股東以書面形式一致表示同意的，可以不召開股東會會議，直接作出決定，並由全體股東在決定文件上簽名、蓋章。

（2）股東會會議。有限責任公司股東會會議分為定期會議和臨時會議。定期會議應當依照公司章程的規定按時召開。代表十分之一以上表決權的股東，三分之一以上的董事，監事會或者不設監事會的公司的監事提議召開臨時會議的，應當召開臨時會議。

首次股東會會議由出資最多的股東召集和主持。之後的股東會，有限責任公司設立董事會的，股東會會議由董事會召集，董事長主持；董事長不能履行職務或者不履行職務的，由副董事長主持；除此之外的其他特殊情況下的股東會的召集和主持，《公司法》也作出了明確的規定。

召開股東會會議，應當於會議召開15日前通知全體股東；但是，公司章程另有規定或者全體股東另有約定的除外。股東會應當對所議事項的決定作成會議記錄，出席會議的股東應當在會議記錄上簽名。

（3）股東會決議。股東會會議由股東按照出資比例行使表決權；但是公司章程另有規定的除外。

《公司法》第四十三條規定，股東會會議作出修改公司章程、增加或者減少註冊資本的決議，以及公司合併、分立、解散或者變更公司形式的決議，必須經代表三分之二以上表決權的股東通過。

2. 董事會

董事會是公司股東會的執行機構，負責公司經營決策。

（1）董事會的設置。有限責任公司設董事會，其成員為三人至十三人。兩個以上的國有企業或者兩個以上的其他國有投資主體投資設立的有限責任公司，其董事會成員中應當有公司職工代表；其他有限責任公司董事會成員中可以有公司職工代表。董事會中的職工代表由公司職工通過職工代表大會、職工大會或者其他形式民主選舉產生。人數較少或者規模較小的有限責任公司可以不設董事會，設一名執行董事，執行董事可以兼任公司經理。

董事會設董事長一人，可以設副董事長。董事長、副董事長的產生辦法由公司章程規定。

（2）董事會的職權。董事會對股東會負責，行使下列職權：①召集股東會會議，並向股東會報告工作；②執行股東會的決議；③決定公司的經營計劃和投資方案；④制訂公司的年度財務預算方案、決算方案；⑤制訂公司的利潤分配方案和彌補虧損方案；⑥制訂公司增加或者減少註冊資本以及發行公司債券的方案；⑦制訂公司合併、分立、解散或者變更公司形式的方案；⑧決定公司內部管理機構的設置；⑨決定聘任或者解聘公司經理及其報酬事項，並根據經理的提名決定聘任或者解聘公司副經理、財務負責人及其報酬事項；⑩制定公司的基本管理制度以及公司章程規定的其他職權；

⑪執行董事的職權由公司章程規定。

（3）董事任期。董事任期由公司章程規定，但每屆任期不得超過三年。董事任期屆滿，連選可以連任。董事任期屆滿未及時改選，或者董事在任期內辭職導致董事會成員低於法定人數的，在改選出的董事就任前，原董事仍應當依照法律、行政法規和公司章程的規定，履行董事職務。

（4）董事會會議。董事會會議由董事長召集和主持；董事長不能履行職務或者不履行職務的，由副董事長召集和主持；副董事長不能履行職務或者不履行職務的，由半數以上董事共同推舉一名董事召集和主持。董事會的議事方式和表決程序，除公司法有規定的外，由公司章程規定。董事會應當對所議事項的決定作成會議記錄，出席會議的董事應當在會議記錄上簽名。

董事會決議的表決，實行一人一票。

3. 經理

有限責任公司可以設經理，負責公司日常經營管理工作，由董事會決定聘任或者解聘。經理是指在董事會的領導下負責公司日常生產經營管理工作的業務執行機構。經理對董事會負責，行使下列職權：①主持公司的生產經營管理工作，組織實施董事會決議；②組織實施公司年度經營計劃和投資方案；③擬訂公司內部管理機構設置方案；④擬訂公司的基本管理制度；⑤制定公司的具體規章；⑥提請聘任或者解聘公司副經理、財務負責人；⑦決定聘任或者解聘除應由董事會決定聘任或者解聘以外的負責管理人員；⑧董事會授予的其他職權。公司章程對經理職權另有規定的，從其規定。

經理列席董事會會議。

【法律連結】關於股東會或者股東大會、董事會決議違反違法性規定

《公司法》第二十二條規定：公司股東會或者股東大會、董事會的決議內容違反法律、行政法規的無效。股東會或者股東大會、董事會的會議召集程序、表決方式違反法律、行政法規或者公司章程，或者決議內容違反公司章程的，股東可以自決議作出之日起60日內，請求人民法院撤銷。

公司根據股東會或者股東大會、董事會決議已辦理變更登記的，人民法院宣告該決議無效或者撤銷該決議后，公司應當向公司登記機關申請撤銷變更登記。

4. 監事會

監事會是公司內部的監督機構。

（1）監事會的設置。有限責任公司設監事會，其成員不得少於三人。監事會應當包括股東代表和適當比例的公司職工代表，其中職工代表的比例不得低於三分之一，具體比例由公司章程規定。監事會中的職工代表由公司職工通過職工代表大會、職工大會或者其他形式民主選舉產生。監事會設主席一人，由全體監事過半數選舉產生。

監事會主席召集和主持監事會會議；監事會主席不能履行職務或者不履行職務的，由半數以上監事共同推舉一名監事召集和主持監事會會議。董事、高級管理人員不得兼任監事。股東人數較少或者規模較小的有限責任公司，可以不設監事會，設一至兩名監事。

（2）監事會的職權。監事會、不設監事會的公司的監事行使下列職權：①檢查公

司財務；②對董事、高級管理人員執行公司職務的行為進行監督，對違反法律、行政法規、公司章程或者股會決議的董事、高級管理人員提出罷免的建議；③當董事、高級管理人員的行為損害公司的利益時，要求董事、高級管理人員予以糾正；④提議召開臨時股東會會議，在董事會不履行本法規定的召集和主持股東會會議職責時召集和主持股東會會議；⑤向股東會會議提出提案；⑥董事、高級管理人員執行公司職務時違反法律、行政法規或者公司章程規定，給公司造成損失應當承擔賠償責任的，監事會或不設監事會的監事有權對董事、高級管理人員提起訴訟；⑦公司章程規定的其他職權。

監事可以列席董事會會議，並對董事會決議事項提出質詢或者建議。監事會、不設監事會的公司的監事發現公司經營情況異常，可以進行調查；必要時，可以聘請會計師事務所等協助其工作，費用由公司承擔。

(3) 監事的任期。監事的任期每屆為3年。監事任期屆滿，連選可以連任。監事任期屆滿未及時改選，或者監事在任期內辭職導致監事會成員低於法定人數的，在改選出的監事就任前，原監事仍應當依照法律、行政法規和公司章程的規定，履行監事職務。

(4) 監事會會議。監事會每年度至少召開一次會議，監事可以提議召開臨時監事會會議。監事會的議事方式和表決程序，除公司法有規定的外，由公司章程規定。監事會決議應當經半數以上監事通過。監事會應當對所議事項的決定作成會議記錄，出席會議的監事應當在會議記錄上簽名。監事會、不設監事會的公司的監事行使職權所必需的費用，由公司承擔。

(五) 特殊有限責任公司

1. 一人有限責任公司

一人有限責任公司，是指只有一個自然人股東或者一個法人股東的有限責任公司。由於唯一的出資人對公司經營享有高度的自主權，從而減少了公司治理過程中由於公司內部機構過於複雜所造成的高成本、低效率，但是也正由於股東高度的自主權，使公司的經營缺乏必要的監督機制，在降低投資人投資風險的同時，擴大了一人有限公司的交易風險。因此，《公司法》對一人有限責任公司作了特別的限制性規定，建立了嚴密的風險防範制度，具體體現在以下幾個方面：

(1) 出資人投資一人有限公司數量的限制。《公司法》第五十八條規定，一個自然人只能投資設立一個一人有限責任公司，該一人有限責任公司不能投資設立新的一人有限責任公司。一人有限責任公司應當在公司登記中註明自然人獨資或者法人獨資，並在公司營業執照中載明。如果允許一人設立數個一人有限公司則出資人可以利用自己對這若干個一人公司的絕對控制力進行關聯交易，轉移資產，導致交易風險成倍增加。

(2) 一人有限責任公司的外部監督。一人有限責任公司應當在每一會計年度終了時編製財務會計報告，並經會計師事務所審計。

(3) 一人有限責任公司的法人人格否認制度。《公司法》第六十三條規定，一人有限責任公司的股東不能證明公司財產獨立於股東自己的財產的，應當對公司債務承擔連帶責任。相對於其他公司的法人人格否認在舉證責任方面，一人有限公司適用舉證責任倒置。

2. 國有獨資公司

國有獨資公司，是指國家單獨出資，由國務院或者地方人民政府授權本級人民政府國有資產監督管理機構履行出資人職責的有限責任公司。

國有獨資公司從本質上屬於一人有限責任公司的範疇。法律對國有獨資公司的組織機構作出了特別規定。由於篇幅限制，在此不再闡述。

三、股份有限公司

(一) 股份有限公司

股份有限公司，簡稱股份公司，是指依照公司法的有關規定設立的，其全部資本分為等額股份，股東以其認購的股份為限對公司承擔責任，公司以其全部財產對公司的債務承擔責任的企業法人。與有限責任公司相比，股份有限公司具有如下特徵：

（1）公司性質的資合性。股份有限公司是典型的資合公司，公司是資的組合，股東之間不以信賴為基礎。

（2）公司股份的等額性。股份有限公司的資本總額劃分為金額相等的股份，實行同股同權、同股同利、同股同責。

（3）股份轉讓的任意性。股東持有的股票可以自由轉讓，而不受其他股東的限制，法律特別規定除外。

（4）組織機構相對複雜。股份有限公司的組織機構完備，不能進行簡化設置，而且對於上市公司又有許多特別設置。

【案例連結】中國建設銀行股份有限公司的設立

2004年9月15日，中央匯金投資有限責任公司、中國建銀投資有限責任公司、國家電網公司、上海寶鋼集團公司和中國長江電力股份有限公司在京召開創立大會，發起設立中國建設銀行股份有限公司。公司的全部資本由等額股份構成，股份總數為1,942.302,5億股，每股面值為人民幣1元。其中中央匯金投資有限責任公司出資1,655.38億元，占公司股份總數的85.228%；中國建銀投資有限責任公司出資206.922,5億元，占10.653%；國家電網公司出資30億元，占1.545%；上海寶鋼集團公司出資30億元，占1.545%；中國長江電力股份有限公司出資20億元，占1.030%。

依據國家有關法律法規，創立大會審議通過了「中國建設銀行股份有限公司章程」及董事會、監事會組成人員等有關議案。中國建設銀行改制為國家控股的股份制商業銀行後，名稱為中國建設銀行股份有限公司，簡稱中國建設銀行。中國建設銀行股份有限公司承繼原中國建設銀行商業銀行業務及相關資產、負債和權益。

創立大會後，隨即召開了中國建設銀行股份有限公司第1屆董事會第1次會議和第1屆監事會第1次會議。經董事會討論決定，中國建設銀行股份有限公司完成工商註冊登記後即舉行成立大會。根據國務院的決定和經中國銀行業監督管理委員會批准，中國建設銀行股份有限公司於2004年9月21日在北京掛牌成立。

(二) 股份有限公司的設立

在我國，對股份有限公司的設立採取準則主義。相對於有限責任公司而言，《公司法》規定了嚴格的設立條件和複雜的設立程序。

1. 設立方式

股份有限公司設立有兩種方式：發起設立和募集設立。發起設立，是指公司發行的股份由發起人全部認足，而不再向社會公眾募集，一次確定股東。這種設立方式中，發起人認足的資本數額就是公司進行設立登記時的註冊資本總額，如果以後發行新股，則需進行資本額外負擔的變更登記。募集設立，是指由發起人認購公司應發行股份的一部分，其余股份向社會公開募集或者向特定對象募集而設立公司。採用這種設立方式，需對外募足股份，還需要召集創立大會，設立程序較發起設立複雜。《公司法》對這兩種設立方式都予以承認。

2. 設立條件

設立股份有限公司，應當具備下列條件：

（1）發起人符合法定人數。除國家有禁止或限制的特別規定外，自然人、法人、其他組織、國家以及外國投資者等均可以成為股份有限責任公司的股東。國家成為公司股東時，應通過國家授權的部門或者機構進行。設立股份有限公司，應當有二人以上、二百人以下為發起人，其中須有半數以上的發起人在中國境內有住所。

（2）有符合公司章程規定的全體發起人認購的股本總額或者募集的實收股本總額。股份有限公司採取發起設立方式設立的，註冊資本為在公司登記機關登記的全體發起人認購的股本總額。股份有限公司採取募集方式設立的，註冊資本為在公司登記機關登記的實收股本總額。法律、行政法規以及國務院決定對股份有限公司註冊資本實繳、註冊資本最低限額另有規定的，從其規定。

（3）股份發行、籌辦事項符合法律規定。

（4）發起人制訂公司章程，採用募集方式設立的經創立大會通過。

（5）有公司名稱，建立符合股份有限公司要求的組織機構。

（6）有公司住所。

3. 設立程序

由於發起設立和募集設立所產生的社會責任不同，《公司法》針對它們設計了不同的程序要求。

（1）發起設立的程序

發起設立比較簡單，不需向社會公眾募集股份，其設立程序與有限責任公司的設立程序基本相同，主要包括訂立發起人協議，制定設立公司的可行性研究報告，制定公司章程，發起人認股和繳納股款，選舉公司董事、監事，申請設立登記，登記機關核准登記等程序。

（2）募集設立的程序

募集設立的程序相對複雜，因為需要向社會公眾募集股份，涉及更重的社會責任。其設立程序主要有：①發起人簽訂發起人協議，起草公司章程。②發起人認購公司股份。全體發起人認購的股份不得少於公司股份總數的35%，法律、行政法規另有規定除外。③發起人募集股份。首先根據《公司法》規定的條件和經國務院批准的國務院證券監督管理機構規定的條件，報送募股申請和相關文件，發起人認足部分股份後，製作、公告招股說明書並製作認股書；委託證券公司承銷，委託銀行代收股款，認股人認購、繳納股款。認股人一旦填寫了認股書，就應當按照所認股數承擔繳納股款的義務，否則也將構成違約。④召開創立大會。發行股份的股款繳足後，必須經依法設

立的驗資機構驗資並出具證明。發起人應當自股款繳足之日起 30 日內主持召開公司創立大會。創立大會由發起人、認股人組成。發起人應當在創立大會召開 15 日前將會議日期通知各認股人或者予以公告。創立大會應有代表股份總數過半數的發起人、認股人出席，方可舉行。⑤申請設立登記。董事會應於創立大會結束后 30 日內，申請設立登記，向公司登記機關報送下列文件：公司登記申請書；創立大會的會議記錄；公司章程；驗資證明；法定代表人、董事、監事的任職文件及其身分證明；發起人的法人資格證明或者自然人身分證明；公司住所證明。以募集方式設立股份有限公司公開發行股票的，還應當向公司登記機關報送國務院證券監督管理機構的核准文件。

(三) 股份有限公司的組織機構

1. 股東大會

股份有限公司股東大會由全體股東組成。股東大會是公司的權力機構，對公司重要事項享有最終決定權。股份有限公司股東大會職權由法律規定，其與有限責任公司股東會職權相同。

（1）股東大會會議的召開和主持

股東大會分為定期會議和臨時會議。定期股東大會應當每年召開一次。有下列情形之一的，應當在兩個月內召開臨時股東大會：①董事人數不足本法規定人數或者公司章程所定人數的三分之二時；②公司未彌補的虧損達實收股本總額三分之一時；③單獨或者合計持有公司百分之十以上股份的股東請求時；④董事會認為必要時；⑤監事會提議召開時；⑥公司章程規定的其他情形。

召開股東大會會議，應當將會議召開的時間、地點和審議的事項於會議召開 20 日前通知各股東；臨時股東大會應當於會議召開 15 日前通知各股東；發行無記名股票的，應當於會議召開 30 日前公告會議召開的時間、地點和審議事項。

單獨或者合計持有公司百分之三以上股份的股東，可以在股東大會召開 10 日前提出臨時提案並書面提交董事會；董事會應當在收到提案后兩日內通知其他股東，並將該臨時提案提交股東大會審議。臨時提案的內容應當屬於股東大會職權範圍，並有明確議題和具體決議事項。股東大會不得對通知中未列明的事項作出決議。

股東大會會議由董事會召集，董事長主持；董事長不能履行職務或者不履行職務的，由副董事長主持；副董事長不能履行職務或者不履行職務的，由半數以上董事共同推舉一名董事主持。董事會不能履行或者不履行召集股東大會會議職責的，監事會應當及時召集和主持；監事會不召集和主持的，連續九十日以上單獨或者合計持有公司百分之十以上股份的股東可以自行召集和主持。

（2）股東出席會議

股東出席會議的人數要達到一定比例，才能形成有法律效力的決議。由於很多情況下，股東不能親自參加會議，《公司法》規定股東可以委託代理人出席股東大會會議。代理人應當向公司提交股東授權委託書，並在授權範圍內行使表決權。無記名股票持有人出席股東大會會議的，應當於會議召開五日前至股東大會閉會時將股票交存於公司。

（3）股東大會的議事規則與決議

股東出席股東大會會議，所持每一股份有一表決權，但是公司持有的本公司股份沒有表決權。股東大會選舉董事、監事，可以依照公司章程的規定或者股東大會的決

議，實行累積投票制。其中，累積投票制是指股東大會選舉董事或者監事時，每一股份擁有與應選董事或者監事人數相同的表決權，股東擁有的表決權可以集中使用。

股東大會作出決議，必須經出席會議的股東所持表決權過半數通過。《公司法》第一百零三條規定，股東大會作出修改公司章程、增加或者減少註冊資本的決議，以及公司合併、分立、解散或者變更公司形式的決議，必須經出席會議的股東所持表決權的三分之二以上通過。《公司法》和公司章程規定公司轉讓、受讓重大資產或者對外提供擔保等事項必須經股東大會作出決議的，董事會應當及時召集股東大會會議，由股東大會就上述事項進行表決。

股東大會應當對所議事項的決定作成會議記錄，主持人、出席會議的董事應當在會議記錄上簽名。會議記錄應當與出席股東的簽名冊及代理出席的委託書一併保存。

2. 董事會

【案例討論】2015年2月8日，某建築材料股份有限公司召開董事會臨時會議，討論召開股東大會臨時會議和解決債務問題。該公司共有董事9人，這天出席會議的有李某、章某、王某、丁某、唐某，另有4名董事知悉后由於有事未出席會議。在董事會議上，章某、王某、丁某、唐某同意召開股東臨時會，並作出決議。李某不同意，便在表決之前中途退席。此后，公司根據董事會臨時決議召開股東大會臨時會議，並在大會上通過了償還債務的決議。李某對此表示異議，認為股東大會臨時決議無效。問：

(1) 該董事會臨時會議的召開是否合法？說出其法律依據。

(2) 作出召開股東大會臨時會議的決議是否有效？說出其法律依據。

(1) 董事會的組成

股份有限公司設董事會，其成員為五人至十九人。董事會成員中可以有公司職工代表。董事會中的職工代表由公司職工通過職工代表大會、職工大會或者其他形式民主選舉產生。董事的任期與董事會的職權適用有限責任公司的規定。董事會設董事長一人，可以設副董事長。董事長和副董事長由董事會以全體董事的過半數選舉產生。

董事長召集和主持董事會會議，檢查董事會決議的實施情況。副董事長協助董事長工作，董事長不能履行職務或者不履行職務的，由副董事長履行職務；副董事長不能履行職務或者不履行職務的，由半數以上董事共同推舉一名董事履行職務。

(2) 董事會會議召開

董事會每年度至少召開兩次會議，每次會議應當於會議召開10日前通知全體董事和監事。代表十分之一以上表決權的股東、三分之一以上董事或者監事會，可以提議召開董事會臨時會議。董事長應當自接到提議后十日內，召集和主持董事會會議。董事會召開臨時會議，可以另定召集董事會的通知方式和通知時限。

董事會會議應有過半數的董事出席方可舉行。董事會會議，應由董事本人出席；董事因故不能出席，可以書面委託其他董事代為出席，委託書中應載明授權範圍。

(3) 董事會會議決議

董事會作出決議，必須經全體董事的過半數通過。董事會決議的表決，實行一人一票。董事會應當對會議所議事項的決定作成會議記錄，出席會議的董事應當在會議

記錄上簽名。

董事應當對董事會的決議承擔責任。董事會的決議違反法律、行政法規或者公司章程、股東大會決議，致使公司遭受嚴重損失的，參與決議的董事對公司負賠償責任。但經證明在表決時曾表明異議並記載於會議記錄的，該董事可以免除責任。

3. 經理

經理是對股份有限公司日常經營管理負有全責的高級管理人員，由董事會決定聘任或者解聘，對董事會負責。經理職權適用有限責任公司的規定。公司董事會可以決定由董事會成員兼任經理。

4. 監事會

監事會是公司的內部監督機構。股份有限公司監事會的職責，適用《公司法》關於有限責任公司監事會職權的規定。

股份有限公司設監事會，其成員不得少於三人。公司章程可以規定具體人數且為單數。監事會應當包括股東代表和適當比例的公司職工代表，其中職工代表的比例不得低於三分之一，具體比例由公司章程規定。監事會中的職工代表由公司職工通過職工代表大會、職工大會或者其他形式民主選舉產生。監事的任期每屆為3年，監事任期屆滿，連選可以連任。董事、高級管理人員不得兼任監事，以避免損害監事會的監督作用。

監事會設主席一人，可以設副主席。監事會主席和副主席由全體監事過半數選舉產生。監事會主席召集和主持監事會會議；監事會主席不能履行職務或者不履行職務的，由監事會副主席召集和主持監事會會議；監事會副主席不能履行職務或者不履行職務的，由半數以上監事共同推舉一名監事召集和主持監事會會議。監事可以列席董事會會議，並對董事會決議事項提出質詢或者建議。

監事會每六個月至少召開一次會議。監事可以提議召開臨時監事會會議。監事會的議事方式和表決程序，除公司法有規定的外，由公司章程規定。監事會決議應當經半數以上監事通過。監事會應當對所議事項的決定作成會議記錄，出席會議的監事應當在會議記錄上簽名。

監事會行使職權所必需的費用，由公司承擔。

【法律連結】法律術語

（一）高級管理人員，是指公司的經理、副經理、財務負責人、上市公司董事會秘書和公司章程規定的其他人員。（二）控股股東，是指其出資額佔有限責任公司資本總額百分之五十以上或者其持有的股份佔股份有限公司股本總額百分之五十以上的股東；出資額或者持有股份的比例雖然不足百分之五十，但依其出資額或者持有的股份所享有的表決權已足以對股東會、股東大會的決議產生重大影響的股東。（三）實際控制人，是指雖不是公司的股東，但通過投資關係、協議或者其他安排，能夠實際支配公司行為的人。（四）關聯關係，是指公司控股股東、實際控制人、董事、監事、高級管理人員與其直接或者間接控制的企業之間的關係，以及可能導致公司利益轉移的其他關係。但是，國家控股的企業之間不僅因為同受國家控股而具有關聯關係。

5. 上市公司組織機構的特別規定

根據股份有限公司的股票是否在證券交易所交易，可以將其分為上市公司和非上市公司兩種形式。其中，上市公司是指其股票在證券交易所上市交易的股份有限公司。上市公司具有最廣泛的公眾性，《公司法》對其組織機構作出了特別規定。

(1) 重大事項表決

上市公司在一年內購買、出售重大資產或者擔保金額超過公司資產總額百分之三十的，應當由股東大會作出決議，並經出席會議的股東所持表決權的三分之二以上通過。

(2) 獨立董事

獨立董事是與受聘的上市公司及其主要股東不存在可能妨礙其進行獨立客觀判斷的一切關係的特定董事。設立獨立董事，對於改善公司治理、提高監控職能、維護公眾投資者的利益，具有積極的作用，有利於實現公司價值與股東利益的最大化。上市公司設立獨立董事，具體辦法由國務院規定。

【法律連結】獨立董事與董事的區別

獨立董事是指獨立於公司股東且不在公司中內部任職，並與公司或公司經營管理者沒有重要的業務聯繫或專業聯繫，並對公司事務做出獨立判斷的董事。也有觀點認為，獨立董事應該界定為只在上市公司擔任獨立董事之外不再擔任該公司其他職務，並與上市公司及其大股東之間不存在妨礙其獨立做出客觀判斷的利害關係的董事。

董事是指由公司股東會選舉產生的具有實際權力和權威的管理公司，對外代表公司事務的人員，是公司內部治理的主要力量，對內管理公司事務，對外代表公司進行經濟活動。占據董事職位的人可以是自然人，也可以是法人。但法人充當公司董事時，應指定一名有行為能力的自然人為代理人。

(3) 董事會秘書

董事會秘書是公司高級管理人員，因董事會職權廣泛，上市公司董事會工作更為繁重，有必要設置秘書來協助工作。上市公司董事會秘書，負責公司股東大會和董事會會議的籌備、文件保管以及公司股東資料的管理，辦理信息披露事務等事宜。

(4) 董事對關聯關係表決的迴避

上市公司董事與董事會會議決議事項所涉及的企業有關聯關係的，不得對該項決議行使表決權，也不得代理其他董事行使表決權。該董事會會議由過半數的無關聯關係董事出席即可舉行，董事會會議所作決議須經無關聯關係董事過半數通過。

(四) 股份的發行與轉讓

1. 股份與股票

股份是指均分公司全部資本的最小單位。股份有限公司的資本劃分為股份，每一股的金額相等。股份具有金額性、平等性、不可分性、可轉讓性的特點。公司的股份採取股票的形式。股票是公司簽發的證明股東所持股份的憑證。股票或股份可分以下種類：

(1) 根據股東權力的差異，可分為普通股、優先股。普通股是股份有限公司的最重要、最基本的一種股份，它是構成股份公司股東的基礎。優先股是指股份有限公司

在籌集資本時給予認購者某些優先條件的股票。

（2）根據票面有無記載金額，可分為有面額股票和無面額股票。

（3）根據票面有無記載持股人姓名或名稱的，可分為記名股票和無記名股票。

2. 股份的發行

股份發行是指股份有限公司為籌集資金或其他目的而向投資者出售或分配自己股份的行為。股份有限公司在公司成立前可以為募集資本發行股份，成立後可以為擴充資本發行新股。

股份的發行實行公平、公正的原則；同股同權、同股同利的原則。同種類的每一股份應當具有同等權利。同次發行的同種類股票，每股的發行條件和價格應當相同；任何單位或者個人所認購的股份，每股應當支付相同價額。

股票發行價格可以按票面金額，也可以超過票面金額，但不得低於票面金額。股票採用紙面形式或者國務院證券監督管理機構規定的其他形式。股票應載明下列主要事項：①公司名稱；②公司成立日期；③股票種類、票面金額及代表的股份數；④股票的編號。股票由法定代表人簽名，公司蓋章。發起人的股票，應當標明發起人股票字樣。

公司發行的股票，可以為記名股票，也可以為無記名股票。公司向發起人、法人發行的股票，應當為記名股票，並應當記載該發起人、法人的名稱或者姓名，不得另立戶名或者以代表人姓名記名。公司發行記名股票的，應當置備股東名冊，並作記載。發行無記名股票的，公司應當記載其股票數量、編號及發行日期。國務院可以對公司發行本法規定以外的其他種類的股份，另行作出規定。

3. 股份的轉讓

股份轉讓是指股份有限公司的股東將持有股份依合法的方式轉讓給他人，使他人取得股份而成為股東的行為。通過股份轉讓，股東可以收回投資。股份轉讓是通過股票轉讓實現的。股東轉讓其股份，應當在依法設立的證券交易場所進行或者按照國務院規定的其他方式進行。

記名股票，由股東以背書方式或者法律、行政法規規定的其他方式轉讓；轉讓后由公司將受讓人的姓名或者名稱及住所記載於股東名冊。股東大會召開前20日內或者公司決定分配股利的基準日前五日內，不得進行股東名冊的變更登記。但是，法律對上市公司股東名冊變更登記另有規定的，從其規定。記名股票被盜、遺失或者滅失，股東可以依照公示催告程序，請求人民法院宣告該股票失效。人民法院宣告該股票失效后，股東可以向公司申請補發股票。

無記名股票的轉讓，由股東將該股票交付給受讓人後即發生轉讓的效力。持有無記名股票的人就是股東，依法享有並行使股東權，不必辦理任何過戶手續。無記名股票一旦丟失，股東就失去了股東權利，因而不利於股東權的保護。

【法律連結】股份轉讓限制性規定

發起人持有的本公司股份，自公司成立之日起一年內不得轉讓。公司公開發行股份前已發行的股份，自公司股票在證券交易所上市交易之日起一年內不得轉讓。

公司董事、監事、高級管理人員應當向公司申報所持有的本公司的股份及其變動情況，在任職期間每年轉讓的股份不得超過其所持有本公司股份總數的百分之二十五；

所持本公司股份自公司股票上市交易之日起一年內不得轉讓。上述人員離職後半年內，不得轉讓其所有的本公司股份。公司章程可以對公司董事、監事、高級管理人員轉讓其所持有的本公司股份作出其他限制性規定。

(四) 董事、監事、高級管理人員的任職資格、義務與責任

董事、監事、高級管理人員是公司組織機構的構成人員，其素質的高低、品質的優劣關係到公司經營管理的成敗和發展，因而各國對其任職資格、義務、責任均有明確規定。

四、公司基本制度

公司的基本制度，是指適用於有限責任公司和股份有限公司的企業法律制度。其主要有公司債券制度、公司財務會計制度、公司合併分立制度、公司註冊變更登記制度、公司解散與清算制度等。

【案例討論】美倫有限責任公司是集體所有制企業，由於市場疲軟，瀕臨倒閉。但由於美倫公司一直是其所在縣的利稅大戶，縣政府採取積極扶持的政策。為了生產技術改造籌集資金，美倫公司經理向縣政府申請發行債券，縣政府予以批准，並協助美倫公司向社會宣傳。於是美倫公司擬定發行價值3,000萬元的公司債券，債券票面記載內容包括票面金額為100元、票面利率為9%、美倫公司以及發行日期和編號。

試問美倫公司債券的發行有哪些問題？

(一) 公司債券制度

公司債券，是指公司依照法定條件和程序發行，約定在一定期限還本付息的有價證券。公司債券按是否記名，可以分為記名債券和無記名債券。

公司發行的債券與股票統稱為公司證券，但兩者本質不同，它們的區別主要有以下幾個方面：第一是性質不同。公司債券表示的是債權，是債權憑證；股票表示的是股權，是股權憑證。第二是收益穩定性不同。債券在購買之前，利率已定，到期就可以獲得固定利息，而不管發行債券的公司經營獲利與否；股票的股息收入隨股份公司的盈利情況變動而變動。第三是風險性不同。公司債券持有人相對於股票而言，承擔的風險要小。第四是經濟利益關係不同。債券持有者無權過問公司的經營管理；而股票持有者則有權直接或間接地參與公司的經營管理。

1. 公司債券的發行

根據《中華人民共和國證券法》(以下簡稱《證券法》) 第十六條規定，公司公開發行公司債券應當符合下列條件：

(1) 股份有限公司的淨資產不低於人民幣三千萬元，有限責任公司的淨資產不低於人民幣六千萬元。

(2) 累計債券余額不超過公司淨資產的百分之四十。

(3) 最近三年平均可分配利潤足以支付公司債券一年的利息。

(4) 籌集的資金投向符合國家產業政策。

(5) 債券的利率不超過國務院限定的利率水平。

（6）國務院規定的其他條件。

公開發行公司債券籌集的資金，必須用於核准的用途，不得用於彌補虧損和非生產性支出。

2. 發行公司債券的程序

（1）由公司的權力機構做出決議。

（2）報經國務院授權的部門核准。申請公開發行公司債券，應當向國務院授權的部門或者國務院證券監督管理機構報送下列文件：公司營業執照；公司章程；公司債券募集辦法；資產評估報告和驗資報告；國務院授權的部門或者國務院證券監督管理機構規定的其他文件。依法律規定聘請保薦人的，還應當報送保薦人出具的發行保薦書。

有下列情形之一的，不得再次公開發行公司債券：前一次公開發行的公司債券尚未募足；對已公開發行的公司債券或者其他債務有違約或者延遲支付本息的事實，仍處於繼續狀態；違反法律規定，改變公開發行公司債券所募資金的用途。

（3）公告公司債券的募集辦法。發行公司債券的申請經核准後，應當公告公司債券募集辦法。公司債券募集辦法中應當載明下列主要事項：公司名稱；債券募集資金的用途；債券總額和債券的票面金額；債券利率的確定方式；還本付息的期限和方式；債券擔保情況；債券的發行價格、發行的起止日期；公司淨資產額；已發行的尚未到期的公司債券總額；公司債券的承銷機構。公司以實物券方式發行公司債券的，必須在債券上載明公司名稱、債券票面金額、利率、償還期限等事項，並由法定代表人簽名，公司蓋章。

（4）公司債券的承銷。發行人向不特定對象發行公司債券，發行人應當同證券公司簽訂承銷協議。

（5）置備公司債券存根簿。公司發行公司債券應當置備公司債券存根簿。發行記名公司債券的，應當在公司債券存根簿上載明下列事項：債券持有人的姓名或者名稱及住所；債券持有人取得債券的日期及債券的編號；債券總額，債券的票面金額、利率、還本付息的期限和方式；債券的發行日期。發行無記名公司債券的，應當在公司債券存根簿上載明債券總額、利率、償還期限和方式、發行日期及債券的編號。記名公司債券的登記結算機構應當建立債券登記、存管、付息、兌付等相關制度。

3. 公司債券的轉讓

【案例討論】原告劉某系周某的鄰居。周某年老多病，有一子周三在外地工作，常年很少回家，平時劉某對周某的飲食起居多有照顧。2014年8月，周某因病去世。周某在生病住院期間一直由劉某照顧，周某多次提出將其所持有的某股份有限公司的記名公司債券50萬元贈與劉某，以報答劉某的照顧之情。2015年3月該債券到期，劉某持該債券請求發行公司還本付息。但該公司認為，周某沒有背書轉讓債券，也沒有去公司作變更登記，公司沒有義務對劉某付款。由於周某已去世，故款項應歸公司所有。雙方爭執不下，訴至法院。周三在外地聽說訴訟的消息後，也參加訴訟並請求法院判決其繼承該筆債券。

試分析該記名公司債券的所有權應歸誰所有，為什麼。

公司債券可以轉讓，轉讓價格由轉讓人與受讓人約定。公司債券在證券交易所上市交易的，按照證券交易所的交易規則轉讓。記名公司債券，由債券持有人以背書方式或者法律、行政法規規定的其他方式轉讓；轉讓后由公司將受讓人的姓名或者名稱及住所記載於公司債券存根簿。無記名公司債券的轉讓，由債券持有人將該債券交付給受讓人后即發生轉讓的效力。

4. 可轉換債券

可轉換債券是指上市公司發行的、可依一定條件轉換為股票的債券。可轉換債券一經轉換成股票，債權人資格即喪失，從而取得公司股東的資格，公司債券所代表的公司負債也相應地轉換為公司股本。

發行可轉換為股票的公司債券，應當在債券上標明可轉換公司債券字樣，並在公司債券存根簿上載明可轉換公司債券的數額。公司應當按照其轉換辦法向債券持有人換發股票，但債券持有人對轉換股票或者不轉換股票有選擇權。

(二) 公司財務、會計制度

財務會計工作是公司經營活動的一項基礎工作，加強公司財務工作的規範化管理，有利於保護投資者和債權人的利益，維護穩定、安全的交易秩序，也便於國家的宏觀調控管理。

1. 公司財務會計的一般要求：

(1) 公司應當依照法律、行政法規和國務院財政部門的規定建立本公司的財務、會計制度。

(2) 公司應當在每一會計年度終了時編製財務會計報告，並依法經會計師事務所審計。財務會計報告應當依照法律、行政法規和國務院財政部門的規定製作。

(3) 有限責任公司應當依照公司章程規定的期限將財務會計報告送交各股東。股份有限公司的財務會計報告應當在召開股東大會年會的20日前置備於本公司，供股東查閱；公開發行股票的股份有限公司必須公告其財務會計報告。

(4) 聘用、解聘承辦公司審計業務的會計師事務所，依照公司章程的規定，由股東會、股東大會或者董事會決定。公司股東會、股東大會或者董事會就解聘會計師事務所進行表決時，應當允許會計師事務所陳述意見。公司應當向聘用的會計師事務所提供真實、完整的會計憑證、會計帳簿、財務會計報告及其他會計資料，不得拒絕、隱匿、謊報。

(5) 公司除法定的會計帳簿外，不得另立會計帳簿。對公司資產，不得以任何個人名義開立帳戶存儲。

2. 公司的利潤分配

公司利潤是指公司在一定時期 (1年) 內從事經營活動的財務成果，包括營業利潤、投資淨收益及營業外收支淨額。為體現資本維持原則，維護公司正常的生產經營活動，公司在對股東進行利潤分配時，應遵循無盈不分、少盈少分、多盈多分的原則，依下列順序分配公司利潤：

(1) 彌補公司以前年度的虧損 (依稅法規定彌補期限為準)，繳納所得稅。

(2) 彌補稅前利潤不足以彌補的虧損。但資本公積金不得用於彌補公司的虧損。

(3) 提取稅後利潤的百分之一十為公司法定公積金，公司的公積金用於彌補公司的虧損、擴大公司生產經營或者轉為增加公司資本。公司法定公積金累計額為公司註

冊資本的百分之五十以上的，可以不再提取。
（4）經股東會或者股東大會決議，還可以從稅后利潤中提取任意公積金。
（5）對股東進行分配。分配方式可採用現金分配、增資或發送新股、公積金轉增資本的形式進行。但法定公積金轉為資本時，所留存的該項公積金不得少於轉增前公司註冊資本的百分之二十五。

公司股東會、股東大會或者董事會違反法律的規定，在公司彌補虧損和提取法定公積金之前向股東分配利潤的，股東必須將違反規定分配的利潤退還公司。

(三) 公司合併與分立制度

【案例討論】天成有限責任公司（以下簡稱天成公司）是一家經營化裝品批發的企業，由於市場不景氣，加上股東內耗嚴重，公司負債累累。在年初的股東會議上，股東賈某提議將天成公司分立出一家分公司，即保留天成有限責任公司，並另成立一家天益有限責任公司。天成公司承擔原公司的全部債務，天益有限責任公司獲得老天成公司的淨資產以開展生產經營活動。該提議被股東會一致通過。天成有限責任公司辦理了變更登記手續，天益有限責任公司也順利註冊登記。半年後，原天成公司的債權人飛虹有限公司找上門來，要求天成公司清償債務，但發現其資不抵債。通過工商查詢後，債權人要求天益有限責任公司承擔連帶債務。但后者拿出分立協議書，拒不承擔債務。問：
（1）按照《公司法》的規定，天成公司的分立程序合法嗎？
（2）本案中分立協議書能對抗債權人的請求嗎？

1. 公司的合併
公司的合併是指兩個以上的公司依照法定程序變更為一個公司的法律行為。公司合併可以採取兩種形式：一是吸收合併，是指一個公司吸收其他公司后存續，被吸收的公司解散；二是新設合併，是指兩個以上公司合併設立一個新的公司，合併各方解散。
（1）合併的程序：①權力機構作出決議。②合併各方簽訂合併協議。③編製資產負債表及財產清單。④通知債權人。公司應當自作出合併決議之日起10日內通知債權人，並於30日內在報紙上公告。債權人自接到通知書之日起30日內，未接到通知書的自公告之日起45日內，可以要求公司清償債務或者提供相應的擔保。⑤辦理合併登記手續。
（2）公司合併各方的債權債務
公司合併時，合併各方的債權、債務，應當由合併後存續的公司或者新設的公司承繼。

2. 公司的分立
公司的分立是指一個公司通過法定程序變更為兩個以上公司的法律行為。公司分立有兩種形式：一是派生分立，是指公司以其部分資產分設一個或數個新的公司，原公司存續。二是新設分立，是指公司全部資產分別劃歸兩個或兩個以上的新公司，原公司解散。

（1）公司分立的程序。公司分立，應當編製資產負債表及財產清單。公司應當自作出分立決議之日起10日內通知債權人，並於30日內在報紙上公告。

（2）公司分立前的債務。公司分立前的債務由分立后的公司承擔連帶責任。但是，公司在分立前與債權人就債務清償達成的書面協議另有約定的除外。

（3）公司註冊變更登記制度。公司需要減少註冊資本時，必須編製資產負債表及財產清單。公司應當自作出減少註冊資本決議之日起10日內通知債權人，並於30日內在報紙上公告。債權人自接到通知書之日起30日內，未接到通知書的自公告之日起45日內，有權要求公司清償債務或者提供相應的擔保。

有限責任公司增加註冊資本時，股東認繳新增資本的出資，依照本法設立有限責任公司繳納出資的有關規定執行。股份有限公司為增加註冊資本發行新股時，股東認購新股，依照本法設立股份有限公司繳納股款的有關規定執行。

公司增加或者減少註冊資本、公司合併或者分立以及其他法定登記事項的變更，公司應當依法向公司登記機關辦理變更登記。

（五）公司的解散與清算

【案例討論】2015年3月，中恒有限公司由於市場情況發生重大變化，如繼續經營將導致公司慘重損失。3月20日召開股東會，以出席會議的股東所持表決權的半數通過決議解散公司。4月15日，股東會選任公司3名董事組成清算組。清算組成立后於5月5日起正式啓動清算工作，將公司解散及清算事項分別通知了有關的公司債權人，並於5月20日、5月31日分別在報紙上進行了公告，規定自公告之日起3個月內未向公司申報債權者，公司將不負清償義務。試問：

（1）公司關於清算的決議是否合法？說明理由。
（2）公司能否由股東會委託董事組成清算組？
（3）公司在清算中有關保護債權人的程序是否合法？

1. 公司的解散

公司解散是指已成立的公司因發生法律或公司章程規定的事由，而停止業務活動，開始清理公司財產，了結公司債權債務關係的過程。公司因下列原因解散：

（1）公司章程規定的營業期限屆滿或者公司章程規定的其他解散事由出現。如果有限責任公司持有三分之二以上表決權的股東通過，股份有限公司出席股東大會會議的股東所持表決權的三分之二以上通過，不予解散的，可以通過修改公司章程而存續。

（2）股東會或者股東大會決議解散。

（3）因公司合併或者分立需要解散。

（4）依法被吊銷營業執照、責令關閉或者被撤銷。

（5）公司經營管理發生嚴重困難，繼續存續會使股東利益受到重大損失，通過其他途徑不能解決的，持有公司全部股東表決權百分之十以上的股東，可以請求人民法院解散公司。

2. 公司的清算

公司清算是指公司解散時了結其債權債務，並分配剩余財產，使公司法人資格最終歸於消滅的法律行為。為保護股東和債權人的利益，除因合併、分立而解散外，其

他原因引起的公司解散時均必須經過清算程序將公司財產向債權人和股東分配。

（1）清算組的組成與職權

公司應當在特定的解散事由出現之日起 15 日內成立清算組，開始清算。有限責任公司的清算組由股東組成，股份有限公司的清算組由董事或者股東大會確定的人員組成。逾期不成立清算組進行清算的，債權人可以申請人民法院指定有關人員組成清算組進行清算。人民法院應當受理該申請，並及時組織清算組進行清算。清算組在清算期間行使下列職權：①清理公司財產，分別編製資產負債表和財產清單；②通知、公告債權人；③處理與清算有關的公司未了結的業務；④清繳所欠稅款以及清算過程中產生的稅款；⑤清理債權、債務；⑥處理公司清償債務后的剩余財產；⑦代表公司參與民事訴訟活動。

清算組成員應當忠於職守、依法履行清算義務。清算組成員不得利用職權收受賄賂或者其他非法收入，不得侵占公司財產。清算組成員因故意或者重大過失給公司或者債權人造成損失的，應當承擔賠償責任。

（2）清算程序

①通知、公告債權人申報債權。清算組應當自成立之日起 10 日內通知債權人，並於 60 日內在報紙上公告。債權人應當自接到通知書之日起 30 日內，未接到通知書的自公告之日起 45 日內，向清算組申報其債權。債權人申報債權，應當說明債權的有關事項，並提供證明材料。清算組應當對債權進行登記。在申報債權期間，清算組不得對債權人進行清償。

②清理財產、清償債務。清算期間，公司存續但不得開展與清算無關的經營活動。公司在清算期間被稱為「清算中的公司」，又稱清算法人，仍然維持法人的地位，但是公司從事經營活動的權利已被剝奪，其職能只限定在清算目的範圍內。

清算組在清理公司財產、編製資產負債表和財產清單后，應當制訂清算方案，並報股東會、股東大會或者人民法院確認。所謂清算方案，是指清算組據以處理公司清算事務、了結公司債權、債務清單和債權、債務處理辦法以及剩余財產分配辦法等。清算組在清理公司財產、編製資產負債表和財產清單后，發現公司財產不足清償債務的，應當依法向人民法院申請宣告破產。公司經人民法院裁定宣告破產后，清算組應當將清算事務移交給人民法院。

公司財產能夠清償債務的，清算組應先撥付清算費用，然後按照下列順序清償：第一順序是：職工的工資、社會保險費用和法定補償金；第二順序是：繳納所欠稅款；第三順序是：清償公司債務。

③分配剩余財產。清償公司債務后的剩余財產，清算組應將剩余財產分配給股東。有限責任公司按照股東的出資比例分配，股份有限公司按照股東持有的股份比例分配。

④清算終結。公司清算結束后，清算組應當製作清算報告，報股東會、股東大會或者人民法院確認，並報送公司登記機關，申請註銷公司登記，公告公司終止。

實訓作業

一、實訓項目

1. 對公司進行必要的信息查詢是保障交易安全的重要工作。以中國石化股份有限公司為被調查對象，將學生分組網上查詢本年度該公司的營業執照、公司章程、股東會議記錄、財務報表、重大事件、企業年度報告等資料，初步評估該公司的資信狀況。

2. 為了保障交易安全，請學生分組討論如何識別企業詐欺，並舉例說明。

二、案例思考

（一）甲公司是一家從事電器批發業務的企業，2014年經營活動中的主要債務人是乙公司和丙合夥企業。乙公司是以電器零售業為主的有限責任公司，由張某和劉某出資設立；丙合夥企業是由金某、肖某和姜某共同出資設立的普通合夥企業。在甲公司催債期間，金某退出合夥企業。2015年1月10日，甲公司再次向乙公司和丙企業要求還款，但發現乙公司和丙企業帳面上確沒有資金。於是，甲公司向債務企業的投資者張某、劉某、金某、肖某和姜某追償。但張某、劉某認為自己只是股東，沒有義務承擔出資以外的債務；金某認為自己已經退出了合夥企業，不應對企業債務承擔責任；肖某和姜某認為，自己應當僅就出資額為限承擔責任。根據以上案情，回答下列問題：

（1）張某、劉某的說法是否正確？為什麼？
（2）肖某和姜某的說法是否正確？
（3）金某的說法是否正確？

（二）甲、乙、丙、丁、戊擬共同組建一家飲料有限責任公司，註冊資本200萬元，公司擬不設董事會，由甲任執行董事；不設監事會，由丙擔任公司的監事。飲料公司成立后經營一直不景氣，已欠A銀行貸款100萬元未還。經股東會決議，決定把飲料公司唯一盈利的保健品車間分出去，另成立有獨立法人資格的保健品廠。后飲料公司增資擴股，乙將其股份轉讓給C公司。根據以上案情，回答下列問題：

（1）飲料公司的組織機構設置是否符合公司法的規定？為什麼？
（2）飲料公司設立保健品廠的行為在公司法上屬於什麼性質的行為？設立后，飲料公司原有的債務應如何承擔？
（3）乙轉讓股份時應遵循股份轉讓的何種規則？

第三章
合同法實務

社會經濟活動幾乎都是通過經濟合同聯繫起來和完成的。在物流的各個環節，如商品採購、貨物倉儲、貨物運輸、貨物包裝與裝卸、物流加工、物流配送、物流保險、貨物代理等，都離不開合同。在物流活動中，當事人之間就彼此利益（即權利和義務）進行磋商並達成一致，然後各方依照約定履行自己的義務，從而實現自己的經濟目的和權利。物流合同種類較多，但都以《中華人民共和國合同法》為基本法律制度。本章結合物流相關案例和實際工作的需要，闡述合同法律基本法律制度，包括合同基礎知識、合同的訂立、合同的效力、合同的履行、合同的擔保設定、合同的變更轉讓和終止、違約責任等內容，從而保障經濟工作順利進行。

【導入案例】彩票買賣合同糾紛案

湖北某物流配送中心員工鐘某是一位老彩民，每月都會購買20元的體育彩票，以期博得大獎。2015年8月10日，鐘某通過QQ聊天記錄與當地銷售彩票網點負責人裴某取得了聯繫，表示購買彩票10張，並發送了擬購買彩票的號碼。在裴某表示接受的情況下，鐘某通過支付寶將20元票款存入了裴某的指定銀行帳戶。在該期彩票搖號開獎時，鐘某發現其中兩張彩票中獎，共計獎金85萬元。當高興的鐘某前去取彩票以兌獎時，裴某卻無法交付彩票。后經查實，因裴某疏忽而忘記了彩票的出票行為；同時該銷售彩票網點是湖北省體彩福利中心的代售點。請問：

（1）雙方之間是否有買賣合同關係？
（2）誰應承擔鐘某的經濟損失，賠償金額是多少？

第一節　合同法概述

一、合同的概念

（一）合同的定義

從企業生產經營到公民日常消費，包括買賣、租賃、借貸、代理、出行、贈與、保管等活動，都離不開合同。合同是社會生產與生活中非常普遍的現象，合同既方便了人們的生活和工作，又創造了更多社會財富。合同有多種類型，例如民事合同、勞動合同、行政合同等。本章所指的合同僅屬民事合同範疇，即合同是指平等民事主體

之間設立、變更、終止民事權利義務關係的協議。它可以是書面形式，也可以是口頭形式，還可以是其他形式。

在物流生產經營活動的各個環節，如商品採購、貨物倉儲、貨物運輸、貨物包裝與裝卸、物流加工、物流配送、物流保險、貨物代理等，也是通過合同來完成的。在物流活動中，當事人之間就彼此利益（即權利和義務）進行磋商並達成一致，然後各方依照約定履行自己的義務，從而實現自己的經濟目的和合同權益。由於各種主觀、客觀方面的原因，物流活動中也會出現大量合同爭議，損害或危及各方當事人的經濟權益，雙方所簽訂的合同也成為處理糾紛的重要依據。

【案例連結】國際採購合同糾紛

2014年8月15日，中國某配送中心與韓國的電器公司達成一批冬季取暖的家電採購合同，合同總金額為4,300萬元，約定電器生產企業應於同年10月份交貨。由於暖冬天氣預測，會導致該取暖的滯銷。9月20日配送中心向電器公司打去電話，要求將原合同採購貨物的數量削減50%，電器公司當即表示同意。同年10月份，配送中心仍然收到了韓國方發送的價值4,300萬元的貨物。中方提出了異議，拒收多交的貨物。對於雙方合同糾紛，韓方申請國際貿易仲裁。在仲裁過程中，關於合同變更一事，韓方不予承認，中方缺乏有效證據，仲裁委員會裁決配送中心敗訴，承擔違約責任。

（二）合同的分類

合同按照不同的標準，可以分為不同的種類。常見的合同種類有：

（1）雙務合同和單務合同。這是根據合同當事人權利義務的承擔方式來劃分的。雙務合同是雙方當事人互負給付義務的合同。單務合同是只有一方當事人承擔義務而他方僅享有權利的合同。

（2）有償合同與無償合同。這是根據當事人享有權利時是否支付對價來劃分的。當事人要取得權益必須支付相應對價的合同是有償合同；當事人取得權益無須支付相應對價的合同是無償合同。

（3）諾成合同與踐成合同。這是根據合同生效是否須要交付標的物來劃分的。諾成合同是一旦當事人意思表示一致即成立生效的合同；踐成合同則除了當事人意思表示一致合同成立外，還需要實際交付標的物才能生效的合同。

（4）主合同與從合同。這是根據關聯合同是否具有從屬性來劃分的。在兩個關聯合同存在的場合，不依賴其他合同而能單獨存在的合同是主合同，而必須依賴其他合同的存在為前提的合同是從合同。

（5）利己合同與利他合同。這是根據當事人訂立合同是為了誰的利益來劃分的。當事人為自己的利益而訂立的合同叫利己合同；而訂約當事人為第三人利益而訂立的合同叫利他合同。

【法律連結】我國《合同法》中的分則規定了15種有名合同：買賣合同、供用電、水、氣、熱力合同、贈與合同、借款合同、租賃合同、融資租賃合同、承攬合同、建設工程合同、運輸合同、技術合同、保管合同、倉儲合同、委託合同、行紀合同和居間合同。

二、合同法概述

合同法，是指調整平等當事人之間合同關係的法律規範的總稱。它的主要內容涉及合同的訂立、效力、履行、擔保、變更、解除、終止、違約責任等。

1986 年制定的《中華人民共和國民法通則》規定了合同的基本內容，成為規範合同行為的重要法律。1999 年我國頒布了《中華人民共和國合同法》（以下簡稱《合同法》），比較全面地對有關合同的法律關係進行了規範，《合同法》適用範圍是除婚姻、收養、監護等有關身分關係的協議以外的民事合同。為了便於《合同法》的執行，最高人民法院還對《合同法》的適用作出了多次司法解釋。

除此之外，我國許多單行法規中都有相關合同的法律具體規定。例如，《合夥企業法》規定了合夥協議；《中外合資經營企業法》規定了中外合資經營企業合同；《擔保法》規定了各種擔保合同；《物權法》對物權擔保合同也作出了具體的規定等。

三、合同法的基本原則

為了指導《合同法》的貫徹執行，維護正常的生產與生活秩序，《合同法》確立了以下基本原則：

（一）平等原則

《合同法》第三條規定，合同當事人的法律地位平等，一方不得將自己的意志強加給另一方。平等原則貫徹於合同的全部過程中，它要求合同當事人以平等、協商的方式，設立、變更或消滅合同關係，避免一方將自己的意志強加於對方的情況發生。

（二）自願原則

自願原則又叫意思自治原則，是指合同當事人享有出於內心真實想法而自願訂立合同的自由。合同自願原則賦予合同當事人從事民事活動的一定的意志自由。要求當事人在民事活動中應表達自己的真實意志。但自願並不是絕對的，應是在法律範圍內的自願。

（三）公平原則

《合同法》第五條規定，當事人應當遵循公平原則確定各方的權利和義務。合同的公平原則要求合同雙方當事人之間的權利義務要基本平衡，即雙方當事人之間給付與對待給付之間要有等值性。

（四）誠實信用原則

《合同法》第六條規定，當事人行使權利、履行義務應當遵循誠實信用原則。誠實信用原則是民法的最基本原則，它求民事主體在從事活動時，應講究信用，恪守諾言，誠實不欺，應公平衡量並兼顧雙方利益，以善意的心理方式履行義務，不得濫用權利，規避法律，不得損害社會公共利益和第三人的利益。

【案例連結】房屋買賣合同糾紛案

2014 年 5 月，王某購買深圳市興達房地產公司所開發的某小區房屋一套。雙方簽訂的《商品房買賣合同》載明了該房屋的位置、戶型和面積等。在合同簽訂時，王某按約定預付房款 30 萬元，興達公司出具了收款專用收據。在約定交房到來時，王某發現興達公司已於 2014 年 10 月將該房屋以超出王某合同 50 萬元價格出售給第三方，並

與第三方辦理了房屋過戶登記手續。在雙方不能協調解決的情形下，王某將興達公司起訴至法院。根據《合同法》等規定，除返還預付款外，王某要求興達公司承擔50萬元賠償金的違約責任。2015年8月，法院作出了支持王某的訴訟請求判決。

(五) 遵守法律和社會公共秩序原則

《合同法》第七條規定，當事人訂立、履行合同，應當遵循法律、行政法規，尊重社會公德，不得擾亂社會經濟秩序，損害社會公共利益。

第二節　合同的訂立

一、合同的訂立程序

合同訂立是指當事人就合同的權利義務協商一致，從而達成協議的行為。合同的訂立過程主要包括要約和承諾兩個基本階段。

在實踐中，因經濟合同涉及當事人重大經濟利益，合同訂立過程往往要經過若干次討價還價，最後各方達成一致意見並以協議形式表現出來。合同訂立過程體現為《合同法》所規定的「要約邀請—要約—反要約—再反要約—承諾」。

【案例討論】買賣合同糾紛案

5月25日，美揚有限公司向中科有限公司發送Email「詢購X123型號機器，數量4臺」。

5月30日，中科有限公司以同樣回覆「X123型號產品，供售4臺，每臺單價22萬元，限6月7日前回覆有效」。

6月3日，中科有限公司收到了美揚有限公司回覆「接受且須降價10%」。

6月4日，中科有限公司正研究如何答覆時，又收到了美揚有限公司來函「完全接受中科有限公司5月30日的報價」。

根據上述情形，請回答：

(1) 各方當事人每次行為的法律性質是什麼？
(2) 雙方之間的買賣合同是否成立？為什麼？

(一) 要約

1. 要約的含義及應具備的條件

要約即訂約提議，是一方當事人向他人提出的希望以一定條件訂立合同並授受其約束的意思表示。發出要約的一方為要約人，接受要約的一方為受要約人或相對人。

要約要具備以下條件：

(1) 要約是以訂立合同為直接目的的意思表示。如不是以訂立合同為目的的向對方當事人發出的意思表示，不能視為要約。

(2) 要約原則上應向特定相對人提出意思表示。要約人可能是未來合同的一方當事人，所以發出要約的人應是確定的，以便於受要約的人作出答覆。同時受要約的人

應是要約人的相對人，只要經該相對人同意，合同即可成立。

（3）要約的內容必須具體、確定。要約一旦為受要約人承諾，合同就已經成立。因此要約應該包含訂立合同的主要條件，如合同的標的、質量、價金、履行期限等，以便受要約人瞭解要約的真實含義，從而決定是否作出承諾。

（4）要約須送達受要約人才能生效。要約須於到達受要約人時方能生效，從而使受要約人取得對該項要約作出承諾的權利，要約人自此被其約束。

要約生效時間，根據《合同法》規定為要約到達受要約人時為生效時間。針對數據電文的特殊送達方式，《合同法》第十六條第二款還規定：採用數據電文形式訂立合同，收件人指定特定系統接收數據電文的，該數據電文進入該特定系統的時間，視為到達時間；未指定特定系統的，該數據電文進入收件人的任何系統的首次時間，視為到達時間。

【法律連結】要約邀請

如果一方只是表示了訂約願望而沒有提出合同的主要條件，則不構成要約，只能視為要約邀請。要約邀請又稱要約引誘，是指希望他人向自己發出訂立合同的要約的一種意思表示，它對發出要約邀請的當事人不產生任何法律上的約束力。而要約生效後，對要約人產生法律約束力，並承擔法律上的義務。

根據《合同法》規定，生活中常見的要約邀請有：商業廣告、寄送價目表、拍賣公告、招標公告、招股說明書等。但商業廣告如果符合要約條件的應視為要約，例如廣告註明其是要約或者寫明相對人只要作出規定行為即可以使合同成立。

2. 要約的法律效力

（1）要約對要約人的法律效力

要約在發出之後尚未送達受要約人之前，對要約人沒有約束力。要約自送達受要約人時起生效，即對要約人產生法律約束力。要約可規定受要約人作出承諾的期限，這個期限就是要約的有效期；若要約中未規定期限的，則以合理的期限為要約的有效期。在要約有效期內，如果受要約人接受要約，則要約人與其形成合同關係。要約人在要約生效後，變更或撤銷要約而給受要約人造成損失的，應承擔民事責任。

（2）要約對受要約人的法律效力

受要約人自要約生效時起取得作出承諾的資格。受要約人是否要作出承諾以訂立合同，是受要約人的權利。除了法律另有規定或者雙方事先另有約定外，受要約人沒有答覆要約的義務。即使要約人單方面在要約中規定受要約人不答覆即視為承諾，該規定對受要約人也沒有法律約束力。

3. 要約的撤回與撤銷

【案例討論】2015年4月2日，通大物流公司向長春某汽車銷售商發去一份特快專遞：採購其承銷的永恆牌汽車四輛，15系列B款，2015年出廠，載重8噸，每輛32萬元人民幣，合同糾紛提交成都仲裁委員會仲裁。在特快專遞發出後，通大物流公司發現車輛市場價格出現了一次大的下滑，甚覺原信函中的交易條件對自己不利。

根據《合同法》規定，通達物流公司應怎麼辦？

要約的撤回，是要約人在要約生效前，採取行動使要約不發生法律效力的行為。撤回要約的通知只要先於要約到達或同時到達受要約人，就產生撤回要約的效力。

要約的撤銷，是要約人在要約生效后，依法採取行動使生效的要約失去法律效力的行為。撤銷要約的通知應當在受要約人發出承諾通知之前到達受要約人。為保護當事人的利益，《合同法》第十九條規定，有下列情形之一的，要約不得撤銷：要約中確定了承諾期限以及其他形式明示要約不可撤銷；受要約人有理由認為要約是不可撤銷的，並且已經為履行合同作了準備工作。

4. 要約的失效

要約在一定條件下會失去其法律約束力，即要約的失效。根據《合同法》第二十條規定，在下列情形下會導致要約失效：

（1）拒絕要約的通知到達要約人。要約生效后，受要約人可以承諾也可以拒絕。如果受要約人拒絕接受要約的，則在拒絕要約的通知到達要約人時，要約失效。

（2）要約人依法撤銷了要約。

（3）要約有效期限屆滿，受要約人未作出承諾。有的要約人在要約中明確了承諾的期限，這樣承諾必須在規定期限內作出，超過期限，則該要約自行失效。

（4）實質性變更承諾到達要約人。受要約人對要約作出了實質性變更，這種變更就不再是承諾，而是原受要約人向原要約人發出的一個新的要約。

（二）承諾

【案例討論】 2015年4月2日，通大物流公司向長春某汽車銷售商發去一份特快專遞：採購其承銷的永恆牌汽車四輛，15系列B款，2015年出廠，載重8噸，每輛32萬元人民幣，合同糾紛提交成都仲裁委員會仲裁，要求4月15日前答覆有效。汽車銷售商收到后，於4月12日復函：接受你方條件，但合同糾紛提交長春法院管轄。通大物流公司對此沒有回覆，長春某汽車銷售商要求履行本合同。

根據《合同法》規定，雙方合同是否成立，為什麼？

1. 承諾的條件和方式

承諾是指受要約人向要約人作出的同意要約以成立合同的意思表示。合同法規定，承諾生效時合同成立，承諾人一旦作出承諾，則雙方都要受合同的約束。承諾通常要符合以下條件才能生效：

（1）承諾應由受要約人向要約人作出的意思表示。要約和承諾是典型的相對人之間的行為，因此非受要約人所作的意思表示，不是承諾；受要約人同意要約的意思表示應向要約人作出，否則也不是承諾。

（2）承諾的內容應當與要約的內容一致。承諾作為受要約人願意按照要約的內容與要約人訂立合同的意思表示，因此承諾的內容應當與要約的內容一致。受要約人對要約的內容只是部分接受或作出了變更，則會影響承諾的效力，可能導致承諾無效。

（3）承諾應在要約的有效期內作出。要約規定了期限的，意味著要約在其存續期間才有效力，承諾必須在此期間內作出。要約沒有規定期限的，承諾應在以下期限內作出：要約以對話方式作出的，應當立即承諾；要約以非對話的方式作出的，應當在合理的期限內承諾。凡是在要約有效期滿后的答覆或送達，會導致承諾的法律效力

受到影響甚至無效。

（4）承諾方式應當符合要約要求或者與要約的傳遞方式一致。承諾方式是指承諾人採用何種辦法將承諾的通知送達要約人。按照《合同法》的規定，承諾一般應當以通知的方式作出，根據交易習慣或者要約表明可以通過行為作出承諾的，也可以行為的方式進行承諾。其中通知的方式可以是口頭的、書面的；承諾行為一般表現為合同的履行，如預付價款、裝運貨物等。

2. 承諾的法律效力

承諾的法律效力是指承諾引起的法律后果，承諾的效力在於承諾生效時合同成立。除法律或當事人另有約定外，合同成立時即合同生效，當事人於此時起負有履行合同的義務。

根據《合同法》的規定，一般情況下承諾生效時間應是承諾通知到達要約人時。若承諾不需要通知的，應於有符合交易的性質、習慣所確定的方式或者要約表明的其他方式的情形時生效。

3. 承諾的撤回

承諾撤回，是受要約人阻止其承諾生效的行為。承諾撤回要求撤回承諾的通知必須先於承諾或者與其同時到達要約人；否則，已作出的承諾有效，合同已經成立，雙方當事人應受合同內容的約束。承諾被依法撤回的，視為承諾未發出。

4. 特殊情形下承諾效力的認定

（1）遲到承諾效力的認定

承諾超過要約規定的期限送達要約人的，為遲到的承諾。遲到的承諾，除非要約人及時通知受要約人該遲到承諾仍然有效以外，不發生承諾的效力；但因其又符合要約的條件，所以本身又構成一個新的要約。但我國《合同法》第二十九條規定除外情形，受要約人在承諾期限內發出承諾，按照通常情況能及時到達要約人，但因其他原因承諾到達要約人時超過了承諾期限的，除非要約人及時通知受要約人該遲到承諾無效外，該承諾有效。

（2）變更性承諾效力的認定

變更性承諾效力的認定因其是否構成實質性變更而有不同的法律規定。根據《合同法》規定，實質性變更承諾本身成為一個新的要約；如果承諾對要約的內容作出非實質性變更的，除該要約人及時表示反對或者要約本身規定承諾不得對要約的內容作出任何變更的以外，該承諾有效，合同的內容以承諾的內容為準。

《合同法》規定的實質性變更包括對有關合同標的、數量、質量、價款或報酬、履行期限、履行地點和方式、違約責任以及糾紛解決辦法等內容的變更。

【案例討論】廣東某機械集團公司欲在成都或重慶租賃1,000平方米的庫房作為西南貨物集散地。通過網路查詢，集團公司於2015年4月6日以特快專遞方式向成都某物流中心發出庫房租賃要約，並規定4月18日前為承諾的答覆期限。成都物流中心在4月11日以相同傳遞方式表示接受。集團公司在4月19日才收到該項復函，因其為逾期接受而未予理睬。4月28日，集團公司的業務員與重慶另外一家客戶簽訂了庫房租賃合同。不久之後，成都物流中心主張庫房已準備，要求集團公司履行合同。請問：

（1）雙方合同是否成立？為什麼？

（2）集團公司應吸取什麼教訓？

二、合同的內容

合同的內容是指合同中當事人達成的明確雙方權利義務的條款。由於合同的種類和性質不同，合同的內容也各有差異。合同的具體內容由當事人協商約定，為了便於當事人協商合同內容，我國《合同法》規定了合同的基本條款：

（1）當事人的名稱或者姓名和住所。為了便於合同的履行或糾紛的處理，當事人宜在合同中明確主體名稱及姓名，包括有效聯繫方式。

（2）標的。標的是合同當事人雙方權利義務共同指向的對象。沒有標的，合同的權利義務就不能確定。合同的種類不同，其標的也有所不同，但歸納起來有三種：財產、勞務和一定的工作成果。

（3）質量和數量。數量和質量是標的具體化，是衡量合同是否履行的重要尺度。簽訂合同，必須對數量和質量明確地具體清楚地加以規定。

（4）價款或酬金。價款是標的的價金，是合同當事人一方取得標的應向對方支付的貨幣或代價，它體現了訂立合同的等價有償原則。價款是有償合同必須具備的條款。酬金是指當事人提供了勞務或者完成了一定的工作成果所支付的金錢。

（5）履行的期限。履行期限，是指合同當事人依照合同規定，全面履行自己義務的時間，是確定合同是否如期履行或遲緩履行的依據。

（6）履行地點和方式。履行地點，是指當事人履行合同義務的地址。履行地點必須明確具體，因為履行地點不僅關係到合同義務的實際履行，還關係到履行費用的負擔和訴訟等事宜。

履行方式，是指履行合同義務的方式。不同種類的合同，有不同的履行方式。如按履行合同義務標的交付方式，可分為送貨、自提、代辦托運三種方式。

（7）違約責任。違約責任，是指合同當事人違反合同義務應承擔的民事法律後果。違約責任的規定，對維護合同的嚴肅性、督促當事人自覺履行合同義務有著積極的作用。

（8）解決爭議的辦法。解決爭議的方法，是指當事人對合同在履行中發生爭議時所確定的解決爭議的方式。一般可以採取協商、調解、仲裁、訴訟等方式解決，具體採用何種方法應視情況由雙方當事人自行確定。

三、合同的形式

（一）合同的形式，是指 事人 合同 容的方式。《合同法》 定了合同形式有 面形式、口 形式和其他形式

（1）書面形式。書面形式是以文字記載當事人所訂合同的形式。書面形式可以表現為合同書、信件以及數據電文（包括電報、電傳、傳真、電子數據交換、電子郵件和微信等）。書面形式的優點是當事人權利義務明確，有據可查，發生糾紛時便於分清責任。因此重要的、內容複雜的合同最好採取書面形式。

（2）口頭形式。口頭形式是當事人只用語言進行意思表示訂立的合同。口頭形式簡便易行，在日常生活經常被採用，但不足之處是發生糾紛時難以舉證。

（3）其他形式。其他形式是指以書面和口頭以外的形式訂立的合同，包括推定形

式和默示形式。推定形式指一方當事人只用行為向對方發出要約，對方以一定或指定行為做出承諾，合同即告成立。如商場裡的自動售貨機，顧客將規定的貨幣投入機器內，買賣合同就成立。默示形式是指當事人以不作為進行意思表示的形式，但僅限於法律規定、商業慣例或者當事人預約承認的情況下採用。

合同應該盡可能尊重當事人的意願，因此具體採用何種合同形式，一般由當事人協商決定。但是法律、行政法規規定採取書面形式的合同，應當採取書面形式；當事人約定採取書面形式的，也應當採取書面形式。法律、行政法規規定或者當事人約定了採取書面形式訂立合同，當事人未採取書面形式但一方已經履行合同主要義務，對方接受的，該合同仍然成立。

【法律連結】電子簽名

《中華人民共和國電子簽名法》（2005年）規定：民事活動中的合同或者其他文件、單證等文書，當事人可以約定使用或者不使用電子簽名、數據電文。只要是能夠有效地表現所載內容，並可以隨時調取查用的數據電文，視為符合法律、法規要求的書面形式。

可靠的電子簽名與手寫簽名或者蓋章具有同等的法律效力。在電子交易過程中，交易雙方互不認識，缺乏信任，使用電子簽名時，可以由第三方認證。第三方認證由依法成立的電子認證機構對電子簽名人的身分進行認證，並為其發放證書，為交易雙方提供保證。

(二) 格式合同

格式合同，是指當事人為了重複使用而預先擬定，並在訂立合同時未與對方協商的合同，例如保險合同、銀行借款合同、貨運提單等。格式合同不是雙方就合同條款逐條進行協商而制定的，而是單方先擬定的，有可能損害非擬定一方當事人的合法權益。為了保護非擬定一方當事人的合法權益，《合同法》對格式合同作出了以下特別規定：

(1) 採用格式條款訂立合同的，提供格式條款的一方應當遵循公平原則確定當事人之間的權利和義務，並採取合理的方式提請對方注意免除或者限制其責任的條款，按照對方的要求，對該條款予以說明，否則該條款無效。

(2) 對格式條款的理解發生爭議的，應當按照通常理解予以解釋。對格式條款有兩種以上解釋的，應當作出不利於提供格式條款一方的解釋。格式條款和非格式條款不一致的，應當採用非格式條款。

(3) 經營者不得以格式合同、通知、聲明、店堂告示等方式作出對消費者不公平、不合理的規定，或者減輕、免除其損害消費者合法權益應當承擔的民事責任。

第三節　合同的效力

一、合同的生效

合同雖然經過要約和承諾的訂立程序，但僅表示合同內容已在當事人之間協商一

致，即表明合同在當事人之間已經成立。合同的生效，是指已經成立的合同在當事人之間產生法律意義上的約束力。

成立的合同是否生效，是否受法律保護，還要經過法律的評價。如果合同符合法律的生效條件，合同即會生效。相反，如果違反法律要求，合同要麼無效，要麼被撤銷，要麼效力待定。根據《民法通則》《合同法》等規定，合同生效的法律要求主要有以下幾方面。

【案例討論】酒樓租賃合同糾紛

2010年趙某租賃陳女士房屋一樓計280平方米面積從事中餐生意，合同期限為8年。2013年時因客戶建議，趙某想擴大生意即租賃該樓的第二層樓面做火鍋生意。因當天陳女士不在家，趙某找到了住在樓上的陳女士兒子的親爹並簽訂了二樓的租賃合同，該合同期限為5年。在訂約時，趙某支付了二樓合同的第一年租金。此後房屋裝修和開業準備歷時十餘天，陳女士均未表示反對。當趙某正喜慶開業時，陳女士認為該房屋二樓租賃合同無效，理由是本人兩年前已與兒子親爹離婚，其代簽行為無效。趙某認為陳某不認可代簽協議應早提出異議，以避免重大經濟損失。

請問二樓租賃合同的效力應當如何認定，為什麼。

(一) 訂約當事人主體合法

如果當事人是自然人，其訂立合同，應具有相應的民事權利能力和民事行為能力。限制行為能力人只有在從事與其年齡、智力狀況相適應的民事活動時訂立的合同才生效。無民事行為能力人從事民事活動須由其監護人代理。但無行為能力人訂立的自己純獲利益的或者義務完全免除的合同和與其智力狀況、年齡相適應的滿足其日常學習、生活需要的合同則有效。

如果當事人是法人，則情況有所不同。依據《民法通則》和《合同法》，原則上要求法人在開展經營活動中訂立合同須受其章程及經營範圍的限制。但是隨著市場經濟的發展，最高人民法院的司法解釋規定：法人超越經營範圍訂立的合同，只要沒有違背法律的強制性規定，仍然認為是有效的。但違反國家限制經營、特許經營以及法律、行政法規禁止經營的規定而訂立的合同是無效的。

【法律連結】自然人的民事行為能力

自然人的民事行為能力，是指自然人通過自己的行為行使民事權利和承擔民事義務的資格。在民法上根據自然人的年齡、智力和精神狀態的條件，自然人分為完全民事行為能力人、限制民事行為能力人和無民事行為能力人。

各國民事行為能力的劃分標準有不同規定。我國《民法通則》規定，年滿18周歲的成年人和16周歲以上不滿18周歲，但以自己的勞動收入為主要生活來源的人，是完全民事行為能力人。10周歲以上的未成年人和不能完全辨認自己行為的精神病人是限制民事行為能力人。不滿10周歲的未成年人和不能辨認自己行為的精神病人是無民事行為能力人。

(二) 意思表示真實

意思表示真實，是指當事人在締約過程所作的要約和承諾都是自己內在真實意志的表示，當事人行為的外部表示與內心意思完全一致。當事人若是在受詐欺、脅迫、乘人之危等情況下所訂立的合同，都屬於違反真實意願所訂立的合同，合同效力也因此受到影響，甚至直接導致無效。

(三) 合同內容合法

合同內容合法即合同內容不得違反法律法規的強制性規定，也不得違背社會公共利益。社會公共利益是指社會上多數人的利益，國家的政治基礎、社會秩序、道德準則和風俗習慣等構成社會公共利益的基本內容。

(四) 合同形式合法

合同形式合法即合同的表現形式和生效程序要符合法律規定或當事人的特別約定。例如，中外合資經營企業合同須根據《中華人民共和國中外合資經營企業法》的規定由主管部門審批后才生效。

除法定生效條件外，當事人對合同的效力還可以約定條件。附生效條件的合同，自條件出現時生效。附解除條件的合同，自條件出現時失效。《合同法》規定，當事人為自己的利益不正當地阻止條件成就的，視為條件已成就；不正當地促成條件成就的，視為條件不成就。當事人對合同的效力也可以約定附期限。附生效期限的合同，自期限屆至時生效。附終止期限的合同，自期限屆滿時失效。

二、無效合同

無效合同，是指成立的合同因不符合法定生效條件且自始不能挽救的合同。

依法成立的合同，自訂立時起就具有法律效力，產生了對當事人的法律約束力。任何一方違反合同，應當承擔違約責任。但無效合同從其訂立時起就不發生法律效力，對合同雙方當事人均無約束力，不受國家法律的承認和保護。

無效合同可分為全部條款無效合同和部分條款無效合同。全部條款無效合同，又稱絕對無效合同，是指合同的全部條款不發生任何法律效力的合同；部分條款無效合同，是指其中某些條款因違反法律法規而無效，但其他部分仍具有法律效力的合同。

(一) 絕對無效合同的法定情形

根據我國《合同法》第五十二條規定，在下列情形下，合同絕對無效：

(1) 一方以詐欺、脅迫手段訂立損害國家利益的合同。
(2) 惡意串通，損害國家、集體或者第三人利益的。
(3) 以合法形式掩蓋非法目的。
(4) 損害社會公共利益。
(5) 違反法律、行政法規的強制性規定的。

其中，詐欺是指一方當事人故意捏造虛假事實，或歪曲、掩蓋真實情況，使得對方當事人陷於錯誤認識而作出不合其真實意思的表示。脅迫則是一方當事人以施加肉體或者精神壓力的方式，使對方當事人陷入恐懼而作出不合其真實意思的表示。

(二) 部分條款無效的法定情形

按照《合同法》第五十三條規定，如果合同中約定了下列條款，該條款無效：一是造成對方人身傷害的免責條款；二是因故意或者重大過失造成對方財產損失的免責

條款。

三、可撤銷或可變更合同

可撤銷或可變更合同，是指因當事人意思表示不真實，表意錯誤的一方當事人可依法撤銷合同的效力或變更合同內容的合同。相對於絕對無效合同而言，可撤銷合同在有撤銷權一方行使撤銷權且經法院或仲裁機構同意的，該合同自始無效，因而可撤銷合同又稱相對無效合同。

（一）可撤銷或可變更合同的法定情形

按照《合同法》第五十四條的規定，當事人一方有權請求人民法院或者仲裁機構變更或者撤銷的法定情形：

1. 因重大誤解訂立的合同

重大誤解，是指一方當事人對合同的內容或者條款在理解上存在重大的錯誤，並使自己遭受較大損失。現實生活中重大誤解的情形主要包括：一是對合同的性質發生誤解；二是對標的物種類的誤解；三是對標的物的質量的誤解；四是對標的物價值的誤解；五是對當事人特定身分認識的誤解。

2. 訂立合同時顯失公平的合同

顯失公平的合同是指一方在情況緊迫或缺乏經驗的情況下，訂立對自己明顯有重大不利的合同。此種合同違反了公平和等價有償的合同法原則，使合同當事人雙方的權利義務明顯不對等，經濟利益上明顯不均。導致顯失公平的原因可以是詐欺、脅迫、乘人之危、重大誤解、當事人缺乏行為能力，也可能是其他的因素。

3. 詐欺、脅迫的合同

以詐欺、脅迫手段訂立的合同，作為可撤銷合同，在構成條件上與《合同法》第五十二條規定的無效情形是有區別的，兩者的區別主要在於損害的利益不同，無效合同的詐欺、脅迫，在其構成要件上須損害國家利益，因而構成合同的當然無效，而此處的詐欺、脅迫則不以此為構成要件。

4. 乘人之危的合同

乘人之危的合同，是指行為人面臨危難處境或緊迫需要的情形，在沒有價格競爭的條件下，迫於對方壓力訂立的不符合事實意思表示的合同。

顯失公平、乘人之危、詐欺、脅迫的合同，在不損害國家利益時才構成可撤銷的合同，否則為無效合同。

（二）撤銷權或者變更權的行使

（1）撤銷權的行使。當合同符合可撤銷的情形時，合同的受害人獲得撤銷權，即受害人有權通過單方面的意思表示使合同失去法律效力。

撤銷權的實現須是在受害人知道或者應該知道撤銷事由之日起1年內，向仲裁機構或者法院提出撤銷合同的請求，由仲裁機構和法院認定。為保持生活和生產經營的正常秩序，考慮到各方當事人的合法權益，《合同法》規定受害人在1年內不行使撤銷權或者明確放棄撤銷權的，其撤銷權歸於消滅。

（2）變更權的行使。在合同出現可撤銷的原因時，合同中的受害方也同時具備了合同的變更權。受害方可以就合同中有瑕疵的部分（即重大誤解和顯失公平之處）要求改變合同的相應內容。《合同法》規定，行使合同變更權的方式、期限與行使合同撤

銷權一樣。

【案例連結】 2015 年 3 月，朱某在某電器商場購買了一部商品標籤上表明產地為歐洲、價格為 12,000 元數碼攝像機一部。在使用過程中，朱某發現攝像機性能不佳，懷疑是假貨，便將該攝像機送至省進出口商品檢驗局鑑定，鑑定結論是該攝像機並非歐洲所產。朱某認為電器商場在買賣中對其故意隱瞞了產品的真實情況，自己是在被誤導的情況下購買的攝像機，要求撤銷與電器商場買賣合同即退貨和加倍賠償，但遭商場的拒絕。

該案經朱某起訴后，法院審理認為：在銷售攝像機的過程中，商場隱瞞真相並做了虛假的宣傳，損害了原告的知悉權，構成消費詐欺。根據《合同法》《消費者權益保護法》等規定，法院判決支持原告撤銷合同的請求，被告商場退還原告購機款 12,000 元並雙倍賠償 24,000 元。

四、效力待定合同
（一）效力待定合同
效力待定合同，是指合同雖然成立，但欠缺生效條件，其效力能否發生尚未確定，須經權利人追認或者拒絕才能確定效力的合同。效力待定合同與無效合同、可撤銷的合同是有區別的。效力待定的合同在成立時並沒有生效，其法律效力是懸而未決的，之后經權利人追認才有效，權利人拒絕則無效。相比較而言，可撤銷的合同本身有效，受害方主張了撤銷權則會導致合同自始無效。無效合同自始至終無效，任何行為都不改變合同的無效地位。

（二）效力待定合同的法定情形
效力待定的合同究其原因主要是合同當事人主體資格的瑕疵所造成的，一般有如下：
1. 限制民事行為能力人訂立的合同
根據合同的有效要件，限制民事行為能力人不能獨立訂立合同，因而其獨立訂立的合同屬於效力未定的合同。限制民事行為能力人訂立的合同，經其法定代理人追認后，該合同有效，合同相對人可以催告法定代理人在 1 個月內予以追認。法定代理人未作表示的，視為拒絕追認。合同被追認之前，相對人有撤銷合同的權利。
如前文提及，限制民事行為能力訂立的不需要其法定代理人追認而當然有效的合同有：純獲利益的合同、與其年齡、智力、精神狀況相適應而訂立的合同或者義務被免除的合同。
2. 無權代理人以被代理人名義訂立的合同
行為人沒有代理權、超越代理權或者代理權終止后以被代理人名義訂立的合同，未經被代理人追認的，對被代理人不發生效力，由行為人承擔責任。相對人可以催告被代理人在 1 個月內予以追認。合同被追認之前，善意相對人有撤銷的權利。撤銷應當以通知的方式作出。

【法律連結】 表見代理
表見代理，是指代理人雖然不具有代理權，但被代理人的行為足以使善意相對人

相信無權代理人具有代理權，基於此項信賴相對人與無權代理人進行交易，由此生產的法律后果由被代理人承擔的代理。即行為人沒有代理權、超越代理權或者代理權終止后以被代理人名義訂立的合同，相對人有理由相信行為人有代理權的，出於保護相對人的合法利益的目的，該代理有效，被代理人須承擔合同義務。表見代理的構成要件：①符合合同成立的有效要件及代理行為的表現特徵；②客觀上存在善意相對人相信行為人享有代理權的理由；③相對人為善意且無過失。

3. 以無權處分而訂立的合同

無處分權的人處分他人財產，經財產權利人追認或者無處分權的人訂立合同后取得處分權的，該合同有效。無權處分人不能取得處分權或權利人不予追認的合同無效，但其無效不適用善意取得的情形。

五、合同不成立、無效、被撤銷或不被追認的法律后果

如果合同不成立、無效、被撤銷或不被追認的，並非不產生任何法律上的后果，只是不發生訂約當事人所預期的法律效力。其主要法律后果有返還財產、賠償損失等締約過失責任，也有行政責任和刑事責任等。《合同法》所規定的主要法律責任有：

(1) 返還財產。合同無效或者被撤銷後，因該合同取得的財產，應當予以返還；不能返還或者沒有必要返還的，應當折價補償。

(2) 合同不成立、無效、被撤銷或不被追認。當事人一方因此受到損失，有過錯的一方應當按照締約過失責任承擔責任。

(3) 基於惡意串通，損害國家、集體或者第三人利益的合同而取得的財產，收歸國家所有或者返還集體、第三人。

【法律連結】締約過失責任

締約過失責任是在訂立合同的過程中，一方違背其依據誠實信用原則所應盡的義務，對於期待該合同成立的相對人造成的利益損害，依法應承擔的民事責任。根據《合同法》規定，承擔締約過失責任的情形：

(1) 假借訂立合同，惡意進行磋商。

(2) 故意隱瞞與訂立合同有關的重要事實或提供虛假情況。

(3) 有其他違背誠實信用原則的行為。

(4) 洩露或不當使用對方商業秘密、因一方過失導致合同無效、因一方過失導致合同被撤銷的。

第四節　合同的履行

一、合同履行的原則

合同的履行，是指合同成立生效后，債務人全面、適當地完成其合同義務以實現債權的合同權益。合同各方當事人所期望的經濟利益能否實現取決於合同債務人的履

行情況。為了保障合同履行質量和債權人利益，合同履行除了遵守誠實信用、公平、平等民事基本原則外，還要遵守合同履行專屬原則：

(一) 全面履行原則

全面履行原則又叫適當履行原則，要求當事人按照合同約定的標的及其質量、數量，由適當的主體在適當的履行期限，履行地點，以適當的履行方式，全面完成合同的義務。

(二) 協作履行原則

協作履行原則，是指債務人應基於誠實信用原則，主動及時履行合同義務。債權人在必要的限度內，應配合併協助對方履行義務。

(三) 經濟合理原則

經濟合理原則要求當事人在履行合同時，以經濟效益為目標，取得最佳履行效果，但不得損害對方的合法利益。

二、合同履行的主要規定

【案例討論】2015 年 2 月 12 日，重慶某機電有限公司（賣方）與杭州某房地產開發公司（買方）簽訂合同：買方向賣方訂購全新美國 PACO 柏高空調水泵設備一批，共計 10 臺，並對設備的價格、型號、技術參數、交貨期限、付款期限及方式、保修等作出了明確規定，但對運費的負擔沒有約定。合同訂立后，賣方將設備運往買方所在地並發生運費 6,500 元。關於運費的承擔，雙方發生了爭議。賣方堅持要求買方全部承擔，否則不予交貨；買方則主張雙方共同分擔運費。

根據《合同法》的規定，運費的負擔問題應如何處理？

(一) 合同內容約定不明確時的履行規則

合同生效后，當事人應嚴格按照合同約定進行履行。如果合同中當事人就質量、價款或報酬、履行地點等內容沒有約定或者約定不明確的，可以協議補充；達不成補充協議的，按照合同有關條款或者交易習慣確定。如果仍不能確定的，則按照以下規定履行：

(1) 質量要求不明確的，按照國家標準、行業標準履行；沒有上述標準的，按照通常標準或者符合合同目的的特定標準履行。

(2) 價款或報酬不明確的，按照訂立合同時履行地的市場價格履行；依法應當執行政府定價或指導價的，按照規定履行。

(3) 履行地點不明確的，給付貨幣的，在接受貨幣一方所在地履行；交付不動產的，在不動產所在地履行；其他標的，在履行義務一方所在地履行。

(4) 履行期限不明確的，債務人可以隨時履行，債權人也可隨時要求履行，但應當給對方必要的準備時間。

(5) 履行方式不明確的，按照有利於實現合同目的的方式履行。

(6) 履行費用的負擔不明確的，由履行義務一方負擔。

(二) 執行政府定價或者政府指導價合同的履行規則

執行政府定價或者政府指導價的，在合同約定的交付期內政府價格調整時，按照

交付時的價格計價。逾期交付標的物的，遇價格上漲時，按原價格執行；價格下降時，按照新價格執行。逾期提取標的物或者逾期付款的，遇價格上漲時，按照新價格執行；價格下降時，按照原價格執行。

(三) 合同履行涉及第三人時的規則

1. 向第三人履行的合同（利他合同）

當事人約定由債務人向第三人履行債務的，債務人未履行債務或履行債務不符合約定的，應由債務人向債權人承擔違約責任。

2. 由第三人履行的合同

當事人約定由第三人向債權人履行債務的，第三人未履行債務或履行債務不符合約定的，應由債務人向債權人承擔違約責任。

三、雙務合同履行中的抗辯權

雙務合同中的抗辯權，是指當事人一方在符合法定條件時，對抗對方當事人要求履行合同的請求，暫時拒絕履行其債務的權利。它包括同時履行抗辯權、后履行抗辯權和不安抗辯權。

(一) 同時履行抗辯權

1. 同時履行抗辯權的概念

同時履行抗辯權是指當事人互負債務且沒有先后履行順序，一方當事人在對方未履行合同義務之前，拒絕履行自己的義務的權利。

2. 同時履行抗辯權的成立條件

同時履行抗辯權要符合下列條件：第一是當事人須因同一雙務合同而互負債務；第二是當事人雙方互負的債務沒有先后履行順序，並且已到履行期限；第三是對方當事人未履行債務或未按約定履行債務；第四是對方當事人的債務是可能履行的。

3. 同時履行抗辯權的效力

同時履行抗辯權的行使能暫時阻止對方當事人要求自己履行債務，但是如果對方在適當履行了合同義務后，同時履行抗辯權失去其存在的理由，主張同時履行抗辯權的當事人應當履行自己的合同義務。當事人主張同時履行抗辯權的，還有權要求對方當事人承擔違約責任。

(二) 后履行抗辯權

1. 后履行抗辯權的概念

后履行抗辯權是指在有先后履行順序的雙務合同中，應當先履行的一方當事人沒有履行合同義務的，后履行一方當事人拒絕履行自己的合同義務的權利。后履行抗辯權是以權利人的后履行權作為抗辯理由，其目的是為保護有先后履行順序的合同中，后履行義務一方當事人的合法權利。

2. 后履行抗辯權的成立條件

后履行抗辯權要符合下列條件：第一是當事人因同一雙務合同而互負合同債務；第二是當事人之間的合同債務有先后履行的順序；第三是先履行一方到期未履行債務或未按約定履行債務。

3. 后履行抗辯權的效力

后履行一方當事人行使后履行抗辯權后，可以暫時中止履行債務，並以此來對抗

先履行一方要求其履行債務的請求。先履行一方若採取了補救措施或者改變違約為適當履行的情況下，后履行抗辯權則消失，后履行一方須按照合同約定履行其債務。在行使后履行抗辯權的同時，后履行一方當事人還可以要求對方承擔違約責任。

(三) 不安抗辯權

【案例討論】某藥品批發企業與某大藥房之間簽訂了一筆價值120萬元的藥品買賣合同。其中合同約定：藥品批發企業應於8月份按照合同約定向大藥房交付藥品一批；大藥房在收到貨物后10日內，應向藥品批發企業支付全部貨款；任何一方違約，應向對方支付合同總價20%的違約金。在8月24日，藥品批發企業準備及時發貨時，獲知大藥房因一場經濟訴訟陷入經營困境。對此，藥品批發企業也處於困惑之中，對於其發貨行為不知如何處理。

依據合同法規定，你認為藥品批發企業應當如何應對，以維護自身合法權益？

1. 不安抗辯權的概念

不安抗辯權是指在雙務合同中，應當先履行義務的當事人有確切證據證明對方有喪失或可能喪失履行能力的情形時，有中止履行自己義務的權利。不安抗辯權目的是保護先履行義務一方當事人的合法利益。

2. 不安抗辯權的成立條件

不安抗辯權要符合下列條件：第一是當事人之間的合同是雙務合同，當事人相互向對方負有合同債務。第二是行使不安抗辯權的當事人一方負有先履行的債務，並且已到債務履行期。第三是后履行債務一方有喪失或可能喪失履行義務能力的下列情形：經營狀況嚴重惡化的；轉移財產、抽逃資金，以逃避債務的；嚴重喪失商業信譽的；其他喪失或者可能喪失履行債務能力的情形。第四是后履行債務一方當事人未提供適當擔保。

3. 不安抗辯權的效力

不安抗辯權的主要效力在於中止合同，先履行一方有權中止履行，但應及時通知對方。對方提供充分擔保的，應當恢復履行。中止履行后，對方在合理期限內未恢復履行能力並且未提供充分擔保的，先履行合同義務的一方可以解除合同。

四、合同的保全

合同保全，是指為預防債務人的財產不當減少而給債權人的債權帶來危害，法律賦予債權人行使代位權或撤銷權，維護其債權的法律制度。

合同保全的目的是為了促使合同義務的履行，通過對債務人總體財產的控制，以督促合同債務人履行債務。

我國《合同法》中規定合同有兩種保全方式：債權人的代位權和債權人的撤銷權。

(一) 代位權

代位權，是指當合同債務人怠於行使其對第三人享有的權利而危及債權人的債權時，合同債權人可以向法院請求以自己的名義代替行使合同債務人對第三人的權利。

債權人行使代位權要符合以下條件：

(1) 合同債務人享有對第三人的權利。此處的權利限於非專屬於債務人本身的權

利。專屬於債務人本身的權利主要是基於扶養關係、繼承關係等產生的給付請求權和勞動報酬、養老金、人身傷害賠償請求權等權利。

（2）債務人怠於行使其權利。
（3）債務人已陷於延遲履行合同義務。
（4）延遲履行已對債權人造成損害。

代位權的行使人是合同債權人，如果債權人有多個，則債務人的各個債權人在符合法律規定的條件下都可以行使代位權。代位權的行使方式，是債權人以自己名義向法院起訴，由法院通過訴訟程序決定。債權人行使代位權所產生的必要費用，由債務人承擔。代位權範圍以債權人的債權為限，並須對債務人的權利盡到善良管理人的注意義務，如給債務人造成損失的，債權人應負賠償責任。

【案例討論】2012年5月，乙公司向甲公司購買了一批空調，採取的是先提貨後付款的方式，總價款為90萬元，合同約定的付款終止日期為2012年9月30日。乙公司在合同約定的付款日期到來之際向甲公司支付了貨款50萬元，但一直未支付余下的40萬元貨款。甲公司向乙公司追討期間，發現乙公司已嚴重虧損，瀕臨破產。后來終於發現乙公司對丙公司有一筆到期的25萬元債權，甲公司要求乙公司催討債權向自己清償，但乙公司對此採取無所謂的態度，既不向丙公司收債，也不還甲公司的錢。甲公司找乙公司收款不能，便要求丙公司直接將其所欠乙公司的25萬元交給自己，遭丙公司拒絕。甲公司無奈，於2013年3月將丙公司起訴到法院，請求法院判令丙公司歸還乙公司的貨款，並執行給甲公司。丙公司則辯稱原告甲公司無權過問其與乙公司的債務。

甲公司的訴訟請求是否有理由？為什麼？

（二）撤銷權

債權人的撤銷權，是指債權人對於債務人危害債權的行為，可以請求法院予以撤銷的權利。

撤銷權成立的條件有客觀要件和主觀要件兩個方面。

客觀要件是債務人作出了減少自己責任財產的行為，並危及了債權人的債權，包括以下情況：①債務人放棄了其到期債權；②債務人無償轉讓財產；③債務人以明顯不合理的低價轉讓財產等。

主觀方面的條件主要是看第三人有無惡意，如果債務人所作的危害債權的行為是無償的，則無論第三人是否處於惡意，均可撤銷；如果債務人行為是有償的，則第三人為惡意可撤銷，第三人為善意不能撤銷。

行使撤銷權的主體、方式和範圍與代位權相同。撤銷權的行使還有時間限定，即撤銷權應在債權人知道或者應當知道撤銷事由之日起1年內行使；自債務人的行為發生之日起5年內沒有行使撤銷權的，該撤銷權消滅。

第五節　合同的擔保

　　合同的擔保，是指依照法律規定或由當事人雙方經過協商一致約定而設立的為保障合同債權實現的法律措施。為了使合同得以切實履行，使債權得以實現，我國制定了擔保法律制度。其中，1995 年 10 月 1 日實施的《中華人民共和國擔保法》（以下簡稱《擔保法》）成為擔保的基本法律制度。2007 年 10 月 1 日實施的《中華人民共和國物權法》（以下簡稱《物權法》）對物權擔保也作出了特別規定。在《海商法》和《民用航空法》中也有物權擔保的規定。

　　在物流經濟活動中，由於擔保的重要性，各方當事人都廣泛地運用各種擔保形式，以保障債權的實現。物流活動中的擔保方式，包括了擔保法律制度中設定的五種擔保方式，即保證、抵押、質押、留置和定金。根據本章體系安排，本節重點介紹前面四種擔保方式。

一、保證

　　保證是指保證人和債權人約定，當債務人不履行債務時，保證人按照約定履行債務或者承擔責任的行為。

　　保證合同必須採用書面形式，應當包括以下內容：①被保證的主債權種類、數額；②債務人履行債務的期限；③保證的方式；④保證擔保的範圍；⑤保證的期間；⑥雙方認為需要約定的其他事項。

　　【案例討論】某家電專營商場與某家電配送企業之間簽訂一份銷售配送合同。合同約定，家電配送企業向家電專營商場配送金星牌微波爐和洗衣機等家電產品，每月 28 日結清貨款。由於貨款金額較大，為了保證貨款回籠安全，家電配送企業提出了擔保要求。在未獲得公司授權的情況下，某貿易公司的財務部承諾為配送企業提供擔保。為此，雙方簽訂了保證合同，即合同明確規定當家電專營商場無力償還貨款時，該公司保證償還全部債務。

　　這份保證合同有效嗎？

（一）保證人

　　保證人必須有符合法律規定的資格。按照《擔保法》第七條的規定，具有代為清償債務能力的法人、其他組織或者公民，可以作保證人。但《擔保法》規定下列幾種人不能作為保證人：

　　（1）國家機關不得作為保證人，但經國務院批准為使用外國政府或國際經濟組織貸款進行轉貸時，國家機關可作為保證人。

　　（2）學校、幼兒園、醫院等以公益為目的的事業單位、社會團體不得作為保證人。

　　（3）企業法人的分支機構、職能部門不得作為保證人。企業法人的分支機構有法人書面授權的，可以在授權範圍內提供保證。

(二) 保證範圍

保證擔保的範圍是指保證關係中保證人所承擔的保證責任範圍,《擔保法》第二十一條規定,保證擔保的範圍包括主債權及利息、違約金、損害賠償金和實現債權的費用。保證合同另有約定的,按照約定。當事人對保證擔保的範圍沒有約定或者約定不明確的,保證人應當對全部債務承擔責任。

(三) 保證方式

保證方式有一般保證和連帶責任保證兩種。

1. 一般保證

一般保證是指當事人在保證合同中約定,在債權人不能履行債務時,由保證人承擔保證責任。一般保證的最大特點是體現了保證的補充性,即債務人不能履行債務時,保證人才補充性地承擔責任。其中,不能履行是指客觀不能,即經過法律程序對債務人的財產依法強制執行仍不能履行債務,而不是有能力履行但主觀上不願意履行。

2. 連帶責任保證

連帶責任保證是指當事人在保證合同中約定保證人與債務人承擔連帶責任的保證。債務人在主合同規定的債務履行期屆滿沒有履行債務的,債權人可以要求債務人履行債務,也可以要求保證人在其保證範圍內承擔保證責任。

當事人對保證方式沒有約定或者約定不明確的,按照連帶責任保證承擔保證責任。

(四) 保證期間

保證期間是指保證人承擔保證責任的時間範圍。也就是說保證人在期間的時間範圍內才承擔保證責任,超出這個時間段,保證人就不承擔保證責任。保證期間可由當事人自由約定,一般保證的保證人與債權人未約定保證期間的,保證期間為主債務履行期屆滿之日起 6 個月。

《擔保法》第二十七條規定,保證人依照本法第十四條規定就連續發生的債權作保證,未約定保證期間的,保證人可以隨時書面通知債權人終止保證合同,保證人對於通知到債權人前所發生的債權,承擔保證責任。

二、抵押

【案例討論】2015 年 6 月某鄉村民鐘某為提高家庭經營能力,打算向鄉農村信用社貸款 4 萬元購買兩輛農用車,信用社要求其提供相應的擔保。鐘某提出以自家承包經營的 3.33 萬平方米荒山作抵押,並說明所承包的荒山已經種上了果樹,很快就有收成。但信用社以承包土地不能用於抵押為由,不同意以此作貸款擔保。

鐘某能以自己所承包的荒山作貸款抵押嗎?

抵押是指債務人或者第三人以其特定財產在不轉移佔有,將該財產作為對債權的擔保。債務人不履行債務時,債權人有權依法以該財產折價或以拍賣、變賣該財產的價款優先受償。在抵押關係中,債務人或者第三人為抵押人,債權人為抵押權人,提供擔保的財產為抵押物。抵押權是對物的直接支配權,是債權人享有在債務人不履行債務時變賣抵押物,從所得價款中優先受償的權利。

抵押人和抵押權人應當以書面形式訂立抵押合同。抵押合同的主要內容包括:

①被擔保債權的種類和數額；②債務人履行債務的期限；③抵押財產的名稱、數量、質量、狀況、所在地、所有權歸屬或者使用權歸屬；④抵押擔保的範圍；⑤當事人認為需要約定的其他事項。

(一) 抵押物

抵押財產可以是不動產，也可以是動產，但並非任何財產都可抵押。《物權法》第一百八十四條規定下列財產不得抵押：①土地所有權；②耕地、宅基地、自留地、自留山等集體所有的土地使用權，但法律規定可以抵押的除外；③學校、幼兒園、醫院等以公益為目的的事業單位、社會團體的教育設施、醫療衛生設施和其他社會公益設施；④所有權、使用權不明或有爭議的財產；⑤依法被查封、扣押、監管的財產；⑥法律、行政法規禁止抵押的其他財產。

(二) 抵押合同的生效與抵押權的設立

1. 抵押合同的生效

《物權法》規定，抵押合同自當事人協商一致達成協議後成立生效，但法律另有規定或者合同另有約定的除外。同時物權法明確表明，未辦理物權登記的，不影響合同效力，這表明物權擔保合同的效力不依賴擔保物權成立。因此，抵押權的成立不是抵押合同生效的條件。但是根據《物權法》的規定，抵押登記要對抵押權的實現順序產生實質影響。

2. 抵押權的設立

《物權法》規定，抵押權自抵押合同成立生效時設立，法律規定抵押物應當辦理登記的，則抵押權自登記時設立。法律規定抵押權自登記時設立的財產有：①建築物和其他土地附著物；②建設用地使用權；③以招標、拍賣、公開協商等方式取得的荒地等土地承包經營權；④正在建造的建築物。

(三) 抵押物的轉讓

《物權法》為了保障抵押權人的權益，對抵押人轉讓抵押物作出了限制性規定：一是抵押期間，抵押人經抵押權人同意轉讓抵押財產的，應當將轉讓所得的價款向抵押權人提前清償債務或者提存。轉讓的價款超過債權數額的部分歸抵押人所有，不足部分由債務人清償。二是抵押期間，抵押人未經抵押權人同意，不得轉讓抵押財產，但受讓人代為清償債務消滅抵押權的除外。

(四) 抵押權的實現

1. 抵押權的實現方式

(1) 協議方式。債務人不履行到期債務或者發生當事人約定的實現抵押權的情形，抵押權人可以與抵押人協議以抵押財產折價或者以拍賣、變賣該抵押財產所得的價款優先受償。協議損害其他債權人利益的，其他債權人可以在知道或者應當知道撤銷事由之日起一年內請求人民法院撤銷該協議。

(2) 訴訟方式。抵押權人與抵押人未就抵押權實現方式達成協議的，抵押權人可以請求人民法院拍賣、變賣抵押財產。

無論哪種方式，抵押財產折價或者變賣的，都應當參照市場價格。

2. 抵押權的實現順序

《物權法》規定，同一財產向兩個以上債權人抵押的，拍賣、變賣抵押財產所得的價款依照下列順序清償：

（1）抵押權已登記的，按照登記的先后順序清償；順序相同的，按照債權比例清償。
（2）抵押權已登記的先於未登記的受償。
（3）抵押權未登記的，按照債權比例清償。

三、質押

【案例討論】某國際貨代公司欲購買1輛轎車和2輛汽車，價值共計65萬元，但公司現金不足，想向銀行貸款30萬元，以便一次性付清車款。當該公司的張經理以公司名義向某銀行提出貸款時，銀行要求其必須提供價值相應的財產作擔保。公司除擁有市值40萬元的記名股票外，無其他價值較大的財產，張經理想以此股票作擔保。問：
（1）貨代公司是否可以用股票作擔保？
（2）如果能夠質押，則質權於何時設立？

質押是指債務人或第三人將其特定，財產移交債權人佔有，作為債權的擔保。債務人不履行債務時，債權人有權依法將其特定財產折價或以拍賣、變賣的價款優先受償。債務人或第三人被稱為出質人，債權人被稱為質權人，用於作為擔保的財產被稱為質物。

出質人和質權人應當以書面形式訂立質押合同。質押合同的主要內容有：①被擔保的主債權種類、數額；②債務人履行的債務的期限；③質物的名稱、數量、質量、狀況；④質物移交的時間；⑤質押擔保的範圍。

（一）質押的形式
質押分為動產質押和權利質押：
1. 動產質押
動產質押，是指債務人或第三人將其動產移交債權佔有，將該動產作為債權的擔保。原則上，除不動產及法律禁止流通的動產外，其他一切動產都可設定質押。
2. 權利質押
權利質押的標的為具有財產內容並可以轉讓的權利，包括：①匯票、支票、本票、債券、存款單、倉單、提單；②依法可以轉讓的股份、股票；③依法可以轉讓的註冊商標專用權、專利權、著作權中的財產權；④依法可以質押的其他權利，如應收帳款等。

質押合同中對質押的財產約定不明，或者約定的出質財產與實際移交的財產不一致的，以實際交付佔有的財產為準。

（二）質押合同的生效與質權的設立
1. 質押合同的生效
《物權法》第六十四條規定，出質人和質權人應當以書面形式訂立質押合同。質押合同自質物移交於質權人佔有之日起生效。
2. 質權的設立
動產質押的，質權自出質人交付質押財產時設立。權利質押的，質押權按照下列

規定設立：

(1) 以匯票、支票、本票、債券、存款單、倉單、提單出質的，質權自權利憑證交付質權人時設立；沒有權利憑證的，質權自有關部門辦理出質登記時設立。

(2) 以基金份額、證券登記結算機構登記的股權出質的，質權自證券登記結算機構辦理出質登記時設立；以其他股權出質的，質權自工商行政管理部門辦理出質登記時設立。

(3) 以註冊商標專用權、專利權、著作權等知識產權中的財產權出質的，質權自有關主管部門辦理出質登記時設立。

(4) 以應收帳款出質的，當事人應當訂立書面合同。質權自信貸徵信機構辦理出質登記時設立。

四、留置

留置是指債權人合法佔有債務人的動產，債務人不履行到期限債務的，債權人有權留置該財產，並以該財產折價或以拍賣、變賣該財產的價款優先受償。

留置擔保的範圍包括主債權及利息、違約金、損害賠償金、留置物保管費用和實現留置權的費用。

【案例討論】某市棉紡廠委託本市的萬里運輸公司運輸一批棉布至上海市某進出口公司，雙方簽訂了運輸合同。合同約定由運輸公司在合同生效后30日將價值300萬元的棉布運到上海，運費8萬元；運費在交貨後15日內付清。運輸公司將貨物全部運至上海，但向收貨人只交付了290萬元的貨物，余下的拒絕交貨。運輸公司書面通知棉紡廠30日將所欠運費10萬元全部付清，逾期將變賣所留置的貨物。棉紡廠以運費10萬元與本運輸合同無關，運輸公司無權留置。在訴訟中，對棉紡廠的主張查證屬實。

根據《物權法》的規定，法院會支持誰的主張，為什麼？

(一) 留置財產的範圍

根據《物權法》的規定，留置財產的範圍應符合下列規定：

(1) 債務人不履行到期債務，債權人可以留置已經合法佔有的債務人的動產，並有權就該動產優先受償。前款規定的債權人為留置權人，佔有的動產為留置財產。

(2) 債權人留置的動產，應當與債權屬於同一法律關係，但企業之間留置的除外。

(3) 法律規定或者當事人約定不得留置的動產，不得留置。

由此可見，相對《擔保法》而言，《物權法》擴展了留置權的範圍，將其擴展到一切債權人合法佔有債務人的動產，僅對在涉及自然人時限定動產與債權應屬於同一法律關係。

(二) 留置權人的義務

(1) 留置財產為可分物的，留置財產的價值應當相當於債務的金額。

(2) 留置權人負有妥善保管留置財產的義務；因保管不善致使留置財產毀損、滅失的，應當承擔賠償責任。

(3) 及時行使留置權的義務。

(三) 留置權的實現

留置權人與債務人應當約定留置財產后的債務履行期間；沒有約定或者約定不明確的，留置權人應當給債務人兩個月以上履行債務的期間，但鮮活易腐等不易保管的動產除外。債務人逾期未履行的，留置權人可以與債務人協議以留置財產折價，也可以就拍賣、變賣留置財產所得的價款優先受償。留置財產折價或者變賣的，應當參照市場價格。

債務人可以請求留置權人在債務履行期屆滿后行使留置權；留置權人不行使的，債務人可以請求人民法院拍賣、變賣留置財產。

留置物折價或者拍賣、變賣后，其價款超過債權數額的部分歸債務人所有，不足部分由債務人清償。

第六節　合同的變更、轉讓和終止

一、合同的變更

(一) 合同變更的概念

合同的變更，是指在合同依法成立后尚未履行或者尚未完全履行前，合同當事人經協商或者依照法律規定的條件和程序，對原合同內容進行的修改或補充的行為。

合同的變更從廣義上講，它是指合同的內容和主體發生變化；從狹義上講，僅指合同內容的變更。我國合同法上所稱的變更僅指狹義的合同變更，即合同內容的變更。而合同主體的變更則稱為合同的轉讓。根據合同變更的方式的不同，合同變更可分為協商變更和法定變更兩種類型。

(二) 合同變更的條件

如果合同成立后，客觀的情況發生了變化，當事人可以依照法律規定變更合同。合同變更的要符合以下條件：

(1) 原已存在著合同關係。變更就是改變原合同關係，其前提是有原合同關係的存在，由此無效的合同、被撤銷的合同、被拒絕追認的效力待定的合同無變更的余地。

(2) 合同內容發生變化，可能是合同標的、履行條件、合同價金、合同性質（如租賃變買賣）、合同所附條件或期限、合同擔保以及其他內容的變更。當事人對合同內容變更的約定必須明確，約定不明確之處，視為未變更。

(3) 須依當事人協議或依法律的規定。若是當事人協商達不成一致的，便不發生合同變更的法律效力。

(4) 須遵守法律要求的方式。基於重大誤解、顯失公平等意思表示不真實的合同，須經法院或者仲裁機構的裁決才能變更。法律、行政法規規定變更合同應當辦理批准、登記等手續的，合同變更應當辦理相應的手續。

(三) 合同變更的效力

合同變更后，當事人應按照應變更后的合同內容做出履行，任何一方違反變更后的合同內容將構成違約。合同的變更僅對已經變更的部分發生效力，對於合同中未變更部分的權利義務仍然有效。

合同變更一般無溯及力，即合同變更對於當事人已經完成的履行部分不產生效力，任何一方不能因此而要求對方返還已為的給付，但是當事人另有約定的除外。

合同的變更，不影響當事人要求賠償損失的權利。例如因重大誤解的合同變更，有過錯一方應當賠償對方因此而受到的損失。

二、合同的轉讓

合同的轉讓，是指在合同內容不變的前提下，一方當事人依法將其合同中的權利、義務全部或部分轉讓給第三人，由第三人來行使合同的權利或者承擔合同的義務的行為。合同的轉讓可分為以下三類：

(一) 債權讓與

【案例討論】2012年，漁業個體工商戶老板曾某向某財務公司借款買漁船並歸還了借款。2013年1月12日，曾某以漁船為抵押向該財務公司貸款20萬元，約定兩年還清。因曾某未歸還貸款本息，財務公司遂訴至法院。法院判決曾某敗訴，曾某應歸還貸款及本息，財務公司漁船抵押權有效。事後，曾某遠洋外出作業，沒有歸還貸款。2015年4月28日，財務公司與甲公司簽訂了轉讓該債權及抵押權的合同，甲公司支付給財務公司18萬元。轉讓后，財務公司將轉讓通知送到曾某住所，請曾某家人轉告曾某。曾某得知后，以自己未欠甲公司任何債務為由，拒絕向甲公司履行債務。問：

(1) 財務公司與甲公司之間的債權讓與合同是否有效？
(2) 曾某拒絕向甲公司履行債務的理由能否成立？

1. 債權讓與

債權讓與，即合同權利的轉讓，是指債權人通過協議將其債權全部或者部分轉讓給第三人享有的行為。其中債權人稱為讓與人，第三人稱為受讓人。

2. 債權讓與的條件

債權讓與應當符合以下條件：第一是須存在著有效的債權，即讓與人具有處分該債權的權限。第二是被讓與的債權具有可轉讓性，一般的要求是債權讓與不違背法律的強制性規定、社會秩序和公共道德。同時，合同法還規定了三類債權不得轉讓，它們包括依據合同性質不得轉讓的債權、按照當事人約定不得轉讓的債權、依照法律規定不得轉讓的債權。第三是讓與人和受讓人須就合同債權的轉讓達成協議。

債權人轉讓債權無須債務人的同意，但應當通知債務人，債務人收到債權讓與通知后，即應將受讓人作為債權人而履行債務。未經通知的，該轉讓對債務人不發生效力。當然債權讓與通知原則也存在一些例外，例如當事人之間約定債權不得轉讓的，若債權人欲轉讓，則必須經過債務人同意；又如無記名的債券如車船票、電影票等的權利轉讓不需通知債務人，債務人應當按照票據載明的權利履行義務。

3. 債權讓與的法律后果

債權讓與的法律后果：第一是受讓人獲得合同債權人的地位。若債權全部讓與，受讓人取代讓與人的法律地位而成為新的債權人，讓與人則脫離原有的債；若債權只是部分轉讓，則讓與人與受讓人共同享有債權。第二是債務人的抗辯權隨之轉移，債務人接到債權轉讓通知時，債務人對讓與人的抗辯，可以向受讓人主張。第三是債務

人仍可主張抵銷，債務人對讓與人享有債權的，債務人仍然可以依法向受讓人主張抵銷。

(二) 債務承擔

1. 債務承擔

債務承擔，即債務的轉讓，是指不改變合同內容，合同義務人依法將合同義務全部或部分轉移給第三人承擔的行為。該第三人稱為承擔人。債務承擔包括免責的債務承擔和並存的債務承擔。在免責的債務承擔中，第三人取代原債務人的地位承擔全部債務，而原債務人脫離債的關係；並存的債務承擔則是指債務人並不脫離合同債的關係，而由第三人加入到債的關係中來，與債務人連帶承擔合同債務。

2. 債務承擔的條件

債務承擔應當符合以下條件：第一是存在有效的債務。第二是所轉移的債務具有可轉讓性，這就是要排除不具有可轉讓性的債務，包括性質上不可轉移的債務、當事人特別約定不得轉移的債務、法律規定不得轉讓的債務。第三是債權人或者債務人與第三人就債務轉讓達成協議。第三人既可以同債務人達成承擔債務的協議，也可以同債權人訂立協議進行債務的轉移。第四是債務承擔須經債權人同意。第三人與債權人達成協議承擔債務本身已經表明債權人同意，不須另外的表示；而在第三人與債務人達成債務承擔協議時，必須有債權人同意的表示才能生效。

3. 債務承擔的法律后果

債務承擔的法律后果：在免責的債務承擔中，承擔人取代原債務人成為新的合同債務人，原債務人不再承擔責任；在並存的債務承擔中，第三人加入到債的關係中，和原債務人一起承擔連帶債務，第三人和原債務人也可約定按比例承擔債務。債務承擔后，抗辯權隨之轉移，新債務人可以主張原債務人對債權人的抗辯。債務承擔后，合同的從債務一併轉移，新債務人應當承擔與主債務有關的從債務。

(三) 合同權利義務的概括轉移

1. 合同權利義務的概括轉移

合同權利義務的概括轉移，是指原合同當事人一方將其合同權利義務一併轉移給第三人，由第三人繼受這些權利義務的行為。合同權利義務的概括轉移又分兩種情形：一種情況是出讓人將其全部權利義務轉移給承受人，即全部轉移；另一種情況是出讓人只轉移一部分權利義務，即部分轉移。部分轉移時出讓人和承受人應確定各自享有的權利和承擔的義務的份額，若沒有約定或約定不明的，視為出讓人和承受人負連帶責任。

2. 合同權利義務概括轉移的條件

合同權利義務的概括轉移，由於既轉讓權利，又轉移義務，因而只存在於雙務合同中，並經過對方當事人同意后才能生效。發生合同權利義務的概括轉讓的原因可以是當事人之間的合意，也可是法律的直接規定。合意的概括轉讓（又叫合同承受），指當事人一方和第三人達成協議，並在經對方當事人同意后將自己在合同中的權利和義務一併轉讓給第三人的情形。法定的概括轉移主要有三種情形：一是因繼承而發生的被繼承人的權利義務的轉移；二是基於「買賣不破除租賃」原則而產生的權利義務轉移；三是企業的合併和分立。

【法律連結】買賣不破除租賃原則

出租房屋的轉讓不應影響租賃關係的效力，這就是買賣不破租賃的原則。根據這一原則，在租賃關係存續期間，即使出租人將所出租的房屋轉讓他人，對租賃關係也不產生任何影響。也就是房屋的新所有權人概括的承受了原房屋所有人與承租人之間的房屋租賃合同。

3. 合同權利義務概括轉移的法律后果

權利義務概括轉移的法律后果，適用債權讓與和債務承擔的規定。

三、合同的終止

合同的終止，即合同權利義務的終止，是指當事人之間的合同權利和合同義務消滅，當事人不再受合同關係的約束。

根據我國《合同法》第九十一條的規定，合同終止的情形主要有：

（一）清償

清償，就是合同的履行。合同債務人全面地履行了合同義務，債權人完全實現了自己的權利，當事人雙方訂立合同的目的得以實現。清償后，合同自然終止。

（二）合同解除

合同解除，是指在合同有效成立后尚未完全履行前，基於當事人的約定、協商或者法律規定而使合同關係消滅的行為。即解除合同包括約定解除、法定解除和當事人協商解除三種情形。

合同解除后，尚未履行的部分，終止履行；已經履行的，根據履行情況和性質，當事人可以要求恢復原狀或採取補救措施，並有權要求賠償損失。

（三）抵銷

抵銷是指當事人雙方相互負有債務，將各自債務相互充抵，使其債務與對方債務在對等額內相互消滅。

抵銷可分為法定抵銷和合意抵銷。法定抵銷的條件：一是雙方互負有債務，互享有債權；二是雙方債務的給付為同一種類；三是雙方的債務均屆清償期；四是雙方的債務均為可抵銷的債務。當事人因此而主張抵銷的，應當通知對方，通知自到達對方時生效。合意抵銷是當事人基於協議而實行的抵銷。按照合同法規定，當事人互負到期債務的，標的物種類、品質不相同的，經雙方協商一致，也可以抵銷。

（四）提存

提存是指債務人的債務已屆履行期時，由於債權人的原因使其無法向債權人清償債務，債務人可將標的物提交給提存機關，以消滅合同債務的行為。

提存的法定情形有：第一，債權人無正當理由拒絕受領標的物；第二，債權人下落不明；第三，債權人死亡未確定繼承人或者喪失行為能力未確定法定代理人；第四，法律規定的其他情形。

如果標的物不適合提存或者提存費用過高的，債務人可以依法拍賣或者變賣標的物，提存所得的價款。

提存后，意味著債務人已經履行債務，債權人可以隨時領取提存物。提存還涉及提存機關，提存機關有保管提存物的義務，提存費用和提存物風險由債權人負擔。

(五) 免除債務

債務免除是指債權人免除債務人的債務而使合同權利義務部分或全部終止的意思表示。債務免除的效力是使合同消滅。債務全部免除的，合同債務全部消滅；債務部分免除的，合同於免除的範圍內部分消滅。主債務因免除而消滅的，從債務也隨之免除。

(六) 混同

混同是指債權與債務同歸於一人，而使合同關係消滅的事實。發生混同的原因有兩種：一是概括承受，即合同關係的一方當事人概括承受對方當事人的權利與義務，如企業合併；二是因債權讓與或債務承擔而承受權利與義務。

(七) 法律規定或者當事人約定終止的其他情形。

第七節　違約責任及其免除

在合同成立生效后，各方當事人必須按照合同規定全面、適當地履行義務，非經雙方協商或者法定事由不得擅自變更或解除合同。任何一方當事人不全部履行合同義務或履行合同義務不符合合同的規定，即構成違約行為，應承擔相應的法律責任，即違約責任。違約責任是合同法律制度的重要內容，除了保障守約方的經濟權益，也可以增加當事人履行合同義務的職責。

【案例討論】2014 年 10 月 16 日，原告蔣某在被告某建材公司（銷售商）購買白水泥等材料製作水磨石地面，該水泥外包裝上標明的質量標號為 425，白度 4 級。在生產過程中，原告發現以該水泥材料製作的水磨石地面出現麻點、砂點、裂縫等質量問題，要求銷售商處理。雙方共同取樣，將水泥送到檢測中心檢測，檢測結果為該樣品不合格。除鑒定費外，蔣某還提供了水磨石原材料、運費、化驗費、車費、水磨工資、水電費、勤雜（返工的鑿工等）等相關費用清單，總額為 36,448 元。事后，雙方未能協商解決合同爭議，引起訴訟。請問：

(1) 被告是否存在合同違約的情況？

(2) 若被告違約，根據《合同法》規定，原告可主張哪些違約救濟措施？

一、違約行為

違約行為是指合同一方當事人不履行合同義務或履行合同義務不符合約定的行為。依據法律規定，違約方應當對違約行為承擔違約責任，違約責任免責情形除外。實踐生活中，違約行為主要表現為：

1. 不能履行

不能履行，又稱給付不能，是指債務人由於某種情形，在客觀上已經沒有履行能力，從而導致事實上已經不可能再履行債務。

2. 延遲履行

延遲履行，又稱債務人逾期履行，是指債務人能夠履行，但在履行期限屆滿時卻未履行債務。

3. 拒絕履行

拒絕履行是指當事人一方明確表示或者以自己的行為表明不履行合同義務，它是違約合同的一種形態。拒絕履行與不能履行存在著明顯的不同，拒絕履行當事人有履行能力而不履行，不能履行則主要強調客觀上不能履行。

法律規定，當事人一方明確表示或者以自己的行為表明不履行合同義務的，對方可以在履行期限屆滿之前要求期承擔違約責任。

4. 不完全履行

不完全履行是指債務人雖然履行了債務，但其履行沒有完全地按照合同約定的內容履行完畢。

二、違約責任

違約責任，是指當事人不履行合同義務或履行合同義務不符合約定時，依法所產生的法律責任。《合同法》第一百零七條規定：「當事人一方不履行合同義務或者履行合同義務不符合約定的，應當承擔繼續履行、採取補救措施或者賠償損失等違約責任。」

（1）違約責任的歸責原則。《合同法》第一百零七條表明，在追究當事人的違約責任時，將無過錯責任原則作為追究違約責任的基本原則，而過錯責任原則只有在法律明確規定的情況才予以適用。

（2）違約責任的追究時間。一般情況下在當事人不履行合同義務或履行合同義務不符合約定時，守約方有權追究其違約責任。《合同法》第一百零八條規定：「當事人一方明確表示或者以自己的行為表明不履行合同義務的，對當事人可以在履行期限屆滿之前要求其承擔違約責任。」

三、承擔違約責任的方式

當事人一方不履行合同義務或者履行合同義務不符合約定的，應當承擔繼續履行、採取補救措施、賠償損失、承擔違約金、定金責任等。《合同法》賦予當事人可以根據不同的違約行為，依法選擇適用違約救濟措施。

（一）繼續履行

繼續履行又稱實際履行，是指當事人一方不履行合同義務或者履行合同義務不符合約定時，另一方當事人可以要求其在合同履行期屆滿後，繼續按照原合同約定履行義務。

1. 金錢債務的繼續履行

金錢債務是指以給付一定數額的金錢為目標的債務。金錢債務具有特殊性，它只存在遲延履行，不存在履行不能，因而示違約方要求違約方繼續履行金錢債務，違約方就應當繼續履行。

2. 非金錢債務的繼續履行

《合同法》在確認當事人可以要求非金錢債務的繼續履行的同時，也規定了不能實際履行的情形：

（1）法律上或者事實上不能履行。例如，標的物已經滅失或毀損等。

（2）債務的標的不適於強制履行或者履行費用過高。例如，委託合同等提供個人

服務的合同，如果強制執行會侵害自然人的人格尊嚴和人身自由。

（3）債權人在合理期限內未要求履行。此種情況意味著債權人主動放棄實際履行請求權。

在可以履行的條件下，違反合同的當事人無論是否已經承擔賠償金或者違約金責任；對方當事人都有權要求違約方繼續按照合同約定履行其尚未履行的義務。

（二）採取補救措施

履行質量不符合約定的，應當按照當事人的約定承擔違約責任。對違約責任沒有約定或約定不明確的，受損害方可以根據標的性質以及損失的大小，合理選擇請示對方採取修理、更換、重做、退貨、減少價款或者報酬等補救措施。

（三）賠償損失

【案例討論】2013年2月1日，四川省糧油批發總公司與黑龍江大興糧站簽訂了4萬噸的東北某地特產小麥的買賣合同，其中約定黑龍江大興糧站即賣方的交貨期是6月，交貨地點宜賓，四川糧油批發總公司支付預付款200萬元。2013年2月13日，四川糧油總公司與宜賓某酒廠簽訂了4萬噸小麥轉售合同，並約定違約金300萬元。

合同履行期內，黑龍江大興糧站發函表示，貨物價格暴漲導致收購困難，無法履行4萬噸交貨義務。為了維護自身的合法權益，2013年5月21日糧油公司依據合同約定向成都仲裁委員會提起仲裁，除返還預付款及利息損失外，還要求賣方承擔下列損失：①糧油總公司向酒廠支付的違約金300萬元；②賠償市場利潤損失400萬元；③承擔合同訂立費用6萬元。

對上述糧油公司的損害賠償主張，請談談你的看法。

賠償損失是指因合同一方當事人的違約行為而給對方當事人造成財產損失時，違約方給予對方的經濟補償。對於違約的當事人，在承擔繼續履行義務或者其他補救措施后，根據對方的要求還要承擔對方因此所遭受的經濟損失。

損害賠償責任成立的情況下，要確定損害賠償的範圍，因為其直接關係到違約當事人損害賠償的責任的大小。依據《合同法》規定，確定損害賠償範圍，要遵循以下規則：

1. 完全賠償規則

賠償損失的目的主要是補償未違約方的財產損失，因此，以違約所產生的各種損害為賠償標準。損失賠償額應當相當於因違約所造成的損失，包括實際損失和合同履行后可以獲得的利益損失。

2. 合理預見規則

損失賠償不得超過違反合同一方當事人（違約方）在訂立合同時能夠預見到或者應當預見到的因其違約而可能造成的損失。因違約可能導致特殊損害的，當事人應在訂立合同時先行告知對方當事人，以保護自己合同權益。

3. 減輕損失規則

當事人一方違約后，對方應當採取適當措施防止損失的擴大；沒有採取適當措施致使損失擴大的，不得就擴大的部分損失要求賠償。

當事人因防止損失擴大而支出的合理的費用，應由違約方承擔。

(四) 支付違約金

違約金，是指當事人在合同中預先約定的在一方違約時應當向對方支付的一定數額的金錢。當事人既可以約定違約金的數額，也可以約定違約損失賠償額的計算方法。違約金合同屬於諾成合同。

違約金具有補償性和特定情況下的懲罰性。當約定的違約金低於造成的損失時，當事人可以請示人民法院或者仲裁機構予以增加；約定的違約金過分高於造成的損失時，當事人可以請示人民法院或者仲裁機構予以適當減少。通過變動違約金數額，保持與受害方的損失大體相當，體現了違約金的補償性。但是在特定情況下，當違約金高於但不過分高於實際損失時，違約方不能請求減少，這時，高於實際損失的部分即具有懲罰性。

(五) 定金

定金，是指為了擔保合同的履行，在合同訂立時一方當事人向另一方支付的金錢。根據法律規定，定金數額可由當事人約定，但不得超過合同本金的20%。

定金具有雙重功能。一方面，定金由債務人向債權人預先支付，債務人履行債務后，定金抵作價款或收回，這表明定金是一種擔保方式，起著保證債務履行的作用。另一方面，按照定金罰則，給付定金的一方不履行約定的債務的，無權要求返還定金；收受定金的一方不履行約定的債務的，應當雙倍返還定金，這表明定金是一種違約責任形式。

【法律連結】違約金條款、定金條款不能同時適用

《合同法》第一百一十六條規定：當事人在訂立合同時，既可以約定違約金，又可以約定定金，一方違約時，對方可以選擇適用違約金條款或者定金條款，即兩者不能同時適用。當事人執行違約金或定金條款后，不足以彌補所受損害的，仍可以請求賠償損失。

(六) 解除合同

尚未履行或尚未完全履行的合同，當事人可以協議解除合同，依合同約定解除合同或依法解除合同。解除合同也是守約方行使違約救濟的重要法律手段。

法定解除合同主要是指當合同一方當事人出現根本違反合同時，守約方有權依據法律規定行使解除合同的權利，使合同歸於無效。解除合同作為違約救濟措施被視為是對違約方最嚴歷的處罰方式，所以只有當違約行為達到嚴重程度即構成根本違反合同的情況下才能行使和運用。根據《合同法》第九十四條規定，解除合同的法定情形有：

(1) 在履行期限屆滿之前，當事人一方明確表示或者以自己的行為表明不履行主要債務。

(2) 當事人一方遲延履行主要債務，經催告后在合理期限內仍未履行。

(3) 當事人一方遲延履行債務或者有其他違約行為致使不能實現合同目的。

(4) 法律規定的其他情形。

四、違約責任的免除

違約責任的免除是指在合同履行過程中，出現約定免責事由或法定免責事由導致

合同不能履行的，當事人違約責任予以免除。

約定免責事由，是指當事人在合同中約定的免除責任事由。當事人約定免責條款時，應遵守《合同法》中，如格式合同等訂立規則。法定的免責事由，是指法律規定的免除責任的事由，主要有不可抗力或情形變遷。在此，簡述法定免責事由即不可抗力事件。

1. 不可抗力

不可抗力是指當事人訂立合同時不能預見，對其發生和后果不能避免並不能克服的事件。一般情況下，不可抗力分為：①自然事件，如火災、地震等；②社會事件，如政府徵用、發布新政策法規、罷工、戰爭等。

2. 不可抗力的法律后果

因不可抗力不能履行合同或遲延履行合同的，可以全部或部分免除當事人的相應違約責任，但當事人遲延履行后發生不可抗力的不能免責。

3. 當事人的義務

遭遇不可抗力的一方當事人，應當履行在享受違約責任免責時應當履行以下法律義務。

（1）及時通知義務。遭遇不可抗力的一方當事人，應當向對方通報自己不能履行合同的情況和理由，使對方及時採取措施，防止和減少損失，否則應賠償擴大的損失部分。

（2）提供證明義務。遭遇不可抗力的一方當事人，應當在合理期限內向對方提供有關機構的書面證明，以證明不可抗力事件的發生及影響當事人履行合同的具體情況。

實訓作業

一、實訓項目

自然人唐某與某醫藥公司欲共同投資成立國際貨運代理有限公司，雙方就投資及企業管理等問題口頭達成一致意見：唐某現金出資 600 萬元，乙方現金出資 250 萬元和設備出資 150 萬元，出資到位時間為投資協議生效后 15 日內；對未履行出資義務，違約方承擔應出資額的 20% 的違約金；投資收效分配和虧損分擔均按 50% 執行；唐某負責企業設立工作，在公司成立后任總經理，負責公司業務管理；乙方委派人員負責公司技術管理和財務管理；在設立過程中，過錯方承擔相應賠償責任；投資協議須經成都公證處公證后生效；合同發生爭議提交成都仲裁委員會解決。

根據上述情形，請你協助當事人擬定一份書面投資協議。

二、案例分析題

（一）齊某原是某瓷磚廠的業務員，因故於 2014 年 5 月被辭退。次年 4 月，齊某利用當初留下的一張蓋有瓷磚廠公章的業務介紹信，以瓷磚廠的名義與佳興公司簽訂了一份合同，合同約定由瓷磚廠於年底前向佳興公司供應白色瓷磚 10 萬塊。合同也註明了瓷磚的規格、價款、送貨方式、交貨日期、違約責任等事項。由於合同到期後未

見貨到，佳興公司便派員到瓷磚廠催貨，此時瓷磚廠才知道齊某以瓷磚廠的名義與佳興公司簽訂了合同。由於合同約定的瓷磚價格較高，瓷磚廠遂以瓷窯正在檢修為由，要求佳興公司寬限5個月交貨，雙方達成延期交貨的協議。寬限期滿后，瓷磚廠仍未能交貨，佳興公司於是要求瓷磚廠承擔違約責任。瓷磚廠由於不能供貨，遂以齊某已被辭退，其訂立的合同對於瓷磚廠沒有約束力為由，拒絕承擔賠償。

根據所學有關合同法知識，請分析瓷磚廠和佳興公司之間的合同是否生效。

（二）2005年，北京出現一家月球大使館有限責任公司，以298元/英畝（1英畝約合4,000平方米）的價格向市民兜售月球土地。聲稱購買者享有所購月球土地的所有權、使用權以及土地以上及地下3千米以內的礦物產權，為此公司專門給購買者發放「月球土地權屬證書」。該公司聲稱與美國月亮大使館（公司）簽了代理協議，取得了中國片區的代理銷售權。因為美國月亮大使館公司發現聯合國1967年制定的《外層空間條約》有漏洞，即在這份外太空條約中，所有聯合國成員都簽署並同意外太空天體的主權不為任何一個國家所有，但該條約卻沒規定私人不可以擁有外太空星體。於是其向當地法院、美國、前蘇聯和聯合國遞交了一份所有權聲明，宣布自己為月球、太陽系除地球外的8大行星及其衛星的土地擁有者。北京月球大使館有限責任公司於10月19日開業后，3天內就有34名顧客購買了49英畝月球土地，總金額為1.4萬餘元。

請分析顧客與「月球大使館」公司簽訂的購買月球土地買賣合同的效力及其理由。

（三）2014年2月10日，某家電生產企業與某家電配送中心之間簽訂了一份家電銷售配送合同。因貨款金額較大，為了保證貨款的安全，某貿易公司願意向家電生產企業提供擔保並出具保證書，即當家電配送中心不支付貨款時，該公司保證履行其應付債務，但沒有約定保證期限。3月10日家電配送中心收到價值300萬元的貨物，但沒有在合同約定收到貨物後15日內支付貨款。2014年9月28日，家電生產企業要求保證人貿易公司履行擔保責任，也被拒絕。於是，9月29日家電生產企業將保證人等列為被告提起訴訟。

法院會判決保證人履行保證責任嗎？

（四）10月6日是中秋佳節。8月5日，某食品配送中心通過Email向某月餅生產企業訂購月餅，具體內容是：訂購貴廠榮祖月餅6,000盒，每盒月餅8塊，每塊200克，每盒價格50元；交貨時間為9月25日前，以保證節前連鎖店的銷售；任何一方違約應支付貨款總價10%的違約金。月餅生產企業接到訂單後，同意訂購但要求食品配送中心先行支付總價20%的定金。食品配送中心於8月10日向月餅生產企業支付了合同定金。9月29日，食品配送中心未收到貨物，申請人又通過Email方式向月餅生產企業表示解除合同，並要求雙倍返還定金、承擔違約金和賠償損失。月餅生產企業不同意，10月2日將貨物發送到食品配送中心。食品配送中心拒絕收貨。問：

（1）根據《合同法》的規定，食品配送中心是否有權解除合同？為什麼？

（2）食品配送中心關於雙倍返還定金、主張違約金和損害賠償，是否符合法律規定？

第四章
物流採購法實務

採購是企業常見的經濟活動，也是企業生產經營活動的基礎。不論因自身經營的需要還是因用戶的需求，物流企業都存在著大規模集中物流採購，尤其是配送中心的採購活動尤為突出。採購成功與否在一定程度上取決企業採購管理能力。作為企業採購管理隊伍，不但要熟悉物流採購業務運作，還要具備物流採購法的基本知識。物流採購法從性質上講是買賣法，物流採購所形成的法律關係主要是買賣合同關係。規範商品採購協議，明確各方當事人的權利與義務，才能切實保障物流採購當事人的合法利益。

【導入案例】2014年8月，某市電力局的電力調度中心工程需要安裝兩部電梯，該局採用招標競標方式進行採購。招標邀請發出後，富杰機電設備公司（以下簡稱富杰公司）等六家機電設備公司參加投標。富杰公司提交了投書，並交納了2萬元投標保證金。2014年10月10日，電業局進行開標和評標，最終富杰公司被確定為預中標單位，中標金額為450萬元。2014年12月18日，在電力局發送《中標通知函》後，富杰公司交納了履約保證金45萬元。根據通知函，雙方應於7日內簽訂設備採購合同，但因採購方原因一直未能辦理。2015年1月26日，電力局以招標程序違反《中華人民共和國招標投標法》為理由，通知富杰公司此次中標無效。與電力局多次協商賠償未果的情況下，富杰公司向人民法院提起了民事訴訟，要求被告電力局向其進行賠償損失，共計25.64萬元。訴訟前，富杰公司從電力局退回了45萬元保證金。

電力局拒簽設備採購合同是否違約？為什麼？

第一節　物流採購法概述

一、物流採購與物流採購法

（一）物流採購

1. 物流採購的概念

商品或者勞務的採購是企業常見的經濟活動。根據取得商品的方式、途徑的不同，採購可以從狹義和廣義兩方面來理解。狹義的採購就是企業根據需求提出採購計劃、審核計劃，選好供應商，經過商務談判確定價格、交貨以及相關條件，最終簽訂合同

並按要求收貨付款的全過程。廣義的採購是指為了滿足某種特定的需求，以購買、租賃、借貸、交換等各種途徑，取得商品及勞務的使用權或所有權的活動過程。

物流採購，是指物流企業為了滿足客戶或者自身經營生產活動的需要而進行的商品或者勞務集中採購的行為。物流採購成為物流企業生產經營活動的基礎。在實踐生活中，物流採購隨著物流配送業的發展，出現了與傳統採購不同的現代物流採購。

2. 現代物流採購的特點

物流採購品種類繁多，採購主體比較分散，供應商雲集，重複採購的現象普遍比較突出。現代物流採購以物流配送為集中體現，與傳統物流採購相比，現代商品採購主要有以下特點：

(1) 現代物流採購以信息和網路化為基礎。現代採購的一個重要的特點就是供應鏈企業之間實現了信息連通、信息共享。供應商能隨時掌握用戶的需求信息，能夠根據用戶需求情況和需求變化情況，主動調整自己的生產計劃和送貨計劃。各個企業可以通過計算機網路進行信息溝通和業務處理。

(2) 現代物流採購降低了庫管成本。從庫存情況看，現代採購是由供應商管理用戶的庫存。用戶沒有庫存即零庫存，大幅降低了庫管消耗，節約了生產成本。

(3) 現代物流採購送貨方是供應商。現代採購是由供應商負責送貨，而且實現了連續小批量、多頻次地送貨。這種送貨機制可以大大降低庫存，並滿足了客戶的需要，適用社會的發展。

(4) 現代物流採購降低了採購成本。傳統採購是一種對抗關係，賣方會有以次充好、以假充真、以不合格產品冒充合格產品的行為。在此情形下，買方進行貨檢的工作量大，成本高。現代商品採購，由於供應商與物流配送企業的責任與利潤相連，增強了自我約束，保證了質量，降低了物流採購管理成本。

【資料連結】家電連鎖企業多堅持「薄利多銷」的經營理念，企業著力構建現代物流採購體系。我國大型物流採購企業的主要做法：①調整商品採購方式，利用集中採購和統一採購的方式來降低採購的成本；②採取規範化的業務流程，壓縮採購過程中不必要的環節，提高採購過程中的工作效率；③提高採購方式的管理，對採購過程進行高效管理，同時降低人力成本以及管理費用；④ERP系統的實施加強了企業與供應商之間的合作關係，從長遠來看為企業提高了競爭優勢；⑤物流信息系統的建立大大降低了採購過程中的物流成本，與此同時提升了採購的速度以及反應速度；⑥創建符合企業發展的供銷模式，擺脫了繁瑣的中間環節與廠商直接進行交易，占據市場行銷的主動權，將廠家價格優勢轉化為自身優勢，並以此低價來占據市場。

(二) 物流採購法律制度

物流採購法是規範物流商品採購各方行為的法律依據。根據物流採購的方式以及採購主體不同，適用於物流採購的法律法規主要：

1. 合同法

物流採購所形成的法律關係實際上是一種買賣合同關係，受《民法通則》《合同法》等法律制度的調整。《合同法》第九章關於買賣合同的具體規定，明確了買賣過程中所產生的買方和賣方之間的權利、義務關係。這一基本法律規定同樣適用於物流採

購活動。其主要內容包括買賣合同的成立、賣方和買方的義務，對違反買賣合同的補救方法、貨物所有權與風險的移轉等內容。

2. 招標投標法

《中華人民共和國招標投標法》是指國家用來規範招標投標活動，調整在招標投標過程中產生的各種關係的法律規範的總稱。招標採購是企業大宗商品最常用的採購方式，也是政府採購的主要途徑。1999年8月30日第九屆全國人大常委會第十一次會議通過的《中華人民共和國招標投標法》（以下簡稱《招標投標法》），是規範招投標行為的基本法律制度。

【法律連結】強制招標和自願招標

強制招標範圍由法律作出明確規定，該範圍之外的項目可以由當事人自行決定是否採取招標方式進行。我國《招標投標法》規定，在中華人民共和國境內進行下列工程建設項目包括項目的勘察、設計、施工、監理以及與工程建設有關的重要設備、材料等的採購，必須進行招標：

（1）大型基礎設施、公用事業等關係社會公共利益、公眾安全的項目。
（2）全部或者部分使用國有資金投資或者國家融資的項目。
（3）使用國際組織或者外國政府貸款、援助資金的項目。

3. 國際貨物買賣法

《中華人民共和國國際貨物買賣法》是用來調整貨物買賣過程中所產生的買方和賣方之間的權利、義務關係，以保障國際貨物買賣的順利進行的法律規範。國際貨物買賣法由於調整的對象具有國際性，因此涉及的法律關係複雜，適用法律多樣。通常其主要包括貨物買賣的國內立法、國際條約與國際慣例。《聯合國國際貨物買賣合同公約》於1980年通過，是規範國際貨物買賣的重要國際公約，包括中國在內的絕大多數國家都是該公約的締約國。

二、物流採購的類型

依據不同的標準，物流採購有不同的類型劃分。在物流採購中，合理選擇物流採購方式，有助於實現經濟效益和時效效益。

（一）按採購時間持續性分類

（1）固定性採購與非固定性採購。固定性採購是指採購行為長期而固定性的採購，而非固定性採購是指採購行為臨時性即需要時的採購。

（2）計劃性採購與緊急採購。計劃性系採購是指根據材料計劃或採購計劃而進行的採購；而緊急採購是指物料急用時毫無計劃性的突發採購。

（二）按採購是否具備招標性質分類

（1）招標性採購。招標採購是指採購方根據已經確定的採購需求，提出招標採購項目的條件，向潛在的供應商或承包商發出投標邀請而進行的商品採購行為。

（2）非招標性採購。非招標性採購主要通過採購人與供貨商直接協商方式所完成的採購活動。

（三）按採購方式分類

（1）直接採購。直接向製造商進行採購，這是物流配送企業或者連鎖超市最主要的採購方式。

（2）委託採購。委託某代理商或貿易公司向物料生產廠商進行採購。

（3）調撥採購。在幾個分廠或協力廠商和顧客之間，將過剩物料互相調撥支援進行採購。

（四）按採購政策分類

（1）集中採購。所謂集中採購，是指由企業的採購部門全權負責企業採購工作。即企業生產中所需物資的採購任務，都由一個部門負責，其他部門（包括分廠、分公司）均無採購職權。

（2）分散採購。所謂分散化採購，是指按照需要由各單位自行設立採購部門負責採購工作，以滿足生產需要。這種採購制度適合於大型生產企業或大型流通企業。

（五）按採購價格方式分類

（1）招標採購。將商品採購的所有條件（如商品名稱、規格、品質要求、數量、交貨期、付款條件、處罰規則、投標押金、投標資格，等等）詳細列明，刊登公告。投標供應商按公告的條件，在規定時間內，交納投標押金，參加投標。招標採購的開標按規定必須至少三家以上供應商從事報價投標方能開標，開標後原則上以報價最低的供應商中標，但中標的報價仍高過標底時，採購人員有權宣布廢標，或徵得監辦人員的同意，以議價方式辦理。

（2）詢價現購。採購人員選取信用可靠的供應商將採購條件講明，並詢問價格或寄以詢價單並促請對方報價，比較后現價採購。

（3）比價採購。採購人員請數家供應商提供價格後，從中加以比較後，決定供應商進行採購。

（4）議價採購。採購人員與供應商經過討價還價後，議定價格進行採購。一般來說，詢價、比價和議價是結合使用的，很少單獨進行。

（5）定價收購。購買物料數量巨大，非幾家廠商所能全部提供的，如：紡織廠訂購棉花、糖廠訂購甘蔗等，或者在市場上該物料匱乏時，則按定價現款收購。

（6）公開市場採購。採購人員在公開交易或拍賣時，隨時機動的採購，因此大宗需要或價格變動頻繁的商品常用此法採購。

【資料連結】物流商品採購的模式

單店經營可實現按照企業自身的經營意願開展經營活動。單店超市賣場規模一般比較小，在物流採購競爭中往往處於劣勢。單店商品採購的權力集中於店長或經理，他們有權選擇供應商以及商品購進時間和購進數量。

物流配送主要選擇集中採購模式，就是指設立專門採購部門，配備專職採購隊伍，統一負責配送商品的採購工作，如統一規劃同供應商的接洽、議價、商品的導入、商品的淘汰以及POP促銷等。該採購模式具有極強的市場談判能力。

三、與物流採購相關的政府採購

物流採購屬於企業採購，與政府採購在主體、採購程序和資金來源等方面存在很

大的差異。在實踐生活中，物流採購商往往成為政府採購的供應商，與政府採購存在很多的經濟往來。由於合理引入市場競爭機制，採購價格低於市場平均價格、採購效率更高、採購質量優良和服務良好，政府採購也成為物流採購的參考對象。

政府採購對社會經濟有著非常大的影響，採購規模的擴大或縮小，採購結構的變化都對社會經濟發展狀況、產業結構以及公眾生活環境都有著十分明顯的影響。為了規範政府採購行為，我國頒布實施了《中華人民共和國政府採購法》（2003）（以下簡稱《政府採購法》）。

(一) 政府採購概念

政府採購是指各級國家機關、事業單位和團體組織，使用財政性資金採購依法制定的集中採購目錄以內的或者採購限額標準以上的貨物、工程和服務的行為。政府採購是以合同方式有償取得貨物、工程和服務的行為，包括購買、租賃、委託、雇用等。其有別企業採購重要特徵是政府採購人所用資金全部或部分屬於財政性資金。財政性資金包括預算資金、預算外資金和政府性基金。使用財政性資金償還借款，視同為財政性資金。

(二) 政府採購活動中的主體

在政府採購活動中享有權利和承擔義務的各類主體，包括採購人、供應商和採購代理機構等。採購人是指依法進行政府採購的國家機關、事業單位、團體組織。採購代理機構是指接受採購人的委託辦理商品採購事務的單位。根據《政府採購法》規定，集中採購機構是政府採購的代理機構，屬於非營利事業法人。供應商是指向採購人提供貨物、工程或者服務的法人、其他組織或者自然人。

根據《政府採購法》規定，採購人採購納入集中採購目錄的政府採購項目，必須委託集中採購機構代理採購；採購未納入集中採購目錄的政府採購項目，可以自行採購，也可以委託集中採購機構在委託的範圍內代理採購。

採購人依法委託有政府採購代理資格的機構辦理採購事宜的，應當由採購人與採購代理機構簽訂委託代理協議，依法確定委託代理的事項，約定雙方的權利義務。採購人可以直接與供應商簽訂政府採購合同，也可以委託採購代理機構代表其與供應商簽訂政府採購合同。採購合同是規範採購人與供應商的商品採購的法律依據。

(三) 政府採購方式

政府採購方式主要有：①公開招標；②邀請招標；③競爭性談判；④單一來源採購；⑤詢價；⑥國務院政府採購監督管理部門認定的其他採購方式。對於某項具體採購活動應適用何種採購方式，《政府採購法》均作出了明確的規定。在這些採購方式中，公開招標是政府採購中的最主要方式。

四、招標採購的基本制度

【案例討論】西安市某熱力公司擬進行鍋爐系統技術項目改行，項目計劃投資為1,800萬元，該項目資金部分獲得了財政部門的撥款預算，另一部分自籌資金也得到落實。項目規劃及其可行性研究以及勘察設計等工作已基本完成。因此次項目技術改造將採取最新技術的鍋爐系統，基於目前有資格的生產廠商在國內外都相對較少，且項目技術指標要求較高。經過相關部門批准，國際招標採取邀請招標方式進行。

經過市場調查，招投標代理機構向甲、乙、丙、丁四家公司發送招標邀請函。其中，甲、乙均為美國某公司的代理商，丙為國內設備供應商，丁為韓國設備製造商。此時，德國一家設備公司 A 主動申請進行投標。由於項目時間緊迫，並沒有對 A 公司進行相關審核，直接批准其參加此次項目的招標活動。

　　隨著資料的檢查和整理，設計院發現該鍋爐系統的設計存在著巨大的漏洞。招標方遂直接向招標的 5 家公司發出了項目的變更通知，招標其他條件不變。此時距離項目投標日期只剩 6 天，變更通知中未做出投標時間的變更。投標截止日時，甲、乙公司的投標方案仍按照原招標文件方案提交，丁公司按照新計劃更改後進行投標，丁公司投標中包括了更改前設計和更改後設計兩種方案。A 公司按照最新方案進行投標。招標人通過評標委員會審核認為所有投標書均是有效的，經過評比後，最終確定 A 公司中標並發送中標通知函。

　　問，該項目的招標過程是否存在問題？應如何進行更正？

　　(一) 招標採購的概念

　　招標採購是指採購方作為招標方，事先提出採購的條件和要求，邀請眾多企業參加投標，然后由採購方按照規定的程序和標準一次性地從中擇優選擇交易對象，並按最有利條件與投標方簽訂採購協議活動。招標採購不但是政府採購最主要方式，也是企業集中採購最重要的方式，因為它是最能降低採購成本、提高經濟效益的採購方式。

　　(二) 招標採購的特點

　　(1) 招標程序的公開性。其公開性也指透明性，是指整個採購程序都依據相關法律規定在公開情況下進行。公開發布投標邀請，公開開標，公布中標結果，投標商資格審查標準和最佳投標商評選標準要事先公布。

　　(2) 招標程序的競爭性。招標就是一種引發競爭的採購程序，是競爭的一種具體方式。招標之競爭性充分體現了現代競爭的平等、信譽、正當和合法等基本原則。物流採購通過招標程序，可以最大程度地吸引和擴大投標人的競爭，從而使招標方有可能以更低的價格採購到所需的物資或服務，更充分地獲得市場利益，有利於政府採購經濟效益目標的實現。

　　(3) 招標程序的公平性。對招標感興趣的供應商、承包商和服務提供者都可以進行投標，並且地位一律平等，不允許對任何投標商進行歧視；評選中標商應按事先公布的標準進行；投標是一次性的並且不準同投標進行談判。這些措施既保證了招標程序的完整，又可以吸引優秀的供應商來競爭投標。

　　(三) 招標採購的分類

　　(1) 公開招標。公開招標是指招標人以公告的方式邀請不特定的法人或其他組織投標。招標人採用公開招標方式的，應當發布招標公告。依法必須進行招標的項目的招標公告應當通過國家指定的報刊信息網路或者其他媒介發布，招標公告應當載明招標人的名稱和地址、項目的性質和數量、實施地點和時間以及獲取招標文件的辦法等事項。

　　(2) 邀請招標。邀請招標是指招標人以投標邀請書的方式邀請特定的法人或其他組織。招標人採用邀請招標方式的，應當向三個以上具備承擔招標項目的能力、資信良好的特定的法人或其他組織發出投標邀請書，投標邀請書應當載明招標人的名稱地

址、招標項目的實施地點、時間、性質、數量以及獲取招標文件的辦法等事項。

(四) 招標採購的操作程序

根據《招標投標法》的規定，招標投標基本程序有招標、投標、開標、評標與中標等環節。

1. 招標

(1) 招標人條件

招標人是指依照招投標法規定提出招標項目進行招標的法人或者其他組織。招標人必須具備兩個條件：

第一，招標人必須是法人或者其他組織。法人是指具有民事權利能力和民事行為能力，並依法享有民事權利和承擔民事義務的組織。包括企業法人、機關法人、事業單位法人和社會團體法人。

第二，招標人必須提出招標項目進行招標。所謂提出招標項目，即根據實際情況和《招標投標法》的有關規定，提出和確定擬招標的項目，辦理有關審批手續，落實項目的資金來源等。所謂進行招標，指提出招標方案，擬定或決定招標方式，編製招標文件，發布招標公告，審查潛在投標人資格，主持開標，組建評標委員會，確定中標人，訂立書面合同等。

(2) 招標公告

公開招標應當發布招標公告。招標公告應當通過網站、報刊或者其他媒介發布。招標公告應當載明下列事項：①招標人的名稱和地址；②招標項目的性質、數量；③招標項目的地點和時間要求；④獲取招標文件的辦法、地點和時間；⑤對招標文件收取的費用；⑥需要公告的其他事項。

(3) 招標人或招標投標仲介機構的職責

招標人或招標投標仲介機構可以對有興趣投標的法人或者其他組織進行資格預審，但應當通過網站、報刊或其他媒介發布資格預審通告。採用邀請招標程序的，招標人一般應當向三家以上有興趣投標的或者通過資格預審的法人或其他組織發出投標邀請書。採用議標程序的，招標人一般應當向兩家以上有興趣投標的法人或者其他組織發出投標邀請書。

資格預審應當主要審查有興趣投標的法人或者其他組織，是否具有圓滿履行合同的能力。有興趣投標的法人或者其他組織應當向招標人或者招標投標仲介機構提交證明其具有圓滿履行合同的能力的證明文件或者資料。招標人或者招標投標仲介機構應當對提交資格預審申請書的法人或者其他組織作出預審決定。

(4) 編製招標文件

招標人或者招標投標仲介機構根據招標項目的要求編製招標文件。招標文件一般應當載明下列事項：①投標人須知；②招標項目的性質、數量；③技術規格；④投標價格的要求及其計算方式；⑤評標的標準和方法；⑥交貨、竣工或提供服務的時間；⑦投標人應當提供的有關資格和資信證明文件；⑧投標保證金的數額或其他形式的擔保；⑨投標文件的編製要求；⑩提供投標文件的方式、地點和截止日期；⑪開標、評標、定標的日程安排；⑫合同格式及主要合同條款；⑬需要載明的其他事項。

招標人或者招標投標仲介機構在招標文件中，可以規定投標人在提交符合招標文件要求的投標文件的同時，提交備選投標文件，但應作出說明，並規定相應的評審和

比較辦法。

招標文件規定的技術規格應當採用國際或者國內公認、法定標準。招標文件中規定的各項技術規格，不得要求或者標明某一特定的專利、商標、名稱、設計、型號、原產地或生產廠家，不得有傾向或排斥某一有興趣投標的法人或者其他組織的內容。

招標人或者招標投標仲介機構應當按照招標公告或者投標邀請書規定的時間、地點出售招標文件。招標文件售出後不予退還。除不可抗力原因外，招標人或者招標投標仲介機構在發布招標公告或者發出投標邀請書後不得終止招標。

招標人或者招標投標仲介機構需要對已售出的招標文件進行澄清或者非實質性修改的，一般應當在提交投標文件截止日期 15 天前以書面形式通知所有招標文件的購買者，該澄清或修改內容為招標文件的組成部分。

招標公告發布或投標邀請書發出之日到提交投標文件截止之日，一般不得少於 30 天。

2. 投標

（1）投標人和投標聯合體

投標人是指回應招標、參加投標競爭的法人或者其他組織。按《招標投標法》規定，一般只允許法人或其他組織成為投標人，個人即自然人不能成為投標人。只有依法招標的科研項目或其他法定項目可允許個人投標。該投標的個人適用《招標投標法》關於投標人的規定。

投標人應具備承擔招標項目的能力；國家有關規定對投標人資格條件或招標文件對投標人資格條件有規定的，投標人應具備規定的資格條件。

投標聯合體，是指在招標投標中，由兩個或兩個以上的法人或其他組織組成的、以一個投標人的身分共同投標的團體。聯合體各方均應當具備承擔招標項目的相應能力；國家有關規定或者招標文件對投標人資格條件有規定的，聯合體各方均應當具備規定的相應資格條件。由同一專業的單位組成的聯合體，按照資質等級較低的單位確定資質等級。

聯合體各方應當簽訂共同投標協議，明確約定各方擬承擔的工作和責任，並將共同投標協議連同投標文件一併提交招標人。聯合體中標的，聯合體各方應當共同與招標人簽訂合同，就中標項目向招標人承擔連帶責任。招標人不得強制投標人組成聯合體共同投標，不得限制投標人之間的競爭。

（2）投標文件

投標文件是指投標人對招標文件中的項目的實質要求和條件作出回應而編製的書面文件。投標人應當按照招標文件的規定編製投標文件。投標文件應當載明下列事項：①投標函；②投標人資格、資信證明文件；③投標項目方案及說明；④投標價格；⑤投標保證金或者其他形式的擔保；⑥招標文件要求具備的其他內容。

投標文件應在規定的截止日期前密封送達到投標地點。招標人或者招標投標仲介機構對在提交投標文件截止日期後收到的投標文件，應不予開啟並退還。招標人或者招標投標仲介機構應當對收到的投標文件簽收備案。投標人有權要求招標人或者招標投標仲介機構提供簽收證明。

投標人可以撤回、補充或者修改已提交的投標文件；但是應當在提交投標文件截止日之前，書面通知招標人或者招標投標仲介機構。

3. 開標

開標是指在投標人提交投標文件截止日期過後，招標人依據招標文件規定的時間和地點，開啓投標人提交的投標文件，公開宣布投標人的名稱、投標價格和投標文件中的其他主要內容的行為。

開標應當按照招標文件規定的時間、地點和程序以公開方式進行。開標由招標人或者招標投標仲介機構主持，邀請評標委員會成員、投標人代表和有關單位代表參加。投標人檢查投標文件的密封情況，確認無誤後，由有關工作人員當眾拆封、驗證投標資格，並宣讀投標人名稱、投標價格以及其他主要內容。投標人可以對唱標作必要的解釋，但所作的解釋不得超過投標文件記載的範圍或改變投標文件的實質性內容。開標應當作記錄，存檔備查。

4. 評標

評標是指依據招標文件的規定和要求，對投標文件進行審查、比較和評議的過程。

(1) 評標委員會的組建

評標由招標人依法組建的評標委員會負責。依法必須進行招標的項目，其評標委員會由招標人的代表和有關技術、經濟等方面的專家組成，成員人數為五人以上單數，其中技術、經濟等方面的專家不得少於成員總數的三分之二。前述專家應當從事相關領域工作滿 8 年並具有高級職稱或者具有同等專業水平，由招標人從國務院有關部門或者省、自治區、直轄市人民政府有關部門提供的專家名冊或者招標代理機構的專家庫內的相關專業的專家名單中確定；一般招標項目可以採取隨機抽取方式，特殊招標項目可以由招標人直接確定。與投標人有利害關係的人不得進入相關項目的評標委員會，已經進入的應當更換。

評標委員會成員應當客觀、公正地履行職務，遵守職業道德，對所提出的評審意見承擔個人責任。評標委員會成員不得私下接觸投標人，不得收受投標人的財物或者接受其他好處。

(2) 評標的保密

招標人應當採取必要的措施，保證評標在嚴格保密的情況下進行。任何單位和個人不得非法干預、影響評標的過程和結果。評標委員會成員的名單在中標結果確定前應當保密。

評標委員會成員和參與評標的有關工作人員不得透露對投標文件的評審和比較、中標候選人的推薦情況以及與評標有關的其他情況。

(3) 評審要求

評標委員會可以要求投標人對投標文件中含義不明確的內容作必要的澄清或者說明，但是澄清或者說明不得超出投標文件的範圍或者改變投標文件的實質性內容。

評標委員會應當按照招標文件確定的評標標準和方法，對投標文件進行評審和比較；設有標底的，應當參考標底。評標委員會完成評標後，應當向招標人提出書面評標報告，並推薦合格的中標候選人。招標人根據評標委員會提出的書面評標報告和推薦的中標候選人確定中標人；招標人也可以授權評標委員會直接確定中標人。國務院對特定招標項目的評標有特別規定的，從其規定。

5. 中標

中標是指經招標人評標，投標人投標成功並與招標人簽訂合同的行為。

（1）中標的條件。中標人的投標應當符合下列條件之一：能夠最大限度地滿足招標文件中規定的各項綜合評價標準；能夠滿足招標文件的實質性要求，並且經評審的投標價格最低是投標價格低於成本的除外。

（2）中標通知。中標人確定后，招標人應當向中標人發出中標通知書，並同時將中標結果通知所有未中標的投標人。中標通知書對招標人和中標人具有法律效力。中標通知書發出後，招標人改變中標結果的，或者中標人放棄中標項目的，應當依法承擔法律責任。

（3）訂立合同。招標人和中標人應當自中標通知書發出之日起30日內，按照招標文件和中標人的投標文件訂立書面合同。招標人和中標人不得再行訂立背離合同實質性內容的其他協議。招標文件要求中標人提交履約保證金的，中標人應當提交。

中標人應當按照合同約定履行義務，完成中標項目。中標人不得向他人轉讓中標項目，也不得將中標項目肢解後分別向他人轉讓。中標人按照合同約定或者經招標人同意，可以將中標項目的部分非主體、非關鍵性工作分包給他人完成。接受分包的人應當具備相應的資格條件，並不得再次分包。中標人應當就分包項目向招標人負責，接受分包的人就分包項目承擔連帶責任。

（4）強制招標項目的中標報告。依法必須進行招標的項目，招標人應當自確定中標人之日起15日內有關行政監督部門提交招標投標情況的書面報告。

(五) 中標無效

中標無效，是指在招標投標中，因招標人或投標人單獨或共同違反招標投標法律法規的規定而影響中標結果時，該中標無效。《招標投標法》規定中標無效的情形有：

（1）招標代理機構違反本法規定，洩露應當保密的與招標投標活動有關的情況和資料的，或者與招標人、投標人串通損害國家利益、社會公共利益或者他人合法權益，影響中標結果的，該中標無效。

（2）依法必須進行招標的項目的招標人向他人透露已獲取招標文件的潛在投標人的名稱、數量或者可能影響公平競爭的有關招標投標的其他情況的，或者洩露標底，影響中標結果的，該中標無效。

（3）依法必須進行招標的項目，招標人違反本法規定，與投標人就投標價格、投標方案等實質性內容進行談判，影響中標結果的，該中標無效。

依法必須進行招標的項目違反《招標投標法》規定，中標無效的，應當依照《招標投標法》規定的中標條件在投標人中重新確定中標人或者依照《招標投標法》重新進行招標。

(六) 違反《招標投標法》的法律責任

《招標投標法》規定的法律責任按其性質主要分為三類，即民事法律責任、行政法律責任和刑事法律責任。民事法律責任，是指在招標投標活動中，違反法律規定或合同約定，給招標人和投標人造成損失的，過錯方應承擔賠償損失等法律責任。行政法律責任，是指在招標投標活動中，違反招標投標法律法規的規定，承擔由行政管理機關進行行政處罰的法律責任。行政處罰的方式主要包括警告、責令限期改正、取消投標資格、吊銷營業執照、罰款、沒收違法所得等。刑事法律責任，是指在招標投標活動中，違反刑法，構成犯罪而應承擔接受刑事處罰的法律責任。

五、招標採購協議的注意事項

採購協議也稱採購合同，是指採購人與供應商雙方經協調到一致所達成的明確商品採購過程中各方權利與義務的協議。招標採購對象有貨物、工程和服務三大類型，在簽訂招標採購協議時，應注意三者的差異：

（一）報價方式不同

貨物類招標一般要求直接明確標的報價。工程類招標應通過工程量細化報價。服務類招標要求依據國家收費標準進行報價，投標人根據該標準以下浮方式進行報價。

（二）招標流程不同

貨物或服務類招標可由供貨商直接投標，也可由其代理商投標。工程類招標應由有資質的承包商直接投標。貨物或服務招標類，招標人直接對擬投標人進行資格審查，工程特別是大型工程類招標招標人還會對擬投標人進行資格預審。

（三）履行要求不同

貨物類招標，一般要求設備代理商或貿易公司投標時需要製造廠商授權，以保證供貨質量價格和售后服務。服務類招標，要求投標人直接提供服務，服務期屆滿后投標人不再提供服務。工程類招標，投標人即承包商中標后應在項目現場設立常駐機構，項目應駐有專業人員或施工人員。

（四）法律依據不同

在招標採購協議適用法律依據方面，貨物類招標法律依據相對簡單，服務類招標因服務行業不同而有不同法律依據。工程類招標涉及法律和技術規範更為廣泛和複雜。

第二節　買賣合同當事人的義務

物流採購活動本身就是買賣活動。物流採購商品有貨物、工程和服務三大類型，物流採購協議所確定的權利與義務也各有差異。一般情況下，在採購活動中雙方當事人的權利義務可以通過採購合同加以明確規定。這有利於合同的順利履行，也便於合同糾紛的解決和違約責任的追究。

當合同未約定的或者約定不明確的，應以合同所適用法律規定來確定當事人權利和義務。《合同法》對買賣當事人的主要義務規定如下：

一、賣方的義務

（一）交付標的物的義務

【案例討論】上海某外貿公司與澳洲某公司成交1,000輛越野摩托車，雙方約定700輛為黑色，200輛為銀色，100輛為銀紅色。賣方在發貨時發現銀紅色摩托車無貨。於是在未經對方同意情況下，擅自用銀色摩托車替代銀紅色摩托車裝運出口。由於賣方交付貨物與合同簽訂內容不符，買方拒絕付款贖單。在雙方交涉過程中，買方仍堅持要求賣方補交100輛銀紅色摩托車，而多出的100輛銀色摩托車退貨或降價30%處理。此外，爭議標的在目的港倉庫租金等損失應由賣方承擔。

買方要求是否合理？為什麼？

按照買賣合同規定，賣方有交付標的物並使買方取得該物所有權的義務。

出賣人在交付標的物時，應當按合同規定的數量、質量、期限、方式和時間交付標的物。除法律另有規定，履行交付義務所需要的費用由出賣人負擔。交付標的物時應一併交付與標的物有關的文件。如有從物時，應一併交付。對此，《合同法》第一百三十五條規定：賣方應當履行向買方交付標的物或者交付提取標的物的單證，並轉移標的物所有權的義務。

關於交付的時間，依合同的約定或法律的規定。在當事人沒有約定、法律也沒有規定的情況下，應按下列規則確定：①債務人可以隨時履行，債權人也可以隨時要求履行，但應當給對方必要的準備時間；②合同的標的物在合同訂立前已被買方實際佔有，合同的生效時間即為交付時間；③需要辦理特別手續的，辦完法定手續的時間為交付時間。

關於交付的地點，合同有約定的，依照合同約定；法律有規定的，依照法律規定；法律沒有規定、當事人也沒有約定的，按下列標準確定：①給付貨幣的，在接受貨幣一方的所在地履行；交付不動產的，在不動產所在地履行；其他標的，在履行義務一方所在地履行；②標的物需要運輸的，賣方應當將標的物交付給第一承運人以交給買方；標的物不需要運輸的，賣方和買方訂立合同時知道標的物在某一地點的，賣方應當在該地點交付標的物；不知道的物在某一地點的，應當在賣方訂立合同時的營業地交付標的物；③賣方送貨的，賣方將標的物運到預定地點，由買方驗收后，視為交付；④賣方代為托運或郵寄的，賣方辦完托運或郵寄手續后，視為交付；⑤買方自己提貨的，買方通知的提貨時間為交付時間，但賣方通知的時間應給買方留有必要的在途時間。

（二）交付所賣標的物的有關單證和資料的義務

我國《合同法》第一百三十五條規定：「出賣人應當履行向買方交付標的物或者交付提取標的物的單證，並轉移標的物所有權的義務」。第一百三十六條規定：「出賣人應當按照約定或者交易習慣向買方交付提取標的物單證以外的有關單證和資料」。提取標的物的單證，主要是提單、倉單，是對標的物佔有的權利的體現，可以由賣方交付給買方作為擬制的交付以代替實際的交付。這種擬制的交付不需要合同作出專門的約定。

除了標的物的倉單、提單這些用於提取標的物的單證外，現實生活中關於買賣的標的物，尤其是國際貿易中的貨物，還有其他一些單證和資料，比如商業發票、產品合格證、質量保證書、使用說明書、產品檢疫書、產地證明、保單、裝箱單等。對於這些單證和資料，如果買賣合同中明確約定了賣方交付的義務或者是按照交易的習慣，賣方應當交付，則賣方就有義務在履行交付標的物的義務以外，向買方交付這些單證和資料。《聯合國國際貨物銷售合同公約》第三十四條規定：「如果賣方有義務移交與貨物有關的單據，他必須按照合同所規定的時間、地點和方式移交這些單據。」我國民法理論關於買賣合同賣方的交付義務中，也有這方面的內容。

（三）轉移標的物所有權的義務

取得標的物的所有權是買方的交易目的，因此，將標的物的所有權轉移給買方，

是賣方的另一項主要義務。我國《合同法》第一百三十三條規定：「標的物的所有權自標的物交付時起轉移，但法律另有規定或者當事人另有約定的除外。」

可見在我國現行民事立法上，標的物所有權的轉移方法，因標的物的不同而有所不同。動產一般以佔有為權利的公示方法，除當事人另有約定的以外，動產所有權依交付而轉移。不動產以登記為物權變動的公示方法，其所有權自辦理完畢所有權的轉移登記手續時才發生轉移，因此賣方應按照法律規定或者合同約定，協助買方辦理所有權的轉移登記手續，並將有關的產權證明交付給買方。如果未辦理轉移登記手續，不動產所有權未移轉給買方，賣方便未履行主給付義務。

對於船舶、航空器以及機動車輛等特殊類型的動產，因其價值較高，也常以登記作為權利變動的公示方法。在以往的學說和審判實踐中，對於登記與此類動產交易的關係，認識不一：有將登記作為交易行為效力發生的條件，因此未辦登記手續，交易行為即不發生效力；有將登記作為所有權移轉的條件，未辦登記手續，所有權即不轉移。以上做法，皆不夠妥當。比較妥當的做法是：此類動產的所有權一般也自交付之時起轉移，但未依法辦理登記手續的，所有權的轉移不具有對抗第三人的效力。

為了保護賣方的利益，《合同法》第一百三十四條規定：「當事人可以在買賣合同中約定買方未履行支付價款或者其他義務的，標的物的所有權屬於賣方。」這就是所謂的所有權保留制度。所有權保留作為一種新型的擔保制度，在交易實踐中，經常與分期付款買賣結合在一起。在保留所有權的分期付款買賣中，買方在條件成就前，享有所有權的期待權。該所有權的期待權得成為交易的對象；賣方基於其所保留的所有權享有取回權，該所有權與一般意義上的所有權有所不同，僅具有擔保作用。該制度以微觀上的利益均衡、交易安全為宗旨，以權利擁有和利益享用相分離的權利分化理論為構思主題，以設定標的物所有權轉移的前提條件為特徵，精巧地實現了買方對標的物的提前享用，有效消弭了賣方滯後收取價金的交易風險，從而以制度設計的內在合理性為契機，在各個國家和地區得到了廣泛應用。《合同法》對所有權保留制度的肯認，必將推動我國信貸消費的發展。

依據《合同法》第一百三十七條的規定：「出賣具有知識產權的計算機軟件等標的物，除法律另有規定或當事人另有約定以外，該標的物的知識產權並不隨同標的物的所有權一併移轉於買方。」這就是所謂的知識產權保留條款，其規範目的在於保護知識產權人的利益。

(四) 瑕疵擔保的義務

【案例討論】我國某農產品出口公司與日本一家農貿公司簽訂一批玉米貿易合同。其中對農產品品質規定為：水分最高17%，雜質不超過4%，以中國商檢局檢驗交貨品質為最后依據。在成交前，我方公司曾向對方寄送過玉米樣品；合同簽訂后，再次電告對方，成交貨物與樣品相似。在中國商檢局簽發品質規格合格證書后，貨物裝運。貨物抵達日本后，該國公司提出貨物品質比樣品差，據此要求每頓減價7%。

我公司以合同中並未規定憑樣交貨，不同意減價。於是，以日本某檢驗公司檢驗報告所證明所交貨物比樣品雜質達到6%為依據，日本公司提出索賠要求。我方公司不服，認為農產品不可能做到與樣品完全相同，且品質雜質不會高於6%。但因我方留存的樣品遺失，無法證明。

我方公司是否承擔品質差異的交貨責任？為什麼？

賣方在履行交付標的物的義務和使買方獲得標的物所有權的義務的同時，對其所交付的標的物，應擔保其權利完整無缺並且有依通常交易觀念或當事人的意思，認為應當具有之價值、效用或品質。如果賣方違反或未履行此項擔保義務，則應承擔民事責任。這種民事責任就是瑕疵擔保責任。

按照傳統民法理論，債法上的瑕疵分為兩種，一種是品質瑕疵，另一種是權利瑕疵。下面分別加以敘述：

（1）品質瑕疵。品質瑕疵也稱物的瑕疵，是指賣方所交付的標的物欠缺法定或約定的品質。物的瑕疵，依其被發現的難易程度，分為表面瑕疵與隱蔽瑕疵。前者是指瑕疵存在於物的表面，不需專門檢驗而僅憑一般人的經驗即能發現；后者是指存在於物的內部，需經專門檢驗或使用才能發現的瑕疵。區分兩者的意義在於買方主張權利的時間不同，前者的期限較短，而后者的期限較長。品質瑕疵的擔保責任。買方可以請求減少價金或者解除合同，也可以要求賣方進行修理或自行修理，費用由賣方負擔。標的物為種類物時，買方可以請求出賣人另行交付完好的替代物。買方因賣方交付瑕疵物而遭受損失的，可以請求賣方賠償損失。但是，買方明知物有瑕疵而接受的，賣方不負責任。

（2）權利瑕疵。權利瑕疵是指標的物為他人所有或標的物上附有他人的權利，權利人可以追回或對標的物主張其他權利的情形。

出賣人應擔保第三人就買賣合同的標的物對於買方不得主張任何權利。這便是羅馬法上「任何人不得以大於自己的權利予人」原則的體現。賣方違反此義務的，買方可根據關於債務不履行的規定，向賣方主張支付違約金，實際履行，解除合同，損害賠償或其他權利。但是，若賣方已將權利的瑕疵告知買方或根據情況可證明買方知道權利存在瑕疵的，賣方不負責任。

我國《合同法》雖然沒有規定品質的瑕疵擔保責任，但卻規定了權利瑕疵擔保責任：賣方就交付的標的物，負有保證第三人不得向買方主張任何權利的義務，但買方訂立合同時知道或者應當知道第三人對買賣的標的物享有權利的除外。

（五）合同的附隨義務

我國《合同法》第六十條規定：「當事人應當按照約定全面履行自己的義務。當事人應當遵循誠實信用原則，根據合同的性質、目的和交易習慣履行通知、協助、保密等義務。」從這一條可以看出，附隨義務至少具有三個方面的內容，即通知義務、協助義務與保密義務。

1. 合同的通知義務

【案例討論】某保健品公司與某工貿公司簽訂了一份買賣合同，約定由保健品公司供給工貿公司藥酒 100 箱，每箱單價 1,000 元，貨款總計 10 萬元；藥酒符合衛生防疫站的質量要求，在產品保質期內，供方保證產品質量，需方保管不善造成損失自負；需方預先支付 30% 的貨款，余款在接收全部貨物后半年內付清。合同訂立后，工貿公司按約預付了 3 萬元貨款，保健品公司亦發運了 100 箱藥。工貿公司在收貨后半年內未付清余款，並於收貨后第七個月提出質量異議。保健品公司認為依照有關法律規定，

已過質量保質期限，遂起訴工貿公司，要求其償還剩餘貨款並支付利息。法院在審理中查明，該藥酒未標明產品保質期，遂限期令當事人雙方就產品保質期限進行舉證，但無結果。后委託某產品質量監督檢驗所對雙方爭議的2006年10月3日生產的藥酒進行抽樣檢驗，結論是不符合保健品公司於2005年發布實施並報省企業標準備案的保健品公司企業標準。

對本案應做何處理？

合同的通知義務，是指在合同簽訂、履行、終止各階段，一方將有關合同具體情況以口頭或書面形式告知對方，以便對方及時瞭解合同內容及存在的問題。

在合同的訂立階段，該通知義務顯得尤為重要，它關係到合同能否成立。我國的《合同法》規定：「要約、承諾均採用到達主義，即一方的通知到達對方時要約或承諾生效。」要約的撤回、撤銷，承諾的撤回均要求一方履行通知義務；在合同的履行過程中，《民法通則》《合同法》均提到當事人一方因不可抗力不能履行合同的，應及時通知對方，以減輕可能給對方造成的損失。若未履行該義務，則可能應就對方擴大的損失承擔賠償責任；在國際貿易中，FOB（離岸價）、CFR（成本加運費）也均涉及買賣雙方都要給予對方充分通知的義務，如賣方裝船后，應及時通知買方，以使買方及時投保。否則由此造成的買方漏保引起的損失要由賣方負責。

從中我們可以看出，看似簡單的通知在合同的各個階段均扮演著不小的角色，在很多時候決定了風險的轉移及責任的承擔。

2. 合同的保密義務

隨著高科技的發展，現實中合同所涉及的領域將更多地與商業秘密切聯繫。我國的《中華人民共和國反不正當競爭法》（以下簡稱《反不正當競爭法》）給商業秘密下的定義是：不為公眾所知悉，能為權利人帶來經濟利益，具有實用性並經權利人採取保密措施的技術信息和經營信息。商業秘密作為一個公司的資產，具有巨大的經濟價值，任何對其的洩露、竊取將給公司帶來重大損失，而現實中此類案子並不少見。

在合同關係中，一方理應本著誠實信用的原則保守合同中接觸到對方的秘密，未經對方同意，不得擅自使用或許可他人使用。如加工承攬合同中由定作方提供技術圖樣，承攬方按其要求進行加工；技術轉讓合同中涉及的專利，技術秘密均要求一方履行保守秘密。不得對其造成非法侵害，否則侵害方要承擔侵權責任，甚至刑事上的責任。我國的《反不正當競爭法》第十條具體規定了不得採用的不正當競爭手段。若違反此規定，給被侵害人造成損害的應當承擔損害賠償責任，並承擔被侵害人因調查該不正當競爭行為所支付的合理費用，《中華人民共和國刑法》第三章第七節的侵犯知識產權罪對此類行為也進行了強有力的打擊。

3. 合同的協助義務

合同的訂立在一定程度上是建立在雙方的相互信任基礎上，信任對方的履約能力及資信，在合同的履行過程中可以相互支持、幫助，共同克服困難，即能更好地實現合同的目的。

《合同法》第二百五十九條規定：「承攬工作需要定作人協助的，定作人有協助的義務。」特別是在定作方提供技術圖樣情況下，因為承攬方可能存在對圖紙的不瞭解或本身某些技術不足等情況。定作方若不協助，一來影響了承攬工作的進度，二來可能

造成工作無法完成或完成的工作質量不合格。因此而產生不必要糾紛，作為定作方並不是有足夠的理由佔有優勢。同時法律規定在當事人一方違約后，對方應採取適當措施防止損失的擴大，即要求一方應積極協助，採取補救措施使損失降低。否則就擴大的損失要求賠償將得不到法律上的支持。

可見，合同附隨義務在合同的簽訂、履行過程中對合同關係的成立、穩定、發展發揮著重要作用，作為合同的當事人應給予必要的重視，以減少合同糾紛，順利實現合同目的，維持雙方友好的長久的合作關係。

二、買方的義務
(一) 支付價款的義務

【案例討論】北京某游戲公司因推出新游戲需要構建游戲服務器，向某硬件設備公司購買高性能游戲服務器。雙方簽訂合同，合同約定硬件設備公司使用IBM刀片式服務器為游戲公司構建游戲服務器，並達到約定性能，游戲公司為此支付100萬元。硬件公司在收到游戲公司預付的10萬元預付款后，按照合同約定為游戲公司構建服務器，並完成調試驗收后餘款至今未付。硬件設備公司經過多次催收無果。將游戲公司告上法庭，請求法院請求法院判令被告向原告支付欠款人民幣90元及利息人民幣16,350.56元，訴訟費由被告承擔。問：
(1) 被告的行為是否合法？為什麼？
(2) 你認為本案應該怎樣處理？

支付價款是買方的主要義務。買方支付價款應按照合同約定的數額、地點、時間為之。

1. 價款數額的確定

價款數額一般由單價與總價構成，總價為單價乘以標的物的數量。當事人在合同中約定的單價與總價不一致，而當事人又不能證明總價為折扣價的，原則上應按單價來計算總價。當事人對價款的確定，須遵守國家的物價法規，否則其約定無效。當事人在合同中約定執行政府定價的，依照《合同法》第六十三條的規定：「……在合同約定的交付期限內政府價格調整時，按照交付時的價格計價。逾期交付標的物的，遇價格上漲時，按照原價格執行；價格下降時，按照新價格執行。逾期提取標的物或者逾期付款的，遇價格上漲時，按照新價格執行；價格下降時，按照原價格執行。」買方應當按照約定的數額支付價款。對價款沒有約定或約定不明確的，可以協議補充；不能達成補充協議的，按照合同有關條款或者交易習慣確定。如仍不能確定，按照訂立合同時履行地的市場價格履行，依法應當執行政府定價或者政府指導價的，按照規定履行。

2. 價款的支付時間

價款的支付時間，可以由雙方當事人約定。買方應當按照約定的時間支付價款。對支付時間沒有約定或者約定不明確的，可以協議補充；不能達成補充協議的，按照合同有關條款或者交易習慣確定。仍不能確定的，按照同時履行的原則，買方應當在收到標的物或者提取標的物單證的同時支付。賣方未履行交付標的物義務之前，買方

有權拒絕支付價款。

價款支付遲延時，買方不但要繼續支付價款，而且還有責任支付遲延利息。買方在賣方違約的情況下，有拒絕支付價款、請求減少價款、請求返還價款的權利。如賣方交付的標的物有重大瑕疵以致難以使用時，買方有權拒絕接受交付，並有權拒絕支付價款。如賣方交付的標的物雖有瑕疵但買方同意接受，買方可以請求減少價款。標的物在交付后部分或全部被第三人追索，買方不但有權解除合同，請求損害賠償，也有權要求返還全部或部分價款。買方在有明顯證據表明第三人可能對標的物提出權利主張而致使其不能取得標的物的所有權或不能完全取得時，可以拒絕支付相應的價款。但是，在賣方提供擔保的情況下，買方不得拒絕支付價款。

有些國家和地區的立法確認，買方拒絕支付價款時，賣方有權請求買方將所拒絕支付的價款提存。這一權利稱為提存請求權。其設立的原因在於，一旦買方拒絕支付價款后其所有權的取得並未因第三人主張權利而受影響，此時若買方無能力支付全部的價款，必然會給賣方造成不利。因此，為保護賣方的利益，法律賦予賣方提存請求權。在賣方請求買方提存拒絕支付的價款時，買方應予提存。在確能證明第三人不能對標的物提出權利要求時，賣方才得領取提存的價款。如買方不將拒絕支付的價款提存，則不得拒絕支付價款。

3. 價款的支付地點

價款的支付地點可由雙方當事人約定。買方應當按照約定的地點支付價款。對支付地點沒有約定或者約定不明確，可以協議補充；不能達成補充協議的，按照合同有關條款或者交易習慣確定；仍不能確定的，買方可以在賣方的營業地、交付標的物或者提取標的物單證的所在地支付。

4. 價款的支付方式

價款的支付方式，也可由當事人約定，但當事人關於支付方式的約定不得違反國家關於現金管理的規定。

(二) 檢驗貨物的義務

【案例討論】某果汁生產廠與當地農貿公司簽訂購買臍橙的合同。合同規定，農貿公司以每千克6元的價格出售臍橙150噸給果汁生產廠，分3次交貨，質量為二等果以上。由果汁廠收貨時驗收。合同簽訂后，農貿公司按照約定將150噸臍橙分3批，每批50噸送到果汁廠倉庫。前兩批臍橙在果汁廠交貨時經驗收，認定交付的臍橙符合確定標準，並向農貿公司出具了收條。但在第3批臍橙交貨時，正是果汁廠採購水果忙時，果汁廠加工業務員忙不過來，未對臍橙進行檢驗，在清點了數量之后就讓農貿公司將臍橙運送到倉庫，並開具了收條。14日后，果汁加工廠業務員在搬運臍橙時發現臍橙不符合標準，不少臍橙發生腐爛。在合同約定的付款日到期后，農貿公司要求果汁廠付款時，果汁長以第五批臍橙不符合標準應減價為由，拒付貨款。雙方發生糾紛，農貿公司遂向法院提交訴訟，要求果汁廠按照約定價格交付貨款並承擔逾期付款的利息。

農貿公司送交的第五批臍橙不符合標準，果汁加工廠有無權利要求減價？

對貨物的檢驗既是買方的權利，同時也是買方的義務。買方收到標的物時應當在約定的檢驗期間內檢驗。沒有約定檢驗期間的，應當及時檢驗。當事人約定檢驗期間

的，買方應當在約定期間內，將標的物的數量或質量不符合約定的情形通知賣方，買方怠於通知的，視為標的物的數量或質量符合約定。當事人沒有約定期間的，買方應當在發現或者應當發現標的物數量或質量不符合約定的合理期間內通知賣方。買方在合理期間內未通知或者自標的物收到之日起兩年內未通知賣方的，視為標的物數量或質量符合約定；但對標的物有質量保證期的，適用質量保證期，不適用該兩條的規定（《合同法》第一百五十七條、第一百五十八條）。

賣方知道或者應當知道提供的標的物不符合約定的，買方得在發現標的物質量或數量不合格的任何時間向賣方主張責任的承擔。

(三) 對貨物負有保全的義務

買方對於賣方不按合同約定條件交付的標的物，例如多交付、提前交付、交付的標的物有瑕疵等，有權拒絕接受。在特殊情況下，買方雖作出拒絕接受交付的意思表示，但有暫時保全並應急處置標的物的義務。這一點各國立法皆有規定。

買方的保全義務是有條件的：①必須是異地交付，貨物到達交付地點時，買方發現標的物的品質瑕疵而作出拒絕接受的意思表示；②賣方在標的物接受交付的地點沒有受託人，即標的物在法律上已處於無人管理的狀態；③一般物品由買方暫時保管，但賣方接到買方的拒絕接受通知時應立即以自己的費用將標的物提回或作其他處置，並支付買方的保管費用；④對於不易保管的易變質物品如水果、蔬菜等，買方可以緊急變賣，但變賣所得在扣除變賣費用后需退回賣方。買方在拒絕接受交付時為賣方保管及緊急變賣標的物的行為必須是基於善良的動機，不得擴大賣方的損失。賣方也不能因買方上述情況下的保管或緊急變賣行為而免除責任。

(四) 及時收領貨物的義務

買方不及時收取貨物，不但增加貨物品質變化風險，還會產生貨物保管等費用損失及意外財產損害等。因此，法律要求買方應當按照合同約定及時收領標的物。未及時受領的，構成遲延收領，買方應承擔相應的違約責任。

第三節　貨物風險轉移

一、貨物風險轉移

【案例討論】某快遞公司因為業務發展需要購入3輛小貨車，經人介紹，快遞公司派採購人員看車。經協商達成以20萬元/輛的價格購買3輛小貨車。採購人員在交付車款后因不會開車，又未帶駕駛員，在汽車銷售公司將小貨車鑰匙交付快遞公司后，又將已選定的3輛小貨車開到車庫存放，待快遞公司自提。但該汽車銷售公司未將小貨車的有效單證等交付快遞公司。兩天后汽車銷售公司聯繫快遞公司，稱其購買的3輛小貨車被盜。快遞公司隨即報案，但無結果。快遞公司要求汽車銷售公司退還其60萬元購車款，雙方協商不成。快遞公司遂向當地人民法院起訴，要求銷售公司返還其購車款。

糧油公司的請求是否合法？請說明你的理由。

货物风险是指买卖合同履行过程中，合同项下货物可能遭受的各种意外损失，如盗窃、火灾、沉船、破碎、渗漏、扣押以及不属於正常损耗的腐烂变质等。我国《合同法》和一些国际公约所指的货物风险，是指货物的毁损、灭失的危险，即货物发生毁坏、灭失的可能。

货物风险转移是指货物发生灭失等各种意外损失的可能性何时从卖方转移给买方。划分货物风险转移界限具有重要的现实意义。因为当货物发生损失时，承担风险责任的一方当事人要承担货物损坏或灭失的责任，而不得要求另一方当事人对此承担责任。例如，在买卖合同的履行过程中，卖方已将货物交给承运人发运而风险尚未转移，则货物在途中遭受灭失、受损的风险均由卖方承担，同时卖方还要承担不交货的违约责任，除非卖方能证明这种损失是由不可抗力造成的。若货物的风险已转移於买方，则货物遭受损害或者灭失的风险，买方仍应支付货款。在对货物办理保险业务时，也以当事人是否承担货物风险为依据作为判断其是否享有可保利益，从而影响甚至决定当事人的投保资格特别是保险索赔权益的实现。因此，货物风险转移直接关系到买卖双方当事人的切身利益。

二、各国关於货物风险转移的时间

在买卖合同中，风险转移的核心问题是时间问题，即货物的风险何时由卖方转移给买方。在现代商业实践中，风险转移问题往往比所有权转移更为重要。它直接涉及买卖双方的基本义务，并关系到谁承担货物所遭受的损失。对此，各国都作出了明确的规定，但具体操作存在很大的差异。

将风险转移与合同订立结合在一起，即订立主义，如瑞士和义大利；将风险转移与货物所有权转移结合在一起，即所有权主义，如英国和法国；将风险转移与货物交付结合在一起，即交付主义，如美国、德国和中国等。相比较而言，在实践中以货物交付时间来决定风险转移时间与以货物所有权转移来决定风险转移时间更为合理且更具有可操作性。其中所谓的货物交付，通常情况下是卖方将货物的佔有和实际控制权移交给买方。例如，在货交承运人这种情况下，卖方将货物交付第一承运人就履行了交付货物的义务。承运人领受货物视同买方之代理行为，风险也随之转移给买方。

三、我国《合同法》关於货物风险转移的规定

【案例讨论】安信贸易公司与鑫源农产品公司签订一份价值25万美元的麵粉交易合同，以鑫源农产品公司仓库为交货地点，合同规定安信贸易公司应於7月提取货物，鑫源农产品公司已於7月1日将提货单交付安信贸易公司，安信贸易公司也付清了全部货款。但安信贸易公司直到7月31日也未将货物取走，鑫源农产品公司便将提货单项下货物转到仓库保管。8月15日安信贸易公司前往提货，但由於前一天鑫源农产品仓库所在地下特大暴雨，导致库房被淹，使得麵粉失去销售价值。双方对货物风险损失的承担发生争议。

该案应如何处理？说明理由。

我国《合同法》对货物风险转移问题作了如下规定：

（一）貨物買賣的風險轉移一般是在貨物交付時轉移

我國《合同法》第一百四十二條規定：「標的物毀損、滅失的風險，在標的物交付之前由出賣人承擔，交付之後由買受人承擔，但法律另有規定或者當事人另有約定除外」。由此可見，我國法律對貨物買賣的風險轉移原則上是以交付來確定的。

當事人約定貨物風險轉移的做法在國際貿易業務中非常普遍，如進出口雙方一般採用某種貿易術語來確定進出口雙方對貨物風險的承擔界限。例如，採用 FOB、CFR 和 CIF（到岸價）條件成交時，貨物的風險都是在裝運港裝船越過船舷時起由賣方轉移於買方，即貨物越過船舷以前的風險由賣方承擔，越過船舷以後的風險由買方承擔。

（二）貨物在運輸途中的出售的風險轉移時間

《合同法》第一百四十四條規定：「買方出賣交由承運人運輸的在途標的物，除當事人另有約定以外，貨物的毀損、滅失的風險自合同成立時起由買方承擔。」例如，當賣方先把貨物裝上開往某個目的地的船舶，然後再尋找適當的買方訂立買賣合同時，在外貿業務中稱之為「海上路貨」，其風險的轉移就依據本條規定進行處理。

（三）當買賣合同涉及運輸時風險轉移時間

《合同法》第一百四十五條規定：「當事人沒有約定交付地點或者約定不明確，標的物依法規定需要運輸的，賣方將標的物交付給合同項下第一承運人后，標的物毀損、滅失的風險由買方承擔。」

（四）違約行為對風險轉移的影響

1. 賣方違約對風險轉移的影響

《合同法》第一百四十七條的規定：「賣方未按照約定交付有關標的物的單證和資料的，不影響標的物毀損、滅失風險的轉移。」同時，《合同法》第一百四九條規定：「標的物的毀損、滅失的風險由買方承擔的，不影響因賣方履行債務不符合約定、買方要求其承擔違約的責任。」也就是說，若賣方交付標的物而未交付有關標的物的單證和資料，則標的物毀損、滅失的風險雖轉移由買方承擔，但賣方仍應負債務不履行的違約責任。

《合同法》第一百四十八條規定：「因標的物質量不符合質量要求致使不能實現合同目的，買方拒絕接受標的物或者解除合同的，標的物毀損、滅失的風險由賣方承擔。」賣方對此還要承擔相應的違約責任。

由買方承擔貨物風險有一個重要的前提條件，即賣方當事人已將貨物特定化。按照許多國家的法律規定，賣方將貨物特定化，是貨物風險和所有權轉移於買方的必要條件。在貨物特定化之前，其風險和所有權原則上不轉移於買方。

2. 買方違約對風險轉移的影響

《合同法》第一百四十三條規定：「因買方的原因致使標的物不能按照約定的期限交付的，自約定交付之日起標的物毀損、滅失風險轉移給買方承擔。」《合同法》第一百四十六條規定：「賣方按照合同約定或者依法將標的物置於交付地點，買方違約約定沒有收取的，標的物毀損、滅失的風險自違反約定之日起由買方承擔。」

實訓作業

一、實訓項目

為了熟悉招標投標流程，正確認識招投標每一行的法律性質，掌握招投標業務操作技能，可將學生分組為招標人、招標代理機構、投標人、投標評審委員會等角色，收集相關資料，以文具商品招標採購為例，進行模擬實訓。在實訓過程中，要求學生除提交招標公告、投標人資格審查材料、投標書、中標通知函等材料外，還要求學生根據招標投標條件擬定一份文具採購協議。

根據學生完成情況，教師可對招投標流程及採購協議等進行評價。

二、案例分析

1. 甲公司與乙設備廠訂立了一份購買設備的合同，合同約定乙公司向甲公司交付兩臺機器設備，總價款為 10 萬元；甲公司向乙公司交付定金 2 萬元，余款由甲在兩個星期內付清。雙方還約定，在甲公司向乙公司付清貨款之前，乙公司保留兩臺設備的所有權。乙公司交付了該兩臺設備。但在甲公司付清余款前機器設備被盜，於是甲公司認為設備的所有權屬於乙公司，自己沒有看管義務，遂後要求乙公司退還其 2 萬元定金。問：甲公司的理由是否合法，為什麼。

2. 一份出售茶葉的合同，以賣方倉庫為交貨條件的買賣，數量為 1,000 千克，總價為 12 萬元。合同規定買方應於 10 月提取貨物。賣方已於 10 月 1 日前將提貨單交付買方，買方已付清了全部貨款。但買方直到 10 月 31 日尚未提取貨物，賣方遂將貨物移至他處。當買方於 11 月 15 日提貨時，發現有 10% 的茶葉與相鄰的牛皮串味，失去商銷價值。雙方為此發生爭議。請問該案應如何處理，說明理由。

3. 2014 年 1 月 6 日，某建材公司作為銷售方與購買方朱林簽訂了一份建材購銷合同，並約定商業合同保密責任。由於利潤豐厚，在當晚宴請朋友時不免多喝了幾杯，一再吹噓到自己在合同談判、簽訂合同中的本事，為怕別人不相信，朱林還將與李江簽訂的《建材購銷合同》出示給大家觀看。洋洋得意之際，朱林將合同的附件之一《價格明細表》丟失，卻未能察覺。當地經營同類建材的張某前往該處用餐，無意中發現了那張《價格明細表》。此事發生后使該建材公司生意一落千丈，后來得知是購方朱林洩露了其商業秘密，遂要求購方朱林賠償其因此受到的損失。

朱林是否應當承擔賠償責任？你的法律依據是什麼？

第五章
物流運輸法實務

物流運輸是指物流經濟活動主體所從事貨物運輸的生產經營活動，即所謂的貨物運輸。為了保障物流運輸活動中各方當事人的利益和運輸的安全，根據貨物運輸的方式不同，國家制定了不同的運輸法律制度。當然不同的運輸方式適用不同的運輸法律法規。在貨物運輸方面，我國建立了比較完善的法律制度，國內運輸法主要有《合同法》《海商法》《鐵路法》《公路法》《航空法》及與之配套實施的《水路貨物運輸規則》《鐵路貨物運輸管理規則》《汽車貨物運輸規則》《中國民用航空貨物國際運輸規則》等；同時，我國也參加了一些與貨物運輸有關的國際公約。在這些法律中，既有運輸合同法律規範，也有運輸強制性法律規範。本章主要介紹與貨物運輸有關的法律法規和國際公約。

【導入案例】運輸合同糾紛案

去年，某紡織品進出口公司委託某外運公司辦理一批服裝出口運輸，從上海運至東京。外運公司租用了某遠洋運輸公司的船舶承運，但以自己名義簽發提單。貨物抵達目的港後，發現部分服裝已濕損。於是收貨人向保險公司索賠。保險公司依據保險合同賠償了收貨人，取得了代位求償權，並對外運公司提起訴訟。外運公司認為自己是代理人，不應當承擔賠償責任。但法院審理認為，由於外運公司以自己的名義簽發提單，使其成為契約承運人，從而承擔了承運人的責任和義務。法院最終判決外運公司承擔承運人責任範圍內原因所造成的經濟損失。

根據本案，說說契約承運人與實際承運人的法律關係。

第一節　貨物運輸法概述

一、物流運輸法

（一）物流運輸法的概念

物流運輸泛指人類利用一定的載運工具、線路、港站等實現貨物的空間位移的活動，包括鐵路、公路、航空、水路、管道等五種交通方式的運輸。物流運輸活動不僅涉及當事人的經濟利益、生命財產安全，還涉及國家物流秩序的正常運轉。保障物流運輸正常生產經營，國家和相關國際組織進行了廣泛的物流運輸立法建設。物流運輸

法是國家規範貨物運輸經濟活動的法律制度的總稱。物流運輸法既包括規範當事人可以協商內容的範圍的任意性法規，也包括涉及物流運輸安全生產的強制性法規。

(二) 物流運輸法的立法現狀

各種物流運輸方式都有不同的具體物流運輸法。同時，因物流運輸涉及國內物流和國際物流，物流運輸法還包括國內的法律法規和國際公約。

1. 水路運輸的法律法規

1999 年《合同法》第十七章專設了「運輸合同」分則；此外，在 2001 年 1 月 1 日起施行《國內水路貨物運輸規則》(2014 年 3 月 1 日修訂)，另有《水路危險貨物運輸規則》(1996)。針對國際海洋運輸，1993 年正式頒布並實施了《中華人民共和國海商法》(以下簡稱《海商法》)。

國際上針對海洋運輸的國際公約有 1924 年的《海牙規則》，即《統一提單的若干法律規則的國際公約》、1968 年的《維斯比規則》和 1978 年的《漢堡規則》(即《1978 年聯合國海上貨物運輸公約》)。

2. 鐵路運輸的法律法規

我國針對鐵路運輸的法律法規有：在 1991 年 5 月 1 日起實施《中華人民共和國鐵路法》(2015 年 4 月 24 日修訂)、《鐵路貨物運輸管理規則》(1991)、《鐵路危險貨物運輸管理規則》(2008)。

國際針對鐵路運輸的國際公約有：《國際鐵路貨物聯運協定》(我國 1954 年已加入)、《鐵路貨物運輸國際公約》(我國未加入)。

3. 公路運輸的法律法規

我國針對公路運輸的法律法規有：《中華人民共和國公路法》(1997 頒布，2009 年修正)、《中華人民共和國道路運輸條例》(2004 年 7 月 1 日頒布，2012 年修正)、《道路危險貨物運輸管理規定》(2013 年 7 月 1 日起施行)、《汽車貨物運輸規則》(2000 年 1 月 1 日施行)。我國針對國際道路運輸有《國際道路運輸管理規定》(2005 年 6 月 1 日施行)。

國際針對公路運輸的國際公約有：《國際公路貨物運輸合同公約》(CIM)、《國際公路車輛運輸公約》(TIR) 等，目前我國均未加入這些條約。

4. 航空運輸的法律法規

我國針對航空運輸的法律法規有：《中華人民共和國民用航空法》(1996 年 3 月 1 日起施行)、《民用機場管理條例》(2009 年 7 月 1 日起施行)。我國針對國際航空運輸的法律法規有《中國民用航空貨物國際運輸規則》。

國際針對航空運輸的國際公約有《華沙公約》(即《統一國際航空運輸某些規則的公約》)、《海牙議定書》《瓜達拉哈拉公約》等。

5. 國際多式聯運的法律法規

我國針對國際多式聯運的法律法規有：《海商法》(1993 年 7 月 1 日起實施)、《中華人民共和國海上國際集裝箱運輸管理規定》(1990 年頒布，1998 年修訂)。

國際針對多式聯運的公約有《聯合國國際貨物多式聯運公約》(1980)、《聯合國國際貿易和發展會議/國際商會多式聯運單證規則》(1991)。

二、貨物運輸合同概述

(一) 貨物運輸合同

《合同法》將運輸合同定義為：「運輸合同是承運人將旅客或者貨物從起運地點運輸到約定地點，旅客、托運人或者收貨人支付票款或者運輸費用的合同。」貨物運輸合同又稱貨物運送合同，是指經承運人與托運人協商一致，由承運人將貨物運輸到約定地點，托運人支付運費的合同。運輸合同是承運人和托運人雙方對運輸中的各主要事項，特別是雙方權利義務進行約定的產物。合同的標的是承運人的運輸行為，即貨物在空間上的位移。

(二) 貨物運輸合同的形式

貨物運輸合同的表現形式主要有口頭、書面和其他形式，但是否為要式合同因不同運輸方式下的法律而有所區別。在我國專門運輸法中，雖未直接規定運輸合同為要式合同，但是根據運輸合同的特殊性質，運輸合同的基本內容除以運輸法律、運輸法規和運輸規則的形式表現以外，還有若干特定的表現形式，如以客票運單和提單等運輸文件作為合同形式。

目前，運輸合同的形式主要有兩種：一種是以書面形式記載條款，依照法律規定，書面合同應記載合同關係的主要的或基本的內容；另一種是以運輸單證的方式，只載明運輸的有關事項，如起運點、終點、經停點、貨物種類、數量、包裝等，而對合同的其他內容並不載明。

【案例連結】臺灣興航海運股份有限公司作為承運人（被告），在未收到運費且在卸貨港無人提貨的情況下，對其所承運的中國林業國際合作公司名下的貨物進行提存，並從拍賣所得價款中優先受償提單持有人所應支付的運費、滯期費等各項費用。中國林業國際合作公司作為提單持有人（原告）起訴於法院，認為被告在此情況下處理承運貨物程序不當，要求被告承擔經濟損失。本案經審理，法院認為，在提單並入租船合同的條件下，提單持有人與承運人之間的權利義務關係適用租船合同的約定，被告承運人享有提存權。但本案被告未經法律程序擅自變賣貨物，給原告造成了經濟損失。最後，法院支持原告訴求，判令被告承擔未依法提存貨物而給原告造成的經濟損失。

三、貨物運輸關係主體的權利與義務

(一) 承運人的權利與義務

（1）提供適當運輸工具的義務。例如，《海商法》第四十七條規定：「承運人在船舶開航前和開航當時，應當謹慎處理，使船舶處於適航狀態，妥善配備船員、裝備船舶和配備供應品，並使貨艙、冷藏艙、冷氣艙和其他載貨處所適於並能安全收受、載運和保管貨物。」

（2）接受和照管所托運貨物的義務。承運人受理整批或零擔貨物時，應根據運單記載貨物名稱、數量、包裝方式等，核對無誤，方可辦理交接手續。發現與運單填寫不符或可能危及運輸安全的，不得辦理交接手續。承運人接收貨物後至交貨前，應當妥善照管貨物。

（3）在規定的期限內將貨物送達目的地的義務。運輸期限由承托雙方共同約定后

應在運單上註明。承運人應在約定的時間內將貨物運達目的地。零擔貨物按批准的班期時限運達，快件貨物按規定的期限運達。

（4）選擇適當運輸線路的義務。承運人應按其與托運人約定運輸路線運輸貨物。若起運前運輸路線發生變化的，必須通知托運人並按最後確定的路線運輸。承運人未按約定的路線運輸增加的運輸費用，托運人或收貨人可以拒絕支付增加部分的運輸費用。

（5）承擔正常交付貨物的義務。貨物運到后，承運人應當及時通知收貨人。承運人在貨物運到后交付收貨人之前，負有妥善保管貨物的義務。收貨人不明或者收貨人拒絕受領貨物的，承運人應當及時通知托運人，並請求其在合理期限內對貨物的處理作出指示。無法通知托運人，或者托運人未作指示或者指示事實上不能實行的，承運人可以提存貨物；貨物不宜提存的，承運人可以拍賣或者變賣該貨物，扣除運費、保管費以及其他必要的費用后，提存剩余價款。

（6）收取運費與貨物留置的權利。托運人或者收貨人應當支付運輸費用。托運人或者收貨人不支付運費、保管費以及其他運輸費用的，承運人對相應的運輸貨物享有留置權，但當事人另有約定的除外。

（7）依法享有免責權利。承運人對運輸過程中貨物的毀損、滅失承擔損害賠償責任，但承運人證明貨物的毀損、滅失是因不可抗力、貨物本身的自然性質或者合理損耗以及托運人、收貨人的過錯造成的，不承擔損害賠償責任。

貨物在運輸過程中因不可抗力滅失，未收取運費的，承運人不得要求支付運費；已收取運費的，托運人可以要求返還。

（二）托運人的權利與義務

（1）提供貨物、支付運輸費用的義務。在諾成性的貨物運輸合同中，托運人應按照合同約定的時間和要求提供托運的貨物，並向承運人交付運費等費用。否則，托運人應支付違約金，並賠償承運人由此而受到的損失。

（2）向承運人準確表明有關貨物運輸的必要情況。托運人辦理貨物運輸，需要填寫托運單的，托運單應當準確填寫有關貨物運輸的必要情況，包括以下內容：托運人姓名或名稱、住所；貨物名稱、數量、重量、包裝和價值；收貨人姓名或名稱、住所；目的地；填寫地及填寫日期。因托運人申報不實或者遺漏重要情況，造成承運人損失的，托運人應當承擔損害賠償責任。

（3）提交貨物運輸的相關文件。貨物運輸需要辦理審批、檢驗手續的，托運人應當將有關審批、檢驗的文件提交承運人。

（4）托運人應當按照約定的方法包裝貨物。沒有約定或者約定不明確的，應當按照國家或者行業包裝標準進行包裝；沒有國家或者行業包裝標準的，應當按照能夠使貨物安全運輸的方法進行包裝。托運人違反此義務的，承運人可以拒絕運輸。

（5）托運危險貨物時的特別要求。托運人托運易燃、易爆、有毒、有腐蝕性、有放射性等危險物的，應當按照有關危險物的運輸規定辦理。托運人應對危險物妥善包裝，作出危險物標誌和標籤，並將有關危險物的名稱、性質和防範措施的書面材料提交承運人。托運人違反此義務，承運人可以採取相應措施以避免損害的發生，因此產生的費用由托運人承擔。

（6）托運人有變更貨物運輸合同的權利。托運人可以要求承運人中止運輸、返還

貨物、變更到達地或者將貨物交給其他收貨人，但應當賠償承運人因此受到的損失。

(三) 收貨人的權利與義務

(1) 及時提貨的義務。收貨人收到提貨通知后，應當及時提貨。收貨人請求交付貨物時，應當將提單或者其他提貨憑證交還承運人。逾期提貨的，收貨人應當向承運人支付保管費。

(2) 及時驗貨與通知的義務。貨物交付時，承運人與收貨人應當做好交接工作，發現貨損貨差，由承運人與收貨人共同編製貨運事故記錄，交接雙方在貨運事故記錄上，簽字確認。收貨人接收貨物后，發現貨物有毀損、滅失的，收貨人應當及時通知承運人。急於通知的，承運人免除賠償責任，但承運人惡意掩蔽或者貨物毀損、滅失是由承運人故意或者重大過失造成的除外。

【知識拓展】托運人與收貨人的運輸合同權益轉移

《中國民用航空貨物國際運輸規則》第三十八條規定：「收貨人收到或者要求提取貨物、貨運單的，托運人對貨物的處置權即告終止。」

收貨人拒絕接收貨運單或者貨物，或者承運人無法同收貨人取得聯繫的，托運人繼續行使對貨物的處置權。

第二節　公路貨物運輸法

一、汽車貨物運輸法

汽車貨物運輸法即公路貨物運輸法，是指為維護汽車貨物運輸當事人的合法權益，明確承運人、托運人、收貨人以及其他有關方的權利、義務和責任，維護正常的道路貨運輸秩序而制定的法律規範的總稱。

公路貨物運輸法包含兩部分：一是國內公路運輸的法律法規，包括《中華人民共和國公路法》(1997)、1999年交通部頒布並於2000年1月1日起施行的《汽車貨物運輸規則》《集裝箱汽車運輸規則》《汽車危險貨物運輸規則》《中華人民共和國道路運輸條例》《道路危險貨物運輸管理規定》及針對國際道路運輸的《國際道路運輸管理規定》等；二是國際上關於公路運輸的公約，包括《國際公路貨物運輸合同公約》（即 CIM）、《國際公路車輛運輸公約》（即 TIR）等。上述公約我國均未參加，實際業務操作涉及的法律問題的解決依據是我國與當事國之間達成的雙邊公路運輸協議。

凡在國內從事營業性汽車貨物運輸及相關的貨物搬運裝卸、汽車貨物運輸服務等活動，均應遵守《汽車貨物運輸規則》，法律法規另有規定除外。同時，對於汽車運輸與其他運輸方式實行貨物聯運以及拖拉機及其他機動車、非機動車輛從事貨物運輸的，可適用或參照本規則執行。本節主要依據《汽車貨物運輸規則》介紹公路貨物運輸法律制度。

二、汽車貨物運輸的分類

汽車貨物運輸因實際類型不同，運輸合同各方當事人的權利與義務也存在差異，

對此，《汽車貨物運輸規則》從立法上對汽車貨物運輸進行了法律上的分類。

（1）汽車貨物運輸按托運貨物數量分為零擔和整車。《汽車貨物運輸規則》第七條規定：「托運人一次托運貨物計費重量3噸及以下的為零擔貨物運輸。」《汽車貨物運輸規則》第八條規定：「一次托運貨物計費重量3噸以上，或不足3噸但其性質、體積、形狀需要一輛汽車運輸的，為整批貨物運輸。」

（2）汽車貨物運輸按運送的時間要求分為快件貨物運輸、快件運輸、特快件運輸。在規定的距離和時間內將貨物運達目的地的，為一般貨物運輸；應托運人要求，採取即托即運的，為特快件貨物運輸。

（3）按照運輸時貨物的特點分為大型特殊笨重物體運輸、集裝箱汽車運輸、危險貨物汽車運輸等。

（4）按照運輸時貨物有無特殊要求分普通貨物、特殊貨物。貨物在運輸、裝卸、保管中無特殊要求的為普通貨物，共有三等。貨物在運輸、裝卸、保管中需採取特殊措施的為特種貨物，共有四類。《汽車貨物運輸規則》第十七條規定：「每立方米體積重量不足333千克的貨物為輕泡貨物。其體積按貨物（有包裝的按貨物包裝）外廓最高、最長、最寬部位尺寸計算。」

（5）按照運輸時貨物有無保險分為貨物保險、貨物保價運輸兩種投保方式。採取自願投保的原則，由托運人自行確定是否投保。貨物保險可由托運人直接向保險公司投保，也可以委託承運人代辦。

三、汽車貨物運輸合同

（一）汽車貨物運輸合同的定義

汽車貨物運輸合同是指汽車承運人與托運人之間簽訂的明確相互權利義務關係的協議。汽車貨物運輸合同的訂立應符合《合同法》的要求。《汽車貨物運輸規則》第二十八條規定：「汽車貨物運輸合同自雙方當事人簽字或蓋章時成立。當事人採用信件、數據電文等形式訂立合同的，可以要求簽訂確認書，簽訂確認書時合同成立。」

《汽車貨物運輸規則》第二十四條規定：「汽車貨物運輸合同有定期運輸合同、一次性運輸合同和道路貨物運單。」每一批貨物的汽車運輸都有相應的合同。在有運輸合同存在的情況下，運單視為合同的證明；在沒有運輸合同存在的情況下，運單本身就成了汽車貨物運輸合同。

（二）汽車貨物運輸合同的內容

不同類型的汽車貨物運輸合同，其表現形式存在差異，但內容基本相似。一次性運輸合同和道路貨物運單的基本內容如下：

（1）托運人、收貨人和承運人的名稱（姓名）、地址（住所）、電話、郵政編碼；
（2）貨物的種類、名稱、性質及貨物的包裝方式。
（3）重量、數量、體積或月、季、年度貨物批量。
（4）裝貨地點、卸貨地點、運距。
（5）承運日期和運到期限；或合同期限。
（6）運輸質量。
（7）裝卸責任。
（8）貨物價值，是否保價、保險。

（9）運輸費用的結算方式。
（10）違約責任。
（11）解決爭議的方法。

【知識拓展】汽車貨物運輸業務中的當事人

實踐中因汽車貨物運輸業務涉及裝運、倉儲和代辦等，其法律關係下的主體多樣化。汽車貨物運輸業務中的當事人表現為：承運人，是指使用汽車從事貨物運輸並與托運人訂立貨物運輸合同的經營者；托運人，是指與承運人訂立貨物運輸合同的單位和個人；收貨人，是指貨物運輸合同中托運人指定提取貨物的單位和個人；貨物運輸代辦人（簡稱貨運代辦人），是指以自己的名義承攬貨物並分別與托運人、承運人訂立貨物運輸合同的經營者；站場經營人，是指在站、場範圍內從事貨物倉儲、堆存、包裝、搬運裝卸等業務的經營者。

四、汽車貨物運輸合同當事人的權利與義務

【案例討論】 2015年4月18日，某商品採購中心的授權代表劉江與四川某快捷運輸公司的授權代表郝佳在上海簽訂了一份汽車貨物運輸合同。該合同約定：快捷運輸公司承運採購中心從上海、浙江發往成都的鞋底、火花塞和冰櫃等貨物。合同還對運費、運輸時間等內容作了約定。合同簽訂後，快捷運輸公司承運貨物的川A16426號車在運輸途中發生交通事故，使商品採購中心托運的火花塞損失計款14,680元，膠合板損失計款7,122元（其中遺失的膠合板損失5,386.5元），貨損共計21,810元。對此次交通事故，交通管理部門認定第三方承擔60%的責任。此後，商品採購中心與快捷運輸公司協商貨損賠償問題無果，遂提起訴訟。

根據案情，你認為承運人是否應對運輸過程中貨物的毀損、滅失承擔全部賠償責任？

(一) 承運人的權利與義務

（1）根據貨物的需要和特性，提供適宜的車輛。承運人應根據承運貨物的需要，按貨物的不同特性，提供技術狀況良好、經濟適用的車輛，並能滿足所運貨物重量的要求。使用的車輛、容器應做到外觀整潔，車體、容器內乾淨無污染物、殘留物。承運特種貨物的車輛和集裝箱運輸車輛，需配備符合運輸要求的特殊裝置或專用設備。

（2）承運人應當根據受理貨物的情況，合理安排運輸車輛。貨物裝載重量以車輛額定噸位為限，輕泡貨物以折算重量裝載，不得超過車輛額定噸位和有關長、寬、高的裝載規定。

（3）承運人應按約定運輸路線進行運輸。起運前運輸路線發生變化必須通知托運人，並按最後確定的路線運輸。承運人未按約定的路線運輸增加的運輸費用，托運人或收貨人可以拒絕支付增加部分的運輸費用。

（4）承運人應在規定運輸期限內將貨物運達。運輸期限由承運人與托運人雙方共同約定後應在運單上註明。承運人應在約定的時間內裝貨物運達。零擔貨物按批准的班期時限運達，快件貨物按規定的期限運達。根據《汽車貨物運輸規則》第三條規定：

「未約定運輸期限的，從起運日起，按 200 千米為 1 日運距，用運輸里程除每日運距，計算運輸期限。」

（5）承運人應對貨物的運輸安全負責，保證貨物在運輸過程中不受損害。承運人受理整批或零擔貨物時，應根據運單記載貨物名稱、數量、包裝方式等，核對無誤，方可辦理交接手續。發現與運單填寫不符或可能危及運輸安全的，不得辦理交接手續。

車輛裝載有毒、易污染的貨物卸載后，承運人應對車輛進行清洗和消毒。但因貨物自身的性質，應托運人要求，需對車輛進行特殊清洗和消毒的，由托運人負責。

（6）及時發出交貨通知。整批貨物運抵前，承運人應當及時通知收貨人做好接貨準備；零擔貨物運達目的地后，應在 24 小時內向收貨人發出到貨通知或按托運人的指示及時將貨物交給收貨人。

(二) 托運人的權利與義務

（1）保證單貨一致。托運貨物的名稱、性質、件數、重量、體積、包裝方式等，應與運單記載的內容相符。托運的貨物中，不得夾帶危險貨物、貴重貨物、鮮活貨物和其他易腐貨物、易污染貨物、貨幣、有價證券以及政府禁止或限制運輸的貨物等。

（2）提交相關文件。按照國家有關部門規定辦理準運或審批、檢驗等手續的貨物，托運人托運時應將準運證或審批文件提交承運人，並隨貨同行。托運人委託承運人向收貨人代遞有關文件時，應在運單中註明文件名稱和份數。

（3）按照約定的方法包裝貨物。托運貨物的包裝，應當按照承托雙方約定的方式包裝。對包裝方式沒有約定或者約定不明確的，可以協議補充；不能達成補充協議的，按照通用的方式包裝，沒有通用方式的，應在足以保證運輸、搬運裝卸作業安全和貨物完好的原則下進行包裝。依法應當執行特殊包裝標準的，按照規定執行。

（4）正確使用標誌。托運人應根據貨物性質和運輸要求，按照國家規定，正確使用運輸標誌和包裝儲運圖標標誌。使用舊包裝運輸貨物，托運人應將包裝與本批貨物無關的運輸標誌、包裝儲運圖標標誌清除乾淨，並重新標明製作標誌。

（5）托運人的其他義務。托運特種貨物，托運人應在運單中註明運輸條件和特約事項。運輸途中有需要飼養、照料的有動物、植物、尖端精密產品、稀有珍貴物品、文物、軍械彈藥、有價證券、重要票證和貨幣等，托運人必須派人押運並在辦理貨物托運手續時，在運單上註明押運人員姓名及必要的情況。押運人員在運輸過程中負責貨物的照料、保管和交接；如發現貨物出現異常情況，應及時作出處理並告知車輛駕駛人員。

（6）按照約定支付運費。

【法律連結】《汽車貨物運輸規則》關於貨物保價運輸的規定

第二十條　貨物保價運輸是按保價貨物辦理承托運手續，在發生貨物賠償時，按托運人聲明價格及貨物損壞程度予以賠償的貨物運輸。托運人一張運單托運的貨物只能選擇保價或不保價。

第二十一條　托運人選擇貨物保價運輸時，申報的貨物價值不得超過貨物本身的實際價值；保價運輸為全程保價。

第二十二條　分程運輸或多個承運人承擔運輸，保價費由第一程承運人（貨運代辦人）與后程承運人協商，並在運輸合同中註明。承運人之間沒有協議的按無保價運

輸辦理，各自承擔責任。

第二十三條　辦理保價運輸的貨物，應在運輸合同上加蓋「保價運輸」戳記。保價費按不超過貨物保價金額的 7‰ 收取。

五、貨物的交付

（1）貨物運達承、托雙方約定的地點后，收貨人應憑有效單證提（收）取貨物，無故拒提（收）取貨物，應賠償承運人因此造成的損失。

（2）貨物交付時，承運人與收貨人應當做好交接工作，發現貨損、貨差，由承運人與收貨人共同編製貨運事故記錄，交接雙方在貨運事故記錄上簽字確認。

（3）貨物交接時，承托雙方對貨物的重量和內容有質疑，均可提出查驗與復磅，查驗和復磅的費用由責任方負擔。

（4）貨物運達目的地后，承運人知道收貨人的，應及時通知收貨人，收貨人應當及時提（收）貨物，收貨人逾期提（收）貨物的，應當向承運人支付保管費等費用。收貨人不明或者收貨人無正當理由拒絕受領貨物的，依照《合同法》的有關規定，承運人可以提存貨物。

六、汽車貨物運輸中各方當事人的違約責任

(一) 承運人的違約責任

（1）貨物在承運責任期間和站、場存放期間內，發生毀損或滅失，承運人、站場經營人應負賠償責任。承運責任期間，是指承運人自接受貨物起至將貨物交付收貨人止，貨物處於承運人掌管之下的全部時間。承運人與托運人可以就貨物在裝車前和卸車後對承擔的責任達成其他的協議。

（2）承運人未按約定的期限將貨物運達，應負違約責任；因承運人責任將貨物錯送或錯交，應將貨物無償運到指定的地點，交給指定的收貨人。《汽車貨物運輸規則》第三條規定：「運輸期限，是由承托雙方共同約定的貨物起運、到達目的地具體時間。未約定運輸期限的，從起運日起，按 200 千米為 1 日遠距，用運輸里程除每日遠距，計算運輸期限。」

（3）承運人未遵守承托雙方商定的運輸條件或特約事項，由此造成托運人的損失，應負賠償責任。

【知識拓展】承運人的免責事項

貨物在承運責任期間和站、場存放期間，由於下列原因造成滅失、損壞，經承運人、站場經營人舉證后可不負賠償責任：①不可抗力；②貨物本身的自然性質變化或者合理損耗；③包裝內在缺陷，造成貨物受損；④包裝體外表面完好而內裝貨物毀損或滅失；⑤托運人違反國家有關法令，致使貨物被有關部門查扣、棄置或作其他處理；⑥押運人員責任造成的貨物毀損或滅失；⑦托運人或收貨人過錯造成的貨物毀損或滅失。

(二) 托運人的違約責任

（1）托運人未按合同規定的時間和要求，備好貨物和提供裝卸條件，以及貨物運

達后無人收貨或拒絕收貨，而造成承運人車輛放空、延滯及其他損失，托運人應負賠償責任。

（2）因托運人下列過錯，造成承運人、站場經營人、搬運裝卸經營人的車輛、機具、設備等的損壞，污染或人身傷亡以及因此而引起的第三方的損失，由托運人負責賠償：第一，在托運的貨物中有故意夾帶危險貨物和其他易腐蝕、易污染貨物以及禁、限運貨物等行為；第二，錯報、匿報貨物的重量、規格、性質；第三，貨物包裝不符合標準，包裝、容器不良，而從外部無法發現；第四，錯用包裝、儲運圖標誌。

（3）托運人不如實填寫運單、錯報、誤填貨物名稱或裝卸地點，造成承運人錯送、裝貨落空以及由此引起的其他損失，托運人應負賠償責任。

(三) 貨運代辦人與站場經營人的違約責任

（1）貨運代辦人根據委託協議承擔相關法律責任。貨運代辦人以承運人身分簽署運單時，應承擔承運人責任，以托運人身分托運貨物時，應承擔托運人的責任。

（2）搬運裝卸作業中，因搬運裝卸人員過錯造成貨物毀損或滅失，站場經營人或搬運裝卸經營者應負賠償責任。

七、貨運事故和違約處理

(一) 貨運事故處理的規定

（1）貨物運輸途中，發生交通肇事造成貨物損壞或滅失，承運人應先行向托運人賠償，再由其向肇事的責方追償。由托運人直接委託站場經營人裝卸貨物造成貨物損壞的，由站場經營人負責賠償；由承運人委託站場經營人組織裝卸的，承運人應先向托運人賠償，再向站場經營人追償。

《汽車貨物運輸規則》規定：「在貨運事故處理過程中，收貨人不得扣留車輛，承運人不得扣留貨物。由於扣留車、貨而造成的損失，由扣留方負責賠償。」

（2）貨運事故發生后，承運人應及時通知收貨人或托運人。收貨人、托運人知道發生貨運事故后，應在約定的時間內，與承運人簽註貨運事故記錄。收貨人、托運人在約定的時間內不與承運人簽註貨運事故記錄的，或者無法找到收貨人、托運人的，承運人可邀請兩名以上無利害關係的人簽註貨運事故記錄。

（3）貨物賠償時效從收貨人、托運人得知貨運事故信息或簽註貨運事故記錄的次日起計算。《汽車貨物運輸規則》第八十四規定：「在約定運達時間的 30 日後未收到貨物，視為滅失，自 31 日起計算貨物賠償時效。未按約定的或規定的運輸期限內運達交付的貨物，為遲延交付。」

(二) 貨運事故的賠償責任

貨運事故賠償金數額，《汽車貨物運輸規則》第八十三條作出如下規定：

（1）貨運事故賠償分限額賠償和實際損失賠償兩種。法律、行政法規對賠償責任限額有規定的，依照其規定；尚未規定賠償責任限額的，按貨物的實際損失賠償。

（2）在保價運輸中，貨物全部滅失，按貨物保價聲明價格賠償；貨物部分毀損或滅失，按實際損失賠償；貨物實際損失高於聲明價格的，按聲明價格賠償；貨物能修復的，按修理費加維修取送費賠償。保險運輸按投保人與保險公司商定的協議辦理。

（3）未辦理保價或保險運輸的，且在貨物運輸合同中未約定賠償責任的，按第一條規定賠償。

(4) 貨物損失賠償費包括貨物價格、運費和其他雜費。貨物價格中未包括運雜費、包裝費以及已付的稅費時，應按承運貨物的全部或短少部分的比例加算各項費用。

(5) 貨物毀損或滅失的賠償額，當事人有約定的，按照其約定，沒有約定或約定不明確的，可以補充協議，不能達成補充協議的，按照交付或應當交付時貨物到達地的市場價格計算。

(6) 由於承運人責任造成貨物滅失或損失，以實物賠償的，運費和雜費照收；按價賠償的，退還已收的運費和雜費；被損貨物尚能使用的，運費照收。

(7) 丟失貨物賠償后，又被查回，應送還原主，收回賠償金或實物；原主不願接受失物或無法找到原主的，由承運人自行處理。

(8) 承托雙方對貨物逾期到達，車輛延滯，裝貨落實都負有責任時，按各自責任所造成的損失相互賠償。

(三) 違約責任

承運人或托運人發生違約行為，應向對方支付違約金。違約金的數額由承托雙方約定。違約金不足以賠償損失的，還可以要求損害賠償。但《汽車貨物運輸規則》第八十七條作出特別規定：「對承運人非故意行為造成貨物遲延交付的賠償金額，不得超過所遲延交付的貨物全程運費數額。」

第三節　鐵路貨物運輸法

鐵路貨物運輸法可分為國內針對鐵路貨物運輸的法律法規和國際鐵路運輸法律法規。前者如：《鐵路法》《鐵路貨物運輸管理規則》（2000年）；后者如：《國際鐵路貨物聯運協定》（我國1954年已加入）、《鐵路貨物運輸國際公約》（我國尚未加入）等。《鐵路法》於1991年5月1日起實施，在2009年8月和2015年4月我國對《鐵路法》進行了兩次修正。本節主要依據《中華人民共和國鐵路法》和《國際鐵路貨物聯運協定》介紹鐵路貨物運輸法律制度。

一、《鐵路法》有關貨物運輸的主要內容

《鐵路法》對於鐵路貨物運輸的規定，主要包括以下三方面：

(一) 鐵路貨物運輸合同

鐵路貨物運輸合同是明確作為承運人的鐵路運輸企業與托運人之間權利義務關係的協議。根據《鐵路法》第十一條規定，貨物運單是運輸合同或運輸合同的組成部分。

(二) 鐵路貨物運輸合同當事人的權利義務

鐵路貨物的托運人與作為承運人的鐵路運輸企業應訂立運輸合同，雙方按運輸合同履行各自的義務，享有平等的權利。

1. 承運人的義務

(1) 及時運送貨物。鐵路承運人應當按照合同約定的期限或者國務院鐵路主管部門規定的期限，將貨物運到目的站。貨物運達后要及時通知收貨人，並將貨物交付收貨人。

(2) 保證貨物安全。鐵路承運人對於承運的貨物，應妥善處理。對於承運的容易

腐爛變質的貨物和活動物，應當按照國務院鐵路主管部門的規定和合同的約定，採取有效的保護措施。

2. 托運人的義務

（1）如實申報和提供合法貨物。托運人應當如實填報托運單，鐵路承運人有權對填報的貨物和包裹的品名、重量、數量進行檢查。經檢查，申報與實際不符的，檢查費用由托運人承擔；申報與實際相符的，檢查費用由鐵路承運人承擔，因檢查對貨物和包裹中的物品造成的損壞由鐵路承運人賠償。

托運人因申報不實而少交的運費和其他費用應當補交，鐵路承運人按照國務院鐵路主管部門的規定加收運費和其他費用。

托運、承運貨物，必須遵守國家關於禁止或者限制運輸物品的規定。

（2）妥善包裝貨物。托運貨物需要包裝的，托運人應當按照國家包裝標準或者行業包裝標準包裝；沒有國家包裝標準或者行業包裝標準的，應當妥善包裝，使貨物在運輸途中不因包裝原因而受損壞。

（3）支付運費。雙方可以約定由托運人在貨物發出前支付運費或者貨物到站後由收貨人支付運費，但是鐵路貨物運輸一般是由托運人在貨物托運時支付運費，如果托運人不支付運費，鐵路承運人可以不予承運。

（4）自願保險或保價。托運人可以根據自願的原則辦理保價運輸，也可以辦理貨物運輸保險；還可以既不辦理保價運輸，也不辦理貨物運輸保險。

3. 收貨人的義務

貨物到站後，收貨人應當按照國務院鐵路主管部門規定的期限及時領取，並支付托運人未付或者少付的運費和其他費用；逾期領取的，收貨人應當按照規定交付保管費。

《鐵路法》第二十二條規定：「自鐵路運輸企業發出領取貨物通知之日起滿30日仍無人領取的貨物，或者收貨人書面通知鐵路運輸企業拒絕領取的貨物，鐵路運輸企業應當通知托運人，托運人自接到通知之日起滿30日未作答覆的，由鐵路運輸企業變賣；所得價款在扣除保管等費用后尚有余款的，應當退還托運人，無法退還、自變賣之日起180日內托運人又未領回的，上繳國庫。」

【案例連結】 一字之差，百里之遙

山西省大同市某公司與內蒙古自治區某公司通過函件訂立了一個買賣合同。因貨物採取鐵路運輸的方式，而內蒙古公司作為賣方將到達欄內的「大同縣站」寫成「大同站」。因此導致貨物運錯了車站，造成了雙方的合同糾紛。鐵路貨物運輸合同是指托運方與鐵路運輸部門就鐵路運輸貨物所達成的明確雙方權利義務關係的協議。從本合同之糾紛來看，其中所涉及的主要問題是鐵路運輸合同的條款問題。在本合同糾紛中，造成錯發站的原因關鍵是發貨方將「大同縣站」寫成了「大同站」，一字之差，貨物發到了百里之外，教訓不可謂不深。在此，錯發貨的主要責任在於發貨方，與鐵路部門無關，應由發貨方承擔對收貨方的賠償責任。

(三) 鐵路貨物運輸合同當事人的違約責任

1. 承運人的責任

(1) 貨損責任

鐵路承運人應當對承運的貨物自接受承運時起到交付時止發生的滅失、短少、變質、污染或者損壞，承擔賠償責任。

托運人辦理了保價運輸的，按照實際損失賠償，但最高不超過保價額。未按保價運輸承運的，按照實際損失賠償，但最高不超過國務院鐵路主管部門規定的賠償限額；如果損失是由於鐵路承運人的故意或者重大過失造成的，不適用賠償限額的規定，按照實際損失賠償。

(2) 遲延交付責任

鐵路承運人未按照合同約定的期限或者國務院鐵路主管部門規定的期限將貨物運達，並按期交付收貨人的，鐵路承運人要承擔賠償責任。

鐵路承運人逾期 30 日仍未將貨物交付收貨人的，托運人、收貨人有權按貨物滅失向鐵路承運人要求賠償。

2. 免責事項

由於下列原因造成的貨物、包裹、行李損失的，鐵路承運人不承擔賠償責任：

(1) 不可抗力。

(2) 貨物或者包裹、行李中的物品本身的自然屬性，或者合理損耗。

(3) 托運人、收貨人或者旅客的過錯。

3. 托運人的責任

因托運人或者收貨人的責任給鐵路運輸企業造成財產損失的，由旅客、托運人或者收貨人承擔賠償責任。

二、《國際鐵路貨物聯運協定》的主要內容

1951 年，《國際鐵路貨物聯運協定》由蘇聯、羅馬尼亞、匈牙利、波蘭等八個國家簽訂，自 1951 年 11 月 1 日起實施。《國際鐵路貨物聯運協定》於 1953 年、1955 年、1957 年、1959 年、1964 年、1970 年和 1971 年進行了修改和補充。我國於 1954 年 1 月加入《國際鐵路貨物聯運協定》。

《國際鐵路貨物聯運協定》不僅是辦理鐵路貨物國際聯運業務的依據，也是解決國際鐵路貨物聯運中有關糾紛的法律依據。其主要內容包括以下三個方面。

(一) 鐵路貨物運輸單證

鐵路的運輸單證稱為運單。《國際鐵路貨物聯運協定》規定，運單就是國際鐵路貨物聯運的運送合同。按照該規定，發貨人在托運貨物的同時，應對每批貨物按規定的格式填寫運單和運單副本，由發貨人簽字后交始發站。從始發站承運貨物（連同運單一起）時起，即認為運輸合同業已訂立。在發貨人提交全部貨物和付清一切費用后，發站在運單及其副本上加蓋發站日期戳記，證明貨物業已承運。運單一經加蓋戳記就成為運輸合同生效的憑證。運單隨同貨物從始發站至終點站全程附送，最后交給收貨人。

(二) 鐵路貨物運輸合同雙方當事人的權利義務

1. 鐵路承運人的權利和義務

(1) 基本責任。《國際鐵路貨物聯運協定》規定，按照運單承運貨物的鐵路，應對

貨物負連帶的責任，即承運貨物的鐵路，應負責完成貨物的全部運輸。如果是在締約國一方境內接受貨物，鐵路的責任直到在到站交貨時為止；如果是向非《國際鐵路貨物聯運協定》參加國轉運，則按照另一國際鐵路貨物運輸公約，到辦完手續時為止。其中每一個繼續運送的鐵路，自接收附有運單的貨物時起，即作為參加這項運輸合同的當事人，並承擔由此而產生的義務。

鐵路應從承運貨物時起，至在到達站交付貨物時為止，對貨物運輸逾期以及因貨物全部或部分滅失或毀損所產生的損失負責。同時鐵路還應對由於鐵路過失而使發貨人在運單上記載並添附的文件的遺失后果負責，並對由於鐵路過失未能執行有關要求變更運輸合同的申請的后果負責。

（2）免責事項。《國際鐵路貨物聯運協定》規定，如果承運的貨物由於下列原因而遭受損失時，鐵路可以免責：一是鐵路不能預防和不能消除的情況；二是貨物特殊自然屬性，以致引起自燃、損壞、生鏽、內部腐爛或類似的后果；三是發貨人或收貨人的過失或由於其要求，而不能歸咎於鐵路者；四是發貨人或收貨人的裝車或卸車的原因所造成的；五是發送人或者收貨人許可，使用敞車類貨車運送的貨物的損失；六是發貨人或收貨人指派的貨物押運人未採取保證貨物完整的必要措施；七是容器或包裝的缺點，在承運時無法從其外部發現；八是發貨人用不正確、不確切或不完全的名稱托運違禁品；九是發貨人未按本協議規定辦理特定條件貨物承運時；十是貨物在規定標準內的途中損耗。

此外還規定，如果發生下列情況而使鐵路未能將貨物按規定的運到期限運達時，鐵路也可免責：一是發生雪（沙）害、水災、崩陷和其他自然災害，按照有關國家鐵路中央機關的指示，期限在15天以內；二是因按有關國家政府的指令，發生其他行車中斷或限制的情況，以政府規定的時間為準。

（3）賠償限額。鐵路承運人對貨物賠償損失的金額，在任何情況下，都不得超過貨物全部滅失時的數額。對於貨物全部或部分滅失，鐵路承運人的賠償金額應按外國出口方在帳單上所開列的價格計算；如發貨人對貨物的價格另有聲明時，鐵路應按聲明的價格予以賠償。

貨物逾期運到，鐵路應以所收運費為基礎，按逾期的長短，向收貨人支付規定的逾期罰款。如果貨物在某一鐵路逾期，而在其他鐵路都早於規定的期限運到，則確定逾期同時，應將上述期限相互抵消。

2. 托運人的權利和義務

托運人包括發貨人與收貨人，主要有以下幾個方面的權利和義務：

（1）支付運費。支付運費是托運人的主要義務。根據《國際鐵路貨物聯運協定》的規定，運費的支付規則如下：一是發送國鐵路的運送費用，按照發送國的國內運價計算，在始發站由發貨人支付；二是到達國鐵路的費用，按到達國鐵路的國內運價計算，在終點站由收貨人支付；三是如果始發站和到達路的終點站屬於兩個相鄰的國家，無需經由第三國過境運輸，而且這兩個國家的鐵路有直通運價規程時，則按運輸合同訂立當天有效的直通運價規程計算；四是如果貨物需經第三國過境運輸，過境鐵路的運輸費用，應按運輸合同訂立當天有效的《國際鐵路貨物聯運統一過境運價規程》（即《統一貨價》）的規定計算，可由始站向發貨人核收，也可以由到達站向收貨人核收。但如果按《統一貨價》的規定，各過境鐵路的運送費用必須由發貨人支付時，則這項

費用不準轉由收貨人支付。

（2）受收貨物。受收貨物是收貨人的另一項主要義務。根據《國際鐵路貨物聯運協定》規定，貨物運抵到達站，在收貨人付清運單所載的一切應付的運送費用後，鐵路必須將貨物連同運單一起交給收貨人；收貨人則應付清運費后受領貨物。

收貨人只有在貨物因毀損或腐爛而使質量發生變化，以致部分或全部貨物不能按原用途使用時，才可以拒絕受收貨物。即使運單中所載的貨物部分短少時，也應按運單向鐵路支付全部款項。但此時，收貨人按賠償請求手續，對未交付的那部分貨物，有權領回其按運單所支付的款項。

如果鐵路在貨物運到期限屆滿 30 天內，未將貨物交付收貨人時，收貨人無須提出證據就可認為貨物已經滅失。但貨物如在上述期限屆滿后運到到達站時，則到達站應將這一情況通知收貨人。如貨物在運到期限屆滿后四個月內到達，收貨人仍應領取貨物，並將鐵路所付的貨物滅失賠款和運送費用退還給鐵路。此時，收貨人對貨物的送交或毀損，保留提出索賠請求權。

（三）索賠與訴訟時效

《國際鐵路貨物聯運協定》規定：「發貨人和收貨人有權根據運輸合同提出索賠要求。在索賠時附有相應索賠根據並註明款項，以書面形式由發貨人向發送站提出，或由收貨人向到達站提出。」

有關當事人向鐵路承運人提出索賠時，應按下列規定辦理：

（1）貨物全部滅失時，可由發貨人提出，同時須提交運單副本，也可以由收貨人提出，同時須提交運單副本或運單。

（2）貨物部分滅失、毀損或腐爛時，由發貨人或收貨人提出，同時須提交運單和鐵路在到達站交給收貨人的商務記錄。

（3）貨物逾期運到時，由收貨人提出，同時須提交運單。

（4）多收運送費用時，由發貨人按其已交付的款額提出，同時須提交運單副本或發送鐵路國內規章規定的其他文件；或由收貨人按其所交付的運費提出，同時須提交運單。

鐵路承運人自有關當事人向其提出索賠時，須在 180 天內審查請求，並予以答覆。凡有權向鐵路提出索賠的人，只有在提出索賠后，才可以向鐵路承運人提起訴訟。

《國際鐵路貨物聯運協定》規定：「托運人依據運輸合同向鐵路承運人提出索賠和訴訟，以及鐵路承運人對托運人關於支付運送費用、罰款和賠償損失的要求和訴訟，應在 9 個月內提出。」

第四節　海上貨物運輸法

一、海上貨物運輸法

海上貨物運輸是指由托運人支付運費，承運人將其貨物經海路從起運港運至目的港的運輸行為。海上貨物運輸與內河運輸共同構成水路運輸。因海上貨物運輸在水路運輸中佔有重要比重，本節主要介紹與海上貨物運輸相關的法律規定。

目前我國針對國內水路運輸的法律法規主要有《國內水路貨物運輸規則》，針對國際海洋運輸的法律法規主要有《中華人民共和國海商法》（以下簡稱《海商法》）。《海商法》於1992年11月7日由第七屆全國人大常委會第二十八次會議通過，1993年7月1日起實施。《海商法》是以調整國際海上運輸過程中發生的運輸關係、船舶關係為中心的特別法。其中第四章「海上貨物運輸合同」對海上貨物運輸合同雙方的權利、義務、責任和豁免作出了原則性的規定。國際上針對海洋運輸的國際公約主要有《海牙規則》《維斯比規則》《漢堡規則》等。

【相關連結】海上貨物運輸合同當事人

承運人分契約承運人和實際承運人，其中契約承運人是指本人或者委託他人以本人名義與托運人訂立海上貨物運輸合同的人；實際承運人是指接受承運人委託，從事貨物運輸或者部分運輸的人，包括接受轉委託從事此項運輸的其他人。托運人，是指本人或者委託他人以本人名義或者委託他人為本人與承運人訂立海上貨物運輸合同的人；也包括本人或者委託他人以本人名義或者委託他人為本人將貨物交給與海上貨物運輸合同有關的承運人的人。收貨人是指有權提取貨物的人。

二、承運人的責任與權利

承運人的責任包括責任期間、責任內容、免責事項、責任限制等方面。

（一）承運人的責任期間

承運人的責任期間是指貨物處於承運人掌管之下的全部期間。在承運人的責任期間，貨物發生滅失或者損壞，除法律法規另有規定外，承運人應當負賠償責任。《海商法》第四十六條規定：「承運人對集裝箱裝運的貨物的責任期間，是指從裝貨港接收貨物時起至卸貨港交付貨物時止，貨物處於承運人掌管之下的全部期間。」承運人對非集裝箱裝運的貨物的責任期間，是指從貨物裝上船時起至卸下船時止，貨物處於承運人掌管之下的全部期間。上述規定不影響承運人就非集裝箱裝運的貨物在裝船前和卸船後所承擔的責任達成任何協議。

（二）承運人的責任內容

承運人的責任內容主要有提供適航船舶、妥善保管貨物、適當運輸線路等。

（1）提供適航的船舶。承運人在船舶開航前和開航當時，應當謹慎處理，使船舶處於適航狀態，妥善配備船員、裝備船舶和配備供應品，並使貨艙、冷藏艙、冷氣艙和其他載貨處所適於並能安全收受、載運和保管貨物。若雙方在運輸合同中約定了特定的船舶，則承運人必須提供該特定船舶。如果未經對方同意變更船舶，則可以認定為未履行合同。

（2）妥善保管貨物。在承運人的責任期間，承運人應當妥善地、謹慎地裝載、搬移、積載、運輸、保管、照料和卸載所運貨物，以保護所承運的貨物的安全。

（3）選擇適當運輸線路。承運人應按照約定的或者習慣的或者地理上的航線將貨物運往卸貨港。若船舶在海上為救助或者企圖救助人命或者財產而發生的繞航或者其他合理繞航的，不屬於違約行為。

（4）按時交付貨物。承運人應當在約定的期間或合理的時間內向托運人或收貨人交付貨物。《海商法》第五十條規定：「貨物未能在約定的時間內，在約定的卸貨港交

付的，為遲延交付。由於承運人的過失，致使貨物因遲延交付而滅失或者損壞的，承運人應當負賠償責任。」

【案例連結】2002年7月，秦皇島金海糧油工業有限公司與秦皇島市裕東行船務有限公司簽訂運輸協議，由巴西運輸一套精煉棕櫚油設備至秦皇島港，包干運費29,500美元。貨物運至上海港后，秦皇島市裕東行船務有限公司安排臨海市湧泉航運公司所屬「湧泉2號」輪進行轉船運輸。同年9月6日，「湧泉2號」輪在駛往秦皇島途中因貨艙進水，船體傾斜，被救助於山東石島港。經秦皇島出入境檢驗檢疫局檢驗，貨物殘損金額22,270美元。經青島雙誠船舶技術諮詢有限公司對船舶進行檢驗，「湧泉2號」輪船體開裂進水的原因是由於船結構缺陷或船舶材質問題所致。

天津海事法院經過審理認為，承運人在開航前和開航時，應當謹慎處理，使船舶處於適航狀態，使貨艙適於並能安全收受、載運和保管貨物。「湧泉2號」輪雖然於2001年12月12日進行了年檢，取得適航證書，但青島雙誠船舶技術諮詢有限公司驗船師在驗船時拍攝的照片中顯示，該輪貨艙銹蝕特別嚴重，船底K列板上有一條長度約為400mm縱向裂口，痕跡較舊並用木塞塞住。另外被核定抗風能力8級的該輪，在遭遇6級風浪時即造成船體損壞、貨艙進水，均證明該輪在開航時，實際上已不適航。被告臨海市湧泉航運公司作為上海港至秦皇島港的區段承運人，沒有提供適航的船舶，對由此給原告造成的損失應承擔賠償責任。第一被告秦皇島市東裕行船務有限公司作為全程承運人，應對全程運輸負責，對於原告的損失應於第二被告承擔連帶賠償責任。據此，天津海事法院依據我國《海商法》和《合同法》的有關規定判決兩被告連帶賠償原告貨物損失、殘損檢驗費、貨物在石島港產生的堆存費、裝卸費、外國專家來秦皇島檢查設備費用、原告重新定購被損壞設備的運輸費用及其保險費，共計人民幣261,795.43元。

天津海事法院作出一審判決后原告、被告均未上訴。

(三) 承運人的免責事項

承運人的免責事項是指在承運人的責任期間由於特定原因造成貨物的滅失或損壞的，承運人可以不負賠償責任的事項。我國《海商法》第五十一條規定了承運人的免責事項有以下方面：

（1）船長、船員、引航員或者承運人的其他受雇人在駕駛船舶或者管理船舶中的過失。
（2）火災，但是由於承運人本人的過失所造成的除外。
（3）天災，海上或者其他可航水域的危險或者意外事故。
（4）戰爭或者武裝衝突。
（5）政府或者主管部門的行為、檢疫限制或者司法扣押。
（6）罷工、停工或者勞動受到限制。
（7）在海上救助或者企圖救助人命或者財產。
（8）托運人、貨物所有人或者他們的代理人的行為。
（9）貨物的自然特性或者固有缺陷。
（10）貨物包裝不良或者標誌欠缺、不清。

(11) 經謹慎處理仍未發現的船舶潛在缺陷。
(12) 非由於承運人或者承運人的受雇人、代理人的過失造成的其他原因。

(四) 承運的人賠償責任限制

1. 賠償責任限制的計算規則

承運的人賠償責任限制是指承運人對貨物的滅失或者損壞的賠償限額。一般在計算貨物滅失的賠償額時，按照貨物的實際價值計算；貨物損壞的賠償額，按照貨物受損前后實際價值的差額或者貨物的修復費用計算。貨物的實際價值，按照貨物裝船時的價值加保險費加運費計算。貨物實際價值，賠償時應當減去因貨物滅失或者損壞而少付或者免付的有關費用。

2. 賠償責任限制的計算標準

《海商法》第五十六條規定：「承運人對貨物的滅失或者損壞的賠償限額，按照貨物件數或者其他貨運單位數計算，每件或者每個其他貨運單位為 666.67 計算單位，或者按照貨物毛重計算，每千克為 2 計算單位，以兩者中賠償限額較高的為準。但是，托運人在貨物裝運前已經申報其性質和價值，並在提單中載明的，或者承運人與托運人已經另行約定高於本條規定的賠償限額的除外。」

貨物用集裝箱、托盤或者類似裝運器具集裝的，提單中載明裝載此類裝運器具中的貨物件數或者其他貨運單位數，視為前款所指的貨物件數或者其他貨運單位數；未載明的，每一裝運器具視為一件或者一個單位。裝運器具不屬於承運人所有或者非由承運人提供的，裝運器具本身應當視為一件或者一個單位。

3. 不適用賠償責任限制的情況

賠償責任限制不是任何時候都適用的。不適用的情況有兩種：一是有特別約定時。如果托運人在貨物裝運前已經申報貨物的性質和價值，並在提單中載明的，或者承運人與托運人已另行約定高於《海商法》規定的賠償限額的，則應按提單所載或雙方約定的標準進行賠償。二是承運人喪失責任限制的權利。《海商法》規定，如果貨物滅失、損壞或延遲交付是承運人故意或明知可能造成損失而輕率地作為或者不作為造成的，承運人不得援引賠償責任限制的規定。

三、托運人的責任與權利

(一) 托運人的責任

(1) 妥善提供貨物運輸包裝。托運人托運貨物，應當妥善包裝，並向承運人保證貨物裝船時所提供的貨物的品名、標誌、包數或者件數、重量或者體積的正確性；由於包裝不良或者上述資料不正確，對承運人造成損失的，托運人應當負賠償責任。

(2) 提供貨物運輸所需各項單證。托運人應當及時向港口、海關、檢疫、檢驗和其他主管機關辦理貨物運輸所需的各項手續，並將已辦理各項手續的單證送交承運人；因辦理各項手續的有關單證送交不及時、不完備或者不正確，使承運人的利益受到損害的，托運人應當負賠償責任。

(3) 危險貨物的特別通知。托運人托運危險貨物，應當依照有關海上危險貨物運輸的規定，妥善包裝，作出危險品標誌和標籤，並將其正式名稱和性質以及應當採取的預防危害措施書面通知承運人；托運人未通知或者通知有誤的，承運人可以在任何時間、任何地點根據情況需要將貨物卸下、銷毀或者使之不能為害，而不負賠償責任。

托運人對承運人因運輸此類貨物所受到的損害，應當負賠償責任。

承運人即使知道危險貨物的性質並已同意裝運的，仍然可以在該項貨物對於船舶、人員或者其他貨物構成實際危險時，將貨物卸下、銷毀或者使之不能為害，而不負賠償責任。

（4）支付運費和其他費用。托運人應當按照約定向承運人支付運費。托運人與承運人可以約定運費由收貨人支付；但是，此項約定應當在運輸單證中載明。

（5）及時提取貨物的義務。《海商法》第八十六條規定：「在卸貨港無人提取貨物或者收貨人遲延、拒絕提取貨物的，船長可以將貨物卸在倉庫或者其他適當場所，由此產生的費用和風險由收貨人承擔。」

（二）托運人的權利

損害賠償請求權。當承運人單方面解除貨物運輸合同、違反適航義務、管理貨物義務等，致使托運人或者收貨人遭受經濟損失的，托運人（或提單持有人）有權請求損害賠償。

四、提單

提單是承運人在接受或裝載貨物以後，應托運人的要求，由承運人、船長或承運人的代理人簽發的貨運單據。

提單是指用以證明海上貨物運輸合同和貨物已經由承運人接收或者裝船，以及承運人保證據以交付貨物的單證。提單中載明的向記名人交付貨物，或者按照指示人的指示交付貨物，或者向提單持有人交付貨物的條款，構成承運人據以交付貨物的保證。

（一）提單的內容

（1）貨物的品名、標誌、包數或者件數、重量或者體積，以及運輸危險貨物時對危險性質的說明。

（2）承運人的名稱和主營業所。

（3）船舶名稱。

（4）托運人的名稱。

（5）收貨人的名稱。

（6）裝貨港和在裝貨港接收貨物的日期。

（7）卸貨港。

（8）多式聯運提單增列接收貨物地點和交付貨物地點。

（9）提單的簽發日期、地點和份數。

（10）運費的支付。

（11）承運人或者其代表的簽字。

提單缺少前款規定的一項或者幾項的，不影響提單的有效性，關鍵是應具備提單的性質和作用。當然，提單中訂入的條款不能有降低承運人責任的內容，否則此類條款將是無效的。

（二）提單的性質

（1）提單是海上貨物運輸合同的證明。提單是證明海上貨物運輸合同的一種單據，其本身並不是運輸合同。運輸合同在貨物裝船前已經存在，雖然沒有經過雙方書面訂立，因為對於非整船貨物的運輸，承運人不可能與為數眾多的托運人簽訂運輸合同，

所以都採用預先制訂的條款，並把它印刷在提單背面。由於提單上載明了各項重要條件，所以它實際上起著運輸合同的作用。

（2）提單是證明貨物由承運人裝載的單據。在一般情況下，貨物未實際裝船而簽發的提單是無效的。如果貨物裝船以前，承運人已應托運人的要求簽發了收貨待運提單或其他物權憑證，托運人應將收貨待運提單或其他物權憑證退還承運人，以換取已裝船提單；或者由承運人在收貨待運提單或其他物權憑證上加註承運船舶的船名和裝船日期，經過加註的收貨待運提單或者其他物權憑證被視為已裝船提單。

（3）提單是承運人保證憑以交付貨物的物權憑證。由於提單代表著提單項下所記載的貨物本身，出示提單才能提取貨物，所以提單持有人必須憑提單才能向承運人或船長請求交付貨物，而船方也必須按提單的記載將貨物交給收貨人。因此，提單具有物權、債權憑證的性質。提單可以作為一種有價證券在市場上自由流通。托運人可以請承運人對特種貨物簽發不可以轉讓提單，即在提單上批註「不可流通」或「不可轉讓」的字樣。

(三) 提單的分類

1. 按照提單抬頭分類，可分為記名提單、指示提單和不記名提單

提單的抬頭就是指提單上填寫的收貨人欄目，提單由抬頭填寫的內容不同分為記名提單、指示提單和不記名提單三種。這三種提單都是為了確定什麼人在目的港是收貨人，以便憑提單向承運人或者船長要求交貨。按照《海商法》的規定，無論何種提單，收貨人都應出示正本提單才能提貨。

（1）記名提單。發貨人在提單內指明某一特定的企業單位或某一個特定的人為收貨人，除了這個特定的企業單位或者這個特定人以外，他人不得提貨。這種提單一般不得轉讓，沒有流通性。

（2）指示提單。根據提單載明的指示人（一般為托運人或銀行）交付貨物，在提單正面不記載確定的收貨人名稱。這種提單可以背書后轉讓他人。指示提單的背書可以採取記名背書轉移或空白背書轉讓，空白背書后的指示提單變成不記名提單，任何持有人都可憑這個空白背書的提單向船長要求提貨。

（3）不記名提單。發貨人在提單內沒有指名收貨人，承運人在目的港將貨物交付提單持有人。不記名提單到達任何人手中，均可提貨或出賣轉讓。因此提單持有人就是提貨人。不記名提單憑單交貨，手續雖然簡便，但是如果發生遺失或者盜竊情節，以致到了善意地付出代價的第三者手中時，極易引起糾紛。

2. 按貨物是否已裝船分類，可分為已裝船提單和備運提單

（1）已裝船提單。已裝船提單是指貨物裝船后由承運人簽發給托運人的提單。如果承運人簽發了已裝船提單，就是確認他已經將貨物裝在船上。這種提單除載明一般事項外，通常還必須註明裝載貨物的船舶名稱及裝船日期。在航運實踐中，除集裝箱貨物運輸外，現在大都採用已裝船提單。

由於已裝船提單可以保證收貨人及時收到貨物，所以在買賣合同中一般都要求賣方提供已裝船提單。在以跟單信用證為付款方式的國際貿易中，更是要求賣方必須提供已裝船提單。

（2）備運提單。備運提單又稱待運提單。它是承運人在收到托運人交付的貨物但還沒有裝船時應托運人的要求而簽發的提單。承運人簽發了備運提單，只說明他確認

貨物已交給他保管，並存入他所控制的倉庫，而不能說明他確實已將貨物裝到船上。

當貨物裝上預定船舶后，承運人可以在備運提單正面加註「已裝船」字樣和裝船日期，並簽字蓋章，從而使之成為已裝船提單；同樣，托運人也可以用備運提單向承運人換取已裝船提單。

【知識拓展】備運提單的應用

備運提單由於存在一定的缺陷，在貿易實踐中，買方一般不願意接受備運提單。但是，隨著集裝箱運輸和多式聯運的發展，備運提單的用途不斷擴展，這是因為集裝箱航運公司或多式聯運經營人通常在內陸貨運站收貨，而不是在裝運港收貨。所以，承運人只能在此簽發備運提單，而不能簽發已裝船提單。

3. 按提單上有無批註分類，可分為清潔提單和不清潔提單

（1）清潔提單。清潔提單是承運人未加批註的提單。這種提單，由於托運人交付的貨物「外表狀況良好」，所以承運人在簽發提單時，未加任何有關貨物減損、外表包裝不良或其他影響結匯的批註。使用清潔提單在貿易實踐中非常重要。買方要想收到完好無損的貨物，首先必須要求賣方在裝船時保持貨物外觀良好，並要求賣方提供清潔提單。《UCP500》第三十四條規定：「清潔運輸單據，是指貨運單據上並無明顯地表明貨物及包裝有缺陷的附加條文或批註者；銀行對有該類附加條文或批註的運輸單據，除信用證明確規定可接受外，應當拒絕接受。」可見，在以跟單信用證為付款方式的貿易中，通常賣方只有向銀行提交清潔提單才能取得貨款。清潔提單是收貨人轉讓提單時必須具備的條件，同時也是履行貨物買賣合同規定的交貨義務的必要條件。

（2）不清潔提單。不清潔提單又稱有批註提單，是指被承運人加有批註的提單。這種提單，承運人因在貨物裝船時發現並非「外觀狀況良好」，而加上諸如「包裝箱損壞」「滲漏」「破包」「鏽蝕」等形容貨物的外觀狀態的批註。但是，並非加上任何批註的提單都屬於不清潔提單。如果提單上批註的只是如「重量、數量不詳」等內容，則視為「不知條款」，不能視為不清潔提單。

在提單上進行批註，是承運人自我保護的有效措施。在交貨時如發現貨物損害可以歸因於這些批註的事項，可以減輕或免除承運人的責任。另一方面，不清潔提單對於托運人顯然不利。買方由於擔心包裝不良會使貨物在運輸中受損，所以通常都拒絕接受不清潔提單。在跟單信用證貿易中，銀行通常對提交不清潔提單者拒付貨款。

4. 按運輸方式分類，可分為直達提單、轉船提單和多式聯運提單

（1）直達提單。直達提單又稱直運提單，是指貨物自裝貨港裝船后，中途不轉船，直接運至卸貨港的提單。直達提單上不得有「轉船」或「在某港轉船」的批註。但是，有時提單條款內雖無「轉船」批註，但卻列有承運人有權轉裝他船的所謂「自由轉船條款」，這種提單通常也屬於直達提單。使用直達提單，貨物由同一船舶直運目的港，對買方來說，比中途轉船有利得多，它既可以節省費用，減少風險，又可以節省時間，及早到貨。因此，通常買方只有在無直達船時才同意轉船。在貿易實務中，如信用證規定不準轉船，則買方必須取得直達提單才能結匯。

（2）轉船提單。轉運提單即海上聯運提單。是指貨物從裝貨港裝船后，在中途轉船，交由其他承運人用船舶接運至目的港的提單。通常簽發聯運提單的聯運承運人又

是第一程承運人，但他應對全程運輸負責，其他接運承運人則應分別對自己承擔的那部分運輸負責。在實踐中，也有的聯運提單規定，聯運承運人僅對自己完成的第一程運輸負責，並且對於第二程運輸期間發生的貨損不負連帶責任。

（3）多式聯運提單。多式聯運提單是指多式聯運承運人將貨物以包括海上運輸在內的兩種以上運輸方式，從一地運至另一地而簽發的提單。這種提單通常用於國際集裝箱貨物運輸。

5. 特殊提單

除了上述分類外，經常遇到的還有：倒簽提單、預借提單、過期提單、艙面貨提單、租船合同項下的提單、運輸代理行提單等提單。

（1）倒簽提單。倒簽提單是指以早於貨物實際裝船的日期為提單簽發日期的提單。通常，提單簽發日期應為該批貨物全部裝船完畢的日期，或者是按照航運慣例的開裝日期。但是，有時由於種種原因，不能在合同或信用證規定的裝船期內完成裝運，而又來不及修改合同及信用證時，為了符合合同或信用證關於裝運期限的規定，承運人應托運人的請求，在一定條件下並取得托運人的保函後，才簽發這種提單。由於這種作法既不合法又要承擔很大的責任風險，所以承運人一般不願意簽發這種提單。

【案例連結】倒簽提單案

某年7月，中國豐和貿易公司與美國威克特貿易有限公司簽訂了一項出口貨物的合同，合同中，雙方約定貨物的裝船日期為該年11月，以信用證方式結算貨款。合同簽訂後，中國豐和貿易公司委託我國宏盛海上運輸公司運送貨物到目的港美國紐約。但是，由於豐和貿易公司沒有能夠很好地組織貨源，直到第二年2月才將貨物全部備妥，於第二年2月15日裝船。中國豐和貿易公司為了能夠如期結匯取得貨款，要求宏盛海上運輸公司按去年11月的日期簽發提單，並憑藉提單和其他單據向銀行辦理了議付手續，收清了全部貨款。但是，當貨物運抵紐約港時，美國收貨人威克特貿易有限公司對裝船日期發生了懷疑，威克特公司遂要求查閱航海日誌，運輸公司的船方被迫交出航海日表。威克特公司在審查航海日誌之後，發現了該批貨物真正的裝船日期是第二年2月15日，比合同約定的裝船日期要遲延達三個多月，於是，威克特公司向當地法院起訴，控告我國豐和貿易公司和宏盛海上運輸公司串謀偽造提單，進行詐欺，既違背了雙方合同約定，也違反法律規定，要求法院扣留該宏盛運輸公司的運貨船只。可見這是一宗有關倒簽提單的案件。收貨人一旦有證據證明提單的裝船日期是偽造的，就有權拒絕接受單據和拒收貨物。收貨方不僅可以追究賣方（托運方）的法律責任，還可以追究輪船公司的責任。

（2）預借提單。預借提單是指在貨物裝船前或裝船完畢之前，托運人為了及時結匯而向承運人預先借用的已裝船提單。這種提單一般是在信用證規定的裝船日期和交單結匯日期即將屆滿時，應托運人的要求簽發的。簽發這種提單，比倒簽提單具有更大的責任風險。承運人一般不願簽發預借提單，即使簽發也必須要求托運人出具保函並同意承擔一切責任。

（3）過期提單。過期提單包括兩種情形。一種過期提單是指由於航線較短或銀行單據流轉速度太慢，以至於提單晚於貨物到達目的港，收貨人提貨受阻；另一種過期

提單則是由於出口商在取得提單后未能及時到銀行議付形成過期提單。

對前一種情況，有的地方在試著採用非轉讓的海運單或應用電子提單來替代目前的提單，以加快貨物的流轉。但由於海運單無法流通，影響了貨物的再出售。對後一種情況，《UCP500》第四十三條規定：「除規定一個交單到期日外，凡要求提交運輸單據的信用證，還須規定一個在裝運日後按信用證規定必須交單的特定期限。如未規定該期限，銀行將不予接受遲於裝運日期後21天提交的單據。但無論如何，提交單據不得遲於信用證的到期日……」。

（4）艙面貨提單。艙面貨提單又稱甲板貨提單，是指承運人對裝於船舶甲板上的貨物所簽發的提單。承運人通常要在這種提單上打印或書寫「艙面上」字樣，以表明提單所列貨物裝在艙面上的事實。在貿易實踐中，有些體積特別龐大的貨物以及某些有毒貨物和危險物品不宜裝於艙內，只能裝在船舶艙面上。在這種情況下，托運人接受的是艙面貨提單。

《海牙規則》和我國的《海商法》均規定，艙面貨不包括在承運人負責的「貨物」範圍內，承運人對其在海上運輸中發生的任何性質的滅失或損壞不負責任。艙面貨不僅遭受損害的可能性較大，而且還不能在發生共同海損時得到分攤，所以對托運人的保障較差。為了減少風險，買方一般不願意把普通貨物裝在艙面上，有時甚至在合同和信用證中明確規定，不接受艙面貨提單。銀行為了維護開證人的利益，對這種提單一般也予拒絕。

（5）租船合同項下的提單。這是指承運人根據租船合同簽發的提單。租船提單註明「一切條款、條件和免責事項按照某年某月的租船合同」。以前認為該種提單受租船合同的約束，不是獨立的文件，所以除非信用證另有規定，銀行不接受註明並入租船合同的提單。《UCP500》第二十五條對此規定：「如果信用證要求或允許提交租船合同項下的提單，除非信用證另有規定，銀行將接受……含有受租船合同約束的任何批註……」的單據。同時規定，「……即使信用證要求提交與租船合同項下提單有關的租船合同，銀行對該租船合同不予審核，但將予以照轉而不承擔責任。」

租船合同項下的提單是根據船舶的經營性質分類的提法，與之對應的是班輪提單。班輪提單是指經營班輪運輸的船公司或其代理人簽發的提單。班輪提單上列有詳細的條款，其中背面條款是承運人與托運人權利義務劃分的依據。

（6）運輸代理行提單。其是指由運輸代理人簽發的提單。運輸代理行提單一般只是運輸代理人收到貨物的收據，不可轉讓，也不能作為向承運人提貨的憑證，所以除非信用證另有規定，銀行通常不接受這種提單。

6. 貨物的交付與留置

（1）貨物的交付與異議。《海商法》第八十一條規定：「承運人向收貨人交付貨物時，收貨人未將貨物滅失或者損壞的情況書面通知承運人的，此項交付視為承運人已經按照運輸單證的記載交付貨物以及貨物狀況良好的初步證據。貨物滅失或者損壞的情況非顯而易見的，在貨物交付的次日起連續7日內，集裝箱貨物交付的次日起連續15日內，收貨人未提交書面通知的，也視為承運人已將貨物按提單的記載交付。貨物交付時，收貨人已經會同承運人對貨物進行聯合檢查或者檢驗的，無需就所查明的滅失或者損壞的情況提交書面通知。」

《海商法》第八十二條規定：「承運人自向收貨人交付貨物的次日起60日內，未收

到收貨人就貨物因遲延交付造成經濟損失而提交的書面通知的，可以不負賠償責任。」

(2) 貨物的留置與拍賣。在卸貨港無人提取貨物或者收貨人遲延、拒絕提取貨物的，船長可以將貨物卸在倉庫或者其他適當場所，由此產生的費用和風險由收貨人承擔。托運人應當向承運人支付的各種費用沒有付清，又沒有提供適當擔保的，承運人可以在合理限度內留置其貨物。留置的貨物，自船舶抵達卸貨港的次日起滿 60 日無人提取的，承運人可以申請法院裁定拍賣。拍賣所得價款，用於清償保管、拍賣貨物的費用以及運費和應當向承運人支付的其他有關費用；不足的金額，承運人有權向托運人追償；剩餘的金額，退還托運人；無法退還或自拍賣之日起滿 1 年無人領取的，上繳國庫。

第五節　航空貨物運輸法

航空貨物運輸所適用的國內法律法規主要有《中華人民共和國民用航空法》（以下簡稱《航空法》）和《中國民用航空貨物國際運輸規則》；國際航空貨物運輸適用的國際公約主要有：《統一國際航空運輸某些規則的公約》（即《華沙公約》）、《海牙議定書》和《瓜達拉哈拉公約》等。

我國 1996 年 3 月 1 日起實施的《中華人民共和國民用航空法》（以下簡稱《航空法》），涉及航空貨物運輸的內容主要集中在第九章公共航空運輸中。自 2000 年 8 月 1 日起施行的《中國民用航空貨物國際運輸規則》也成為規範國內航空貨運和國際航空貨運的重要法規規範。本節主要介紹這兩部法律規範關於航空貨物運輸相關規定。

一、航空貨物運輸合同

(一) 航空貨物運輸合同的含義

航空貨物運輸合同是指航空承運人與托運人簽訂，由航空承運人通過空運方式將貨物運至托運人指定的航空港，交付給托運人指定的收貨人，由托運人支付運費的合同。

航空運輸合同各方認為幾個連續的航空運輸承運人辦理的運輸是一項單一業務活動的，無論其形式是以一個合同訂立或者數個合同訂立，應當視為一項不可分割的運輸，包括國內航空運輸和國際航空運輸。

(二) 航空貨運單

航空貨運單簡稱空運單，是航空貨運中的重要單證。航空承運人有權要求托運人填寫，托運人也有權要求承運人接受空運單。托運人未能出示空運單、空運單不符合規定或者空運單遺失，不影響運輸合同的存在或者有效。

托運人應當填寫航空貨運單正本一式三份，連同貨物交給承運人。航空貨運單第一份註明「交承運人」，由托運人簽字、蓋章；第二份註明「交收貨人」，由托運人和承運人簽字、蓋章；第三份由承運人在接受貨物后簽字、蓋章，交給托運人。

承運人根據托運人的請求填寫航空貨運單的，在沒有相反證據的情況下，應當視為代托運人填寫。

「航空貨運單」，是航空貨物運輸合同訂立和運輸條件以及承運人接受貨物的初步

證據。空運單上關於貨物的重量、尺寸、包裝和包裝件數的說明具有初步證據的效力。除經過承運人和托運人當面查對並在航空貨運單上註明經過查對或者書寫關於貨物的外表情況的說明外，空運單上關於貨物的數量、體積和情況的說明不能構成不利於承運人的證據。

二、航空貨物運輸合同雙方的權利義務

(一) 承運人的權利和義務

(1) 保證貨物及時運達。承運人要按照航空貨運單上填明的地點，在約定的期限內將貨物運抵目的地。在運輸過程中，應按照合理或經濟的原則選擇運輸路線，避免貨物的迂迴運輸。在航空運輸中因延誤造成的損失，承運人應當承擔責任；但是，承運人證明本人或者其受雇人、代理人為了避免損失的發生，已經採取一切必要措施或者不可能採取此種措施的，不承擔責任。

(2) 保證貨物安全運達。對承運的貨物應當精心組織裝卸作業，輕拿輕放，嚴格按照貨物包裝上的儲運指示標誌作業，防止貨物損壞。

(3) 收取運費，向收貨人交付貨物。托運人或者收貨人未支付運費和其他費用的，承運人可以依法留置貨物，並催付有關的運費和其他費用。托運人或者收貨人未在規定的期限內支付運費和其他費用的，承運人可按照有關規定處置貨物，並事先通知貨運單上載明的托運人或者收貨人。

(二) 托運人的權利和義務

(1) 提供合同約定的貨物。

(2) 如實申報。托運人應當對航空貨運單上所填關於貨物的說明和聲明的正確性負責。對航空貨運單上所填的貨物的品名、重量和數量及其他說明和聲明不符合規定、不正確或者不完全，給承運人或者承運人對之負責的其他人造成損失的，托運人應當承擔賠償責任。

(3) 按照國家主管部門規定的包裝標準包裝貨物。如果沒有上述包裝標準，則應按照貨物的性質和承載飛機的條件，根據保證運輸安全的原則，對貨物進行包裝。如果不符合上述包裝要求，承運人有權拒絕承運。托運人還必須在托運的貨件上標明出發站、到達站和托運人、收貨人的單位、姓名和地址，並按照國家規定標明包裝儲運指示標誌。

(4) 妥善托運危險貨物。要遵守國家有關貨運安全的規定托運，按國家關於危險貨物的規定對其進行包裝。不得以普通貨物的名義托運危險貨物，也不得在普通貨物中夾帶危險品。

(5) 及時支付運費、受領貨物。除非托運人與承運人有不同約定，運費應當在承運人開具航空貨運單時一次付清。貨物到達目的地，收貨人履行空運單上所列運輸條件後，有權要求承運人移交空運單並交付貨物。除另有約定外，承運人應當在貨物到達後立即通知收貨人。

承運人承認貨物已經遺失，或者貨物在應當到達之日起七日後仍未到達的，收貨人有權向承運人行使航空貨物運輸合同所賦予的權利。

(6) 變更運輸。托運人在履行航空貨物運輸合同規定的義務的條件下，有權在出發地機場或者目的地機場將貨物提回，或者在途中經停時中止運輸，或者在目的地機

場；但是，托運人不得因行使此種權利而使承運人或者其他托運人遭受損失，並應當償付由此產生的費用。托運人的指示不能執行的，承運人應當立即通知托運人。

（7）托運人應當提供必需的資料和文件，以便在貨物交付收貨人前完成法律、行政法規規定的有關手續。

(三) 承運人的責任

（1）責任期間：航空承運人的責任期間即航空運輸期間，是指在機場內、民用航空器上或者機場外降落的任何地點，貨物處承運人掌管下的全部期間。

航空運輸期間，不包括機場外的任何陸路運輸、海上運輸、內河運輸過程；但是，此種陸路運輸、海上運輸、內河運輸是為了履行航空運輸合同而裝載、交付或者轉運，在沒有相反證據的情況下，所發生的損失視為在航空運輸期間發生的損失。

（2）責任與免責。因發生在航空運輸期間的事件，造成貨物毀滅、遺失或者損壞的，承運人應當承擔責任；但是，承運人證明貨物的毀滅、遺失或者損壞完全是由於下列原因之一造成的，不承擔責任：

一是貨物本身的自然屬性、質量或者缺陷。

二是承運人或者其受雇人、代理人以外的人包裝貨物的，貨物包裝不良。

三是戰爭或者武裝衝突。

四是政府有關部門實施的與貨物入境、出境或者過境有關的行為。

貨物在航空運輸中因延誤造成的損失，承運人應當承擔責任；但是，承運人證明本人或者其受雇人、代理人為了避免損失的發生，已經採取一切必要措施或者不可能採取此種措施的，不承擔責任。

在貨物運輸中，經承運人證明，損失是由索賠人或者代行權利人的過錯造成或者促成的，應當根據造成或者促成此種損失的過錯的程度，相應免除或者減輕承運人的責任。

（3）責任限制。《國內航空運輸承運人賠償責任限額規定》（2006）第三條規定，承運人對旅客托運的行李和對運輸的貨物的賠償責任限額為每千克人民幣100元。國際航空運輸承運人的賠償責任限額為每千克17計算單位。

在航空貨物運輸中，托運人在交運托運貨物時，特別聲明在目的地點交付時的利益，並在必要時支付聲明價值附加費的，除非承運人能證明托運人聲明的金額高於托運貨物在目的地點交付時的實際利益，否則承運人應當在聲明金額範圍內承擔責任。

任何旨在免除《航空法》規定的承運人責任或降低《航空法》規定的賠償責任限額的條款，均屬無效；但是，此種條款的無效，不影響整個航空運輸合同的效力。

【案例討論】2004年9月4日，托運人張某將舊手機配件一批交到被上訴人廣州市某航空服務公司南方分公司處托運，該公司的工作人員應上訴人的要求在《航空貨運單》上填寫有關內容，訂明：始發站廣州，目的站濟南，收貨人夏亮，計費重量9kg，貨物品名為配件，付款總額為100元（包括航空運費56元、地面運費10元、其他費用25元、保險費8元）。在該貨運單上托運人未填寫「運輸聲明價值」和「運輸保險價值」。運輸過程中，托運的貨物發生了破損，其中損壞的舊手機配件、翻新手機配件共74臺（套）。托運人與承運人對賠償數額協商未果，托運人張某遂訴至法院。

經法院審理認為：承運人與托運人訂立航空貨運單，是《中華人民共和國民用航

空法》第一百三十七條第一款規定的締約承運人，托運人與承運人因航空貨運合同關係產生的糾紛應適用該法律進行調整。廣州市某航空服務公司南方分公司作為締約承運人應當對合同約定的全部運輸負責。根據民航總局制定的《中國民用航空國內貨物運輸規則》第四十五條規定：貨物沒有辦理聲明價值的，承運人按照實際損失的價值進行賠償，但賠償最高限額為毛重每千克人民幣20元。（2006年6月賠償最高限額為毛重每千克人民幣100元。）

法院依照《合同法》第三百一十二條、《航空法》第一百二十八條第一款、第一百三十八條、《中國民用航空貨物國內運輸規則》第四十五條的規定，判決如下：

一、廣州市某航空服務有限公司、廣州市某航空服務公司南方分公司在判決發生法律效力之日起3日內賠償張某損失2,180元（其中，包括貨物損失180元，保險費8元和賠償損失2,000元）。

二、廣州市某航空服務有限公司、廣州市某航空服務公司南方分公司在判決發生法律效力之日起3日內退還張某費用100元。

問：你認為該判決適用賠償最高限額是否合理？為什麼？

（4）責任限制權利的喪失

經證明，航空運輸中的損失是由於承運人或者其受雇人、代理人的故意或者明知可能造成損失而輕率地作為或者不作為造成的，承運人無權援用有關賠償責任限制的規定。同樣，承運人的受雇人、代理人也不能引用賠償責任限制規定。

4. 航空運輸索賠與訴訟

（1）航空運輸索賠時效

《航空法》第一百三十四條規定：「托運貨物發生損失的，收貨人應當在發現損失後向承運人提出異議，至遲應當自收到貨物之日起14日內提出。托運貨物發生延誤的，至遲應當自貨物交付收貨人處置之日起21日內提出。任何異議均應當在上述規定的期間內並寫在運輸憑證上或者另以書面形式提出。除非承運人有詐欺行為，否則收貨人未在規定的期間內提出異議的，就不能向承運人提出索賠訴訟。」

（2）訴訟時效的規定

《航空法》第一百三十五條規定：「航空運輸的訴訟時效期間為兩年，自民用航空器到達目的地、應當到達目的地或者運輸終止之日起計算。」

（3）索賠與訴訟的對象

由幾個航空承運人辦理的連續運輸，接受貨物的每一個承運人都應受《航空法》規定的約束，並就其根據合同辦理的運輸區段作為運輸合同的訂約一方。

針對貨物的滅失、損壞或者延誤，托運人有權對第一承運人提起訴訟，收貨人有權對最後承運人提起訴訟，托運人、收貨人均可以對發生滅失、損壞或者延誤的運輸區段的承運人提起訴訟。上述承運人應當對托運人或者收貨人承擔連帶責任。

某一項運輸，同時存在締約承運人和實際承運人的情況與連續運輸的情況不同。締約承運人應對合同約定的全部運輸負責，實際承運人只對其履行的運輸負責。對於實際承運人履行運輸過程中出現的問題，托運人或收貨人既可以向實際承運人，也可以向締約承運人，還可以同時對實際承運人和締約承運人提出索賠與訴訟。

第六節　貨物多式聯運法規

一、貨物多式聯運法規

(一) 貨物多式聯運法規

貨物多式聯運，是指按照多式聯運合同以至少兩種不同的運輸方式，由多式聯運經營人將貨物從接管貨物的地點運至指定交付貨物地點的活動。貨物多式聯運涉及國內多式聯運和國際多式聯運。多式聯運的方式運送貨物可以縮短運輸時間，保證貨運質量，節省運輸費用，實現真正的運輸合理化。

我國《海商法》和《合同法》對貨物多式聯運的相關事項都作了規定。1997年交通部和鐵道部還聯合頒布了《國際集裝箱多式聯運管理規則》，專門對集裝箱多式聯運的有關問題作出了規定。關於國際貨物多式聯運的國際公約主要有《聯合國國際貨物多式聯運公約》和《聯合國國際貿易和發展會議/國際商會多式聯運單證規則》等。

(二) 貨物多式聯運經營人的義務

貨物多式聯運合同是指多式聯運經營人與托運人簽訂的，由多式聯運經營人以兩種或者兩種以上的運輸方式將貨物從接管地運至交付地，並收取全程運費的合同。貨物多式聯運經營人的義務主要來源於運輸合同的約定和相關法規的規定。多式聯運經營人的主要義務為：

(1) 及時提供適合裝載貨物的運輸工具。
(2) 按照規定的運達期間，及時將貨物運至目的地。
(3) 在貨物運輸的責任期間內安全運輸。
(4) 在托運人或收貨人按約定繳付了各項費用後，向收貨人交付貨物。

(三) 貨物多式聯運經營人的貨運責任

1. 責任期間

多式聯運經營人對貨物的責任期間，自其接管貨物之時起到交付貨物時為止。貨物被視為在多式聯運經營人掌管之下的期間包括：自多式聯運經營人從發貨人或其代理人，或者根據接管貨物地點適用的法律或規章，貨物必須交付運輸的當局或其他第三方接管貨物之時起至將貨物交給收貨人，或者按照多式聯運合同或按照交貨地點適用的法律或特定行業慣例，將貨物置於收貨人支配之下，或者根據交貨地點適用的法律或規章，將貨物交給必須向其交付的當局或其他第三方時為止。

在多式聯運經營人的責任期間發生的貨物滅失、損壞和遲延交付，多式聯運經營人應負賠償責任。《合同法》第三百一十八條規定：「多式聯運經營人可以與參加多式聯運的各區段承運人就多式聯運合同的各區段運輸約定相互之間的責任，但該約定不影響多式聯運經營人對全程運輸承擔的責任。」

2. 責任制類型

多式聯運責任制類型有責任分擔制、統一責任制和網狀責任制等。目前，國際上大多採用的是網狀責任制。

(1) 責任分擔制。在這種責任制下，多式聯運經營人和各區段承運人在合同中事

先劃分運輸區段。多式聯運經營人和各區段承運人都僅對自己完成的運輸區段負責，並按各區段所應適用的法律來確定各區段承運人的責任。這種責任制實際上是單一運輸方式損害賠償責任制度的簡單疊加，並沒有真正發揮多式聯運的優越性，不適應多式聯運的要求，故目前很少採用。

（2）統一責任制。在這種責任制下，多式聯運經營人對全程運輸負責，各區段承運人對且僅對自己完成的運輸區段負責。它是不論損害發生在哪一區段，均按照同一責任進行賠償的一種制度，多式聯運經營人和各區段承運人均承擔相同的賠償責任。這種責任制有利於貨方，但對多式聯運經營人來說責任負擔則較重，目前，世界上對這種責任制的應用並不廣泛。

（3）網狀責任制。在這種責任制下，由多式聯運經營人就全程運輸向貨主負責，各區段承運人對且僅對自己完成的運輸區段負責。無論貨物損害發生在哪個運輸區段，托運人或收貨人既可以向多式聯運經營人索賠，也可以向該區段的區段承運人索賠。但是，各區段適用的責任原則和賠償方法仍根據調整該區段的法律予以確定。多式聯運經營人賠償后有權就各區段承運人的過失所造成的損失向區段承運人進行追償。網狀責任制是介於統一責任制和責任分擔制之間的一種制度，故又稱為混合責任制。目前，國際上大多採用的是網狀責任制。

我國的法律法規在多式聯運經營人的責任形式方面一致採用了網狀責任制。《海商法》規定，多式聯運經營人負責履行或者組織履行多式聯運合同，並對全程運輸負責。多式聯運經營人與參加多式聯運的各區段承運人，可以就多式聯運合同的各區段運輸，另以合同約定相互之間的責任。但是，此項合同不得影響多式聯運經營人對全程運輸所承擔的責任。貨物的滅失或者損壞發生於多式聯運的某一運輸區段的，多式聯運經營人的賠償責任和責任限額，適用調整該區段運輸方式的有關法律法規；貨物的滅失或者損壞發生的運輸區段不能確定的，多式聯運經營人應當依照《海商法》第四章有關承運人賠償責任和責任限額的規定負賠償責任。

二、我國《國際集裝箱多式聯運管理規則》規定

國際多式聯運基本上都是國際集裝箱多式聯運。為了加強國際集裝箱多式聯運的管理，促進通暢、經濟、高效的國際集裝箱多式聯運的發展，滿足對外貿易發展的需要，我國於1997年制定並施行了我國《國際集裝箱多式聯運管理規則》。本規則的主要內容包括：

（一）托運人責任

（1）托運人將貨物交給多式聯運經營人，所提供貨物的名稱、種類、包裝、件數、重量、尺寸、標誌等應準確無誤，如系特殊貨物還應說明其性質和注意事項。

（2）由於下列原因所致造成貨物滅失、損壞或對多式聯運經營人造成損失，托運人應自行負責或承擔賠償責任：①箱體、封志完好，貨物由托運人裝箱、計數、施封或貨物裝載於托運人的自備箱內；②貨物品質不良或外包裝完好而內裝貨物短損、變質；③運輸標誌不清，包裝不良。

（3）由於托運人的過失和疏忽對多式聯運經營人或第三方造成損失，即使托運人已將多式聯運單據轉讓，仍應承擔賠償責任。多式聯運經營人取得這種賠償權利，不影響其根據多式聯運合同對托運人以外的任何人應負的賠償責任。

【案例討論】我某出口公司按 CPT 條件、憑不可撤銷即期信用證以集裝箱出口成衣 350 箱，裝運條件是 CY BY CY。貨物交運后，我出口方取得清潔已裝船提單，提單上標明：「Shippers load and count」。在信用證規定的有效期內，我出口方及時辦理了議付結匯手續。20 天后，接進口方來函稱：經有關船方、海關、保險公司、公證行會同對到貨開箱檢驗，發現其中有 20 箱包裝嚴重破損，每箱均有短少，共缺成衣 512 件。各有關方均證明集裝箱完好無損。為此，進口方要求我出口方賠償短缺的損失，並承擔全部檢驗費 2,500 美元。

進口方的要求是否合理？為什麼？

（4）托運人托運危險貨物，應當依照該種貨物運輸的有關規定執行，並妥善包裝、粘貼或拴掛危險貨物標誌和標籤，將其正式名稱和性質以及應採取的安全防護措施書面通知多式聯運經營人；由於未通知或通知有誤的，多式聯運經營人可以根據情況將貨物卸下、銷毀或者採取相應的處理手段，而不負賠償責任。托運人對多式聯運經營人因運輸該種貨物所受到的損失，應當負賠償責任。

多式聯運經營人知道危險貨物的性質並已同意裝運的，在發現該種貨物對於運輸工具、人員或者其他貨物構成實際危險時，仍然可將貨物卸下、銷毀或者使之不能發生危害。多式聯運經營人的責任適用於所發生區段的有關法律法規。

（二）多式聯運經營人的責任

（1）多式聯運經營人簽發多式聯運單據后，即表明多式聯運經營人已收到貨物，對貨物承擔多式聯運責任，並按多式聯運單據載明的交接方式，辦理交接手續。

（2）多式聯運經營人對貨物的責任期間自接收貨物時起至交付貨物時止。接收是指貨物已交給多式聯運經營人運送，並由其接管。交付是指按多式聯運合同將貨物交給收貨人或根據交付地適用的法律或貿易作法將貨物置於收貨人的支配下或必須交給的當局、第三方。

（3）多式聯運經營人在接收貨物時已知道或有合理的根據懷疑托運人陳述或多式聯運單據上所列貨物內容與實際接收貨物的狀況不符，但無適當方法進行核對時，多式聯運經營人有權在多式聯運單據上作出保留、註明不符之處、懷疑的根據或無適當核對方法的說明。

多式聯運經營人未在多式聯運單據上對貨物或集裝箱的外表狀況加以批註，則應視為他已收到外表狀況良好的貨物或集裝箱。

（4）除依照規定作出保留外，多式聯運經營人簽發的多式聯運單據是多式聯運經營人已經按照多式聯運單據所載狀況收到貨物的初步證據。

（5）多式聯運經營人有義務按多式聯運單據中收貨人的地址通知收貨人貨物已抵達目的地。

（6）收貨人按多式聯運單據載明的交接方式接收貨物，在提貨單證上簽收。多式聯運經營人收回正本多式聯運單據后，多式聯運經營人責任即告終止。

（7）貨物的滅失、損壞或延遲交付發生在多式聯運經營人責任期間內，多式聯運經營人應依法承擔賠償責任。

貨物在明確約定的交貨日期屆滿后，連續 60 日仍未交付，收貨人則可認為該批貨

物已滅失。貨物的滅失、損壞或延遲交付發生於多式聯運的某一區段的，多式聯運經營人的賠償責任和責任限額適用該運輸區段的有關法律法規。

貨物的滅失、損壞不能確定所發生的區段時，多式聯運經營人承擔賠償責任的賠償責任限制為：多式聯運全程中包括海運的適用於《海商法》，多式聯運全程中不包括海運的適用於有關法律法規的規定。

（8）貨物的延遲交付不能確定所發生的區段時，多式聯運經營人對延遲交付承擔賠償責任限制，在多式聯運全程中包括海運段的，以不超過多式聯運合同計收的運費數額為限。

貨物的滅失或損壞和延遲交付同時發生的，多式聯運經營人的賠償責任限額按貨物的滅失或損壞處理。

（9）因貨物滅失、損壞或延遲交付造成損失而對多式聯運經營人提起的任何訴訟，不論這種訴訟是根據合同還是侵權行為或其他理由提起的，均適用第七條、第八條規定的賠償責任限制。

（10）由於貨物滅失、損壞或延遲交付造成損失而對多式聯運經營人的受雇人提起訴訟，該受雇人如能證明其是在受雇範圍內行事，則該受雇人有權援用多式聯運經營人的辯護理由和賠償責任限制。

（11）如能證明貨物的滅失、損壞或延遲交付是多式聯運經營人有意造成或明知有可能造成而毫不在意的行為或不行為所致，多式聯運經營人則無權享受第七條和第八條所規定的賠償責任限制。

（12）多式聯運經營人可以與有關各方簽訂協議，具體商定相互之間的責任、權利和義務及有關業務安排等事項，但不得影響多式聯運經營人對多式聯運全程運輸承擔的責任，法律法規別有規定者除外。

(三) 訴訟時效

（1）多式聯運全程包括海運段的，對多式聯運經營人訴訟時效期間為 1 年。多式聯運全程未包括海運段的，按民法通則的規定，對多式聯運經營人的訴訟時效時間為 2 年。

（2）時效時間從多式聯運經營人交付或應當交付貨物的次日起計算。

（3）訴訟時效的規定不妨礙索賠人在能確定貨物發生滅失、損壞區段時，根據該區段法規所規定的有權提起的訴訟時效。

（4）多式聯運經營人對第三人提起追償要求的時效期限為 90 日，自追償的請求人解決原賠償請求之日起或者收到受理對其本人提起訴訟之日起計算。

三、《聯合國國際貨物多式聯運公約》

《聯合國國際貨物多式聯運公約》，又稱為《東京規則》，於 1980 年 5 月 24 日在聯合國貿易與發展會議上獲得通過。我國是該公約的締約國。公約的主要內容有：

(一) 關於公約的適用範圍與管理

公約的各項規定適用於兩國境內各地之間的所有多式聯運合同，但多式聯運合同規定的多式聯運經營人接管貨物或交付貨物的地點必須位於締約國境內，並規定公約不得影響任何有關運輸業務管理的國際公約或國家法律的適用，或與之相抵觸。同時，公約不得影響各締約國在國家一級對管理多式聯運業務和多式聯運經營人的權利，包

括就下列事項採取措施的權利：多式聯運經營人、托運人、托運人組織以及各國主管當局之間就運輸條件進行協商，特別是在引用新技術開始新的運輸業務之前進行協商；頒發多式聯運經營人的許可證；參加運輸；為了本國的經濟和商業利益而採取一切其他措施。公約還明確規定，多式聯運經營人除了應遵守本公約的規定外，還應遵守其業務所在國的法律。

(二) 關於多式聯運經營人的責任

1. 多式聯運經營人的責任期間

公約規定多式聯運經營人的責任期間自接管貨物之日時起到交付貨物為止。

2. 多式聯運經營人的賠償責任原則

公約實行完全推定過錯責任原則，多式聯運經營人對於在責任期間所發生的貨物滅失、損壞或延遲交付引起的損失應負賠償責任，包括他的受雇人、代理人或為履行多式聯運合同而使用其服務的任何其他人。除非多式聯運經營人證明其本人、受雇人或代理人為避免事故的發生及其后果已採取一切所能合理要求的措施。否則，便推定損壞是由於其本人、受雇人或代理人的過錯行為所致，並由其負賠償責任。

3. 多式聯運經營人的賠償責任限制

多式聯運經營人對貨物的滅失或損壞造成的損失負賠償責任，按滅失或損壞的貨物的每包或其他貨運單位計不得超過920特別提款權（SDR），或按毛重每千克計不得超過2.75特別提款權，以較高者為準。

(1) 如果貨物是用集裝箱、貨盤或類似的裝運工具集裝，經多式聯運單據列明裝在這種裝運工具中的包數或貨運單位數應視為計算限額的包數或貨運單位數。否則，這種裝運工具中的貨物應視為一個貨運單位。

(2) 如果裝運工具本身滅失或損壞，而該裝運工具並非為多式聯運經營人所有或提供，則應視為一個單獨的貨運單位。

(3) 多式聯運合同如果不包括海上或內河運輸，則多式聯運經營人的賠償責任按滅失或損壞貨物毛重每千克計不得超過8.33特別提款權。

(4) 延遲交付貨物造成損失所負的賠償責任限額為該貨物應付運費的2.5倍，但不得超過多式聯運合同規定的應付運費的總額。

(5) 多式聯運經營人賠償責任的總和（同時發生貨損和延遲交付）不得超過按貨物全部滅失所計算的賠償責任限額。

(6) 如果多式聯運經營人和發貨人之間訂有協議，則多式聯運單據中可規定超過上述各款規定的賠償限額。

(7) 如果貨物的滅失或損壞發生於多式聯運的某一特定階段，而對這一階段適用的一項國際公約或強制性國家法律規定的賠償限額高於上述各款所得出的賠償限額，則應按照該公約或強制性國家法律予以確定賠償限額。

4. 多式聯運經營人賠償責任限制權利的喪失

如經證明，貨物的滅失、損壞或延遲交付是由於多式聯運經營人或其代理人、受雇人有意造成或明知可能造成而毫不在意的行為或不行為所引起，則多式聯運經營人喪失享受本公約所規定的賠償責任限制的權利。

(三) 關於發貨人的義務與責任

發貨人是指其本人或以其名義或其代表同多式聯運經營人訂立多式聯運合同的任

何人，或指其本人或以其名義或其代表按照多式聯運合同將貨物實際交給多式聯運經營人的任何人。

（1）發貨人應保證在多式聯運單據中所提供的貨物品類、標誌、件數、重量和數量，如屬危險貨物，其危險性等事項，概述準確無誤。

（2）發貨人必須賠償多式聯運經營人因前款所指各事項的不準確或不當而造成的損失。即使發貨人已將多式聯運單據轉讓，仍須負賠償責任。

（3）由於發貨人的過失或疏忽或者發貨人的受雇人或代理人在其受雇範圍內行事時的過失或疏忽造成貨物損害，發貨人應負賠償責任。

（4）發貨人應以合適的方式在危險貨物上標明危險標誌或標籤。發貨人將危險貨物交給多式聯運經營人或其任何代表時，應告知貨物的危險特性，必要時並告知應採取的預防措施。否則，發貨人對多式聯運經營人由於載運這類貨物而遭受的一切損失應負賠償責任。如果未經發貨人告知而多式聯運經營人又無從得知貨物的危險特性，多式聯運經營人視情況需要，可隨時將貨物卸下、銷毀或使其無害而無須給予賠償。

（四）關於收貨人的義務與責任

收貨人是指有權提取貨物的人。公約規定，貨物運到合同規定的交貨地點后，收貨人應及時提取貨物。如果收貨人不向多式聯運經營人提取貨物，則按照多式聯運合同或按照交貨地點適用的法律或特定行業慣例，多式聯運經營人可以將貨物置於收貨人支配之下；或者將貨物交給根據交貨地點適用的法律或規章必須向其交付的當局或者第三方，這時，多式聯運經營人即已履行其交貨義務。

（五）關於多式聯運單據

1. 公約對多式聯運單據的內容及填寫作了規定

如果多式聯運經營人或其代表知道或有合理的根據懷疑多式聯運單據所列貨物的品類、主要標誌、包數或件數、重量或數量等事項沒有準確地表明實際接管貨物的狀況，或無適當方法進行核對，則該多式聯運經營人或其代表應在多式聯運單據上作出保留，註明不符之處、懷疑的根據或無適當核對方法。如果多式聯運經營人或其代表未在多式聯運單據上對貨物的外表狀況加以批註，則應視為該單據註明貨物的外表狀況良好。

【知識拓展】集裝箱跌落海中，清潔提單下船方可以免責

清潔提單所載明的貨物，在港口慣例中是不允許在甲板上積載貨物的。換言之，對於出具清潔提單，貨方可以認為，船方就等於宣布將貨物裝入艙內；如果由於並未裝入艙內而造成了損失，船方是應對其損失負責的。但是，在提單沒有載明集裝箱可以裝在甲板上的條件下，港口習慣與航貿習慣是允許在甲板上裝載集裝箱的。船貨雙方對專用集裝箱船甲板上可以裝載集裝箱一事是熟知的，也視為艙內貨。這種作法無需在提單上特別註明的，除提單另有規定者外，不得作為違規處理，集裝箱跌落入海所造成的損失，船方可以免責。

2. 公約對多式聯運單據的簽發作了規定

（1）多式聯運經營人接管貨物時，應簽發一項多式聯運單據，該單據應發貨人的選擇或為可轉讓單據或為不可轉讓單據。

（2）多式聯運單據應由多式聯運經營人或經他授權的人簽字。

（3）多式聯運單據上的簽字如不違背簽發多式聯運單據所在國的法律，可以是手簽、手簽筆跡的複印、蓋章、符號或用任何其他機械或電子儀器打出。

（4）多式聯運單據以可轉讓的方式簽發時，應列明按指示或向持票人交付；如列明按指示交付，須經背書后轉讓；如列明向持票人交付，無須背書即可轉讓；如簽發一套一份以上的正本，應註明正本份數；如簽發任何副本，每份副本均應註明「不可轉讓副本」字樣。

只有交出可轉讓多式聯運單據，並在必要時經正式背書，才能向多式聯運經營人或其代表提取貨物。

如簽發一套一份以上的可轉讓多式聯運單據正本，而多式聯運經營人或其代表已在當地按照其中一份正本交貨，該多式聯運經營人便已履行其交貨責任。

（5）多式聯運單據以不可轉讓的方式簽發時，應指明記名的收貨人。多式聯運經營人將貨物交給此種不可轉讓的多式聯運單據所指明的記名收貨人或經收貨人通常以書面正式指定的其他人后，該多式聯運經營人即已履行其交貨責任。

3. 多式聯運單據的證據效力

除對單據准許保留的事項作出保留的部分之外，多式聯運單據應是該單據所載明的貨物由多式聯運經營人接管的初步證據；如果多式聯運單據以可轉讓方式簽發，而且已轉讓給正當地信賴該單據所載明的貨物狀況的，包括收貨人在內的第三方，則多式聯運經營人提出的反證不予接受。如果多式聯運經營人意圖詐騙，在多式聯運單據上列入有關貨物的不實資料，或漏列按規定應載明的任何資料，則該聯運人不得享有本公約規定的賠償責任限制，而須負責賠償包括收貨人在內的第三方因信賴該多式聯運單據所載明的貨物狀況行事而遭受的任何損失、損壞或費用。

（六）關於索賠與訴訟

1. 滅失、損壞或延遲交貨的通知

（1）如果貨物存在著明顯的滅失或損壞，收貨人應不遲於在貨物交給他的次一工作日，將說明此種滅失或損壞的一般性質的書面通知送交多式聯運經營人。如果貨物滅失或損壞不明顯，收貨人應在收到貨物之日后連續 6 日內提出書面通知。在上述規定時間內若未提出書面通知，則此種貨物的交付即為多式聯運經營人交付多式聯運單據所載明的貨物的初步證據。

（2）如果貨物的狀況在交付收貨人時已經當事各方或其授權在交貨地的代表進行了聯合調查或檢驗，則無須就調查或檢驗所證實的滅失或損壞送交書面通知。

（3）對延遲交貨造成損失的索賠，收貨人必須在收到貨后連續 60 日內向多式聯運經營人送交書面通知，否則多式聯運經營人對延遲交貨所造成的損失無須給予賠償。

2. 訴訟時效

（1）根據本公約有關國際多式聯運的任何訴訟，如果在 2 年期間內沒有提起訴訟或交付仲裁，即失去時效。但是，如果在貨物交付之日或應當交付之日后 6 個月內，沒有提出書面索賠通知，說明索賠的性質和主要事項，則此期限屆滿后即失去訴訟時效。

（2）時效期間自多式聯運經營人交付貨物或部分貨物之日的次一日起算，如貨物未交付，則自貨物應當交付的最后一日的次一日起算。

（3）被索賠方可在時效期間內隨時向索賠人提出書面聲明，延長時效期間。此種期間可用另一次聲明或多次聲明再度延長。

（4）除非一項適用的國際公約另有相反規定，根據本公約負有賠償責任的人即使在上述各款規定的時效期間屆滿後，仍可在起訴地國家法律所許可的限期內提起訴訟，要求追償，而此項所許可的限期，自提起此項追償訴訟的人已清償索賠要求或接到對其本人的訴訟傳票之日起算，不得少於 90 日。

3. 關於仲裁

公約規定，合同雙方可以達成書面協議，將爭議提交仲裁。申述方有權選擇仲裁地點，但應在有管轄權的法院所在國提交仲裁。

(七) 關於管轄權

公約規定，原告有權選擇有管轄權的法院提起訴訟，並規定下列地點所在國有管轄權：

（1）被告主要營業所或者被告的經常居所。

（2）訂立多式聯運合同的地點，而且合同是通過被告在該地的營業所、分支或代理機構訂立。

（3）貨物接管地或交付地。

（4）多式聯運合同中指定並在多式聯運單據中載明的任何其他地點。

實訓作業

一、實訓項目

某紡織品進出口公司委託某外運公司辦理一批服裝出口運輸，裝運港上海，CIF 東京 120 萬美元。外運公司租用了某遠洋運輸公司的船舶承運，但以自己名義簽發提單。貨物運抵目的港后，發現部分服裝已濕損。於是收貨人向保險公司索賠。保險公司依據保險合同賠償了收貨人，取得了代位求償權，並對外運公司提起訴訟。外運公司認為自己是代理人，不應當承擔賠償責任。但法院審理認為，由於外運公司以自己的名義簽發提單，使其成為契約承運人，從而承擔了承運人的責任和義務。法院最終判決外運公司承擔承運人責任範圍內原因所造成的經濟損失。

根據本案，說說契約承運人如何「一路走好」。

二、案例分析

（一）2011 年 12 月 6 日，原告某保險公司接受某公司（託運人）對其準備空運至米蘭的 20 箱絲綢服裝的投保，保險金額為 73,849 美元。同日，由被告 A 航空公司的代理 B 航空公司出具了航空貨運單一份。該航空貨運單註明：第一承運人為 A 航空公司，第二承運人為 C 航空公司，貨物共 20 箱，重 750 千克，該貨物的「聲明價值（運輸）」未填寫。A 航空公司於 2011 年 12 月 20 日將貨物由杭州運抵北京，12 月 28 日，A 航空公司在準備按約將貨物轉交 C 航空公司運輸時，發現貨物滅失。2012 年，原告對投保人（託運人）進行了全額賠償並取得權益轉讓書后，於 2012 年 5 月 28 日向 B

航空公司提出索賠請求。B航空公司將原告索賠請求材料轉交A航空公司。A航空公司表示願意以每千克20美元限額賠償原告損失，原告要求被告進行全額賠償，不接受被告的賠償意見，遂向法院起訴。

根據航空運輸法規，你認為航空公司應該賠償保險公司15,000美元嗎？說說你的法律依據。

（二）承運人APL公司簽發了一套將一輛機動車從德國漢堡運到韓國釜山的記名提單，提單上收貨人一欄中寫有收貨人名字，但沒有註明「憑指示」字樣。此提單共簽發一式三份，由托運人持有。船到釜山，在沒有出示正本記名提單的情況下，承運人將汽車交給收貨人。收貨人未按汽車購貨價格向托運人付款，托運人遂起訴APL錯誤交付。

根據案情，你認為托運人的做法對嗎？為什麼？

第六章
物流倉儲法實務

在貨物整個物流過程中，倉儲保管通常占用相當長的時間，需要對貨物進行保管養護、適當的進出庫管理和倉庫管理等，以防止出現交接差錯、貨物短少和貨物變質等問題。《合同法》對倉儲保管行為作出了具體的規定，特別明確了倉儲保管活動中當事人權利、義務及倉單法律性質等，對倉儲業的發展起到了重要的規範作用；為了適應國際貿易和涉外物流的發展，各國都積極推行和建立保稅倉庫業務與出口監管倉庫業務。由於倉儲貨物的危險性不同，各國也規定了危險貨物的倉儲制度。

【導入案例】 2014年3月，原告天津某投資公司與被告北京某鋼貿公司簽訂倉儲合同，且明確約定放貨程序及提交提貨單作為交貨條件。在每次盤點時，原告均要求被告出具相關的庫存貨物統計表以供核對。2014年11月，原告提貨時，被告以各種借口推脫交貨。當瞭解到其庫存的貨物2月前已被被告私自放走後，原告遂起訴至法院，要求被告賠償損失。

在訴訟過程中，被告辯稱：原告所委派員工顏某以手機短信方式指令被告發貨，被告有理由相信顏某的行為代表了原告並變更了倉儲合同中發貨的流程。原告認為，被告工作人員與顏某有串通提貨的嫌疑，被告未按約定辦理交貨手續，造成貨物下落不明，理應承擔不能交付倉儲物的責任。法院審理認為，被告未按倉儲合同約定將貨物交付給原告或原告指定的提貨人，且在沒有《提貨單》的情況下辦理出庫手續，對此損失負有重大過錯責任。法院判決被告賠償原告因此所遭受的貨物損失。

第一節　物流倉儲法概述

一、物流倉儲與物流倉儲法

(一) 物流倉儲

倉儲保管以倉庫為物質基礎，物流倉儲與倉庫有著直接的關係。倉庫是儲存保管貨物的建築物和場所的總稱。物流倉儲是指在物流生產過程中利用倉庫對貨物進行的保護、管理、貯藏等經營服務活動的行為。為了保障物流倉儲業正常開展，各方當事人主要通過倉儲保管合同來明確權責和義務。

物流倉儲主要發生在物流網路的節點處，它以貨物的進庫為起點，以貨物的出庫

為終點。物流倉儲利用倉庫對貨物進行養護、倉庫管理和進出庫管理等，以防止出現交接差錯、貨物變質和短少。倉庫最基本的功能就是儲存貨物，並對儲存的貨物實施保管和控制。隨著現代物流業的發展，倉庫也擔負著貨物處理、流通加工、物流管理和信息服務等更多功能。

物流倉庫常見分類有：①依其經營目的不同，可分為保管倉庫和保稅倉庫。前者是以物品的儲存和保管為目的的倉庫；后者是儲存進口手續未完成的貨物的特定場所。②依其營業對象的不同，可分為營業倉庫和利用倉庫。前者是指接受他方報酬，並為他方提供貨物的儲存保管的倉庫；后者是為儲存或者保管自己物品而經營的倉庫。我們這裡所說的倉儲僅指與保管倉庫或者營業倉庫相關的經營服務活動。

(二) 物流倉儲法

物流倉儲法是指國家規範在物流生產過程的倉儲保管經營行為的法律規範的總稱。

目前，我國物流倉儲法律規範散見於各種法律法規。物流倉儲體現為民事活動，因此《民法通則》《合同法》中都有對倉儲行為的法律規定。《商業倉庫管理辦法》(1988)、《糧油倉儲管理辦法》(2009)、《百貨、文化用品、商品運輸保管定額損耗管理試行辦法》等對有關商品倉儲保管作出了具體的規定。國家為了改善貿易進口條件，提高貿易出口效率，以《海關法》《中華人民共和國海關對出口監管倉庫及所存貨物的管理辦法》(2005) 等形式建立了保稅倉庫制度。2014年12月1日起施行的《中華人民共和國安全生產法》(以下简稱《安全生產法》)，對經營危險物品的倉儲企業的市場准入、安全設施、安全經營管理和從業人員都作出了嚴格的規定。

【法律連結】《安全生產法》

第三十六條　生產、經營、運輸、儲存、使用危險物品或者處置廢棄危險物品的，由有關主管部門依照有關法律法規的規定和國家標準或者行業標準審批並實施監督管理。

生產經營單位生產、經營、運輸、儲存、使用危險物品或者處置廢棄危險物品，必須執行有關法律、法規和國家標準或者行業標準，建立專門的安全管理制度，採取可靠的安全措施，接受有關主管部門依法實施的監督管理。

二、倉儲合同的概念

(一) 倉儲合同定義

倉儲合同又稱倉儲保管合同，是指保管人儲存存貨人交付的倉儲物，存貨人支付倉儲費的合同。只有當事人雙方約定由倉庫營業人（稱為倉儲保管人）為存貨人儲存、保管貨物，存貨人為此支付倉儲費用的協議，才是倉儲合同。其中，倉儲物是指存貨人交付保管人儲存的物品。

(二) 倉儲合同的法律特徵

《合同法》第三百九十五條規定，「倉儲合同一章沒有規定的內容，應當適用保管合同的有關規定」。可見倉儲合同與保管合同在性質上有相同之處，但由於倉儲營業的特殊性質，使得倉儲合同又有別於保管合同的法律特徵。

(1) 保管人應當具有倉庫營業資質。並非任何個人或單位都可以從事倉儲業務，倉儲合同的保管人必須是經工商行政管理機關核准登記的專營或兼營倉儲業務的法人

組織或其他經濟組織、個體工商戶等。

（2）倉儲合同的對象僅為動產。因為倉儲合同是儲存貨物的合同，只有適於堆放儲藏的物品才可成為倉庫儲存保管的對象，而不動產不具有這一特點。

（3）倉儲合同為諾成合同。當事人就倉儲合同的主要條款協商一致，即可成立生效。除當事人另有約定外，保管合同自保管物交付時成立；倉儲合同自成立時生效，《合同法》第三百六十七條規定明確了倉儲合同是諾成合同。

（4）倉儲合同是雙務合同、不要式合同。保管人提供儲存、保管的義務，存貨人承擔支付倉儲費的義務。

（5）倉儲合同是保管合同的變種。倉儲合同屬於保管合同，但兩者有著不同的性質，如保管合同是實踐合同，倉儲合同是諾成合同。《合同法》將倉儲合同規定為一類獨立的合同。

【司法案例】被告某貿易發展有限公司從外地採購了一批真皮皮鞋，因為庫房存貨空間緊張，被告聯繫了某儲運有限公司原告，就此批皮鞋的儲存訂立了一份倉儲合同。合同約定：原告為被告提供真皮皮鞋的倉儲保管服務，時間為6個月，保管費為2萬元。合同訂立后，原告為了履行該合同積極地準備倉庫，進行了騰空和清理打掃工作，並專門為儲存真皮皮鞋採取了一些必要的措施，拒絕了其他公司倉儲貨物的要約。考慮到運費和倉儲費等問題，被告又接受了另一家儲運公司的要約，並將貨物存放於該家公司。被告向儲運公司發來緊急電傳，謊稱由於皮鞋供貨商違約，原定儲存的皮鞋無法採購入庫，不再需要原告的倉庫保管服務。被告還認為沒有將貨物入庫，雙方的倉儲合同沒有生效，不存在賠償損失的責任。經法庭審理，法院判決被告承擔違約責任。

三、倉儲合同的主要條款

倉儲合同的主要條款，是存貨人與倉庫營業人雙方協商一致而訂立的，規定雙方所享有的主要權利和承擔的主要義務的條款。倉儲合同的主要條款是檢驗合同的合法性、當事人履約行為以及追究違約責任的重要依據。倉儲合同的主要條款有：

（1）存貨人與保管人的名稱或者姓名及住所。
（2）倉儲物的品種、數量、質量、包裝、件數和標記。
（3）倉儲物的損耗標準。
（4）儲存場所。
（5）倉儲期限。
（6）倉儲費用。
（7）倉儲資格及設施。
（8）違約責任。
（9）解決爭議條款。
（10）其他特別約定條款。

四、倉儲合同當事人的主要義務

【案例討論】某水果批發商與某倉庫簽訂了一份保管 20 噸香蕉的倉儲合同,儲存期間為 20 天。水果批發商如期將香蕉送到倉庫,倉庫保管方驗收入庫。20 天后,水果批發商提貨時發現倉儲包裝良好,但香蕉重量短缺 1 噸,且有近 15% 的香蕉腐爛變質,不能食用。問:

短缺的 1 噸香蕉和腐爛的 15% 的香蕉分別由誰承擔責任?

倉儲合同當事人的權利與義務是當事人在履行倉儲合同過程中有權要求對方採取的行為和自身需要進行的作為或不作為。當事人的權利和義務來自於倉儲合同的約定和法律的規定。

(一) 存貨人的義務

(1) 告知義務。存貨人的告知義務包括兩個方面:對倉儲物的完整明確的告知和瑕疵告知。所謂完整告知,是指在訂立合同時存貨人要完整細緻地告知保管人,倉儲物的準確名稱、數量、包裝方式、性質、作業保管要求等涉及驗收、作業、倉儲保管、交付的資料,特別是危險貨物,存貨人還要提供詳細的說明資料。存貨人寄存貨幣、有價證券或者其他貴重物品的,應當向保管人聲明,由保管人驗收或者封存,存貨人未聲明的,該物品毀損、滅失后,保管人可以按照一般物品予以賠償。存貨人未明確告知的倉儲物屬於夾帶品,保管人可以拒絕接受。

所謂瑕疵,包括倉儲物及其包裝的不良狀態、潛在缺陷、不穩定狀態等已存在的缺陷或將會發生損害的缺陷。保管人瞭解倉儲物所具有的瑕疵可以採取針對性的操作和管理,以避免發生損害和危害。因存貨人未告知倉儲物的性質、狀態造成的保管人驗收錯誤、作業損害、保管損壞由存貨人承擔賠償責任。在訂立合同時,必須預先告知保管人。

(2) 妥善處理和交存貨物。存貨人應對倉儲物進行妥善處理,根據性質進行分類、分儲,根據合同約定妥善包裝,使倉儲物適合倉儲作業和保管。存貨人應在合同約定的時間向保管人交存倉儲物並提供驗收單證。交存倉儲物不是倉儲合同生效的條件,而是存貨人履行合同的義務。存貨人未按照約定交存倉儲物,構成違約。

(3) 支付倉儲費和償付必要費用。存貨人應根據合同約定時間、地點和方式支付倉儲費,否則構成違約。如果存貨人提前提取倉儲物,保管人不減收倉儲費。如果存貨人逾期提取,應加收倉儲費。由於未支付倉儲費,保管人有對倉儲物行使留置權的權利,即有權拒絕將倉儲物交還存貨人或應付款人,並可通過拍賣留置的倉儲物等方式獲得款項。

倉儲物在倉儲期間發生的應由存貨人承擔責任的費用支出或墊支費,如保險費、貨物自然特性的損害處理費用、有關貨損處理、運輸搬運費、轉倉費等,存貨人應及時支付。

(4) 及時提貨。存貨人應按照合同的約定,按時將倉儲物提取。保管人根據合同的約定安排倉庫的使用計劃,如果存貨人未將倉儲物提取,會造成保管人已簽訂的下一個倉儲合同無法履行。

(二) 保管人的義務

【案例討論】 某外貿出口公司將一批銀魚交由某倉庫儲存，倉單上註明了低溫保存技術要求。根據保管要求，倉庫方提供了相應的設施設備。外貿公司提貨時發現部分銀魚腐爛，遂要求賠償。倉庫方認為倉庫的冷藏設備沒有問題，同期其他冷藏食品都沒有發生變質的現象。腐爛的銀魚一定是在進庫前就已經變質，只是在入庫驗收時未能觀察出來。

倉庫保管方是否應當承擔責任？為什麼？

(1) 提供合適的倉儲條件。倉儲人經營倉儲保管的先決條件就是具有合適的倉儲保管條件，有從事保管貨物的保管設施和設備。包括適合的場地、容器、倉庫、貨架、作業搬運設備、計量設備、保管設備、安全保衛設施等條件。同時還應配備一定的保管人員、商品養護人員，制定有效的管理制度和操作規程等。同時保管人所具有的倉儲保管條件還要適合所要進行保管的倉儲物的相對倉儲保管要求，如保存糧食的糧倉、保存冷藏貨物的冷庫等。保管人若不具有倉儲保管條件，則構成根本違約。

(2) 驗收貨物。保管人應該在接受倉儲物時對貨物進行理貨、計數、查驗，在合同約定的期限內檢驗貨物質量，並簽發驗貨單證。驗收貨物按照合同約定的標準和方法，或者按照習慣的、合理的方法進行。保管人未驗收貨物推定為存貨人所交存的貨物完好，保管人也要返還完好無損的貨物。

(3) 簽發倉單。保管人在接受貨物後，根據合同的約定或者存貨人的要求，及時向存貨人簽發倉單。在存期屆滿，根據倉單的記載向倉單持有人交付貨物，並承擔倉單所明確的責任。保管人根據實際收取的貨物情況簽發倉單。保管人應根據合同條款確定倉單的責任事項，避免將來向倉單持有人承擔超出倉儲合同所約定的責任。

(4) 合理化倉儲。保管人應在合同約定的倉儲地點存放倉儲物，並使用適合於倉儲物保管的倉儲設施和設備，如容器、貨架、貨倉等。同時，應注意商品儲存要實行分區、分類管理。嚴禁將危險品和一般商品，有毒品和食品，性質互相抵觸、互相串味的商品，以及養護、滅火方法不同的商品混合存放。貴重商品、劇毒商品、易燃易爆商品要專庫（櫃）儲存，指定專人保管。因其保管不善所造成的倉儲物在倉儲期間發生損害、滅失，除非保管人能證明損害是由於貨物性質、包裝不當、超期等以及其他免責原因造成的，否則保管人要承擔賠償責任。

(5) 返還倉儲物及其孳息的義務。保管人應在約定的時間和地點向存貨人或倉單持有人交還約定的倉儲物。倉儲合同沒有明確存期和交還地點的，存貨人或倉單持有人可以隨時要求提取，保管人應在合理的時間內交還存儲物。作為一般倉儲合同，保管人在交返倉儲物時，應將原物及其孳息、殘余物一同交還。

(6) 危險告知義務。當倉儲物出現危險時，保管人應及時通知存貨人或倉單持有人，並有義務採取緊急措施處置，防止危害擴大。包括在貨物驗收時發現不良情況、發生不可抗力損害、倉儲物的變質、倉儲事故的損壞以及其他涉及倉儲物所有權的情況，都應該告知存貨人或倉單持有人。

【相關連結】保管人的留置權和提存權

（1）保管人的留置權。存貨人不支付倉儲費和其他必要費用的，除當事人另有約定外，保管人對倉儲物享有留置權。若倉儲物是可分物的，保管人所留置的倉儲物應相當於存在貨人債務的金額，而不能就全部倉儲物行使留置權。

（2）保管人的提存權。儲存期間屆滿，存貨人或者倉單持有人不提取貨物的，保管人可以催告其在合理期限內提取，逾期不提取的，保管人可以提存倉儲物。

提存程序一般來說，首先應由保管人向提存機關呈交提存申請書。在提存書上應當載明提存的理由、標的物的名稱、種類、數量以及存貨人或提單所有人的姓名、住所等內容。其次，倉管人應提交倉單副聯、倉儲合同副本等文件，以此證明保管人與存貨人或提單持有人的債權債務關係。此外保管人還應當提供證據證明自己催告存貨人或倉單持有人提貨而對方沒有提貨，致使該批貨物無法交付其所有人。

第二節　倉單

一、倉單概念與性質

（一）倉單的概念

倉單是指由保管人在收到倉儲物時向存貨人簽發的表示已經收到一定數量的倉儲物的書面憑證。《合同法》第三百八十五條規定：「存貨人交付倉儲物的，保管人應當給付倉單。」

倉單是倉儲合同存在的證明。倉單是存貨人與保管人雙方訂立的倉儲合同存在的一種證明，只要簽發倉單，就證明了合同的存在。倉單是處理保管人與存貨人或提單持有人之間關於倉儲合同糾紛的依據。倉單既是保管人收貨的證明，又是存貨人或者持單人提取倉儲物的有效憑證。倉單是倉儲物所有權的一種憑證。

（二）倉單的主要性質

（1）倉單為有價證券。倉單是提取倉儲物的憑證。倉單表明存貨人或者倉單持有人享有對保管人就倉儲物交付的請求權，保管人應當履行倉單項下貨物的交付義務，故為有價證券。

（2）倉單為要式證券。倉單是提取倉儲物的憑證。根據《合同法》第三百八十七條規定：「在經過存貨人或者倉單持有人在倉單上背書並經保管人簽字或者蓋章手續的，倉單即可轉讓或出質。」

（3）倉單為物權證券。倉單上所載倉儲物的移轉，必須自移轉倉單始生所有權轉移的效力，故倉單為物權證券。

（4）倉單為文義證券，不要因證券。所謂文義證券是指證券上權利義務的範圍以證券的文字記載為準。倉單的記載事項決定當事人的權利義務，當事人須依倉單上的記載主張權利義務。故倉單為文義證券，不要因證券。

（5）倉單為自付證券。倉單是由保管人自己填發的，又由自己負擔給付義務，故倉單為自付證券。

倉單證明存貨人已經交付了倉儲物和保管人已經收到了倉儲物的事實。它作為物

品證券，在保管期限屆滿時，存貨人或者倉單持有人可憑倉單提取倉儲物，也可以背書的形式轉讓倉單所代表的權利。

二、倉單的內容與效力

【案例討論】某水果連鎖超市與某倉儲公司簽訂了一份倉儲合同，合同約定倉儲公司為水果連鎖超市儲存水果50噸，倉儲期間為1個月，倉儲費為4,000元，自然耗損率為百分之四。水果由存貨人分批提取。合同簽訂以後，某水果連鎖超市將水果交給倉儲公司儲存，入庫過磅。在填寫倉單過程中，一人讀倉儲合同條款，另一人填寫倉單內容，但因工作人員口音，填寫人將自然耗損率誤寫為百分之十，存貨人沒有注意就將倉單取走。存貨方持倉單向倉儲公司取貨時發現水果僅有46,000公斤，扣除4%的自然耗損以後還短缺2,096公斤。

水果連鎖超市以倉儲合同為依據要求倉儲公司賠償損失。倉儲公司認為根據倉單上載明的自然耗損率為10%，不存在貨物短缺，沒有賠償責任問題。雙方爭執不下，水果連鎖超市向法院起訴以解決倉儲合同糾紛。

法院會支持誰的主張？為什麼？

(一) 倉單的內容

倉單是要式證券，倉單須經保管人簽名或者蓋章，且須具備一定的法定記載事項。根據《合同法》第三百八十六條規定，倉單內容包括下列事項：

(1) 存貨人的名稱或者姓名和住所。倉單是記名證券，因此應當記載存貨人的名稱或姓名和住所。

(2) 倉儲物的品種、數量、質量、包裝、件數和標記。在倉單中，有關倉儲物的有關事項必須記載，因為這些事項與當事人的權利義務直接相關。

(3) 倉儲物的損耗標準。倉儲物在儲存過程中，由於自然因素和貨物本身的自然性質可能發生損耗，如干燥、風化、揮發等，這就不可避免地會造成倉儲物數量上的減少。

(4) 儲存場所。儲存場所是存放倉儲物的地方。倉單上應當明確載明儲存場所，以便存貨人或倉單持有人能夠及時、準確地提取倉儲物。

(5) 儲存期間。儲存期間是保管人為存貨人儲存貨物的起止時間。它不僅是保管人履行保管義務的起止時間，也是存貨人或倉單持有人提取倉儲物的時間界限。

(6) 倉儲費。倉儲合同是有償合同，倉單上應當載明倉儲費的有關事項，如數額、支付方式、支付地點、支付時間等。

(7) 倉儲物已經辦理保險的，倉單還應標明其保險金額、期間以及保險人的名稱。

(8) 填發人、填發地點和填發時間。

保管人在倉單上簽字或者蓋章表明保管人對收到存貨人交付倉儲物的事實進行確認。否則，該倉單不發生法律效力。當保管人為法人時，由其法定代表人或其授權的代理人及雇員簽字；當保管人為其他經濟組織時，由其主要負責人簽字；當保管人為個體工商戶時，由其經營者簽字。

(二) 倉單的效力

倉單上所記載的權利義務與倉單密不可分，倉單有如下效力：

（1）受領倉儲物的效力。保管人一經簽發倉單，不管倉單是否由存貨人持有，持單人均可憑倉單受領倉儲物，保管人不得對此提出異議。

（2）轉移倉儲物所有權的效力。只要存貨人在倉單上背書並經保管人簽字或者蓋章的，提取倉儲物的權利即可發生轉讓。

三、倉單的轉讓與質押

倉單是作為物權憑證的有價證券，具有流通性，這是倉單最重要特徵。《合同法》第三百八十七條規定：「倉單是提取倉儲物的憑證。存貨人或者倉單持有人在倉單上背書並經保管人簽字或者蓋章的，可以轉讓提取倉儲物的權利。」這一規定表明了倉單的可轉讓性及其法律要求。倉單作為有價證券，可以流通即倉單轉讓；根據《中華人民共和國擔保法》（以下簡稱《擔保法》）規定，倉單可以質押，即倉單出質。

(一) 倉單的轉讓

倉單轉讓，均須符合法律規定的形式，才能產生相應的法律效力。存貨人轉讓倉單必須在倉單上背書並經保管人簽字或者蓋章，若只在倉單上背書但沒有保管人簽字或者蓋章，即使交付了倉單，轉讓行為也不能生效。因而，背書與保管人簽章是倉單轉讓的必要的形式條件，缺一不可。背書是指存貨人在倉單的背面或者粘單上記載被背書人（即受讓人）的名稱或姓名、住所等有關事項的行為。保管人的簽字或蓋章則是確保倉單及倉單利益，明確轉讓倉單過程中法律責任的手段。

【資料連結】標準倉單的轉讓

在商品交易所進行上市流通的倉單必須使用標準倉單。為此，各商品交易所制定了標準倉單管理制度、倉單質押管理辦法等。所謂標準倉單是指指定交割倉庫在完成入庫商品驗收、確認合格並簽發《貨物存儲證明》后，按統一格式制定並經交易所註冊可以在交易所流通的實物所有權憑證。標準倉單的表現形式為《標準倉單持有憑證》。標準倉單持有憑證，是在交易所辦理標準倉單交割、交易、轉讓、質押、註銷的憑證，受法律保護。其內容包括：會員號、會員名稱、投資者編碼、投資者名稱、品種、類別、等級、生產年份、倉單數量、凍結數量、抵押數量等，交易所依據《貨物存儲證明》代為開具。

(二) 倉單的出質

存貨人以倉單出質，應當與質權人簽訂質押合同，在倉單上背書並經保管人簽字或者蓋章，將倉單交付質權人，質押合同生效。當債務人不履行被擔保債務時，質權人就享有提取倉儲物的權利。

根據《擔保法》第七十六條規定：「以匯票、支票、本票、債券、存款單、倉單、提單出質的，應當在合同約定的期限內將權利憑證交付質權人。質押合同自權利憑證交付之日起生效」。倉單可以作為權利憑證進行質押，以倉單質押的，應當在合同約定的期限內將權利憑證交給質權人，質押合同自憑證交付之日起生效。因此，倉單質押融資是有法律依據的。

倉單質押在國外已經成為企業與銀行融通資金的重要手段，也是倉儲業增值服務的重要組成部分。在我國，倉單質押尚屬一項新興的服務項目。由於倉單質押業務涉及法律、管理體制、信息安全等一系列問題，可能產生不少法律風險。因此，倉單質押時，各方當事人應有防範風險的意識與措施。

四、倉單持有人在提取倉儲物時應遵循的原則

倉單持有人在提取倉儲物時應遵循以下原則：
（1）倉單持有人應當在儲存期間屆滿時提取倉儲物。
（2）倉單持有人逾期提取倉儲物的，應當支付超期保管的倉儲費。
（3）對超過儲存期間的倉儲物，雖經保管人採取必要的措施，仍無法避免倉儲物出現損壞、變質等現象的，其損失由倉單持有人承擔。
（4）倉單持有人提前提取倉儲物的，不減收倉儲費。
（5）倉單是提取倉儲物的憑證，倉單持有人提取倉儲物應當出示倉單，並繳回倉單。

五、倉單喪失的法律救濟

《中華人民共和國民事訴訟法》（以下簡稱《民事訴訟法》）規定：「按照規定可以背書轉讓的票據的持有人，因票據被盜、遺失或者滅失，可以向票據支付地的基層人民法院申請公示催告。」

倉單屬於票據，當倉單持有人喪失倉單時，可以依據《民事訴訟法》規定啟動公示催告程序，從而確認其權利。通過法院的確權裁決書，再請求保管人補發新的倉單。

第三節　涉外倉儲業務

一、涉外倉儲業務

（一）涉外倉儲業務

涉外倉儲業務伴隨著國際貿易發展，成為國際物流的重要內容。涉外倉儲業務是指在物流過程中依法接受海關的監管並利用倉庫對進出口貨物提供倉儲服務的經營活動。

根據涉外倉儲實施內容不同，涉外倉儲業務可分為廣義的涉外倉儲業務和狹義的涉外倉儲業務。廣義的涉外倉儲業務，包括保稅倉庫業務、涉外工業加工業務和特殊監管區業務等；狹義的涉外倉儲業務，僅指利用倉庫提供涉外倉儲業務，即我國實施的保稅倉庫業務和出口監管倉庫業務。本節主要介紹保稅倉庫制度和出口監管倉庫制度。

【案例連結】深圳某外商投資企業進口了一臺價值 400 萬元的機器（免稅），海關給予 14 天的申報期限，他們開始委託一間報關行報關，因為減免稅表申請不下來，所以導致每天要多交 0.5‰ 的滯報金（2,000 元/天）。後來聽說保稅倉庫可以解決這一問

題，便委託在保稅區報關，快速將貨物轉入保稅倉庫作保稅倉儲，每天只需要交少量的倉儲費用，從而減少了大量的損失。

(二) 涉外倉儲業務的法律特徵

(1) 涉外倉儲業務發生的環節僅僅局限於貨物進出口環節。如保稅倉庫是針對貨物在入境時所提供的倉儲業務；出口監管倉庫是針對貨物在出口時所提供的倉儲業務。

(2) 涉外倉儲業務享有貨物進出口特殊的法律待遇。保稅倉庫貨物雖然入境，但對其暫緩實施關稅的法律保護機制。出口監管倉庫貨物雖然尚未裝入國際貨物運輸工具，但該批貨物的發貨人或其代理人須依法辦理出口退稅和結匯等手續。

(3) 涉外倉儲業務需要接受海關機關的監督管理。由於涉外倉儲業務的對象是尚未辦理關稅手續或者已報關但尚待裝運出口的貨物，為了維護國家海關秩序和國家主權，因此涉外倉儲業務各個環節需要接受海關的監督管理。

二、涉外倉儲法律制度

涉外倉儲法，是指國家制定的規範涉外倉儲業務的法律制度的總稱。它是倉儲業法律制度的重要組成部分。

我國涉外倉儲法律制度，主要包括保稅制度和出口監管倉庫制度。其中，保稅制度又可分為保稅倉庫制度、涉外工業加工制度和特殊監管區域制度。我國現行的涉外倉儲法律制度主要有《海關法》、2004 年 2 月 1 日起實施的《中華人民共和國海關對保稅倉庫及所存貨物的管理規定》（以下簡稱《海關對保稅倉庫及所存貨物的管理規定》）和 2006 年 6 月 1 日起施行《中華人民共和國海關對出口監管倉庫及所存貨物的管理辦法》（以下簡稱《海關對出口監管倉庫及所存貨物的管理辦法》）等。

三、保稅倉庫制度

(一) 保稅倉庫的概念、設立目的及特徵

保稅倉庫，是指經海關批准設立的專門存放保稅貨物及其他未辦結海關手續貨物的倉庫。

保稅倉庫的設立主要目的是：暫緩執行關稅的保護機制，以便於因經濟或者技術的需要而在保稅倉庫暫時存放，等待最終進入貿易或者生產環節的貨物流動，所以其只適用於準備輸入關境的貨物。

存放於保稅倉庫的貨物雖然已入我國關境，但可以暫時不繳納進口稅費以及辦理相關的海關手續。保稅倉庫的特徵就在於其存放的貨物被視為仍處於關境以外，只有當貨物經海關核准內銷時，才被要求辦理進口海關手續，從而實際進入我國關境。

(二) 保稅倉庫的類型

(1) 根據保稅倉庫使用主體不同，保稅倉庫分為公用型保稅倉庫和自用型倉庫。公用型保稅倉庫是指由主營倉儲業務的中國境內獨立企業法人經營，專門向社會提供保稅倉儲服務的倉庫。自用型保稅倉庫是指由特定的中國境內獨立企業法人經營，僅存儲供本企業自用的保稅貨物的倉庫。

(2) 根據保稅倉庫所倉儲貨物性質不同，保稅倉庫可分為普通保稅倉庫和專用型保稅倉庫。普通保稅倉庫是指存儲一般保稅貨物的倉庫。專用型保稅倉庫是指專門用

來存儲具有特定用途或特殊種類商品的倉庫。專用型保稅倉庫又包括液體危險品保稅倉庫、備料保稅倉庫、寄售維修保稅倉庫和其他專用型保稅倉庫。其中，液體危險品保稅倉庫，是指符合國家關於危險化學品倉儲規定的，專門提供石油、成品油或者其他散裝液體危險化學品保稅倉儲服務的保稅倉庫；備料保稅倉庫，是指加工貿易企業存儲為加工復出口產品所進口的原材料、設備及其零部件的保稅倉庫，所存保稅貨物僅限於供應本企業；寄售維修保稅倉庫，是指專門存儲為維修外國產品所進口寄售零配件的保稅倉庫。

【法律連結】經營保稅倉庫的企業，應當具備下列條件：
①經工商行政管理部門註冊登記，具有企業法人資格；②註冊資本最低限額為300萬元人民幣；③具備向海關繳納稅款的能力；④具有專門存儲保稅貨物的營業場所；⑤經營特殊許可商品存儲的，應當持有規定的特殊許可證件；⑥經營備料保稅倉庫的加工貿易企業，年出口額最低為1,000萬美元；⑦法律、行政法規、海關規章規定的其他條件。

(三) 保稅倉庫存儲貨物及期限
1. 保稅倉庫存儲貨物
保稅倉庫應當按照海關批准的存放貨物範圍和商品種類開展保稅倉儲業務。《海關對保稅倉庫及所存貨物的管理規定》規定下列貨物，經海關批准可以存入保稅倉庫：
(1) 加工貿易進口貨物。
(2) 轉口貨物。
(3) 供應國際航行船舶和航空器的油料、物料和維修用零部件。
(4) 供維修外國產品所進口寄售的零配件。
(5) 外商暫存貨物。
(6) 未辦結海關手續的一般貿易貨物。
(7) 經海關批准的其他未辦結海關手續的貨物。

同時，保稅倉庫禁止存放下列貨物：國家禁止進境貨物；未經批准的影響公共安全、公共衛生或健康、公共道德或秩序的國家限制進境貨物以及其他不得存入保稅倉庫的貨物。

2. 保稅倉庫存儲貨物的期限
保稅倉庫的貨物屬於臨時性儲存。我國《海關對保稅倉庫及所存貨物的管理規定》第二十四條規定：「保稅倉儲貨物存儲期限為1年。確有正當理由的，經海關同意可予以延期；除特殊情況外，延期不得超過1年。」

(四) 保稅倉庫的經營管理
為了保稅倉庫的正常經營管理，《海關對保稅倉庫及所存貨物的管理規定》對其作出了以下規定：
(1) 保稅倉庫不得轉租、轉借給他人經營，不得下設分庫。
(2) 海關對保稅倉庫實施計算機聯網管理，並可以隨時派員進入保稅倉庫檢查貨物的收、付、存情況及有關帳冊。海關認為必要時，可以會同保稅倉庫經營企業雙方共同對保稅倉庫加鎖或者直接派員駐庫監管，保稅倉庫經營企業應當為海關提供辦公

場所和必要的辦公條件。

（3）海關對保稅倉庫實行分類管理及年審制度。保稅倉庫不參加年審或者年審不合格的，海關注銷其註冊登記，並收回《保稅倉庫註冊登記證書》。

（4）保稅倉庫經營企業應當如實填寫有關單證、倉庫帳冊，真實記錄並全面反應其業務活動和財務狀況，編製倉庫月度收、付、存情況表和年度財務會計報告，並定期以計算機電子數據和書面形式報送主管海關。

（5）保稅倉庫經營企業需變更企業名稱、註冊資本、組織形式、法定代表人等事項的，應當在變更前向直屬海關提交書面報告，說明變更事項、事由和變更時間；變更後，海關按照本規定第八條的規定對其進行重新審核。

保稅倉庫需變更名稱、地址、倉儲面積（容積）、所存貨物範圍和商品種類等事項的，應當經直屬海關批准。直屬海關應當將保稅倉庫經營企業及保稅倉庫的變更情況報海關總署備案。

（6）保稅倉庫無正當理由連續6個月未經營保稅倉儲業務的，保稅倉庫經營企業應當向海關申請終止保稅倉儲業務。經營企業未申請的，海關注銷其註冊登記，並收回《保稅倉庫註冊登記證書》。保稅倉庫因其他事由終止保稅倉儲業務的，由保稅倉庫經營企業提出書面申請，經海關審核后，交回《保稅倉庫註冊登記證書》，並辦理註銷手續。

（五）保稅倉庫的入庫、存放和出庫規則

1. 保稅倉庫的入庫規則

保稅倉儲貨物入庫時，收發貨人或其代理人持有關單證向海關辦理貨物報關入庫手續，海關根據核定的保稅倉庫存放貨物範圍和商品種類對報關入庫貨物的品種、數量、金額進行審核，並對入庫貨物進行核註登記。入庫貨物的進境口岸不在保稅倉庫主管海關的，經海關批准，按照海關轉關的規定或者在口岸海關辦理相關手續。

2. 保稅倉庫的存放規則

保稅倉儲貨物可以進行包裝、分級分類、加刷嘜碼、分拆、拼裝等簡單加工，不得進行實質性加工。保稅倉儲貨物，未經海關批准，不得擅自出售、轉讓、抵押、質押、留置、移作他用或者進行其他處置。

3. 保稅倉庫的出庫規則

保稅倉庫貨物的出庫應向海關機關辦理批准手續。海關按照相應的規定進行管理和驗放下列情形的保稅倉儲貨物：①運往境外的；②運往境內保稅區、出口加工區或者調撥到其他保稅倉庫繼續實施保稅監管的；③轉為加工貿易進口的；④轉入國內市場銷售的；⑤海關規定的其他情形。

保稅倉儲貨物出庫運往境內其他地方的，收發貨人或其代理人應當填寫進口報關單，並隨附出庫單據等相關單證向海關申報，保稅倉庫向海關辦理出庫手續並憑海關簽印放行的報關單發運貨物。從異地提取保稅倉儲貨物出庫的，可以在保稅倉庫主管海關報關，也可以按照海關規定辦理轉關手續。

保稅倉儲貨物出庫復運往境外的，發貨人或其代理人應當填寫出口報關單，並隨附出庫單據等相關單證向海關申報，保稅倉庫向海關辦理出庫手續並憑海關簽印放行的報關單發運貨物。出境貨物出境口岸不在保稅倉庫主管海關的，經海關批准，可以在口岸海關辦理相關手續，也可以按照海關規定辦理轉關手續。

四、出口監管倉庫制度

(一) 出口監管倉庫

1. 出口監管倉庫

出口監管倉庫，是指經海關批准設立，對已辦結海關出口手續的貨物進行存儲、保稅物流配送、提供流通性增值服務的海關專用監管倉庫。出口監管倉庫分為出口配送型倉庫和國內結轉型倉庫。出口配送型倉庫是指存儲以實際離境為目的的出口貨物的倉庫。國內結轉型倉庫是指存儲用於國內結轉的出口貨物的倉庫。

【案例連結】東莞某工廠的合同手冊即將到期，海關要求工廠的產品必須限期出口方可核銷。而這批成品所訂的船期未到，於是他們將貨品出口轉關至福田保稅區的出口監管倉庫暫時存放，這樣貨品視同出境，廠家的合同核銷問題迎刃而解。當船期到時，再由保稅區出口監管倉庫出貨交至深圳或香港碼頭。

2. 出口監管倉庫的特徵

根據《海關對出口監管倉庫的暫行管理辦法》的規定，出口監管倉庫具有以下特徵：

（1）出口監管倉庫只能存儲用於出口且已辦結出口海關手續的貨物。其目的是為了方便出口貨物的倉儲、運輸或者進行簡單加工。凡是流向不明或者未辦結出口海關手續的貨物都不能存放於出口監管倉庫。

（2）出口監管倉庫存放的貨物屬於海關監管貨物，不具有保稅性質。這不同於存入保稅倉庫的貨物享有保稅待遇。

(二) 出口監管倉庫的設立與登記

1. 出口監管倉庫設立條件

建立出口監管倉庫，應由經國家批准有權經營對外貿易運輸、倉儲業務的企業和經經貿主管部門批准有對外貿易倉儲經營權的外商投資企業向海關提出申請。出口監管倉庫只在沿海口岸及邊境口岸設立。內地和未設關地點不設立出口監管倉庫。

出口監管倉庫設立條件：①倉庫應具有專門儲存、堆放出口監管貨物的安全設施；②建立健全的倉儲管理制度和詳細的倉庫帳冊；③配備經海關培訓認可的專職管理人員。經營倉庫的企業應具備向海關承擔繳納稅款等項義務的能力。

2. 設立登記

建立倉庫應由其經理人持工商行政管理部門頒發的工商營業執照，填寫《出口監管倉庫申請書》，向直屬海關提出申請，經海關審核並派員實地調查，在報經海關總署核准後，由直屬海關頒發《出口監管倉庫登記證書》。

(三) 出口監管倉庫貨物存放期限

《海關對出口監管倉庫的暫行管理辦法》規定，已按規定辦理手續存入倉庫的貨物，應在規定的時間內運出境外，不得轉為境內銷售。倉庫所存貨物儲存期限為6個月，如因特殊情況可向海關申請延期，但延期最長不得超過6個月。

貨物儲存期滿仍不運出境，也不辦理有關進境手續的，由海關將貨物變賣，所得價款比照《中華人民共和國海關法》第二十一條的規定處理。

(四) 出口監管倉庫入庫、存放和出庫規則

1. 出口監管倉庫入庫規則

出口貨物存入出口監管倉庫時，發貨人或其代理人應向海關如實申報，並依據《海關對出口監管倉庫的暫行管理辦法》規定交驗下列單證：

（1）加蓋「出口監管倉庫貨物」印章並註明擬存出口監管倉庫名稱的《出口貨物報關單》一式五份（屬進料加工或對外加工裝配出口成品的一式六份）及《進倉貨物清單》兩份；按規定可辦理出口退稅的還應加填一份出口退稅專用報關單。

（2）對外簽訂的貨物出口合同。

（3）如出口貨物屬於實行出口貨物許可證管理的商品，應交驗出口貨物許可證。

（4）由出口貨物收貨人委託境內發貨人存入出口監管倉庫的委託證明。

（5）境外銀行出具的信用證，或外匯管理部門簽發的核銷結匯證明。

（6）其他有關單證。

倉庫經理人應於貨物存入出口監管倉庫后在經海關簽印的報關單和《進倉貨物清單》上簽收。報關單一份交回海關，一份交發貨人或其代理人，一份留存倉庫；《進倉貨物清單》一份上註明貨位交回海關，一份留存倉庫。供出口退稅使用的報關單應在貨物實際存入倉庫，經倉庫經理人簽印后，由海關加蓋「驗訖章」退還發貨人或其代理人憑以辦理出口退稅手續。

2. 出口監管倉庫存放規則

倉庫中不得對所存貨物進行加工。如需在倉庫內進行分級、挑選、刷貼標誌、改換包裝等簡單加工，應當經海關許可並在海關監管下進行。為刷貼標誌，改換包裝而進口的材料，進口人應向進境地海關申報並填寫進口貨物報關單一式三份，由貨主交倉庫主管海關一份，倉庫經理人一份，貨主留存一份。主管海關應定期檢查材料使用、出口情況。

倉庫所存的貨物，應有專人負責，並於每月的前5天內將上月有關貨物的收、付、存等情況分別列表並隨附《進出倉庫貨物清單》報送主管海關核查。

3. 出口監管倉庫出庫規則

倉庫所存貨物裝運出口時，發貨人或其代理人應向海關交驗該批貨物入庫時經海關簽印的報關單及有關單證，填寫《出倉貨物清單》兩份，辦理裝運出口手續。倉庫代理人應憑海關簽印的《出倉貨物清單》交付有關貨物，在海關監管下將貨物裝運出口。

【法律連結】《海關對出口監管倉庫的暫行管理辦法》

第十五條 對存入倉庫的出口貨物，海關按貨物離岸價格的千分之零點五計徵海關監管手續費。

第十七條 經營倉庫的企業如有違反本辦法規定的行為或走私行為，由海關按《中華人民共和國海關法》和有關規定進行處理。

實訓作業

一、實訓項目

（一）網上查詢商品交易所標準倉單管理制度，熟悉標準倉單業務操作流程及法律意義。

（二）某糧油批發總公司與某糧站商簽 2 萬噸糧食倉儲保管合同，保管期 6 個月，保管費 4 萬元。將學生分成糧食倉儲保管存貨方和保管方，探討如何簽訂該倉儲保管合同條款和製作倉單，以避免法律風險和經營風險。學生相互完成對他人所擬倉儲保管合同和倉單審查。

二、案例分析

（一）廣西某公司到貴陽收購了一批干辣椒，價值 5 萬元，準備用於出口。因收購時沒有組織好運輸，故在當地與貴州某儲運公司簽訂了一份倉儲合同，約定廣西公司將該批干辣椒在貴陽公司倉庫存放 7 天（6 月 20 日至 26 日），待原告派車來運。公司支付了倉儲費后即回去組織車輛來運。沒想到從 6 月 21 日開始，貴陽連下暴雨，由於倉庫年久失修，暴雨形成的積水將庫存貨物嚴重浸濕，等廣西公司前來提貨時，辣椒已變質。貴陽倉庫以遭受不可抗力為由拒絕進行賠償。問：

（1）本案中的暴雨是否構成不可抗力？請說明理由。

（2）本案倉儲合同糾紛應當如何處理？為什麼？

（二）某外貿公司將一批出口貨物儲存於某物流公司倉庫，在合同約定的提貨日該公司未將貨物提走，使得該物流公司的倉庫不能使用，造成另一家已簽訂合同的公司的貨物無法及時入庫。為了信守合同和保障第三方客戶的利益，物流公司只好高價租用當地另一家物流中心的倉庫。半月后，外貿公司前來提貨，願意支付增加天數的倉儲費。但物流公司要求外貿公司承擔高價租用倉庫所產生的費用及違約金。問：

物流公司的要求合理嗎？為什麼？

第七章
物流配送法實務

　　配送活動是現代物流的重要組成部分，是物流企業的業務內容。在物流配送經濟活動中，當事人不但應履行配送合同義務，而且還應當遵守物流配送活動所涉及的相關法律法規。由於物流配送活動具有綜合性與複雜性，所以物流配送所涉及的法律問題也相對複雜。為了規範物流配送的發展，國家出台的《貨物代理配送制行業管理若干規定》(1998)。物流配送的核心內容是物流配送企業為滿足用戶的需要而提供的配送服務，是物流配送活動中法律規範的重要領域，也是物流配送法律制度探討的重點內容。

　　【導入案例】6月20日胡先生向相關執法部門投訴聲稱，優選商城電商宣傳配送服務快捷，在下訂單后24小時內完成配送業務。在此情形下，在優選商城的「陽陽果園」網店，胡先生購買水蜜桃提貨券20張，並於2015年6月18日簽下訂單。在6月20日上午，胡先生查詢20箱水蜜桃尚未配送，使其不能在端午節前給朋友，有失禮儀。在接到投訴后，執法人員立即調查相關事實，聯繫電商第三方服務公司即配送中心，並查明其因節前網購火爆難以及時配送所致。經過執法人員協調，該商城表示認可處理意見，賠償損失，並委託陽陽果園負責處理此事。
　　此案警示消費者網購物品時，當事人應當注意電商的配送服務條款。這樣才能讓所網購快捷服務質量有保障，而且也利於事后糾紛的處理。

第一節　物流配送法概述

一、物流配送

(一) 物流配送的概念
　　物流配送是指在經濟合理區域範圍內，配送企業根據用戶要求，對物品進行揀選、加工、包裝、分割、組配等作業，並按時送達指定地點的物流活動。原國內貿易部發布的《貨物代理配送制行業管理若干規定》對物流配送概念解釋更為具體，即物流配送是在流通服務過程中，配送企業為生產企業、用戶、零售商經營網點和項目建設單位（統稱為用戶）提供專業化的配套物流服務，包括加工、包裝、配貨和送貨等，按照用戶提出的品種、數量、質量和批次，在指定的時間和地點將貨物送達用戶。

大噸位、高效率的物流運輸力量實現了干線運輸低成本化目標，但對支線運輸和小搬運來說，卻出現了運力利用不合理、成本過高等問題。物流配送可以將支線運輸和小搬運統一起來，使支線運輸過程得以優化和完善。物流配送是物流中一種專業化活動形式，是商流與物流的緊密結合。物流配送往往包含了物流中若干功能要素的一種物流綜合性活動。物流配送是現代物流管理的重要體現。

（二）物流配送的特徵

一般情況下，送貨可以是一種偶然且單獨的行為；配送卻是一種固定的形態。其有確定組織、確定渠道，有一套裝備和管理力量、技術力量，有一套制度的體制形式。配送有效利用分揀、配貨等理貨功能，且使送貨達到一定規模，利用規模優勢實現較低成本的送貨。物流配送具有下列特徵：

（1）物流配送是以終端用戶為出發點。物流配送是通過一系列的活動完成最終交付的一種活動，實現物品從最後一個物流結點到用戶之間的空間移動。本處所說的最終用戶是相對的，在整個物流過程中，流通渠道構成不同，物流配送企業所直接面對的最終用戶也不一樣。

（2）物流配送是各種業務的有機結合。在物流配送業務中，除了送貨、倉儲外，配送充分利用揀選、分貨、包裝、分割、組配、配貨等理貨工作，使送貨達到一定規模並取得競爭中的成本優勢。

（3）物流配送是以用戶需求為出發點。物流配送是從用戶利益出發，按用戶的要求所進行的一種活動。配送企業的地位是服務地位不是主導地位，所以不能從本企業利益出發而應從用戶利益出發，在滿足用戶利益的基礎上取得本企業的利益。

（4）物流配送是末端運輸。從運輸角度來看，貨物運輸分為干線部分的運輸和支線的配送。這裡所說的物流配送是指支線的、末端的運輸，是面對用戶的一種短距離的物流服務。

【案例連結】聯華超市股份有限公司於1991年成立於上海，通過直接經營、加盟經營和併購方式，目前已發展成為一家具備全國網點佈局的零售連鎖超市公司。截止2009年12月，其擁有世紀聯華大型綜合超市、聯華新標超（聯華、華聯）、快客便利店、聯華OK網上銷售、藥業連鎖等五大業態領域；門店總數5,599家，主要分佈在華東、華南、西南、華北、東北等地100余座城市，是國內最大的零售連鎖超市公司。聯華公司的快速發展，離不開高效便捷的物流配送中心的支持。聯華共有4個配送中心，其中有2個常溫配送中心、1個便利物流中心、1個生鮮加工配送中心。配送中心對用戶採用信息化管理，通過現代機械化作業，實現快速配送服務。

二、物流配送法

物流配送法是國家規範和管理物流配送活動的相關法律制度的總稱。一般物流僅涉及運輸和倉儲，而物流配送業務集卸、包裝、保管、運輸於一身，特別是當物流配送增加加工服務功能后，其包括的內容更為廣泛。可以說，物流配送幾乎包括了所有的物流功能要素，是物流全部經濟活動的一個縮影或者在較小範圍內的體現。因此，規範物流配送的法律制度比較複雜，也幾乎涵蓋了物流配送企業法律制度、物流倉儲法律制度、物流包裝法律制度、物流裝卸法律制度、物流加工法律制度、物流運輸法

律制度、合同法律制度等。

為了便於規範和指導物流配送業的發展，國家發布實施了《中華人民共和國國家標準物流術語》（GB/T 18354—2006）強制標準。原國內貿易部發布的《貨物代理配送制行業管理若干規定》成為物流配送的重要法律依據。由於本書已經探討了物流各環節的相關法律制度，故本章只探討物流配送企業法律制度和物流配送合同制度。

三、物流配送企業

(一) 物流配送企業概念

物流配送企業是指依法從事配送業務的經濟組織。物流配送企業是物流配送活動的承擔者和實施者。物流配送企業的表現形式主要是物流配送中心，按不同標準可分為不同類型：

（1）按經營主體性質不同，物流配送企業可分為：廠商主導型配送企業；批發商主導型配送企業；零售商主導型配送企業；專業（第三方）主導配送企業。

（2）按物流配送企業服務對象不同，物流配送中心可分為：面向消費者的配送企業；面向製造企業的配送企業；面向零售商的配送企業。

（3）按物流配送功能不同，物流配送企業可分為：儲存型配送企業；流通型配送企業；加工配送企業。

(二) 物流配送企業的設立

依據企業法的規定，物流配送企業的類型不同，則其所設立條件、設立程序、企業內部管理和對外法律責任等也有差異。《貨物代理配送制行業管理若干規定》規定，從事貨物流通代理、配送行銷的企業應當具備下列條件：

（1）從事貨物行銷並取得法人資格。

（2）具備開展相應代理業務的人員、場地、設施和資金，加工、運輸和技術服務能力。

（3）具備製造商、用戶或者通過一級代理商出具的委託證明。

（4）法律法規規定的其他條件。

對於國家統購統銷、專賣的貨物，國家或地方政府統一管理的貨物，以及法律法規規定經營資格的重要貨物，應當具備政府有關法規規定的經營條件，並需要按照法律、法規的規定，獲得相應的經營許可批准文件，方可進行代理和配送。國家實行一級代理、配送商資格認證制度。一級代理、配送商的資格認證工作，由國家貨物流通主管部門組織實施。

在實踐生活中，物流配送企業的設立，除了具備一般企業應有的條件，還應當考慮下列因素：①擁有特定的用戶群；②配送功能健全；③完善的信息網路；④輻射範圍小；⑤多品種、小批量；⑥以配送為主，以儲存為輔。

【案例連結】 美國沃爾瑪公司的配送中心是典型的零售商型配送中心，由沃爾瑪公司獨資建立，專為本公司的連鎖經營網點提供貨物，確保各店穩定經營。其設在連鎖經營網點的中央位置，服務半徑達300多千米，中心經營的貨物達4萬種。在庫存貨物中，暢銷貨物和滯銷貨物各占50%，庫存貨物期限超過180天為滯銷貨物。中心24小時運轉，每天為其連鎖店配送貨物。配送中心的營運，為沃爾瑪連鎖經營在激烈的市

場競爭中的取勝提供了有力的保障。

四、物流配送企業的業務

物流配送企業的配送服務具有綜合性，其基本作業主要包括以下幾方面：

（一）集貨作業

集貨就是集中用戶的需求進行一定規模的集貨。它將分散的或者小批量的物品集中起來，以便進行運輸、配送作業。集貨是配送的準備工作或者基礎工作，也是配送的優勢之一。集貨作業中主要包括訂貨、接貨和驗貨三個環節。

訂貨是物流配送企業收到並匯總需求者的訂單以後，確定配送貨物的種類及數量，然后根據庫存貨物情況，再確定向供應商進貨的品種和數量。對於流動速度快的貨物，為了及時供貨，物流配送企業也可以根據需求情況提前組織訂貨。對供應商的供貨，物流配送企業要及時到指定地點接貨。在接貨後，物流配送企業應按合同約定進行檢查驗收，以保證合同的全面履行。

（二）保管作業

對於驗收合格的貨物，根據保管要求應進行開捆、堆碼和上架。除此外，物流配送企業為了保證貨源供應，通常都會有一定數量的安全庫存。因此，在貨物堆碼和上架時，應注意按品種、出入庫先後順序進行分門別類堆放。在貨物保管期間，物流配送企業還要加強貨物的保管保養，以保證貨物的質量完好、重量和數量準確。

（三）理貨配貨作業

理貨配貨作業是物流配送企業的核心作業，根據不同用戶的訂單要求，主要進行貨物的揀選、流通加工和包裝等作業。

揀選，就是按訂貨單或者出庫單的要求，從儲存場所選出貨物，並放置在指定的地點的作業。流通加工，按照用戶的要求所進行的流通加工。配送加工應取決於用戶的要求，所以其在物流配送中不具有普遍性，但卻非常重要，因為根據用戶要求所進行的配送加工可以提高用戶的滿意程度。包裝，是指配送企業將需要配送的貨物進行重新包裝或者捆扎，並在包裝物上貼上標籤，以便運輸和識別不同用戶的貨物。當然，在理貨配貨時，物流配送企業應進行配貨檢驗，保證送貨的準確性。

（四）出貨作業

其包括配裝和送貨兩個環節。配裝作業，將不同用戶配送的貨物，進行有效搭配裝載，以充分利用運能和動力，降低送貨成本，提供送貨效率；送達作業，將貨物運送到用戶所指定的地點，並將貨物移交於用戶。

五、物流配送基本流程

物流配送服務是由一套完整的作業流程所組成，物流中心實現了專業化管理、科學調試、網路配送等。其基本流程如下：

（一）貨物入庫流程

（1）根據客戶入庫指令，物流配送中心視倉儲情況做相應的入庫需求受理表。

（2）根據入庫需求受理表並結合貨物分配的庫區庫位打印入庫單。

（3）在貨物正式入庫前進行貨物驗收，主要是對要入庫的貨物進行核對處理，並對所入庫貨物進行統一編號（包括合同號、批號、入庫日期等）。

（4）貨物入庫且庫位分配，產生貨物庫位清單。
（5）庫存管理主要是對貨物在倉庫中的一些動態變化信息的統計查詢等工作。
（6）對貨物在倉庫中，物流公司還將進行批號管理、盤存處理、內駁處理和庫存的優化等工作，做到更有效的管理倉庫。

(二) 運輸配送流程
（1）物流配送中心根據客戶的發貨指令視庫存情況做相應的配送處理。
（2）根據配送計劃系統將自動地進行車輛、人員做相應的出庫安排。
（3）由專人負責貨物的調配處理，可分為自動配貨和人工配貨。
（4）根據系統安排結果，按實際情況進行人工調整。
（5）系統將根據貨物所放地點（庫位）情況按物流公司自己設定的優化原則打印出揀貨清單。
（6）承運人憑揀貨清單到倉庫提貨，庫管做相應的出庫處理。
（7）承運人領取所送客戶的送貨單。
（8）在貨物到達目的地後，經收貨方驗貨簽單並向物流配送中心交納回覆單。
（9）根據貨物驗收回覆單統計配送情況及回收貨款。

第二節　物流配送合同

一、物流配送合同

物流配送的順利開展離不開物流配送合同。物流配送合同，是指配送人與用戶之間達成的關於配送人按照要求為其配送貨物，用戶向配送人支付配送費的協議。在配送商業服務活動中，配送人是配送服務活動的提供者；用戶是配送活動的需要者和接受者。配送費是配送人向用戶提供配送貨物服務而獲取的報酬，它往往由配送服務費和貨物貨款兩個部分構成。

物流配送業務本身是各種業務的有機結合，除了送貨、倉儲外，還包括揀選、分貨、包裝、分割、組配、配貨等理貨工作。可以說，物流配送合同是綜合性協議，其內容所涉及的法律問題比較複雜。我國規範物流配送協議的法律制度主要有《民法通則》《合同法》。依據我國《合同法》的規定，物流配送合同屬於無名合同，應當遵守《民法通則》《合同法》等。同時，物流配送合同中涉及的倉儲、運輸、買賣、加工、包裝等條款，則應當遵守《合同法》中關於倉儲合同、運輸合同、買賣合同、承攬合同等規定。

【案例連結】2013年7月16日，成都某鋼材物流配送公司（以下簡稱原告）與民生物資公司（以下簡稱被告）簽訂了鋼材配送服務合同：「原告承運被告物資55噸，運輸時間8月上旬，運費每噸298元，總運費16,390元。被告在起程前應預付運費8,000元，余款在貨物運到后主動結清。」合同簽訂后，被告由於資金不夠，僅預付運費4,000元。8月10日，原告將貨物裝車運送，8月12日到達目的地。雙方於當日辦理了裝貨、卸貨，交接手續清楚，但在違約責任問題上發生了糾紛。

在訴訟中，原告認為：我公司按合同約定完成了運輸義務，而被告除了預付 4,000 元運費外，其餘 12,390 元逾期 11 個月尚未給付，被告應立即付清運費和滯納金。被告認為：我方與原告簽訂了貨物運輸合同中規定運輸時間為 8 月上旬，而貨物運到時間為 8 月 13 日，並給原告造成了損失，因此原告違約在先，理應承擔違約責任。

法院審理認為：原被告雙方所簽訂的貨物運輸合同，符合我國有關法律規定，合同合法有效，雙方應全面履行合同。其中，合同中的關於「運輸時間 8 月上旬」按字面解釋應為運輸完畢時間，即 8 月 1 日至 10 日。雖然原告認為其是指裝車時間，也可能符合貨物運輸常規，但是雙方未明確約定，也不能推定被告已經理解並接受了這種解釋。因此，原告應該承擔由於約定不明而逾期到達的違約責任。最后，在法院的調解下雙方解決了合同糾紛。

二、物流配送合同的種類

物流配送活動可以採用不同的方式進行分類。在此，以配送服務提供者即配送人的性質不同，將物流配送合同分為以下兩類：

（一）配送服務合同

配送服務合同，是指配送人接收用戶的貨物並予以保管，按用戶的要求對貨物進行揀選、加工、包裝、分割、組配等作業后，在指定的時間送至用戶指定地點，用戶向配送人支付配送費的協議。

由於在配送服務合同中貨物屬於用戶所有，僅由用戶交由配送人保管，所以配送人只單純提供配送服務的協議，雙方當事人僅就貨物的交接、配貨、運送等事項規定各自的權利與義務，不涉及貨物買賣問題。在配送服務過程中，貨物所有權一直歸用戶所有且不發生轉移行為。配送的貨物本身只發生空間轉移和物理形態的變化。配送人只因提供了存儲、加工、運送等業務而獲得配送費。配送費應是包括配送服務為主的綜合性服務費用，但排除了貨款內容。

（二）銷售配送合同

銷售配送合同，是指配送人不但要將配送貨物所有權轉移給用戶外，而且還要根據用戶需要提供配送服務，用戶向配送人支付配送費的協議。由於銷售配送合同中不僅提供了配送服務，還包括了買賣合同，所以該配送費是由配送服務費和貨款兩部分組成。在現實生活中，銷售配送合同主要有以下兩種：

（1）銷售企業與買方簽訂的銷售配送合同。在銷售與供應一體化的業務中，銷售企業與買方簽訂的合同就是銷售配送合同。銷售企業出於促銷目的，在向用戶出售貨物的同時，向買方提供配送服務。用戶既是貨物的買方，也是配送服務的接受者。

（2）物流企業與用戶簽訂的銷售配送合同。在物流企業與用戶簽訂的銷售配送合同中，除約定物流企業提供配貨、送貨等服務外，還約定物流企業應負責訂貨、購貨。具體地說，用戶將自己需要的貨物型號、規格、種類、顏色、數量等信息提供給物流企業，由物流企業負責訂貨、購貨、配貨以及送貨。在實踐中，物流企業以自己名義去採購貨物，在配送前貨物的所有權屬於物流企業。貨物所有權原則上由物流企業將貨物交付給用戶時發生轉移，但由物流企業與用戶在銷售配送合同中另有約定除外。

三、物流配送合同的主要內容

物流配送合同的內容，由配送人和用戶雙方約定。由於物流配送合同屬於《合同

法》中的無名合同，雙方當事人對合同條款的約定就顯得非常重要。完善的物流配送合同，不但可以避免合同糾紛，而且還有利於雙方全面履行合同義務，實現期待的經濟目的。

（一）配送服務合同的主要內容

配送服務合同是單純提供配送服務的合同，其主要條款有：

（1）當事人的名稱或者姓名以及住所。明確配送人與用戶的名稱或者姓名和住所，是履行配送服務合同的前提，也是處理合同糾紛司法管轄權的重要依據。

（2）服務目標條款。服務目標條款，表明雙方當事人在配送服務活動中共同目標和宗旨，特別是用戶特定的經營管理和財務目標等。

（3）服務區域條款。即約定配送人向用戶提供服務的地理範圍的條款。由於物流配送服務是支線運輸式的服務，由於運輸能力的限制和成本控制等因素，根據配送人的要求，雙方應在合同中約定配送服務的區域範圍。

（4）配送服務項目條款。配送服務不但涉及運輸、保管、還涉及分揀、配貨、加工、包裝等，因此在服務項目條款中應對配送人的服務項目進行具體的約定，主要包括用戶需要配送人提供的配送貨物品種、規格、數量；需要配送人提供的加工、組配或者包裝的服務及標準；需要配送人對貨物運輸和保管的要求和標準；配送人對配送特別是加工、包裝的貨物的質量保證等。在配送服務項目中，應當注意配送服務的后續服務內容。配送服務項目條款，是配送服務合同中最複雜的內容，直接關係到配送服務合同的履行質量。

（5）服務資格管理條款。配送人為了保證配送業務的實現所應當具備的條件，例如，從事配送服務相關的法律資格；具備開展相應業務的人員、場地、設施；具有加工、運輸和技術服務能力；法律法規規定的其他條件。

（6）交貨條款。雙方應當約定配送人向用戶配送貨物的時間、地點和方式等。本條款的明確規定有助於配送服務的時效性和準確性。

（7）檢驗條款。對於配送人提供的配送服務是否符合合同約定，直接涉及配送服務合同雙方當事人的切身利益。因此，在本合同中應當明確檢驗條款，即規定驗收的時間、檢驗的標準、檢驗的主體以及驗收時發現貨物殘損、短少的處理方式。

（8）配送費結算條款。配送費是配送人向用戶提供配送服務後收到的勞務報酬，是用戶的基本合同義務。合同應當約定用戶向配送人支付配送報酬或者價款的計算依據、計算標準和支付的時間、方式等。

（9）合同變更與終止條款。配送服務合同的期限一般較長，由於主客觀的變化，需要對合同進行變更或者終止。當事人可以約定合同變更和終止的條件。

（10）違約責任條款。違約責任是當事人違反合同義務應當承擔的法律責任，其責任形式有定金、違約金、損害賠償責任和解除合同等。當事人可以依法約定雙方違約時承擔的責任的形式。

（11）爭議解決條款。配送服務合同屬於民事合同，合同糾紛處理方式可以是協商、調解、仲裁和訴訟。當事人可以在合同中明確約定具體的處理方式。

【資料連結】《貨物代理配送制行業管理若干規定》第十五條規定：「在配送合同條款中，應當明確：（一）供貨企業與用戶企業的名稱和通訊地址；（二）貨物名稱、

商標、型號、規格以及質量標準；（三）加工標準、包裝要求、有關配貨的數量和批次、送貨時間和地點等的配送計劃；（四）結算方式；（五）售後技術服務；（六）權益、職責和義務；（七）違約責任；（八）合同變更和終止的條件；（九）調解、仲裁程序。」

(二) 銷售配送合同的主要內容

銷售配送合同是銷售合同與配送合同的統一體，因此，銷售配送合同中關於配送服務部分的條款與配送服務合同相同，關於銷售合同部分的條款與買賣合同相似。銷售配送合同的基本條款有：

（1）當事人的姓名或者名稱以及住所條款。

（2）買賣貨物名稱、品質、數量或者重量條款。本條款是銷售配送合同中關於用戶訂購貨物的條款，也直接涉及配送人的貨源組織和送貨的準確性和時效性。

（3）配送服務項目條款。如果用戶對訂購貨物還需要配送人對貨物進行加工、組配或者包裝的，當事人應約定配送服務相關內容。

（4）送貨條款。由於銷售配送服務是支線運輸式的服務，基於運輸能力的限制和成本控制等因素，雙方應當在合同中約定配送服務的區域範圍。

（5）檢驗貨物和服務項目條款。在銷售配送合同中，配送人不但提供了配送服務，而且還提供了貨物的銷售。因此，在本合同中應當明確規定檢驗貨物和服務項目條款。

（6）配送費條款。在銷售配送服務中，用戶向配送人支付的配送費，應當包括貨款和配送服務費。在合同中，應當分別約定貨款和配送服務費的計算依據和計算標準。

（7）結算條款。

（8）合同變更與終止條款。

（9）違約責任條款。

（10）爭議解決條款。

第三節　物流配送當事人的義務

根據物流配送活動中作為配送活動的提供者即配送人的性質不同，可將物流配送合同分為配送服務合同和銷售配送合同。在不同類型的合同中，配送人與用戶的權利和義務的具體內容也各不相同。關於配送人與用戶在配送合同中的義務，可以由當事人協商訂立。當合同未規定或者規定不明確的，應依照合同條款所適用的法律規定來確定當事人的義務。

一、配送人與用戶在配送服務合同中的義務

【案例討論】德興公司（以下簡稱用戶）與迅捷物流配送中心（以下簡稱配送人）訂有配送服務合同，合同約定由用戶組織進貨並交由配送人保管，配送人按用戶的要求對貨物進行揀選、加工、包裝、分割、組配等作業後，在指定的時間送至用戶指定地點，用戶支付配送費。在合同履行過程中，先後出現了以下情況：5月8日，配送人

檢查發現用戶從國外採購的貨物在入庫時有破損；7月10日，用戶檢驗配送貨物中有錯送事件；8月10日，用戶發現包裝內貨物不是包裝說明的貨物，但用戶交付保管的原包裝良好，無破損狀況。

對於上述問題，誰應當承擔責任？為什麼？

(一) 配送人在配送服務合同中的義務

1. 提供配送服務的義務

配送的準確性和時效性直接關係到用戶的切身利益。在配送合同中，用戶都要求配送人按照約定提供準確、及時有效的配送服務；當然，配送人也把其作為履行合同的承諾，以取得用戶的信任和支持。按照約定的時間、地點並準確地提供配送服務，是配送人供應保障能力的體現，是提高配送人的經濟效益基本途徑，也可避免配送人的生產損失和違約責任。因此，及時有效地提供配送服務成為配送人在配送服務合同中的一項基本義務。

為了履行此項義務，配送人要做好以下工作：一是取得相應的配送經營資格；二是有良好的貨物分揀、管理系統，保證在用戶指令下達後在最短的時間內準備好相關貨物；三是有合理的運送系統，包括運輸車輛、作業機械、運輸線路；四是有保障配送順利進行的組織和從業人員。

2. 提供貨物保管的義務

物流配送是以倉儲為輔，以配送為主。配送離不開倉儲保管，並以后者作為履行義務的基礎。在配送服務合同中，貨物所有權屬於用戶，用戶將貨物交付給配送人時要求配送人提供保管和配送兩項最基本服務。因此，無論根據合同的規定還是行業慣例，從接收用戶貨物時起至交付貨物時止，配送人都應當妥善地照看、保護、管理貨物，以保證貨物的數量和質量。在貨物的倉儲階段，提供妥善保管貨物的義務，同樣是配送人在配送服務合同中的一項基本義務。因此，配送人應對貨物的庫存保存、數量和質量進行管理控制，除合同另有約定外，配送人應對其保管期間的貨物的數量短少和質量變異等承擔違約責任。

3. 按約定提供加工和包裝的義務

對貨物進行加工和包裝，是物流配送活動中一項重要的經濟活動，它不但能實現配送人的增值目標，也能滿足用戶對貨物的個性化要求。根據市場需求，對貨物進行加工和包裝能夠提高用戶的銷售率、實現經濟目標，因此，用戶對配送人提出了加工和包裝要求也構成配送合同的重要內容。按約定提供加工和包裝的義務，是配送人在配送合同中的一項特殊義務。根據合同的規定，配送人應當履行加工和包裝義務。無相關約定的，配送人沒有加工和包裝的責任。

在履行對貨物的加工和包裝義務時，配送人應取得相關的資格，配備相關的設施和工作人員。因為此項義務不但是合同義務，也涉及相關的法定義務。對貨物的加工和包裝，配送人也就成為貨物的生產者。換言之，為了保護用戶和消費者的合法權益，配送人應履行生產者根據產品質量法等規定的法律義務。

4. 履行通知的義務

履行通知義務，是指根據合同約定或者行業慣例，配送人在履行配送合同的過程中應當將履行的情況以及可能影響用戶利益的事件及時地通知用戶，以便用戶採取合

理的措施接收貨物，防止或者減少損失的發生。對於通知義務，可以在合同中予以明確規定；無約定的，配送人應根據配送合同的履行要求和誠信原則，提供通知義務。例如，在接收用戶貨物時發現貨物包裝破損、數量短少、質量變質等，配送人及時通知用戶；在貨物倉儲過程中，對於即將到期的貨物，配送人應及時通知用戶提取或者處理貨物；在配送貨物時，配送人應及時通知用戶接收貨物的時間、地點等。

【法律連結】《貨物代理配送制行業管理若干規定》第九條規定：「對於國家統購統銷、專賣的貨物，國家或地方政府統一管理的貨物，以及法律法規規定經營資格的重要貨物，應當具備政府有關法規規定的經營條件，並需要按照法律法規的規定，獲得相應的經營許可批准文件，方可進行代理和配送。」

(二) 用戶在配送服務合同中的義務

1. 支付配送費的義務

配送服務合同是有償合同，配送人提供了配送服務，用戶應當支付配送費即配送服務費。在配送服務活動中，配送費是配送人提供貨物保管、加工、包裝、運送等服務的勞務報酬。按照約定支付配送費，是用戶在配送服務合同中的基本義務。為了順利地履行此項義務，在合同中應當明確約定配送費的支付時間、地點和支付方式。配送項目中的配貨、包裝、運輸、送貨等服務費用，原則上分別計算。同時，為了保障配送人的利益，增強用戶履約意識，合同中還可約定違反支付配送費義務的違約責任。

2. 提供配送貨物的義務

配送服務是商物分離的物流模式，配送貨物屬於用戶所有，配送人僅僅提供配送服務。提供配送貨物，是配送服務的前提和基礎，也直接關係到倉儲的使用率和配送的效率。如果用戶未按約定及時提供配送貨物，會增加倉儲的閒置和運輸能力的浪費。因此，用戶應當按照約定向配送人提供配送貨物。在配送服務合同中，除了明確規定用戶提供配送貨物的義務，還要約定用戶相關的違約責任。

3. 接受配送服務的義務

配送人按照約定將貨物運送到用戶的指定地點時，用戶應當及時接受配送服務，並與配送人辦理配送貨物的交接手續。在履行接受配送服務義務時，用戶應當一方面要採取一切理應採取的行動，以便配送人交付貨物；另一方面要及時接受貨物。用戶遲延接收配送服務造成配送人損失的，應當承擔相應責任。

4. 及時檢驗配送服務質量的義務

及時檢驗配送貨物和配送服務的各項指標，以便確定配送人的配送服務質量和相關的法律責任。按照約定檢驗貨物是用戶的權利，也是用戶的義務。因為根據合同的約定或者法律的規定，用戶未及時檢驗貨物，視為用戶接受了符合合同所規定的貨物，用戶對配送服務質量的異議權也消滅。

在配送服務合同中，用戶檢驗的範圍主要涉及貨物的數量、貨物庫存包裝的破損狀況、配送服務的及時性、配送服務的準確性等相關服務內容；如果貨物本身還涉及配送人加工、包裝的，檢驗範圍還涉及貨物加工、包裝部分的質量和數量等內容。由於貨物是用戶交付配送人保管的，因此對於貨物自身的內存質量問題，配送人原則上不承擔責任。在配送服務合同中，應規定用戶檢驗貨物的時間、地點和方式以及未及

時檢驗的法律后果。

5. 履行協助的義務

配送人提供配送服務，在很大程度上依賴用戶的協助配合。用戶履行協助的義務，可以是合同規定的義務，也可以是根據誠信原則產生的法定義務。例如，用戶將貨物將付配送人保管或者運輸時，應當提供貨物的品名、型號、數量等相關資料；對於特殊貨物如危險貨物和貨物保質有特殊要求的，用戶應當提供充分的說明，以便配送人採取合理措施。

二、配送人與用戶在銷售配送合同中的義務

在銷售配送合同中，配送人與用戶義務的內容雖然在許多方面與配送服務合同的相似，但由於配送人負有向用戶轉移貨物所有權的義務，因此也有許多差異。在此，主要探討銷售配送合同中當事人義務不同之處。

【案例討論】成都某高校購買了春風空調器連鎖專賣店的立式空調機10臺，價值人民幣12萬元。電器配送中心接到訂單后將此空調機送到專賣店，並由專賣店負責送到客戶。在專業人員為客戶安裝時，發現其中4臺因運輸途中倒置而造成空調壓縮機故障，經原生產廠家檢修才得以恢復正常，專賣店為此支付了修理費和材料費近1.4萬元。專賣店送貨人聲稱：空調機的包裝箱沒有不能倒置的警示標誌，也無文字說明，所以沒有特別注意，造成了裝貨時的倒置。后又查明，配送中心為了保護貨物，專門為貨物提供了新的包裝，由於工作失誤，漏印了不能倒置的警示標誌。對費用償付問題，專賣店與配送中心發生了爭議。

對費用的償付問題應當如何處理，為什麼？

(一) 配送人在銷售配送合同中的義務

1. 及時提供符合合同約定服務的義務

配送人應當採取一切合理措施，及時有效地向用戶提供配送服務。在銷售配送活動中，配送人的職責所涉及的範圍比較廣泛。例如，根據合同約定，配送人應當做好貨物的採購工作，以保障配送貨物的充足性；由於配送人同時也是貨物的賣方，因此其應當保證貨物在交付時符合合同要求的質量標準；根據用戶要求需要加工、包裝貨物的，配送人應當按照約定提供加工、包裝的服務；根據配送合同的規定，配送人應當按照合同規定準確、及時地將貨物送交用戶等。為了避免糾紛，當事人應當對各項義務預先做好合同安排。

2. 移交貨物所有權的義務

根據銷售配送合同的規定，配送人除提供配送服務外，還應當向用戶移交貨物所有權。移交貨物所有權，是銷售配送合同不同於配送服務合同的重要之處。在移交貨物所有權時，配送人可以根據約定向用戶移交貨物本身，也可以交付代表貨物所有權的相關憑證。

3. 移交與貨物相關單據的義務

銷售配送合同涉及貨物買賣內容，按照商務活動的慣例，配送人作為賣方在向用戶交付貨物時，應當向用戶即買方提交有關貨物的各種單據。貨物的有關單據直接涉

及用戶的切身利益，例如，貨物銷售時須向其他用戶或者消費者提供相關單據，接受執法機關檢查時須要提供相關單據，貨物保險索賠時須要提供相關單據等。在許多情況下，用戶也將配送人移交單據作為支付貨款的條件。同時，貨物買賣法也將移交有關貨物的單據義務作為賣方的一項義務予以明確規定。因此，在銷售配送合同履行中，配送人應當履行此項義務。這也是銷售配送合同不同於配送服務合同的體現。

4. 對貨物負有品質和權利的擔保義務

在銷售配送合同中，配送人還應當履行對貨物的品質和權利擔保的義務，因為貨物是由配送人負責採購，並在配送前由其進行倉儲保管。在配送服務合同中，由於配送人只提供倉儲保管和配送服務，所以配送人原則上只對貨物的外裝的破損及其由此引起的損失承擔法律責任；在銷售配送合同中，由於配送人也是貨物的賣方，因此其要對貨物的本身質量承擔法律責任。同時，配送人還要根據法律的規定，保障貨物不存在侵犯他人權利的行為。這也是銷售配送合同不同於配送服務合同的重要之處。

(二) 用戶在銷售配送合同中的義務

1. 按照約定支付配送費的義務

在銷售配送活動中，支付配送費是用戶的基本合同義務。由於銷售配送合同除了配送服務外，還包括貨物買賣內容，因此配送費應當包括配送服務費和貨物價款兩項內容。為了順利地履行此項義務，在合同中應當明確約定配送費的支付時間、地點和支付方式以及違反規定時應當承擔的違約責任。

2. 接受配送服務和接收貨物的義務

配送人按照約定將貨物運送到用戶的指定地點時，用戶應當及時接受配送服務，並與配送人辦理配送貨物的交接手續。在履行接受配送服務和貨物時，用戶應當一方面要採取一切理應採取的行動，以便配送人交付貨物；另一方面要及時接受貨物。用戶遲延接收配送服務造成配送人損失的，應當承擔相應責任。

3. 及時檢驗貨物和配送服務質量的義務

及時檢驗配送貨物和配送服務的各項指標，以便確定配送人的配送服務質量和貨物質量是否符合合同的規定。按照約定實施檢驗是用戶的權利，也是用戶的義務。因為根據合同的約定或者法律的規定，用戶未及時檢驗貨物，視為用戶接受了符合合同所規定的貨物和配送人提供了符合合同所要求的配送服務。值得注意的是，在銷售配送合同中，用戶的檢驗範圍不但涉及配送服務的質量和配送貨物的數量，而且還涉及配送貨物是否符合合同的質量標準。對配送貨物的檢驗，應當是用戶檢驗權中最主要的內容。

4. 履行協助的義務

配送人提供配送服務，同樣依賴用戶的協助配合。用戶履行協助的義務，可以是合同規定的義務，也可以是根據誠信原則產生的法定義務。用戶協助義務的範圍比較多，包括了配送服務中的相關內容。同時，在銷售配送活動中，用戶沒有充足的庫存，而是根據用戶的信息及時組織貨源。因此，根據合同的規定應當提前向配送人提供其所需要採購的貨物的品名、型號、數量等相關信息，自然成為用戶的一項重要義務。

實訓作業

一、實訓項目

物流配送業務集裝卸、包裝、保管、運輸於一身,特別是當物流配送增加加工服務功能后,其包括的內容更為廣泛。可以說,物流配送幾乎包括了所有的物流功能要素,是物流全部經濟活動的一個縮影或者在較小範圍內的體現。物流配送業務複雜,法律風險也更多。借此,組織學生分組查詢本地知名企業配送業務流程,並評估各環節法律風險,事后教師對學生分析結果進行評比。

二、案例思考

富進門公司(以下簡稱用戶)與金利來物流配送中心(以下簡稱配送人)訂有銷售配送合同,合同約定由配送人組織進貨,並按用戶的要求對貨物進行揀選、加工、包裝、分割、組配等作業后,在指定的時間送至用戶指定地點,用戶支付配送費。在合同履行過程中,先后出現了以下情況:7月10日,用戶檢查配送貨物出現了漏送事件;9月10日,用戶接受貨物后第五天才發現包裝貨物不符合合同要求,屬於次品。

上述情況,應當如何處理?為什麼?

第八章
物流包裝、裝卸與加工法實務

根據合同約定、法律規定或者物流慣例的需要，現代物流具有按照一定技術標準對貨物進行包裝、裝卸和提供加工等服務內容。例如，為了保護產品運輸和倉儲安全以及商品銷售，必須按照一定的技術方法對貨物進行包裝並予以適當的裝潢和標誌；在貨物的運輸、倉儲過程中，需要合理、高效的搬運裝卸，以免貨物破損，降低物流費用；根據合同的特別約定，需要物流企業對貨物進行加工，以提高商品價值，促進物流合理化。可以說物流包裝、加工是物流企業提供增值服務的重要方式。

【導入案例】有一份大麥種子的買賣合同，合同約定大麥種子合格標準為發芽率大於90%。賣方在貨前對貨物進行了合格檢驗。由於貨物需要長途運輸，賣方對承運人提出了提供潔淨麻袋運輸包裝服務要求。為此，賣方作為委託人支付了相關物流費用。在貨物到達目的地後，買方送到檢驗機構檢驗，結論是大麥種子發芽率不到60%。於是，買方向賣方提出了退貨和索賠要求，但賣方拒絕接受，理由是在裝運前進行了檢驗且檢測結果是合格的。事后雙方共同委託鑒定，確認不合格原因是大麥種子運輸包裝所用的麻袋粘有大量蟲卵，在長時間的運輸途中，蟲卵因氣候變化而孵化成蟲，成蟲咬壞了種子胚芽，造成發芽率降低。當貨物不合格原因查明以后，賣方首先承擔了大麥種子蟲卵損害損失，然后根據運輸合同中的包裝服務條款向物流企業追償。

第一節　貨物包裝法規

一、貨物包裝與包裝法規

(一) 貨物包裝

1. 貨物包裝的含義

貨物包裝，是指為了盡可能避免物流過程對產品造成的損壞，保障產品的安全，方便儲運裝卸，加速交接點驗，按一定方法採用容器、材料及輔助物等將貨物包封並予以適當標誌的活動總稱。貨物在運輸或倉儲過程中面臨各種風險，為了避免損失的發生，除散裝貨物和裸裝貨物外，大多數商品在運輸、裝卸、儲存、使用的過程中都需要一定的包裝。基於物流企業風險管理，本節主要闡述貨物運輸包裝或倉儲包裝。

貨物包裝處於生產過程的末端和物流過程的始點，具有四大功能：保護商品、方

便物流、促進銷售、方便消費。貨物包裝不同於銷售包裝，前者不但有保護商品在流通過程的品質和數量安全外，還便於運輸、裝卸、儲存、檢驗、計數、分撥，有利於節省運輸成本。

2. 貨物包裝的種類

運輸包裝或倉儲包裝在物流生產過程中佔有重要地位，實踐中根據貨物的性質和運輸或倉儲要求有不同的包裝。貨物包裝主要有以下種類：

（1）按照包裝方式不同，可分為單件運輸包裝和集合運輸包裝。前者是指貨物在運輸過程中作為一個計件單位的包裝；后者是將一定數量的單件商品組合成一個大的包裝或者裝入一個大的包裝容器內的包裝，主要有集裝箱、集裝袋和托盤等。

（2）按照包裝使用材料不同，可分為紙質包裝、木制包裝、金屬包裝、棉麻包裝、草制包裝、陶制包裝等。

（3）按照包裝外形不同，可分為包、箱、桶、袋等不同形狀的包裝。

（4）按照包裝質地不同，可分為軟性包裝、半硬性包裝、硬性包裝。

（二）貨物包裝法規

貨物包裝法規是指一切與貨物包裝活動有關的法律性規範文件的總稱，它包括法律法規，也包括具有法律效力的技術性規範。貨物包裝義務主要是通過合同約定由當事人承擔，但該義務不得違反法律強制性規定或國家強制性標準。

目前，我國沒有關於包裝的專門性法律，但與貨物銷售、運輸、倉儲有關的法律、行政法規、部門規章和國際公約中都有對商品包裝的規定。例如《合同法》《海商法》《中華人民共和國食品安全法》《水路危險貨物運輸規則》《聯合國國際貨物銷售合同公約》《國際海運危險貨物規則》等，都對貨物的銷售包裝或運輸包裝作出了規定。

包裝技術標準大多數是強制性標準。在我國，普通貨物包裝標準主要有《包裝儲運圖示標誌》（GB/T191-2008）、《一般貨物運輸包裝通用技術條件》（GB/T9174-2008）、《運輸包裝件尺寸界限》（GB/T 16471-2008）等；危險貨物標準主要有《危險貨物包裝標誌》（GB190-2009）、《危險貨物運輸包裝通用技術條件》（GB12463-2009）等。

【司法案例】運輸包裝不當案

1985年，四川某鋸條企業委託四川某機械進出口公司進口註塑機。事后，機械進出口公司與奧地利 ENGE 公司簽訂了進口5臺註塑機的合同，其中合同運輸條款規定：採用國際多式聯運方式；包裝條款規定：對貨物要進行妥善包裝，以適合長途運輸。機械進出口公司委託四川某貨運代理公司作為其運輸代理人。1986年初，作為多式聯運經營人的總承運人，其採用大陸橋國際集裝箱方式進行運輸。5臺機械分兩批裝運。第一批4臺於2月28日運抵收貨人。第二批1臺在6月26日從成都運往自貢收貨人地址時，在一彎道處發生翻車事故，機械受損嚴重，損失額達9萬美元。

事故發生後，交通管理部門現場勘察結果表明：由於集裝箱內設備裸裝，箱內僅用木條作了簡單支撐，未進行有效加固，由於長途運輸導致設備發生位移，重心偏離集裝箱縱向中軸線，在車輛正常速度轉彎時，突然重心偏離，導致翻車事故。中方所有企業與出口方 ENGE 公司經過緊張談判后，ENGE 同意承擔機械設備的修復責任以及相關費用，並保證設備正常使用。

二、貨物包裝的原則

貨物包裝主要是保護貨物運輸或倉儲安全，其作業應當遵守以下包裝基本原則：

(一) 適度包裝原則

對貨物進行包裝時，要根據貨物性質、尺寸、重量和運輸方式等選用合適的包裝物及包裝填充物。適度包裝一方面要盡力避免不足包裝造成的貨物破損，另一方面要防止過度包裝造成包裝材料的浪費。

(二) 保護產品安全原則

包裝在保護產品的質量和外觀不被損壞的情況下，也要注意防盜。

(三) 包裝與貨物成為一體原則

外包裝應與由產品和保護材料等組成的內有物成為一體，內有產品之間（一個包裝內有多個產品時）或者產品與外包裝內壁之間不應有摩擦、碰撞和擠壓（使用氣體緩衝的充氣包裝除外）。

(四) 注意放置方向原則

對於有放置方向要求的貨物，應在包裝上有明顯標示，保證貨物倉儲和運輸過程中的正確放置，杜絕倒放和側放以損害貨物。

(五) 重心中心合一原則

貨物包裝時應盡量保證貨物重心和其幾何中心合一或者比較接近，以防止在運輸中起動、拐彎和煞車時貨物翻滾造成的損失。

三、貨物運輸包裝的基本要求

物流企業在對貨物進行包裝時，國家有強制性的包裝標準時，應按該標準執行；沒有強制性標準但有行業標準的，應遵守行業標準。若沒有相關標準的，則應從足以保護貨物安全且適應倉儲、運輸和搬運等方式進行包裝。普通貨物、危險貨物和出口貨物對運輸包裝各有不同要求。

(一) 普通貨物運輸包裝的基本要求

1. 對運輸包裝材料及強度的要求

（1）運輸包裝材料及強度，應符合貨物的特性和物流的具體要求，包裝應能防震、防盜、防銹、防霉、防塵。例如，鋼琴、陶瓷、工藝品等偏重或者貴重物品應用木箱包裝；易碎類的物品應用包裝填充物填充，避免損壞等。

（2）運輸包裝封口要求，必須牢固，對體積小、容易丟失的物品應該選用膠帶封合或者粘合。

（3）貨物捆扎材料和捆扎方法，應適用貨物的品質、體積、重量、運輸方式，保證貨物在物流過程中穩定、不泄漏、不流失。捆扎帶應搭接牢固，松緊適度。

2. 運輸包裝尺寸的要求

《運輸包裝件尺寸與質量界限（GB/T 16471-2008）》規定了公路、鐵路、水路、航空運輸的運輸包裝件外廓尺寸和質量界限。包裝件最大長、寬、高分別不宜超過相應運輸工具可運輸尺寸，最大質量不應超過其最大載荷。

適用於各種運輸方式的包裝件最大外輪廓尺寸（通用尺寸）見表 8-1：

表 8-1　　　　　　　　　各種運輸方式通用尺寸

	長度（mm）	寬度（mm）	高度（mm）
水路運輸	小於 4,250	小於 3,740	小於 1,100
鐵路運輸	小於 2,400	小於 1,800	小於 2,542
公路運輸	小於 3,360	小於 1,600	小於 1,650
航空運輸	小於 1,094	小於 1,434	小於 1,600

適用於各種運輸所能承載的運輸包裝件最大外輪廓（允許尺寸）見表 8-2：

表 8-2　　　　　　　　　各種運輸工具承載允許尺寸

	長度（m）	寬度（m）	高度（m）
水路運輸	小於 32.200	小於 10.500	小於 5.390
公路運輸	小於 12.160	小於 2.500	最高點距地面不得超過 4.000
航空運輸	小於 3.175	小於 2.438	小於 1.626

(二) 危險貨物運輸包裝的特殊要求

1. 危險貨物的一般包裝條件

根據《危險貨物運輸包裝通用技術條件》（GB12463-2009）的規定，危險貨物一般要求的包裝條件應符合下列要求：

(1) 包裝材質、容器與所裝危險貨物直接接觸時不應發生化學反應或者其他作用。

(2) 包裝應符合強度要求。包裝強度要求分為三類：一類包裝（能盛裝高度危險性的貨物）；二類包裝（能盛裝中等程度危險性的貨物）；三類包裝（能盛裝低度危險性的貨物）。

(3) 包裝及容器封口應適合貨物的性質。封口嚴密程度可分為三種：氣密封口（不透氣體的封口）；液密封口（不透液體的封口）；牢固封口（在關閉狀態下，不會使內裝固體物質在正常運輸條件下發生撒漏的封口）。

(4) 包裝應有適當的襯墊材料。襯墊材料應是惰性的，與容器中的物質不會起化學反應和其他反應；能確保內容器保持圍襯狀態，不致移動，固定在外容器中；具有足夠的吸濕材料以吸收一定量液體，從而不損害其他貨物或者損壞外容器的保護性。

(5) 包裝應能經受一定範圍內溫度、濕度、壓力的變化。

(6) 包裝的重量、體積、外形應便於運輸、裝卸和堆碼。對貨物單一包裝最大重量的規定：木桶、琵琶桶最大淨重為 400kg，容量不超過 450L；木板箱、膠合板箱最大淨重為 400kg；鋼罐、塑料罐最大淨重為 100kg；再生木板箱為 100kg；多孔塑料箱為 60kg；纖維板箱為 50kg；紡織品袋、塑料纖維袋、塑料薄膜袋、紙袋最大淨重為 50kg。

2. 危險貨物包裝試驗合格的條件

經過試驗合格的包裝，都應在包裝的明顯部位標註清晰持久的包裝試驗合格標誌。在國際物流過程中，還應在包裝的明顯部位標註清晰持久的聯合國標準化組織所規定的包裝試驗合格標誌。

【知識拓展】出境危險貨物運輸包裝使用鑒定結果單簡稱「危包證」

《出境危險貨物運輸包裝使用鑒定結果單》表明該單所列包裝容器業經檢驗檢疫機構鑒定合格，並按「國際海運危規」或「空運危規」的規定盛裝貨物。該結果單具有以下用途：

（1）外貿經營部門憑檢驗檢疫機構出具的《出境危險貨物運輸包裝使用鑒定結果單》驗收危險貨物。

（2）港務部門憑檢驗檢疫機構出具的《出境危險貨物運輸包裝使用鑒定結果單》安排出口危險貨物的裝運，並嚴格檢查包裝是否與檢驗結果單相符，有無破損滲漏、污染和嚴重銹蝕等情況，對包裝不符合要求的，不得入庫和裝船。

（3）當合同規定或客戶要求出具出口危險貨物包裝容器檢驗證書時，可憑《出境危險貨物運輸包裝使用鑒定結果單》向出口所在地的檢驗檢疫機構申請換取包裝容器檢驗證書。

（4）對同一批號，分批出口的危險貨物包裝容器在使用結果單有效期內，可憑該結果單在出口所在地檢驗檢疫機構辦理分證手續。

（三）國際物流對貨物包裝的要求

在國際物流活動中，貨物包裝除符合國內物流要求外，還應根據運往國家包裝法律法規和進口商對包裝的要求進行包裝。

四、運輸包裝標誌的要求

【案例討論】 北京星火貿易公司把100箱用紙箱包裝的玻璃製品交給宏遠物流公司運往烏魯木齊，在運輸包裝上未標明「易碎物品，小心輕放」標誌，貨物在運輸途中未發生事故，貨運到目的地後，收貨人接貨時包裝完好，但開箱後發現5箱貨物損壞。
收貨人應向誰索賠？為什麼？

（一）運輸包裝標誌的分類

貨物包裝標誌是貨物包裝的重要工作內容。為了貨物裝卸、運輸、存儲、檢驗和交接工作的順利進行，防止發生錯發錯送、損壞貨物和傷害人身事故，需要在運輸包裝上書寫、印刷有關運輸標誌，以供人們操作時識別和注意。按運輸包裝標誌用途，其可分為運輸標誌、指示性標誌和警告性標誌。

1. 運輸標誌

運輸標誌是由一個簡單的幾何圖形和一些字母、數字及簡單的文字組成。主要內容有：①目的地的名稱和代號；②收發貨人的代號；③件號、批號。有的還包括原產地、合同號、許可證號、體積和重量等內容。例如：

$\boxed{\text{A B C}}$

LONDON

NOS. 1-100

在國際貨物運輸中，為便於電子計算機技術的應用，避免由於運輸標誌內容差異過大而造成的物流工作的差錯和困難，聯合國下屬國際標準化組織（ISO）規定了一套

標準運輸標誌，並推薦給各國使用。該標準運輸標誌由四行組成。每行不得超過 17 個英文字母。例如：

SMCO　　　　　　　　　　　收貨人
NEW YORK　　　　　　　　 目的港（地）
2015/CNO、345679　　　　　合同號（訂單號、發票號等）
NO1-30　　　　　　　　　　件號

2. 指示性標誌

指示性標誌是提醒人們在裝卸、運輸、倉儲過程中需要注意的事項，一般都以簡單醒目的圖形和文字在包裝上標出。

3. 警告性標誌

警告性標誌又稱危險貨物標誌，凡在運輸包裝內裝有爆炸物、易燃物品、有毒物品、腐蝕物品、氧化劑和放射性物資等危險貨物時，都必須在運輸包裝上標打危險品的標誌以示警告，使裝卸、運輸、倉儲作業應按貨物特性採取相應的防止措施，以保護物資和人員安全。

（二）貨物運輸包裝標誌的注意事項

與貨物包裝標誌有關的法規和技術性規範主要有《包裝儲運圖示標誌》（GB／T191-2008）、《危險貨物包裝標誌》（GB190-2009）、《水路包裝危險貨物運輸規則》《國際海運危險貨物規則》等。根據貨物包裝標誌的法規和技術性規範的要求，製作運輸包裝的標誌應根據貨物自身屬性不同的注意事項。

1. 普通貨物運輸包裝標誌的基本要求

普通貨物也稱為一般貨物，是指除危險貨物、鮮活易腐貨物以外的一切貨物。其運輸包裝標誌應按照《包裝儲運圖示標誌》（GB／T191-2008）、《運輸包裝收發貨標誌》（GB 6388-1986）和《對輻射能敏感的感光材料圖示標誌》（GB 5892）的規定執行。出口貨物標誌應按我國執行的有關國際公約（規則）辦理。普通貨物運輸包裝的標誌應符合以下要求：

（1）標誌的顏色要清晰。標誌顏色應為黑色，如果包裝的顏色使得黑色標誌顯得不清晰，則應在印刷面上用適當的對比色，如以白色作為圖示標誌的底色。應避免採用易與危險品標誌相混淆的顏色，即應避免採用紅色、橙色或者黃色，另有規定的除外。

（2）標誌的尺寸應適當。標誌尺寸一般分為四種，如遇特大或者特小的運輸包裝件，標誌的尺寸適當擴大或者縮小。

（3）標誌的打印或者粘貼的要求。貨物運輸標誌一般應印刷或者打印，也允許拴掛或者粘貼。採用印刷方式的，外框線及標誌名稱都要印上；採用噴塗方式的，外框線及標誌名稱可以省略。

標誌在包裝件上的粘貼位置：箱類包裝標示應位於包裝端面或者側面；袋類包裝標示應位於包裝明顯處；桶類包裝標示應位於桶身或者桶蓋；集裝單元貨物包裝標示應位於四個側面。標誌應正確、清晰、齊全、牢固。標誌不得褪色、脫落，不得噴刷在殘留標記上。

（4）標誌的使用方法應正確。「易碎物品」和「向上」標誌，應標在包裝件所有四個側面的左上角處；同時使用該兩種標示時，「向上」標誌應更接近包裝箱角。「重

心」標誌，應盡可能標在包裝件所有六個面的重心位置上，至少應標在包裝件四個側面的重心位置上。「由此夾起」標誌，用於可夾持的包裝件，應標在包裝件的兩個相對面上，以確保作業時標誌在叉車司機的視線範圍內。「由此吊起」標誌，至少貼在包裝件的兩個相對面上。

2. 危險貨物運輸包裝標誌的特殊要求

危險貨物是指具有爆炸、易燃、毒害、腐蝕、放射性等性質，在運輸、裝卸和存儲保管過程中容易造成人身安全和財產損毀需要特別防護的貨物。目前，我國已公布的法規、標準主要有《危險貨物分類和品名編號》（GB6944-2012）、《危險貨物品名表》（GB12268-2012）、《常用危險化學品分類及標誌》（GB13690-92），將危險化學品分為八大類，每一類又分為若干項。

危險貨物標誌的尺寸和標誌作業除與普通貨物標誌的相同外，還應遵守《危險貨物包裝標誌》（GB190-2009）等對危險貨物包裝圖示標誌的種類、名稱、圖案、尺寸及顏色的規定。每種危險品包裝件應按其類別貼相應的標誌。如果某種物質或者物品還有屬於其他類別的危險性質，包裝上除了粘貼該類標誌作為主標誌以外，還應粘貼表明其他危險性的標誌作為副標誌，副標誌圖形的下角不應標有危險貨物的類項號。

3. 國際物流對貨物運輸包裝標示的要求

在國際物流活動中，貨物包裝標示包裝除符合國內物流要求外，還應根據運往國家包裝法律、法規和進口商對包裝標示的要求。《國際海運危險貨物規則》規定危險貨物標誌由危險貨物的標記、圖案標誌（標籤）和標牌組成。

（1）標記是指標註在包裝危險貨物外表的簡短文字或者符號，包括危險貨物的完整學名、聯合國編號、海洋污染物標記。

（2）圖案標誌是指以危險貨物運輸規則中規定的色彩、圖案和符號繪製成的菱形標誌。它可以醒目地標示包裝危險貨物的性質。凡具有次要危險性的貨物，除要有主要危險性的圖案標誌外，還要有次要危險性的圖案標誌。

（3）標牌是指放大的圖案標誌（250mm×250mm），適用於如集裝箱、可移動櫃、罐等較大的運輸單元。

危險貨物標誌應粘貼、印刷牢固，在運輸中清晰、不脫離。《國際海運危險貨物規則》規定：「危險貨物的所用標誌均須滿足至少三個月海水浸泡后，即不脫落又清晰可辨。」

第二節　貨物裝卸搬運法規

一、貨物裝卸搬運概述

（一）貨物裝卸搬運的概念

貨物裝卸，是指在指定地點以人力或者機械將貨物裝入運輸設備或者從運輸設備卸下物品的活動；貨物搬運，是指在同一場所將物品進行水平移動，以改變「物」的空間位置的活動；兩者合稱裝卸搬運。裝卸搬運包括裝車（船）、卸車（船）、堆垛、入庫、出庫以及連接上述各項動作的短程輸送，是隨運輸和保管等活動而產生的必要

活動。

在物流行業裡，常將裝卸搬運整體活動稱作「貨物裝卸」；在生產領域則將整體活動稱作「物料搬運」。在實際操作中，裝卸與搬運是在一起物流活動中發生的。搬運與運輸中的「運」區別在於，搬運是在同一地域的小範圍內發生的，即物流節點內進行的活動；而運輸則是在較大範圍內發生的，即物流節點間進行的活動。

【案例連結】貨物裝卸案例

某物流公司接受客戶委託，代為在港口對從日本進口的集裝箱貨物進行拆箱取貨，以便送到用戶手中。事先，物流公司知道箱內裝有精密貴重的設備，故挑選比較有經驗的裝卸工人承擔這一任務。當鏟車工人用鏟車將該箱貨物鏟出時，由於箱子較寬，未能全面置於叉面上，同時箱子的重心亦不在中間，而偏在懸空的一側。結果車鏟下落時，貨箱向外傾倒。在鏟車工人採取有效措施之前，箱子摔落在地上，致使設備遭受嚴重損害。事后，物流公司與客戶多次協商，最后承擔該設備的外國修理費、往返運費以及一半的客戶經營損失等。

(二) 裝卸搬運的分類

按裝卸搬運施行的物流設施、設備不同，裝卸搬運可分為倉庫裝卸、鐵路裝卸、港口裝卸、汽車裝卸、飛機裝卸等。

按裝卸搬運的機械及機械作業不同方式，裝卸搬運可分成使用吊車的「吊上吊下」方式、使用叉車的「叉上叉下」方式、使用半掛車或者叉車的「滾上滾下」方式、「移上移下」方式及散裝方式等。

(三) 裝卸搬運的作用

在物流過程中，裝卸活動是不斷出現和反覆進行的，它出現的頻率高於其他物流活動。每次裝卸活動都要花費很長時間，所以往往也成為決定物流速度的關鍵因素。裝卸活動所消耗的人力很多，裝卸費用在物流成本中所占的比重也較高。裝卸搬運操作時往往需要接觸貨物，其也是物流過程中貨物破損、散失、損耗、混合等損失發生的主要環節。裝卸活動是影響物流效率、決定物流經濟效果的重要環節。

【法律連結】《快遞市場管理辦法》

第十六條 經營快遞業務的企業應當按照快遞服務標準，規範快遞業務經營活動，保障服務質量，維護用戶合法權益，並應當符合下列要求：

(一) 填寫快遞運單前，企業應當提醒寄件人閱讀快遞運單的服務合同條款，並建議寄件人對貴重物品購買保價或者保險服務；

(二) 企業分揀作業時，應當按照快件（郵件）的種類、時限分別處理、分區作業、規範操作，並及時錄入處理信息，上傳網路，不得野蠻分揀，嚴禁拋扔、踩踏或者以其他方式造成快件（郵件）損毀；

(三) 企業應當在承諾的時限內完成快件（郵件）的投遞；

(四) 企業應當將快件（郵件）投遞到約定的收件地址和收件人或者收件人指定的代收人。

二、貨物裝卸搬運法規

貨物裝卸搬運法規，是指國家制定的用以規範貨物在裝卸或搬運過程中的法律規範的總稱。

我國的《民事通則》《合同法》《海商法》等都有與裝卸搬運有關的法律規範。為規範鐵路裝卸搬運，原鐵道部頒布了《鐵路貨物運輸管理規則》（1991）、《鐵路裝卸作業安全技術管理規則》（1983）等部門規章。為了規範公路裝卸搬運，原交通部在2000年8月28日發布，自2001年11月1日起施行的《港口貨物作業規則》是專門調整港口作業的部門規範。其明確了水路運輸貨物港口作業有關當事人的權利、義務，為水路運輸貨物提供的裝卸、駁運、儲存、裝拆集裝箱等港口作業提供了法律性的操作規則。《聯合國國際貿易運輸港站經營人賠償責任公約》也是規範裝卸搬運的重要國際公約。

三、貨物裝卸搬運作業原則

(一) 盡量不進行裝卸

裝卸作業本身並不產生價值，不適當的裝卸作業反而可能造成商品的破損，或使商品受到污染。同時，裝卸作業不僅要花費人力和物力，增加費用，還會使流通速度放慢。因此，盡力排除無意義的裝卸作業，盡量減少裝卸次數，以及盡可能地縮短搬運距離等。裝卸作業的經濟原則就是盡量不進行裝卸。

(二) 裝卸的連續性

裝卸的連續性是指兩處以上的裝卸作業要配合好，以避免連續性作業中途停頓。因此，裝卸作業應進行" 流程分析"，進行貨物流動性分析，考慮下一步物流計劃，使經常相關的作業配合在一起。

(三) 減輕人力裝卸

裝卸經濟性要求把人的體力勞動改為機械化勞動。在不得已情況下，依靠人力裝卸也盡可能不要讓搬運距離太遠。減輕人力裝卸原則，主要是在減輕體力勞動量、縮短勞動時間，防止勞動安全事故發生，減輕企業成本消耗。

(四) 提高搬運靈活性

物流過程中，常將暫時存放的物品再次搬運。從便於經常發生的搬運作業考慮，物品的堆放和分類整理等很重要。這種便於貨物移動的程度，被稱為「搬運靈活性」。

四、貨物裝卸搬運合同

物流活動過程中所提供的裝卸、搬運、儲存、裝拆等作業，可通過作業委託人與裝卸搬運經營人訂立貨物裝卸搬運合同來進行。貨物裝卸搬運合同，是指裝卸搬運經營人與作業委託人協商訂立的由裝卸搬運經營人對指定貨物進行裝卸、搬運、儲存、裝拆等作業，作業委託人支付作業費用的協議。

貨物裝卸搬運合同條款主要通過雙方當事人協商確定。一般情況下，該合同應當包括以下主要條款：

(1) 裝卸搬運經營人、作業委託人和貨物接收人的名稱、負責人、單位地址等。
(2) 作業項目，如貨物的裝卸、搬運、儲存、裝拆等作業項目。

（3）貨物名稱、件數、重量、體積（長、寬、高）。
（4）作業費用及其結算方式。
（5）貨物交接的地點和時間。
（6）貨物異常情況通知義務。
（7）車次、船名或航次。
（8）裝卸搬運線路，如起運港（站、點）和到達港（站、點）。
（9）違約責任。
（10）解決爭議的方法。

五、港口貨物作業合同當事人的責任和義務

港口貨物作業涉及裝卸、搬運、儲存、裝拆等作業，最能集中體現貨物裝卸搬運的基本內容。港口經營人與作業委託人的權利義務可以通過港口貨物作業合同（以下簡稱作業合同）來約定，未約定的按合同所適用的法律法規處理。

(一) 作業委託人的主要責任和義務

（1）作業委託人應當及時辦理港口、海關、檢驗、檢疫、公安和其他貨物運輸和作業所需的各種手續，並將已辦理各項手續的單證送交港口經營人。

（2）有特殊保管要求的貨物，作業委託人應當與港口經營人約定貨物保管的特殊方式和條件。

（3）作業委託人向港口經營人交付貨物的名稱、件數、重量、體積、包裝方式、識別標誌，應當與作業合同的約定相符。笨重、長大貨物作業，作業委託人應當聲明貨物的總件數、重量和體積（長、寬、高）以及每件貨物的重量、長度和體積（長、寬、高）。作業委託人未按照本條規定交付貨物、進行聲明造成港口經營人損失的，應當承擔賠償責任。

【法律連結】《港口貨物作業規則》關於笨重、長大貨物的規定
第十三條　單件貨物重量或者長度超過下列標準的，為笨重、長大貨物：
（一）沿海：重量5噸，長度12米；
（二）長江、黑龍江干線：重量3噸，長度10米。
各省（自治區、直轄市）交通主管部門對本省內作業的笨重、長大貨物標準可以另行規定，並報國務院交通主管部門備案。

（4）需要具備運輸包裝的作業貨物，作業委託人應當保證貨物的包裝符合國家規定的包裝標準；沒有包裝標準的，應當在保證作業安全和貨物質量的原則下進行包裝。

（5）危險貨物作業，作業委託人應當按照有關危險貨物運輸的規定妥善包裝，製作危險品標誌和標籤，並將其正式名稱和危害性質以及必要時應當採取的預防措施書面通知港口經營人。

（6）作業委託人委託貨物作業，可以辦理保價作業。貨物發生損壞、滅失，港口經營人應當按照貨物的聲明價值進行賠償，但港口經營人證明貨物的實際價值低於聲明價值的，按照貨物的實際價值賠償。

（7）港口經營人將貨物交付貨物接收人之前，作業委託人可以要求港口經營人將

貨物交給其他貨物接收人，但應當賠償港口經營人因此受到的損失。

(8) 作業委託人或者貨物接收人應當在約定或者規定的期限內交付或者接收貨物。

(9) 除另有約定外，作業委託人應當預付作業費用以及因貨物本身原因所產生的其他費用。

【知識拓展】《港口貨物作業規則》關於港口貨物裝卸交接規定

港口經營人交付貨物時，貨物接收人應當驗收貨物，並簽發收據，發現貨物損壞、減失的，交接雙方應當編製貨運記錄。

貨物接收人在接收貨物時沒有就貨物的數量和質量提出異議的，視為港口經營人已經按照約定交付貨物，除非貨物接收人提出相反的證明。

(二) 港口經營人即裝卸搬運經營人的主要責任和義務

(1) 港口經營人應當按照作業合同的約定，根據作業貨物的性質和狀態，配備適合的機械、設備、工具、庫場，並使之處於良好的狀態。

(2) 港口經營人應當按照作業合同的約定接收貨物，港口經營人接收貨物後應當簽發用以確認接收貨物的收據。

(3) 港口經營人應當妥善地保管和照料作業貨物。經對貨物的表面狀況檢查，發現有變質、滋生病蟲害或者其他損壞，應當及時通知作業委託人或者貨物接收人。

(4) 港口經營人應當在約定期間或者在沒有這種約定時在合理期間內完成貨物作業。港口經營人未能在約定期間或者合理期間內完成貨物作業造成作業委託人損失的，港口經營人應當承擔賠償責任。

(5) 作業委託人未按規定將危險貨物的性質通知港口經營人或者通知有誤的，港口經營人可以在任何時間、任何地點根據情況需要停止作業、銷毀貨物或者使之不能為害，而不承擔賠償責任。作業委託人對港口經營人因作業此類貨物所受到的損失，應當承擔賠償責任。港口經營人知道危險貨物的性質並且已同意作業的，仍然可以在該項貨物對港口設施、人員或者其他貨物構成實際危險時，停止作業、銷毀貨物或者使之不能為害，而不承擔賠償責任。

(6) 交接集裝箱空箱時，應當檢查箱體並核對箱號；交接整箱貨物，應當檢查箱體、封志狀況並核對箱號；交接特種集裝箱，應當檢查集裝箱機械、電器裝置、設備的運轉情況。集裝箱交接狀況，應當在交接單證上如實加以記載。交接時發現集裝箱封志號與有關單證記載不符或者封志破壞的，交接雙方應當編製貨運記錄。

(7) 單元滾裝運輸作業，港口經營人應當提供適合滾裝運輸單元候船待運的停泊場所、上下船舶和進出港的專用通道；保證作業場所的有關標示齊全、清晰，照明良好；配備符合規範的運輸單元司乘人員及旅客的候船場所。旅客與運輸單元上下船和進出港的通道應當分開。

(8) 港口經營人對港口作業合同履行過程中貨物的損壞、減失或者遲延交付承擔損害賠償責任，但港口經營人證明貨物的損壞、減失或者遲延交付是不可屬於自己過錯責任除外。

【法律連結】《港口貨物作業規則》關於港口經營人的作業免責

港口經營人證明貨物的損壞、滅失或者遲延交付是下列原因造成的：①不可抗力；②貨物的自然屬性和潛在缺陷；③貨物的自然減量和合理損耗；④包裝不符合要求；⑤包裝完好但貨物與港口經營人簽發的收據記載內容不符；⑥作業委託人申報的貨物重量不準確；⑦普通貨物中夾帶危險、流質、易腐貨物；⑧作業委託人、貨物接收人的其他過錯。

六、集裝箱車船裝卸作業

隨著集裝箱運輸的不斷發展，不同種類、不同性質、不同包裝的貨物都有可能裝入集裝箱內進行運輸。為確保貨運質量的安全，做好集裝箱的搬運裝卸和箱內貨物的積載工作是很重要的。在集裝箱物流過程中，集裝箱搬運裝卸和裝箱環節所發生的貨損事故比例特別高。

【案例討論】光明公司與蘭光物流公司簽訂了從浙江寧波用集裝箱將一批茶葉運往英國倫敦的運輸合同。根據合同規定，蘭光物流公司承擔集裝箱租賃和裝箱工作。貨物運到倫敦後，收貨人發現茶葉有異味，經有關機構檢驗茶葉中受精奈污染，原因是集裝箱前一次裝的是精奈貨物且沒有清洗。

收貨人應向誰索賠，為什麼？

(一) 集裝箱搬運裝卸的概念

集裝箱搬運裝卸是指對集裝箱進行車船裝卸以及集裝箱車船裝卸作業前後所進行的一系列作業，主要包括集裝箱車船裝卸作業、堆場作業、貨運站作業等。國際標準化組織（ISU）制訂的《系列 1 集裝箱—裝卸和緊固》（ISO 3874-1988）國際標準，對不同種類的集裝箱的裝卸作了具體的規定。

(二) 集裝箱貨物裝箱作業的注意事項

集裝箱裝箱作業是指將貨物裝進集裝箱內的作業。裝箱質量直接關係到貨物運輸安全和箱內貨物安全。在集裝箱貨物裝箱作業時，物流企業應當注意以下事項：

(1) 在進行集裝箱貨物裝箱前，應當根據所運輸貨物的種類、包裝、性質和其運輸要求來選擇合適的集裝箱。選擇和檢查的集裝箱應符合以下基本條件：①符合 ISO 標準；②四柱、六面、八角完好無損；③箱子各焊接部位牢固；④箱子內部清潔、干燥、無味、無塵；⑤不漏水、漏光；⑥具有合格檢驗證書。

(2) 將不同件雜貨混裝在同一箱內時，應根據貨物的性質、重量、外包裝的強度、貨物的特性等情況，將貨區分開。將包裝牢固、重件貨裝在箱子底部，包裝不牢、輕貨則裝在箱子上部。

(3) 貨物在箱子內的重量分佈應均勻。否則，箱子某一部位裝載的負荷過重，不但會使箱子底部結構發生彎曲或者脫開的危險，在吊機和其他機械工作時箱子會發生傾斜，而且在集裝箱運輸時因拖車前后輪的負荷差異過大導致貨運事故的發生。

(4) 在進行貨物堆碼時，當根據貨物的包裝強度，決定貨物的堆碼層數。另外，為使箱內下層貨物不致被壓壞，應在貨物之間墊入緩衝材料。

(5) 貨物與貨物之間，應有加隔板或者隔墊材料，避免貨物相互擦傷、沾濕、污損。

(6) 貨物裝載應嚴密整齊，合理使用填充物，使貨物之間不應留有空隙。這樣不僅可充分利用箱內容積，也可防止貨物相互碰撞而造成損壞。

(三) 集裝箱貨物拆箱作業的注意事項

集裝箱拆箱作業是指將裝在同一個集裝箱內多個收貨人的物品取出，並交給收貨人的作業過程。集裝箱拆箱作業通常在集裝箱貨運站完成。在集裝箱貨物拆箱作業時，物流企業應當注意以下事項：

(1) 開箱準備及注意事項。開箱門前，應先觀察箱門有無明顯損壞變形、異樣及鉛封是否完好，如果發現鉛封缺失，或箱體損壞等，必要時應通知船公司派人到場，雙方現場觀察拆箱實況。在開啓右門後，要檢查箱內貨物堆放情況正常，才能完全開啓左門，如發現箱內貨物有向外傾倒的可能，要立即採取措施做好支撐後，方可完全開啓箱門，防止貨物傾出受損、傷人。

(2) 拆箱作業。開箱門後，應先檢查貨物外包裝情況，確認完好，才可以將貨物逐件搬移出箱外。貨物搬出後，應核對貨名以及貨物標誌規格、件數、單件重量、體積等，與拆箱計劃資料核對相符，然后對各票貨物分唛點數，分唛進庫堆放。如發現貨物包裝異樣，貨名、件數、規格等與拆箱計劃不符，應立即做好書面記錄，必要時拍照存查，並立即通知客戶，以界定責任。

(3) 空箱歸還作業。集裝箱拆空後，應對集裝箱進行基本的清掃，清除原有的標誌物，並對集裝箱的內表面狀況進行檢查，對箱體存在的破損、水濕、油污、變形等狀況做好記錄，及時向承運公司反饋箱體情況。完成清箱事項後，應立即將空箱信息反饋給堆場，及時安排空箱返場或送還到箱屬公司指定的空箱場區。

(四) 物流企業在集裝箱碼頭搬運裝卸中的權利和義務

與普通港口搬運裝卸相比較，物流企業在集裝箱碼頭搬運裝卸負有基本注意事項外，還負有一些特殊的義務。

1. 自行進行集裝箱碼頭搬運裝卸作業的物流企業所承擔的義務

(1) 應使裝卸機械及工具、集裝箱場站設施處於良好的技術狀況，確保集裝箱裝卸、運輸和堆放安全。

(2) 物流企業在裝卸過程中應做到：穩起穩落、定位放箱，不得拖拉、甩闖、碰撞；起吊集裝箱要使用吊具，使用吊鉤起吊時，必須四角同時起吊，起吊後，每條吊索與箱頂的水平夾角應大於 45 度；隨時關好箱門。

(3) 物流企業如發現集裝箱貨物有礙裝卸運輸作業安全時，應採取必要的處置措施。

2. 委託他人進行集裝箱碼頭搬運裝卸的物流企業承擔的義務

(1) 物流企業委託他人進行港口集裝箱搬運裝卸作業應填製「港口集裝箱作業委託單」。

(2) 物流企業委託他人進行港口集裝箱搬運裝卸作業過程中應保證貨物的品名、性質、數量、重量、體積、標準、規格與委託作業單記載相符。委託作業的集裝箱貨物必須符合集裝箱裝卸運輸的要求，其標誌應當明顯清楚。由於申報不實給港口經營人造成損失的，物流企業應當負責賠償。

第三節　物流加工法規

一、物流加工概述

1. 物流加工的定義

物流加工，是指在物流過程中，物流企業根據需要對物品進行包裝、分割、計量、分揀、刷標誌、拴標籤、組裝等作業的總稱。加工是生產過程的活動，是創造價值的過程。一般情況下，物流不改變其形態創造價值，而是保持流通對象的已有形態，完成空間的位移，實現「時間效用」和「空間效用」。物流加工在流通中進行加工，將流通與加工結合在一起，是現代物流企業的一項增值服務。

2. 物流加工的作用

物流加工能彌補生產過程中的加工不足，使產需雙方更好地銜接。物流加工是生產加工在流通領域中的延伸，也可以看成流通領域為了更好地服務，是物流企業在職能方面的擴大。物流加工還能適應多樣化的客戶的需求，可以通過物流加工來保持並提高商品的機能；提高商品的附加值；更有效地滿足用戶或者企業多樣化的需要；可以規避風險，推進物流系統化。

二、物流加工法規

物流加工法規，是指國家制訂的涉及物流加工活動的法律規範的總稱。

目前，我國尚無單獨的物流加工的法律法規。《民事通則》《合同法》中關於加工承攬合同的規定可適用於物流加工。物流加工的產品符合《中華人民共和國產品質量法》的要求，還應遵守本法及相關法律的規定。

三、加工承攬合同

加工承攬合同，是指承攬方按照定作方提出的要求完成一定工作，定作方接受承攬方完成的工作成果並給付約定報酬的合同。在物流加工服務過程中，按照對方的要求完成一定工作的人是物流加工承攬方，接受工作成果並給付約定報酬的人是物流客戶即定作方。

(一) 根據加工承攬事項不同，物流加工承攬合同可分為以下類型：

(1) 加工合同。由定作方提供原材料或者半成品，由承攬方按合同要求進行加工，承攬方按約定收取加工費。主要特點是定作方自己帶料，承攬方只收取加工費。在實際生活中，也有由定作方帶一部分原材料，由承攬方負責一部分原輔材料，加工的成品作價給定作方。

(2) 定作合同。由定作方提出定作物的名稱、品種、數量、規格、質量等要求，由承攬方自籌材料進行生產，定作方接受產品並付給約定的報酬。這種合同與加工合同的區別在於定作方不帶料，所用原輔材料完全由承攬方負責。

(3) 修理合同。由承攬方為定作方修復損壞或者發生故障的設備、器件或者物品，通過修復和保養，使修理物達到正常使用的狀態，承攬方按照定作方的要求完成修理

任務所簽訂的合同。定作方應向承攬方給付酬金。由於物流過程中產品和包裝的破損是不可避免的，所以修理合同在物流過程中是常見的。

（4）修繕合同。由定作方提出修繕貨物的要求，承攬方按照定作方的要求完成維護修繕任務。這種合同的特點是通過承攬方的工作延續了修繕物的使用價值，承攬方收取合同中約定的酬金。

（二）加工承攬合同的主要條款

加工承攬合同是當事人之間權利義務的依據。任何一方當事人違約，都應按照合同約定承擔違約責任。加工承攬合同內容由當事人平等協商確定，一般應當包括以下主要條款：

（1）當事人名稱及姓名條款。
（2）加工承攬的品名或者項目。
（3）加工貨物的數量、質量標準及加工方法條款。
（4）原材料的提供以及規格、數量、質量條款。
（5）價款或者酬金條款。
（6）驗收標準和驗收方法條款。
（7）違約責任條款。
（8）解決合同爭議條款。

【案例討論】王某及其子善於製作根雕並成立了根雕工作室，鄰居劉某獲得兩棵樹根，就委託王某為其製作根雕，雙方約定，每製作一個根雕，就付款 2,000 元。王某答應 1 個月內製作完畢，但在王某加工完第一個根雕后，突然發病死亡。王某死亡后，其子在處理完王某的喪事後，向劉某提出，其父已死亡，不能為其製作根雕，要求劉某支付已加工完畢根雕費 2,000 元，並退回另一尚未製作加工的根雕。劉某要求其子將另一根製作成根雕，或請他人加工也可。雙方為此發生爭議。

（1）根據本案，說說各方當事人的權利與義務。

四、物流企業在物流加工中的責任和義務

物流加工是生產加工在流通領域中的延伸。當物流加工的產品符合《中華人民共和國產品責任法》的規定時，物流加工企業依法承擔生產者關於產品質量的責任和義務：

1. 作為的義務

（1）生產者應當使其生產的產品達到以下質量要求，即不存在危及人身、財產安全的不合理的危險，有保障人體健康和人身、財產安全的國家標準、行業標準的，應符合該標準，即要求生產者不得生產缺陷產品。

（2）除了對產品存在使用性能的瑕疵作出說明的以外，產品質量應當具備使用性能，即要求生產者應當盡合同義務、擔保義務。

（3）產品的實際質量應符合在產品或者其包裝上註明採用的產品標準，並符合以產品說明、實物樣品等方式表明的質量狀況。

（4）除裸裝的食品和其他根據產品的特點難以附加標示的產品可以不附加產品標示外，其他任何產品或產品包裝上均應當有標示，即有中文表明的產品名稱、生產廠

名和廠址；有產品質量檢驗合格證明；根據產品的特點和使用要求，需要標明產品規格、等級、所含主要成分的名稱和含量的，相應予以標明；限期使用的產品，標明生產日期和安全有效的日期。

（5）產品包裝應符合規定的要求。使用不當容易造成產品本身損壞或可能危及人身財產安全的產品，產品包裝必須符合相應要求，並標明警示標誌或者中文警示說明等注意事項。

2. 不作為的義務

（1）生產者不得生產國家明令淘汰的產品。

（2）生產者不得偽造產地，不得偽造或冒用他人的廠名、廠址。

（3）生產者不得偽造或冒用認證標誌、名優標誌等質量標誌。

（4）生產者生產產品，不得摻假、摻雜，不得以次充好，不得以不合格產品冒充合格產品。

實訓項目與案例思考

一、實訓項目

1. 為增強學生對物流過程中的危險品的認識和重視，加深學生對危險品標誌的印象，將所有標誌打印為彩色卡紙，分別測試學生對危險品標誌的準確性。

2. 學生以小組為單位，每組自行設計一個貨物紙箱包裝，在設計製作時做一個錯誤陷阱，完成後各組集中交換檢查，找出他組包裝設計上的錯誤。

二、案例思考

1. 紅星物流有限公司與某儀器有限公司簽訂了一批精密儀器的物流配送合同。托運人在運輸包裝上貼有小心輕放的指示性標誌。物流公司所雇傭的裝卸工人未按規定裝卸，使其中 10 箱貨物損壞。

該損失應由誰承擔？為什麼？

2. 利民物流公司和一客戶簽訂運輸茶葉的每袋 1,000 克包裝茶葉配送合同。合同中規定，運輸前，由利民物流公司提供包裝材料和進行運輸包裝；把每袋 1,000 克的包裝茶葉裝入 5 層的瓦楞紙的紙箱內，每箱 25 包，共計 800 箱。但利民物流公司無 5 層的瓦楞紙的紙箱，最后用 3 層的瓦楞紙的紙箱代替。此批貨物在運輸途中紙箱破裂，損失 500 包茶葉，運輸包裝修理費 600 元。

茶葉損失和包裝修理費應由誰承擔？為什麼？

第九章
物流保險法實務

在物流的加工、倉儲、運輸等各個環節，貨物及其設施設備等都有面臨各種自然災害和意外事故的危險。其一旦發生，必然給貨物的所有人或貨物風險的承擔者造成重大的經濟損失。加強貨物在物流中各環節的風險管理，是物流工作的重要組成部分。其中，對貨物發生風險概率高的運輸環節或倉儲環節等，採用保險轉嫁風險是最常用的操作方式。當貨物發生承保範圍內的風險時，受害人可以依據保險合同或保險法規定獲得一定經濟補償。本章除了介紹保險法的基本原理外，重點介紹財產保險與海上貨物運輸保險的法律實務知識。

【導入案例】黑龍江某制革廠於2014年11月11日與中國人民保險公司簽訂了包括自燃等保險事故在內的企業財產保險合同。根據保險合同約定，該廠將位於齊齊哈爾市市郊自有的固定資產和流動資產全部投入保險，其中，固定資產450萬元，流動資產87萬元，保險費2.9萬元，保險期限一年。在財產保險合同、保險單及所附財產明細表中，均寫明投保的流動資產包括產成品、原材料和產品，存放在本廠庫房，並標明了位置。投保后，制革廠於2015年4月16日、19日先後兩次將保險項下的皮革產成品發往其駐武漢的銷售部，共計2,100件，價值34萬元。2015年8月16日，由於武漢氣溫連日持續高溫，引起武漢庫房的貨物自燃，全部被燒。問：

(1) 根據《保險法》規定，被保險人能否向保險人索賠？為什麼？
(2) 若保險人發現投保人將貨物存放地轉移后，能否解除保險合同？為什麼？

第一節 保險與保險法概述

一、保險概念與保險構成

(一) 保險

物流企業在生產經營各環節都面臨各種自然災害和意外事故，保險自然成為其風險管理的重要選擇。一般都認為，保險是一種以保險合同為依據而建立起來的補償損失的經濟制度。被保險人根據合同以交納保費的方式將風險轉移給保險人；保險人根據合同收取保費，建立保險基金，履行合同規定的損失補償或給付保險金的責任。

【案例連結】中國海運史上的「泰坦尼克號」事件

「大舜」號是山東菸大輪船輪渡有限公司客貨滾裝船，總噸位為 9,843 噸，屬於往返菸臺與大連的定期班輪。1999 年 11 月 24 日，因海上大風大浪惡劣天氣預警，其他班輪停運輪渡，正常發班的「大舜」輪乘客和貨主滿員，乘客 262 名、貨車 61 輛，還有船員 40 名。在複雜的海運氣象情況下，船方未在發班時對運載車輛按照技術規範做好加固工作，風大浪高導致船舶大幅搖擺引發 D 甲板汽車艙火險。在險情出現後，船員沒有查明火源，滅火措施處理不當，大火迅速蔓延。因風力加大到 10 級，浪高 5 米，多艘前往救助船舶難以施救。在北方寒冷海洋上，在大火中燃燒了近 7 個小時的「大舜」號失去自救能力，於當晚 23 時 38 分在菸臺海域沉沒。除 22 人獲救起外，同船的 282 人的全部死亡，「大舜」輪成為中國海難史上的「泰坦尼克號」。

(二) 保險的構成

保險的構成，又稱保險的要件，是指保險得以成立的基本條件。保險的構成必須具備三個要件：

(1) 危險要素。俗話說，無危險即無保險，但保險範疇中的危險有其特定的要求：一是危險必須是不確定的，它包含危險發生與否的不確定性、危險發生時間的不確定性與危險發生后果的不確定性；二是危險發生必須是偶然的，如果是保險標的物本身的自然消耗或被保險人的故意行為所造成的，該危險就不具有偶然性；三是危險程度必須是能測定的。危險的程度是投保人和保險人計算保險費率的重要依據。例如貨物在運輸中面臨被丟失、碰撞、污染等危險，倉儲貨物面臨被盜竊、串味等危險。正由於這些危險的存在，當事人才有保險的需求。

(2) 互助要素。以多數人的互助共濟是保險區別於自保形式建立后備基金的關鍵，保險體現了「我為人人，人人為我」的互助共濟關係。其原理是集合危險，分散損失。因此，保險經營方式是通過集合多數人共同籌集資金，建立集中的保險基金，用以補償少數人的損失。

(3) 補償要素。「無損失，無保險。」保險最重要的功能是，投保人或被保險人在承保事故發生中所遭受的經濟損失，可以從保險人那裡獲得保險金的補償。通過保險的補償功能，使投保人或被保險人能快速地恢復正常的生產與生活，讓社會經濟秩序得以正常運轉。

【案例連結】2015 年夏季，成都地區一家（臺資）家具生產企業，其庫房價值 5,000 萬元的原材料、成品和半成品因一場大火而被燒毀，使企業生產經營活動一下陷入困境。讓企業唯一慶幸的是，由於企業風險管理意識強，對其庫房及庫房內財產辦理了綜合財產保險。受災企業向保險公司提出了保險索賠申請，保險公司接到申請后，積極進行了保險事故責任認定和損失認定。在保險事故發生后第四天，該企業就獲得了保險金 5,000 萬元的理賠，從而快速重建並恢復了生產經營能力。

二、保險的種類

根據不同的標準，保險有不同的種類。這裡只介紹幾種主要分類方式。

1. 根據保險標的標準，保險可分為財產保險與人身保險

財產保險，是以財產及其有關利益或損害責任作為標的的保險，如有企業財產保險、責任保險、信用保險和保證保險等。

人身保險，是以人的身體或壽命作為標的的保險，如人壽保險、健康保險和意外傷害保險等。

2. 根據保險合同訂立時保險標的價值是否確定的標準，保險可分為定值保險與不定值保險

定值保險，是在保險合同訂立時就明確了保險標的的價值的保險。當保險標的發生損失時，保險人就以保險合同中確定的保險價值作為保險金的給付標準。

不定值保險，在保險合同訂立時約定保險標的價值須待保險事故發生后才予以確定的保險。不定值保險雖然不約定保險標的的價值，但在保險業務中為了計算保險費，往往先假定一個保險標的價格。若假定的價格與以后確定的價值不同時，再按其差額計算保險費。

3. 根據保險人數標準，保險可分為單保險與復保險

單保險，是指投保人以同一保險標的、保險利益、保險事故，向一個保險人訂立保險合同的保險。絕大多數保險屬於此類保險。

復保險，又稱重複保險，是指投保人對於同一保險標的、保險利益、保險事故，與兩個以上的保險人訂立數個保險合同的保險。對於財產的重複保險的法律效力，各國法律有不同規定。

4. 根據保險人所負保險責任的次序標準，保險可分為原保險與再保險

原保險，是相對於再保險而言的，是指保險人與投保人原始訂立保險合同的保險。無再保險，也就無原保險。在實踐中，為了便於區分，一般把原保險稱為第一次保險，把再保險稱為第二次保險。

再保險，是指保險人將其所承擔的保險責任，以分保的形式部分轉移給其他保險人的保險。分出保險業務的保險人叫原保險人；接受分出保險業務的保險人叫再保險人。再保險是以原保險人的保險責任為保險對象的，因此在性質上應屬於責任保險。再保險是原保險人轉移經營風險和擴大承保能力的重要措施。

【知識拓展】 各國保險法基本上類似規定：同一保險人不得同時兼營財產保險業務和人身保險業務；但是，經營財產保險業務的保險公司經保險監督管理機構核定，可以經營短期健康保險業務和意外傷害保險業務。

三、保險法

保險法，是指以保險關係為調整對象的一切法律規範的總稱。根據保險法調整的對象即保險關係的差異性，我國的保險立法主要有以下幾方面：

（1）保險合同法。保險合同法，是保險法的核心內容，是關於保險關係當事人權利義務的法律。其包括保險合同的訂立、履行、終止、變更、解除和保險合同糾紛的處理等內容。1995年6月30日第八屆全國人大常委會第十四次會議通過《中華人民共和國保險法》（以下簡稱《保險法》）。2002年，我國對《保險法》進行了修改；2009年我國再次對《保險法》進行了修正，並於同年10月1日起正式實施。《保險法》對

保險合同的總則、財產保險合同和人身保險合同等作了全面系統的規定，成為我國保險合同法的基本法律制度。

（2）保險業法。保險業法，又稱保險組織法或保險業監督法，是國家對保險業進行監督和管理的法律。其對保險組織的設立、經營、管理、監督、破產、解散和清算等進行規定，目的在於維護保險事業的正常發展。例如，我國 1985 年 3 月 3 日國務院頒布的《保險企業管理暫行條例》屬於保險業法。

（3）保險特別法。它是規範某具體險種項下保險關係的法律。例如，1992 年 11 月 7 日第七屆全國人大常委會第二十八次會議通過的《中華人民共和國海商法》（以下簡稱《海商法》），屬於保險特別法。自 2006 年 7 月 1 日起施行的《機動車交通事故責任強制保險條例》，也屬於保險特別法，其對機動車交通事故責任強制保險作了專門規定。

【知識拓展】社會保險法是指規範勞動者因偶然事故而影響或喪失勞動能力，或有勞動能力而喪失勞動機會時所受經濟損失通過保險予以經濟補償的法律制度。目前，我國已將養老、醫療、失業、工傷與生育等納入了社會保險法的調整範疇。社會保險法與商業保險有著較大區別，前者屬於強制性法規，后者以任意性法規為主。

四、財產保險的基本原則

【案例討論】7 月，天津某陶瓷企業（賣方）與廣州某酒樓（買方）簽訂了價值 18 萬元的陶瓷買賣合同。合同約定：由賣方代辦合同貨物的托運手續，並代辦貨物從其庫房所在地青島至目的地廣州的海運線路和沿海內河運輸保險手續，其中運費和保險費暫由賣方墊付；貨到廣州后買方支付合同價款、運費和保險費。由於遭遇承保責任範圍內的風險，這批貨物在運輸途中全部損失。此時，酒樓也因經營不善而陷入債務危機，無力支付合同價款及相關費用。於是，仍持有該批貨物保險單的賣方直接向保險人提出索賠申請。問：

酒樓索賠能否成功？為什麼？

在保險業的每一個環節都有保險的原則和相應的法律制度來指導和規範投保人、被保險人和保險人等投保、理賠等保險行為。由於人身保險與財產保險的保險標的不同，兩者的保險原則有較大差異。根據物流產業保險的需要，本書僅闡述財產保險的基本原則。

（一）可保利益原則

可保利益原則，是指在財產保險中投保人在投保時原則上應對保險標的具有可保利益，才能同保險人簽訂保險合同；被保險人在進行索賠時必須對遭受損失的保險標的具有可保利益，保險人才對被保險人進行損失賠償。

可保利益也稱保險利益，是指投保人或被保險人對保險標的所具有的法律上承認的利益。其中，保險標的是指作為保險對象的財產及其有關利益或者人的壽命和身體。可保利益體現了投保人或被保險人同保險標的之間存在著合法的經濟利益關係。由於有可保利益的存在，限制了保險在損害發生時的補償限額，從而防止了保險活動中的

賭博行為或道德危險的發生。

(二) 最大誠信原則

最大誠信原則，是指保險合同對合同當事人的誠信要求高於其他合同，即在保險合同簽訂時投保人必須誠實地履行告知義務，並進行正確的陳述；在保險合同有效期內，被保險人必須嚴格地履行其承諾的保證義務。

在保險早期，最大誠信原則是用來約束投保人、被保險人的行為，即投保人或被保險人未履行正確告知、如實陳述或違反保證義務時，保險人有權解除保險合同或增加保險費用。為了平等地保護投保人的利益，現代保險法也要求保險人同樣遵守最大誠信原則。例如，我國《保險法》第十八條規定：「保險合同中規定有關於保險人責任免除條款的，保險人在訂立保險合同時應向投保人明確說明，未明確說明的，該條款不產生效力。」

【案例連結】2006年4月15日，廣東富虹油品有限公司（以下簡稱原告）將從國外購買57,750噸散裝巴西大豆。貨物海運之前，原告向中國平安保險公司深圳分公司（以下簡稱被告）投保「一切險」。隨後，被告簽發了貨物運輸保險單，以郵政快遞的方式寄送原告。保險單正面以中文載明了承保條件，背面以英文載明了海洋運輸貨物保險（格式）條款。

6月16日，運輸船舶抵達中國湛江港。由於等待檢疫，直到8月1日才開始卸貨。但在此期間，由於艙內一直通風不良產生高溫和艙汗，導致此批貨物發生霉變。原告及時向被告提出保險索賠，被告援引保險單的「除外責任條款」拒絕賠償。

在訴訟中，廣州海事法院審理認為，原告雖然選擇投保「一切險」，但合同沒有寫明承保範圍、除外責任等內容，不能推定原告已經明確瞭解「除外責任條款」；被告郵寄保險單給原告，不能推定被告向原告直接明確說明了「除外責任條款」；被告向原告簽發的保險單卻以英文規定除外責任，不便於國內的原告瞭解「除外責任條款」。因此，法院判定，根據《保險法》第十八條規定，除外責任條款無效。被告應向原告支付保險賠償金、貨損檢驗費等費用，合計人民幣近1,800萬元。

(三) 保險近因原則

保險近因原則，是指保險人根據保險合同或保險法規定，應對以保險合同中承保風險為近因所造成的保險標的損失承擔賠償責任，對於非承保風險為近因所造成的損失不承擔賠償責任。

在財產保險合同中，對於保險標的所面臨的風險可分為承保風險和不保風險兩大類。保險標的發生損失的風險可能是其中一個類原因，也可能是兩個以上兩類原因同時或連續作用所造成的。通過保險近因原則，確立了承保風險與損失之間的關係，成為確定保險人的賠償責任是否成立以及責任範圍的重要依據。

【案例連結】Leyland Shipping Co. V. Norwith Union Fire Ins. Co. Ltd.

在「一戰」時期，Leyland Shipping Co. 的一艘船舶投保了海上危險造成的損失，但敵對行為造成的損失除外。在保險合同有效期間，該船在英吉利海峽被魚雷擊中，但仍駛抵法國勒阿弗爾目的港。港口當局害怕船沉在碼頭泊位上，要求該船移至港口

外。由於風大浪急，船舶沉沒。船方向保險人 Norwith Union Fire Ins. Co. Ltd. 索賠，被拒絕。雙方走上了法庭。法院認為船舶沉沒近因是被魚雷擊中而不是海浪的衝擊。船舶被魚雷擊中后始終未脫離危險，而且成為沉船最主要、最決定的因素即構成近因；雖然風浪大也是沉船原因，但本身不是近因。因此，保險人不承擔賠償責任。

(四) 保險補償原則

保險補償原則，是指當保險標的發生了保險責任範圍內的損失時，保險人應根據保險合同的規定對被保險人進行損失補償，但保險人的賠償不應使被保險人因保險賠償而獲得額外利益。

保險合同根據保險時投保人與保險人對保險標的的保險價值是否確定，可分為不定值保險合同與定值保險合同。其中，不定值保險合同根據保險金額與損失發生時保險標的的保險價值大小又可分為足額保險、不足額保險與超額保險。保險補償原則只適用於不定值保險合同，其目的是為了防止保險詐欺。在物流活動中，由於保險貨物的價值受時空的影響大，所以其保險合同多選擇定值保險合同，即保險標的的保險價值在投保時予以確定，投保人以保險價值作為保險金額，損失發生後保險人按照確定的保險價值進行賠償。

(五) 代位追償原則

代位追償原則，是指當保險標的發生了保險責任範圍內的第三者責任方造成的損失時，在向被保險人履行了損失賠償的責任後，保險人有權取得被保險人在該項損失中依法享有的向第三者責任方要求索賠的權利。保險人取得該項權利後，即可以被保險人或自己名義向責任方進行追償。

代位追償的操作，從被保險人的角度來看是權益的轉讓，即被保險人因保險標的遭到的損失而取得保險人的賠償後，應將其依法享有的向第三者責任方要求索賠的權益轉讓給保險人，以便保險人進行代位追償。代位追償原則防止了被保險人在同一損失中運用保險合同和民事侵權責任兩種依據獲得雙倍賠償的情形。這也是保險補償原則在財產保險合同中的具體運用。除保險法另有規定外，被保險人放棄對第三者責任方的追償權，保險人有權拒絕相應部分的賠償請求。

(六) 重複保險的分攤原則

重複保險的分攤原則，是指當保險合同項下的保險標的出現了重複保險時，各保險人應按比例分攤被保險人所遭受的損失。如果其中任何一個保險人賠償的損失金額超過了其應該分攤的份額時，該保險人有權就其超額賠付部分向其他保險人進行追償。

在財產保險中，投保人在同一期限內有可能就相同保險標的向多家保險公司投保相同的保險，而且所有保險合同的保險金額超過該保險標的的保險價值。重複保險的分攤原則的重要意義在於，當各保險合同相同的有效期內發生承保責任的損失時，限制被保險人從不同保險公司獲得超出保險標的實際損失的賠償，同時也在各家保險公司之間進行公平分攤保險標的的實際損失。

第二節　財產保險

一、財產保險的概念

(一) 財產保險

財產保險,是以財產及其有關利益為保險標的的各種保險的總稱。在財產保險法律關係中,保險人按照約定對被保險人因承保風險發生而遭受的經濟損失或者依法應承擔的民事責任承擔賠償責任,而投保人應依照約定向保險人繳付保險費。在財產保險業務總收入比重中,運輸工具險、企業財產險、貨物運輸保險和責任保險已經成為其四大險種。

(二) 財產保險的分類

【案例討論】成都佳好電器公司有一批電器銷往上海樂百連鎖企業,貨物由成達物流公司負責運送。對於這一經濟活動中的主要風險,當事人通過辦理各種保險來保障自身的權益。成都佳好電器公司對電器產品質量、成達物流公司的托運貨物和代收貨款的信用進行投保;成達物流公司對運輸車輛碰撞損壞和所運貨物短少進行投保。問:上述保險合同分別屬於財產保險的哪種類型?

財產保險是保險業務的重要組成部分,起源於海上保險,在火災保險基礎上得以發展。隨著保險業的發展和市場的需要,財產保險的類型也不斷增加。《保險法》第九十二條第一款規定:「財產保險業務,包括財產損失保險、責任保險、信用保險等保險業務。」本書依據其分類進行介紹。

(1) 財產損失保險。財產損失保險,即狹義的財產保險,是以補償財產損失為目的的財產保險。在所有財產保險中,財產損失保險是最先出現的保險,其具有最典型性和代表性。其標的是除了農作物、牲畜以外的一切動產和不動產,如房屋、船舶、貨物、機動車輛等。財產損失保險按照保險標的不同,又可分為企業財產保險、家庭財產保險、運輸工具保險和運輸貨物保險等。其中,根據運輸方式的不同,運輸貨物保險又可分為海上運輸貨物保險、陸上運輸貨物保險、航空運輸貨物保險和郵遞運輸貨物保險等。

(2) 責任保險。責任保險,是以被保險人對第三者依法應承擔的民事賠償責任為保險標的的保險。其標的既可以是侵權責任,也可以是違約責任。如汽車司機因交通肇事而承擔的賠償責任,產品生產者與銷售者因產品缺陷造成第三人財產和人身損害而承擔的賠償責任,船舶所有人或租船人因過失在運輸途中發生碰撞而承擔的賠償責任,當事人可以通過責任保險合同轉移給保險公司承擔。在實踐生活中,責任保險主要表現為雇主責任保險、公眾責任保險、產品責任保險和職業責任保險等。

(3) 信用保險。信用保險,是以債務人的信用風險作為保險標的的保險。當債務人不能清償債務時,由保險人負責賠償。在信用保險合同中,債權人是投保人和被保險人,保險標的則為債務人的信用風險,即投保人的合法權益因債務人不履行法定或

約定的義務而受到的損失。值得強調的是，債務人不是信用保險合同的當事人，通常稱其為信用保險合同中第三人。信用保險主要有出口信用保險、投資信用保險和商業信用保險等。

（4）保證保險。保證保險，是指保險人作為保證人向權利人提供擔保，即由於被保證人（債務人）的作為或不作為致使權利人遭受經濟損失，保險人承擔賠償責任的保險。例如，實踐生活中的分期付款購車或者購房按揭還款時，債務人與保險人所訂立的保證保險協議，即屬於此類保險。在保證保險業務中，權利人和債務人都可以作為投保人與保險人，而信用保險的投保人只能是權利人。保證保險可分為誠實保證保險和確實保證保險等。

二、財產保險法律關係的主體

財產保險法律關係的主體是財產保險權利義務的承擔者或者參與者。它們主要分為以下三類：

（一）財產保險的當事人

財產保險的當事人，是指與財產保險合同有直接利害關係的人。在保險中，投保人與保險人是當事人。保險人作為經營保險業務的主體，在保險合同成立時享有對保險費的請求權，在承保責任事故發生時有承擔賠償的責任。絕大多數國家法律規定，保險人必須是依法成立的法人組織，例如我國《保險法》規定商業保險企業必須是股份有限責任公司或國有獨資公司；在極少數國家如英國自然人也可以是保險人。投保人對保險標的具有可保利益，同保險人訂立保險合同並負有交付保險費義務。

（二）財產保險的關係人

財產保險的關係人，是指與財產保險合同有間接利害關係的人。被保險人和受益人是保險合同的關係人。在保險事故發生且遭受損害，被保險人享有賠償請求權。在財產保險活動中，被保險人通常就是投保人，即保險合同的當事人。受益人是指被保險人或投保人約定享有賠償請求權的人。在財產保險中，被保險人是當然的受益人。

（三）財產保險的輔助人

財產保險的輔助人，是指在保險合同訂立過程中起輔助作用的人。其主要有保險代理人、保險經紀人和保險公估人等。保險代理人也稱保險代理商，其根據保險人的委託，向保險人收取代理手續費，並在受權範圍內代為辦理保險業務，其行為后果由保險人承擔。保險經紀人則接受投保人委託，基於投保人或被保險人的利益，為投保人與保險人訂立保險合同提供仲介服務。保險經紀人應對投保人的利益負責。保險代理和保險經紀是保險業務拓展的重要渠道。保險公估人接受保險人或被保險人的委託為其辦理保險標的的評估、勘驗、鑒定、估損、理算等服務業務。

【司法判例】美國新澤西州一位未成年女子保管並使用其未婚夫寄存的汽車，但因初領駕照，須其父親陪同方能開車。為了保障父女安全，兩人到保險經紀人處說明情況，委託投保汽車責任險。保險經紀人明知此情不能投保，但仍答應並設法辦理汽車責任險，其中附有「兼保家屬或同居人條款保險（名為非自有汽車保險）。」后來，其父開車肇事，要求保險公司賠償而被拒絕，理由是其父行為不屬於保險責任範圍。法院認為，保險公司不負賠償責任，但經紀人明知其特殊情形而仍然辦理無保障的保險，

有重大過失，應負賠償責任。

三、財產保險合同的主要憑證

保險合同的訂立通常由投保人提出投保申請，保險人同意後簽發保險單或者其他保險憑證來完成。在實際生活中，保險合同訂立時的投保單、風險詢問表、保險單、保險憑證或者其他聲明等通常構成保險合同的重要內容，並成為當事人之間權利義務關係的重要依據。財產保險合同的主要憑證有：

（一）投保單和風險詢問表

投保單，是投保人表示願意同保險人訂立保險合同的書面申請。對於有些險種，投保人在填寫投保單的同時還要填寫關於保險標的的風險詢問表。投保單和風險詢問表都是保險人事先設計的，在投保時投保人應當根據最大誠信原則對其作出正確告知和如實陳述。它們是保險人決定是否承保以及確定保險費率的重要依據。投保單和風險詢問表經保險人接受後，就成為保險合同的組成部分，也成為日後處理保險合同糾紛的重要書面證據。

（二）保險單

保險單，簡稱保單，是投保人與保險人之間訂立保險合同的正式書面表現形式。隨著保險業的高度發展，保險單出現了標準化的格式。保險單由保險人製作，通常包括序言、明細表、特別約定和保險條款等。現代財產保險單突破了傳統財產保險制度，成為可以轉讓、質押的有價證券，如運輸貨物的保險單可隨保險標的的轉讓而轉讓。

（三）保險憑證

保險憑證，俗稱小保單，是保險人發給投保人以證明保險合同已經訂立或保險單已經簽發的一種憑證。它一般不印上保險條款，其內容以同一險種保險單的內容為準，與保險單具有同等效力。在我國還有一種聯合保險憑證，把它附印在貨物的發票上，僅註明承保險別和保險金額，其他項目均以發票所列內容為準。目前，聯合保險憑證主要適用於保險公司與外貿公司合作，在我國對港澳的貿易保險業務中大量使用。

（四）暫保單

暫保單，又稱臨時保險單，即在保險單或保險憑證簽發之前，保險人發出的臨時單證。其中，財產保險的暫保單也稱暫保條，其法律效力與保險單相同，不過有效期較短，通常在30天以內，保險單簽發後，暫保單自動失效。暫保單的內容比較簡單，只載明被保險人的姓名、承保險種、保險標的等重要事項，其他內容以保險單為準。

【司法判例】2014年9月，原告向被告某保險公司投保，雙方約定：原告對其合同名稱下的轎車投保，險種包括第三者責任險，保險期為一年等。原告足額交納了保險費。2015年5月，原告駕駛該車去郊遊途中發生了交通事故，致第三人受傷。交警部門認定原告負有主要責任，原告為此賠償第三人人身傷害4余萬元。事後，原告依據保險合同向被告索賠，但被告以「事故發生時車輛未辦理過戶登記且行駛證脫檢」為由拒絕理賠。法院審理認為，保險合同中沒有相關除外責任規定，被告也未履行相關的告知義務。根據《保險法》第十七條規定，被告主張的免責事由不成立。法院最後判決支持了原告的訴訟請求。

四、財產保險合同的主要內容

《保險法》第十三條規定：「投保人提出保險要求，經保險人同意承保，並就合同的條款達成協議，保險合同即成立。保險人應當及時向投保人簽發保險單或者其他保險憑證，並在保險單或者其他保險憑證中載明當事人雙方約定的合同內容。」在保險實務中，通常把保險單的條款視同保險合同的內容。保險單通常包括以下基本條款：

（1）當事人的姓名、名稱及住所。保險單是保險人事先擬定的，已有保險人的名稱和地址。在保險單上需要填明的主要是投保人的姓名、名稱和住所。在保險利益可隨保險標的轉讓而轉移給受讓的保險合同，如貨物運輸保險合同中，對投保人的要求較為靈活，即投保人在填寫其姓名、名稱的同時，可標明「或其指定的人」字樣，則保險單可由投保人背書轉讓；也可採用無記名方式，保險單隨保險貨物的轉移而轉讓給第三人。

（2）保險標的。保險標的是保險關係的載體。根據《保險法》的規定，財產保險的標的為財產及其有關利益或損害責任。根據《海商法》第二百一十八條規定：「船舶、貨物、船舶營運收入、貨物預期利潤、船員工資、對第三人的責任等，都可以作為海上保險合同的標的。」

（3）保險責任。合同中必須載明保險責任條款，即保險人所承保的風險種類及責任範圍。例如，海上貨物運輸保險必須載明投保的基本險種是平安險、水漬險或者一切險，進而確定保險人的保險責任。

（4）保險期限。保險合同的保險期限，通常採用兩種方法計算：一是用日曆年、月計算；二是以某事事件的始末為保險期限。例如，在貨物運輸保險中，其保險期限往往表述為航程即倉至倉條款。

（5）保險金額。保險金額是保險人在保險事故發生後應賠償的最高限額，也是計算保險費的依據。《保險法》第四十條規定：「在財產保險合同中，保險金額不得超過保險價值；超過保險價值的，超過的部分無效。」

（6）保險費率和保險費及其支付辦法。

（7）除外責任。除外責任，是指依法律規定或合同約定，保險人不負賠償責任的範圍。例如，許多財產保險條款都規定，被保險人故意造成的損失、保險標的的自然損耗、保險船舶開航時不適航、核輻射、核污染等列為保險人的除外責任。

（8）違約責任和爭議處理。

（9）合同訂立的日期。

保險合同除上述基本條款外，還可根據當事人的需要約定其他條款。

在保險實務中，保險合同條款往往由保險人事先擬定，投保人只在合同中填寫相關內容即可。換言之，保險合同屬於格式合同。當保險合同條款發生爭議時，需要對保險合同進行解釋。《保險法》第三十一條規定：「對保險合同的條款，保險人與投保人、被保險人或者受益人有爭議時，人民法院或者仲裁機關應當作有利於被保險人和受益人的解釋」。

【司法判例】公元1536年6月18日，在英國有一名海上保險人里查德‧馬丁承保了威廉‧吉朋的人壽保險，保險期限為12個月，保險金額為2,000英鎊，保險費為80

英鎊。被保險人於次年 5 月 29 日死亡。當受益人向保險人請求支付保險金時，馬丁聲稱其保險單的 12 個月系以陰歷每月 28 天計算，保險期限已於公元 1537 年 5 月 20 日屆滿。但受益人認為 12 個月應按公歷計算，保險事故發生於合同有效期內。法院審理認為，當保險條款發生爭議時，應作有利於被保險人或者受益人的解釋。法院支持了受益人的訴訟請求，馬丁應當承擔賠償責任。這一司法判例形成了保險疑義利益解釋原則。

五、財產保險合同當事人的主要義務

(一) 投保人或者被保險人的義務

1. 交納保險費的義務

交納保險費是投保人最基本的義務。各國保險法都規定，在保險合同成立後，投保人應按約定的時間、地點、方式交納保險費。在保險實務中，保險人通常把投保人交納保險費作為保險合同生效的條件。如果投保人未按約定足額交納保險費，則保險合同不生效，保險人不對投保人或者被保險人承擔保險賠償責任。

保險費的數額一經確定，就不得隨意改變，但基於法律規定或保險合同約定，保險人或投保人有權要求變更保險費。保險人有權要求增加保險費的情形：一是投保人、被保險人未按約定履行其對保險標的安全應盡的責任；二是在保險合同的有效期內，保險標的危險程度增加的。在上述情形中，保險人除了有權要求增加保險費外，還有權解除保險合同。投保人有權要求減少保險費的情形：一是據以確定保險費率有關情況發生變化，保險標的危險程度明顯減少；二是保險標的保險價值明顯減少或者其他情形。

2. 維護保險標的安全的義務

保險與防災防損相結合作為保險法的原則，要求維護保險標的安全是投保人或被保險人的基本義務。實踐生活中，在其財產有了保險後，投保人就會產生僥幸心理或者麻痺思想，甚至放任的態度，不注意保險財產的防災防損工作。《保險法》第三十六條規定：「被保險人應當遵守國家有關消防、安全、生產、操作、勞動保護等方面的規定，維護保險標的的安全；根據合同的約定，保險人可以對保險標的的安全狀況進行檢查，及時向投保人、被保險人提出消除不安全因素和隱患的書面建議。投保人、被保險人未按照約定履行其對保險標的安全應盡責任的，保險人有權要求增加保險費或者解除合同。」同時，保險合同一般也明確規定被保險人有防災防損的義務，如有違背，保險人就有權拒絕賠償或者解除保險合同。

3. 危險程度增加時通知義務

在合同的有效期內，如果保險標的所保危險程度增加，被保險人應及時通知保險人。因為保險人是根據承保的保險標的危險程度來決定保險費率的，一旦危險程度增加，保險人承擔的責任也必然加重。不變更保險費，則有違背民事活動公平、等價有償原則。根據各國保險法的規定，保險標的所保危險程度增加的，被保險人未履行通知義務的，保險人有權解除保險合同；保險標的所保危險程度增加的，被保險人未履行通知義務而且保險標的因所保危險增加所造成損失的，保險人有權拒絕承擔賠償責任。

4. 保險事故發生的通知義務

保險事故發生后，被保險人應及時通知保險人，以便使保險人及時調查事故發生的原因、損失範圍，盡快妥善處理災后事益，準備必要的賠償金。否則，因拖延時間而喪失證據的，直接影響到事故、損失的查核及賠償責任的確定。《保險法》第二十二條第一款規定：「投保人、被保險人或者受益人知道保險事故發生后，應當及時通知保險人。」至於被保險人的通知方式，法律尚無特殊規定，可以是口頭的，也可以是書面的，但保險合同對通知方式有特別約定的，應當依照約定方式通知。

5. 防止或者減少保險標的損失的義務

防止或者減少保險標的的損失，是各國保險法明確規定的被保險人的施救義務，即保險標的危險發生后，被保險人應盡力施救，防止或者減少所保財產的損失。在保險標的發生險情后，被保險人怠於施救，聽任災情發展，保險人有權拒絕對由於被保險人沒有採取合理措施而發生或者擴大的損失承擔賠償責任。

《保險法》第四十二條規定：「保險事故發生時，被保險人有責任盡力採取必要措施，防止或者減少損失。保險事故發生后，被保險人為防止或者減少保險標的的損失所支付的必要的、合理的費用，由保險人承擔；保險人所承擔的數額在保險標的損失賠償金額以外另行計算，最高不超過保險金額的數額。」

6. 提供有關證明、資料和單證的義務

保險法規定，在保險事故發生后，依據保險合同請求保險人賠償或者給付保險金時，投保人、被保險人或者受益人應當向保險人提供其所能提供的與確認保險事故的性質、原因、損失程度等有關的證明和資料。其中，有關證明和資料，通常包括保險協議、保險單或者其他保險憑證、已支付保險費的憑證、保險財產證明、被保險人身分證明、保險事故證明、保險標的損失程度證明、必要的鑒定結論、評估結論和索賠申請書。

(二) 保險人的義務

1. 承擔損失賠償責任的義務

承擔保險標的因承保風險所致損失的賠償責任，是保險人的最主要義務。保險的補償功能是通過保險人及時主動履行賠償義務體現出來的。《保險法》第二十四條規定：「保險人收到被保險人或者受益人的賠償或者給付保險金的請求后，應當及時做出核定，並將核定結果通知被保險人或者受益人；對屬於保險責任的，在與被保險人或者受益人達成有關賠償或者給付保險金額的協議后 10 日內，履行賠償或者給付金額義務，除非保險合同另有約定。對保險人未及時履行該義務的，除了支付保險金外，還應當賠償被保險人或者受益人因此受到的損失。」

2. 做好防災防損工作

做好防災防損工作，不僅是被保險人的義務，也是保險人的重要職責。保險人應充分利用自身擁有的專業技能，積極進行各種災害事故發生的預防工作，把被保險人可能遭受的風險降到最低點。因為在日常工作中，保險人累積了豐富的有關危險的資料和信息，有助於協助被保險人提高對危險的管理工作水平，並配合防火、防汛等防災專業部門做好防災防損工作。

3. 退還保險費

當保險合同被宣告無效或解除時，保險人應當向投保人退還全部或者部分保險費。

《保險法》第三十九條規定：「保險責任開始前，投保人要求解除合同的，應當向保險人支付手續費，保險人應當退還保險費。保險責任開始后，投保人要求解除合同的，保險人可以收到自保險責任開始之日起至合同解除之日止期間的保險費，剩余部分退還投保人。」但是，合同的無效或者被解除是由於投保人違反義務所造成的，則可以不予退還保險費或只退還其中一部分。

【法律連結】《道路交通安全法》第七十六條規定：「機動車發生交通事故造成人身傷亡、財產損失的，由保險公司在機動車第三者責任強制保險責任限額範圍內予以賠償。超過責任限額的部分，按照下列方式承擔賠償責任：（一）機動車之間發生交通事故的，由有過錯的一方承擔責任；雙方都有過錯的，按照各自過錯的比例分擔責任。（二）機動車與非機動車駕駛人、行人之間發生交通事故的，由機動車一方承擔責任；但是，有證據證明非機動車駕駛人、行人違反道路交通安全法律法規，機動車駕駛人已經採取必要處置措施的，減輕機動車一方的責任。交通事故的損失是由於非機動車駕駛人、行人故意造成的，機動車一方不承擔責任。」

第三節　海洋運輸貨物保險

海洋貨物運輸比陸上貨物運輸所面臨的風險更多，危害更大。海洋貨物運輸中的承運人、貨主等當事人更加注重風險的轉嫁。可以說，海上保險是歷史最長的保險，現代保險的原則都源於海上保險的實踐。

在海上保險事業的發展過程中，英國的勞合社和倫敦保險人協會兩大組織起了重要作用。它們於1982年1月1日正式推出了「勞合社保險單（Lloyd's Marine Policy）」和「倫敦保險人協會公司海上保險單（The Institute of London Underwriters Companies Marine Policy）」。同時，倫敦保險人協會也推出了新的「協會貨物保險條款（Institute Cargo Clause）」，簡稱為ICC（1982）。各國海上保險深受其影響。由於篇幅限制，本書主要介紹我國1981年修訂實施的《中國人民保險公司海洋運輸貨物保險條款》（以下簡稱《海洋運輸貨物保險條款》）。

我國的海洋運輸貨物保險制度將海洋運輸貨物保險設置了基本險、附加險和專門險三大類，並分別規定了各種險別中保險人與投保人、被保險人的權利與義務。

一、保險人承保的責任範圍

保險人承保責任範圍因不同的基本險而有所不同。根據我國現行海洋運輸貨物保險條款的規定，將海洋運輸貨物基本險分為平安險、水漬險和一切險三種。

【案例討論】有一批價值9,000美元的貨物已按發票總值的110%投保平安險。運載該批貨物的海輪於5月3日在海面遇到暴風雨的襲擊，使該批貨物遭受到部分損失，損失金額有1,000美元；該海輪在繼續航行途中，於5月4日又發生觸礁意外事故，致使該貨物再次發生部分損失，損失金額為2,000美元。問：
（1）按平安險規定，保險公司應支付多少保險金？為什麼？

（2）如果沒有5月4日的觸礁意外事故，對於5月3日的損失保險公司是否應承擔賠償責任，為什麼？

(一) 平安險 (Free From Particular Average) 的責任範圍
（1）被保險貨物在運輸途中由於惡劣氣候、雷電、海嘯、地震、洪水等自然災害造成整批貨物的全部損失或者推定全損。

本項規定表明：在平安險下，對於被保險貨物在海洋運輸中遇到自然災害造成的全部損失或者推定全損，保險人才會承擔賠償責任。換言之，若自然災害造成的是部分損失，則保險人不承擔賠償責任。

（2）由於運輸工具遭受擱淺、觸礁、沉沒、互撞、與流冰或者其他物體碰撞以及失火、爆炸意外事故造成貨物的全部或部分損失。

本項規定表明：在平安險下，由於運輸工具遇到列明的海上意外事故造成船上貨物全部或部分損失，以及由於運輸工具失火、爆炸意外事故造成貨物全部或部分損失，保險人承擔賠償責任。

（3）在運輸工具已經發生擱淺、觸礁、沉沒、焚毀意外事故的情況下，貨物在此前後又在海上遭受惡劣氣候、雷電、海嘯等自然災害所造成的全部或者部分損失。

這一項責任是指在平安險下，保險人在有限制的條件下，也會承擔由於海上自然災害造成貨物的部分損失。這一「限制條件」就是指船舶在海上航行途中發生了保險單上列明的海上意外事故。

（4）在裝卸或轉運時由於一件或數件整件貨物落海造成的全部或部分損失。

本項規定保險人的賠償責任條件有二：一是貨物損失發生在裝卸或轉運時；二是貨物損失是一件或數件整件落海。換言之，如果貨物落海不是發生在裝卸或轉運時或者不是整件落海，則保險人不承擔賠償責任。

（5）被保險人對遭受承保責任範圍內危險的貨物採取搶救，防止或減少貨損措施而支付的合理費用，但以不超過該批被救貨物的保險金額為限。

本項所述費用是指被保險人或者其代理人，受雇用人為了減少保險標的損失而產生的施救費用。對於合理的施救費用，保險人承擔賠償責任。

（6）運輸工具遭遇海難后，在避難港由於卸貨所引起的損失，以及在中途港、避難港、由於卸貨、存倉以及運送貨物所產生的特別費用。

本項規定表明：在避難港由於卸貨所引起的損失，以及在中途港、避難港、由於卸貨、存倉以及運送貨物所產生的特別費用由保險人承擔賠償責任，必須是運輸工具遭遇海難后發生的損失和費用。

（7）共同海損的犧牲、分攤和救助費用。

本項規定表明：保險人在平安險下，要承擔共同海損所發生的犧牲，同時還要承擔貨主所負的共同海損中的分攤損失以及救助費用損失。

共同海損是指為了避免在航行中發生船舶與貨物共同危險人為地採取有效措施所發生的損失。由於受益的船貨方要分擔共同海損的損失，因此對於共同海損損失的貨主而言是部分損失。按照世界各國共同海損理算規則，構成共同海損的條件有五項：①導致共同海損的危險必須是真實存在的危及船舶與貨物共同安全的危險；②共同海損的措施必須是為了解除船、貨的共同危險，人為地、有意識地採取的合理措施；

③共同海損的犧牲必須是人為的，費用損失必須是額外支付的；④共同海損的損失必須是共同海損措施的直接的、合理的后果；⑤造成共同海損的損失的共同海損的措施最終必須有效。

救助費用是指船舶和貨物在海上航行中遭遇保險責任範圍內的災害事故時，由保險人和被保險人以外的第三人自願採取救助措施並成功地使遇難船舶和貨物脫離險情，由被救的船方和貨方向救助方支付的報酬。

（8）運輸契約訂有「船舶互撞責任」條款，根據該條款的規定應由貨方償還船方的損失。

在實踐中，各國承運人利用自身優勢，在提單中訂立了「船舶互撞責任條款」，即本船貨主有義務償還本船承運人根據運輸契約的規定不應承擔的但卻被迫賠償給非載貨承運人的貨主的損失。本項規定表明，此項損失也屬於平安險下保險人的賠償責任。

（二）水漬險（With Particular Average）的責任範圍

【案例討論】有一批家具需要通過海洋運輸從廣州運送至新加坡。對於貨主而主，希望對該貨物所承保的基本險種應達到如下要求：一是保險費率最低；二是該保險的責任應包括由於惡劣氣候、雷電、海嘯、地震、洪水自然災害造成整批貨物的全部損失和部份損失。問：

在平安險、水漬險和一切險中，誰最能滿足貨主的要求，為什麼？

水漬險的承保責任範圍是：

（1）平安險承保的各項責任。本項規定是指平安險所承保的責任範圍，水漬險均予以承保。

（2）被保險貨物由於惡劣氣候、雷電、海嘯、地震、洪水自然災害造成整批貨物的部分損失

本項規定是指在水漬險下，保險人承擔了保險單上列明的海上自然災害所造成的貨物的部分損失。它也是水漬險與平安險的區別所在。由於自然災害造成的貨物部分損失往往是海上運輸過程中最常見的或者最容易發生的損失，所以，水漬險的保險責任遠遠超過平安險的保險責任。與此相適應，水漬險的保險費率也要高於平安險。

（三）一切險（All Risks）的責任範圍

【操作思考】海洋貨物運輸的保險辦理中，投保人對險種選擇時需要參考的因素很多，如貨物的特性、包裝、運輸季節、線路和港口作業等。如果投保人在對貨物辦理平安險或者水漬險時，根據貨物所面臨的常見外來風險還需要加保一般附加險。那麼，下列貨物應當選擇哪種險別？

①進口散裝大豆；②出口桶裝食用純花生油；③出口陶瓷；④進口數碼相機；⑤出口絲綢服裝；⑥進口魚粉。

（1）水漬險承保的各項責任。對於水漬險所承擔的責任，一切險均予以承保。

（2）被保險貨物在運輸途中由於外來原因所致的全部或部分損失。除了海上自然災害和意外事故風險外，一切險還承保外來風險。按照國際海上保險慣例，一切險對

外來風險的承保範圍覆蓋以下險別：

(1) 偷竊、提貨不著險（Theft Pilferage and Non-delivery）

其是指在保險合同的有效期內，保險人承保被保險人貨物被偷走或被竊取以及貨物運抵目的地後整件未交的損失。其中，「偷」一般是指貨物整件被偷走；「竊」一般是指貨物中的一部分被竊取。偷竊本身不包括採用暴力手段所進行的公開搶奪行為。提貨不著是指貨物的全部或整體未能在目的地交付給收貨人。對於承保此項風險的保險人，往往通過保險合同中的海關檢驗條款和碼頭檢驗條款來限制其責任期限。對於貨物被偷竊的，被保險人必須在及時提貨后 10 天內申請檢驗；對於整件提貨不著的，被保險人必須向責任方、海關或者有關當局取得相關證明，方可向保險人進行索賠。

(2) 淡水雨淋險（Fresh Water &/or Rain Damage）

其是指保險人承保貨物在運輸途中由於淡水或雨淋所造成的損失。其中，「淡水」包括船上淡水艙、水管漏水和艙汗等。因為在海洋運輸保險中，淡水與海水是兩個截然不同的概念，平安險和水漬險只對海水所致的各種損失負責賠償。

(3) 受潮受熱險（Damage Caused by Sweating and Heating）

其是指保險人承保貨物在運輸過程中，由於氣溫突然變化或船上通風設備失靈，使船艙內的水蒸氣凝結而引起的貨物受潮或者由於溫度增高使貨物發生變質的損失。如糧谷類貨物由於含有一定水分，經過長途運輸會出現水分蒸發，也會吸收空氣中的水分超標，從而引起貨物的霉爛。

(4) 滲漏險（Risk of Leakage）

其是指保險人承保流質、半流質類貨物由於容器破損而引起的滲漏而造成貨物自身的損失；或者因液體外流而引起的被浸泡的其他貨物的損失。例如，用鐵桶、鐵聽、塑料桶和玻璃瓶裝的液體化工品，容易發生滲漏損失，其貨主對其投保一切險或在投保平安險或水漬險時加保滲漏險，以降低風險。

(5) 短量險（Risk of Shortage）

其是指保險人承保貨物在運輸過程中因外包裝破裂、破口、扯縫造成貨物數量短缺或重量短少的損失。散裝貨物在投保這一險別時，通常均以裝船重量和卸船重量作為計算貨物短少的依據，但不包括貨物在運輸途中正常的消耗。

(6) 混雜、玷污險（Risk of Intermixture and Contamination）

其是指保險人承保被保險貨物在運輸途中因混進雜質或被污染所引起的損失。如棉花混進沙石，或棉布、服裝被油類污染，影響其使用或銷售而造成損失。在基本險中附有此險別時，對此損失則由保險人承擔。

(7) 串味險（Risk of Odor）

其是指保險人承保貨物在運輸過程中，因受其他有異味的貨物的影響而造成的串味損失。例如，食品、香料或藥材等貨物在運輸過程中與樟腦、魚粉堆放在一起時，因串味所造成上述貨物失去商業銷售價值所致的損失。如果這種損失是由於承運人對貨物的裝載不當有直接關係，則保險人在對被保險人承擔賠償責任後有權對承運人進行追償。

(8) 碰損、破碎險（Risk of Clash and Breakage）

其是指保險人承保貨物在運輸過程中由於外來原因所發生的振動、碰撞、受壓等造成的碰損和破碎損失。其中，碰損主要是指金屬和金屬製品貨物，在運輸過程中因

振動、擠壓或碰撞等造成貨物自身的損失。破碎主要是指易碎貨物在運輸過程中因受振動、擠壓或碰撞而造成貨物自身的破碎。如機械設備、木質家具、玻璃製品、陶瓷等在運輸途中容易發生此類損失。其不包括貨物在運輸途中因自然災害或意外事故而造成的碰損、破碎損失，但這一部分屬於各基本險的責任範圍之內。

(9) 鈎損險 (Hook Damage)

其是指保險人承保袋裝、捆裝貨物在裝卸或者搬運過程中，由於裝卸或者搬運工作人員的操作不當，使用吊鈎將貨物的包裝鈎壞而造成的損失。

(10) 包裝破裂險 (Breakage of Packing)

其是指保險人承保貨物在運輸過程中，因包裝破裂所造成貨物的短少、污染等損失，以及對於在運輸過程中，為了繼續運輸貨物的安全需要而產生的修補包裝、調換包裝所支付的費用。由於包裝破裂造成貨物損失可以從其他附加險中的承保責任中得到補償，所以，這一險別主要承保由於修補包裝或者調換包裝所發生的損失。

(11) 銹損險 (Risk of Rust)

其是指保險人承保金屬或者其製品類貨物在運輸過程中因生鏽所造成的損失。由於裸裝的金屬或者其製品類貨物在運輸過程中多會發生鏽損，而且是由於貨物本身性質所決定的，因此保險人對此損失一般不予承保，但對包裝的金屬或其製品類貨物因包裝不當或包裝破損而生鏽所造成的損失，保險人在銹損險下予以承保。

以上十一種險別，也可以作為一般附加險，供投保人在投保平安險或者水漬險時根據需要選擇加保。

【資料連結】在我國的海洋運輸貨物保險中，除了基本險和一般附加險之外，還有特別附加險和特殊附加險。前者如交貨不到險、進口關稅險、艙面險、拒收險、黃曲霉素險等；後者如戰爭險和罷工險等。所有附加險都不能單獨投保，只有在投保了基本險的情況下才可以加保。同時，針對特殊貨物還制定了專門的保險條款來予以承保，即專門險。我國海洋運輸貨物專門險有海上運輸冷藏貨物保險、海上運輸散裝桐油保險等。專門險可以單獨投保，不必附加於基本險之下。

二、保險人的除外責任

在海洋貨物運輸保險中，保險人都規定了除外責任，即對列明的損失不承擔賠償責任。我國海洋貨物運輸保險中，基本險的除外責任是：

(1) 被保險人的故意行為或過失所造成的損失。被保險人是保險標的的所有人，有責任和義務妥善保管和維護保險標的的安全。若被保險人故意或惡意造成保險標的損失，其動機就是騙取保險金，違反保險誠信基本原則。因此，各國保險法都明確規定，對被保險人的故意行為所造成的損失，保險人不予承保，也不予賠償。值得注意的是，我國現行海洋貨物運輸保險條款還將被保險人的過失所致損失，也列為保險人的除外責任。

(2) 屬於發貨人責任所引起的損失。此項損失，屬於合同糾紛，應由收貨人根據合同規定向發貨人進行索賠。對於發貨人的責任所引起的損失，不能因投保了貨物運輸保險而免除發貨人的違約責任。

(3) 在保險責任開始前，被保險貨物已存在的品質不良或數量短差所造成的損失。

保險人只對保險合同有效期限內所發生的保險責任損失承擔賠償責任。在海洋貨物運輸保險中，保險責任的有效期限往往通過保險合同中的倉至倉條款作出明確規定，即保險人只承擔保險單載明的起動地倉庫至目的地倉庫的運輸過程中，由於承保風險所造成的貨物損失。對於在保險責任開始前或保險責任結束后所發生的損失，保險人不承擔賠償責任。

（4）被保險貨物的自然損耗、本質缺陷、特性以及市價跌落、運輸延遲所引起的損失或費用。貨物的自然損耗、本質缺陷、特性所引起的損失，如貨物的自然氧化、變質、腐爛、發酵等所導致的損失，屬於可以預見的必然事件。保險對必然發生的損失不予承保。市價跌落，是商業活動中的投機性風險，對投機性風險保險也不予承保。同時，海洋運輸受自然因素影響大，船期無法保證，即使是由於承保風險導致的運輸遲延，保險也不予以承保。例如，船舶在航行途中發生擱淺，到避難港修理船舶，使船期遲延，並造成船上貨物全部腐爛變質，對此，保險人不承擔賠償責任。

（5）海洋運輸貨物戰爭險條款和貨物運輸罷工險條款規定的責任範圍和除外責任。在海洋貨物運輸保險中，對於戰爭和罷工風險所引起的損失，分別由戰爭險和罷工險條款予以承保。換言之，對戰爭險和罷工險所承保的責任範圍，基本險不予承保。

同時，基本險也將戰爭險和罷工險的除外責任列為除外責任。其中，戰爭險的除外責任有：由於敵對行為使用原子或熱核武器所致的損失和費用，根據執政者、當權者或者其他武裝集團的扣押、拘留引起的承保航程的喪失和挫折而提出的任何索賠；罷工險的除外責任，是指在罷工期間由於勞動力短缺或者不能使用勞動力所致的保險貨物的損失。

三、保險責任的期限

【案例討論】某進口公司從國外進口一批貨物，按 FOB SINGAPORE 成交，進口方接到對方的裝船通知後，到保險公司辦理了投保手續，保險單部分內容如下：
Premium as arranged rate
Slyon or abt. as per B/L from Singapore to Shanghai
Conditions：Covering ALL Risks and War Risk as per CIC dated 01/06/2002
貨到上海港後即存入碼頭倉庫，第二天夜間倉庫失火，該批貨物全部滅失。該公司接到通知後，立即備齊有關索賠單據，以貨物未到達收貨人倉庫為由向保險公司提出索賠。保險公司以貨物已經進入倉庫而拒絕理賠。問：
（1）該批貨物損失由誰負責？
（2）進口商應從中吸取什麼教訓？

保險期限是指保險人承擔保險責任的起止時間。由於海洋貨物運輸的特殊性，海洋運輸保險的期限往往無法固定，因此保險單中也無具體的起止日期的規定。根據國際保險市場的慣例，我國海洋貨物運輸基本險的保險期限由以下三個條款分別作出規定：

（一）倉至倉條款

海洋貨物運輸保險負「倉至倉」責任，自被保險貨物運離保險單所載明的起動地

倉庫或儲存所開始運輸時生效，包括正常運輸過程中的海上、陸上、內河和駁船運輸在內，直至該項貨物到達保險單所載明的收貨人的最后倉庫或儲存所或被保險人用作分配、分派或正常運輸的其他儲存所為止。如未抵達上述倉庫或儲存所，則以被保險貨物在最后卸載港全部卸離海輪滿60天為止。如果在上述60天內被保險貨物需要轉運到非保險單載明的目的地時，則以該項貨物開始轉運時終止。

其中，「起動地倉庫或儲存所」可以是內陸發貨人的工廠倉庫，也可以是起運港倉庫；「最后倉庫或儲存所」可以是目的港倉庫，也可以是內陸最終目的地倉庫。為了避免貨物在陸上運輸和倉儲的風險的漏保，在海洋貨物運輸保險中投保人往往辦理運輸貨物的全程保險，即內陸發貨人的工廠倉庫至收貨人的內陸最終目的地倉庫。其中「正常運輸」是指正常的航程、航線行駛並停靠港口，包括途中正常的延遲和正常的轉船。

(二) 擴展責任條款

由於被保險人無法控制的運輸延遲、繞道、被迫卸貨、重新裝載、轉載或承運人運用運輸契約賦予的權限所作的任何航海上的變更或終止運輸契約，致使被保險貨物運到非保險單所載明的目的地時，在被保險人及時獲知的情況下通知保險人，並在必要時加繳保險費的情況下，本保險仍繼續有效，保險人繼續承擔保險責任。

(三) 航程終止條款

由於被保險人無法控制的運輸延遲、繞道、被迫卸貨、重新裝載、轉載或承運人運用運輸契約賦予的權限所作的任何航海上的變更或終止運輸契約，致使被保險貨物運到非保險單所載明的目的地時，在被保險人未實施擴展責任條款所規定的行為下，保險責任按下列規定終止：

(1) 被保險貨物如在非保險單所載明的目的地出售，保險責任至交貨時為止，但不論任何情況，均以被保險貨物在卸載港全部卸離海輪滿60天為止。

(2) 被保險貨物如在上述60天期限內繼續運往保險單所載原目的地或其他目的地時，保險責任仍按上述第 (一) 款的規定終止。

四、被保險人的義務

各國保險法明確規定了被保險人的義務，並要求被保險人嚴格履行，否則保險人有權解除保險合同並拒絕承擔賠償責任。在海洋運輸貨物保險中，被保險人的義務除了保險法規定的義務外，海洋運輸貨物保險條款也作出了特別規定：

(一) 防止遲延的義務

(1) 當被保險貨物運抵保險單所載明的目的港或者目的地時，被保險人應當及時提取貨物。保險貨物抵達目的地后，未到達收貨人的最后倉庫，保險人的保險責任就無法終止。被保險人及時提貨可以盡快終止保險人的保險責任。

(2) 當發現被保險貨物遭受任何損失時，應立即向保險單上所指定的代理人申請檢驗，以確定損失的原因、範圍和程度。比如，運輸貨物發生損失的原因是多方面的，有發貨人責任造成的貨物殘損即「原殘」，有船方責任造成的貨物損失即「船殘」，有港務局或者其他第三人責任造成的貨物損失即「工殘」。它們確定直接影響到保險人的利益。

(3) 當發現被保險貨物整件缺少或者有明顯殘損痕跡時，應立即向承運人、受託

人或者有關部門如海關、港務局等索取貨損貨差的相關證明。當然，這為保險人的保險理賠和代位追償權的行使創造了有利條件。

(二) 減少貨物損失的義務

對遭受承保責任範圍內危險的貨物，被保險人應及時採取合理措施，防止或減少貨物的損失。被保險人採取此項措施，不應視為放棄委付的意思表示。當然保險人也可以採取相應措施時，也不應視為接受委付的意思表示。

【資料連結】委付是指被保險人在保險貨物遭受嚴重損失時，向保險人聲明願意將保險貨物的一切權利（包括財產權以及由此所產生的義務）轉讓給保險人，而要求保險人按照貨物全部損失狀態給予賠償的一種特殊的索賠方式。按照海運保險慣例，委付應當具備以下特徵：一是委付通知應當及時送達保險人；二是保險人有權拒絕或者接受委付；三是委付一旦被接受，不能再撤回。

(三) 告知義務

(1) 如遇航程變更或者發現保險單所載明的貨物、船名或航程有遺漏或者錯誤時，被保險人應獲悉后立即通知保險人，在必要時加繳保險費，保險合同繼續有效。如果被保險人未履行該項義務而影響了保險人的利益，則保險人有權解除合同。

(2) 在獲悉有關運輸契約中「船舶互撞責任」條款的實際責任后，應及時通知保險人。由於保險人對「船舶互撞責任」承擔保險責任，因此船舶發生互撞之後，兩船之間的責任大小和賠償多少等直接與保險人的利益有關。被保險人履行通知義務之後，使保險人可以審時度勢保護自身利益。

五、保險索賠與索賠時效

(一) 保險索賠

1. 損失通知義務

被保險人一旦獲悉保險標的遭受損失時，應立即通知保險人。各國保險法都規定，損失通知一經發出，索賠立即生效且不受索賠時效的限制。保險單上一般都註明了保險人的檢驗代理人的名稱和地址。被保險人應採取就近原則，及時通知保險人或者其在當地的檢驗代理人，申請對損失進行檢驗。若被保險人延遲通知，則會影響損失檢驗工作，影響索賠甚至引起爭議。

2. 索賠時提供單證的義務

被保險人在向保險人索賠時，應按照保險合同規定必須提供下列單證：保險單正本、提單、發票、裝箱單、磅碼單、貨損貨差證明、檢驗報告及索賠清單。如涉及第三者責任，還須提供向責任方追償的有關函電及其他必要單證或者文件。

(二) 索賠時效

當貨物發生保險單承保責任範圍內的損失時，被保險人應當及時向保險人提出索賠。超過保險合同規定的索賠期限的，被保險人就會喪失索賠權。我國現行海洋運輸貨物保險條款規定的索賠期限是，從被保險貨物在最后卸貨港完全卸離海輪時起算，最多不超過兩年。

實訓作業

一、實訓項目

設置某物流企業對承運的貨物及倉儲的貨物辦理保險為課題案例，提供投保單、風險詢問表、保險單、保險合同等資料，將學生分成該保險業務中的投保人、保險公司、保險代理人和保險經紀人四個保險關係主體的角色，並由其分別完成相關的保險製單、審單、保險合同簽訂等相關業務，以熟練地掌握財產保險業務操作及法律注意事項。

二、案例分析

（一）2015 年 3 月，某物流配送中心與保險公司簽訂了企業財產保險合同，物流配送中心按月交給保險費，保險公司的承保責任範圍包括火災保險。當年 5 月，物流配送中心與某設備安裝公司簽訂了維修倉庫施工協議。安裝公司在施工過程中，有關人員違反安全操作規程，釀成火災，損失達 600 萬元。配送中心向保險公司提出賠償要求，一面向安裝公司要求賠償。安裝公司賠償 200 萬元后，說：「我們沒有多余的資金，有保險公司賠償，就不要再找我們了。」因安裝公司與物流配送中心有私交，物流配送中心承諾放棄對安裝公司的賠償請求權。對物流配送中心的做法，保險公司會如何處理？

（二）有一批貨物投保了平安險，該批貨共有 100 件。在裝運港裝船時，分裝兩條駁船運到海輪裝船。每條駁船裝了 50 件貨物，但在駁運過程中，有一條駁船翻船損失了 50 件，另一條駁船的 50 件全部裝上了海輪。對損失的 50 件，保險公司是否負責賠償？

（三）中國某出口企業向海灣某國出口花生糖一批，投保了一切險。由於貨輪沿途到處攬載，在印度洋海面多停留 3 個月。貨輪到達目的港卸貨時，花生糖因受熱時間長已全部軟化，無法銷售。對此損失，保險公司是否應承擔賠償責任？為什麼？

第十章
物流代理法實務

代理是社會生活和經濟工作中的常見交往方式,並獲得法律上的認可。它不但避免了當事人直接交易的麻煩,又解決了當事人因專業、精力、能力等限制而產生的交流困難,同時也為當事人節省了時間等交易成本。如貨代企業從事貨運代理業務,接受貨物收貨人、發貨人和其他委託方或其代理人的委託,承辦貨物運輸、簽發運輸單證、履行運輸合同、提供增值服務等,不但獲得了佣金等,也讓貨主、承運人等獲得了時間效益和經濟效益。貨運代理應當符合代理法之相關規定,才能保證代理行為合法有效。本章主要介紹代理法和國際貨物運輸代理。

【導入案例】我國某糧油進出口公司與英國進口商簽訂了出口某農產品的合同,共計25,000千克,價值30萬英鎊。裝運期為當年10月至11月,CIF倫敦。由於原定的裝貨船舶出故障,只能改裝另一艘外輪,至使貨物到12月20日才裝船完畢。在我公司的請求下,外輪代理公司將提單的日期改為11月31日,貨物到達鹿特丹后,英國進口商對裝貨日期提出異議,要求我公司提供11月份裝船證明。我公司堅持提單是正常的,無需提供證明。英國進口商聘請的代理律師上貨船查閱船長的船行日誌,並獲取了提單日期是偽造的有利證據。進口商立即向當地法院控告。在法院採取扣留該貨船的司法行動之後,經過2個月的協商,在我方同意賠款8萬英鎊情況下進口商才撤回訴訟請求,終結此案。

第一節 代理法概述

一、代理制度
(一)代理的概念與特徵
1. 代理

代理是指代理人以被代理人的名義,代表被代理人同第三人訂立合同或作其他的法律行為,由此而產生的權利與義務直接對被代理人發生效力。在代理關係中,被代理人又稱委託人或本人;代理人就是代理他人從事民事行為的人;第三人又稱相對人,指與代理人實施民事行為的人。

無論是人們日常生活,還是單位生產經營活動,代理行為都普遍存在。例如在物

流業領域，就廣泛存在各種代理活動，如貨物運輸代理、保險代理、訴訟代理等。代理業務解決了貨運各方當事人因專業、精力、能力等限制而產生的工作困難，例如貨運代理使貨主通過自己的貨運代理人實現以最低的成本完成貨物運輸、倉儲和保險等目的；承運人通過自己的貨運代理人實現擴大物流業務從而提高經濟效益。為了規範當事人的代理行為，《民法通則》等作出了法律規定。

【相關連結】依照法律規定，以下民事行為不得適用代理：
(1) 具有人身性質的民事行為。如設立遺囑、婚姻登記、收養子女等。
(2) 履行與特定人的身分相聯繫的債務。這類債務通常與特定人的技能、專業水平、能力等密切相關，不能由他人代為履行。如寫作、演出、繪畫、建築工程承包等義務的履行。
(3) 當事人約定只能由義務人親自履行的債務。

2. 代理的法律特徵
(1) 代理涉及內部關係和外部關係。一是代理的內部關係，即委託人和代理人之間的授權代理的外部關係。這種授權可以根據委託人的授權產生，也可基於法律的規定和法院等機關的依法指定產生。二是代理的外部關係，即委託人與代理人對相對人的關係。代理人和相對人之間，代理人依據代理權實施代理行為，以被代理人的名義向相對人為意思表示或接受意思表示。代理人在代理權限內以被代理人的名義同相對人所實施的行為，其法律效果由委託人完全承擔。
(2) 代理人必須以被代理人的名義行為。在代理關係中，代理人只有以被代理人的名義，代替被代理人進行民事活動，才能為被代理人取得民事權利和履行民事義務。這一特徵使之區別於經紀，如信託公司出售物品，以自己名義並自己承擔法律后果。
(3) 代理人在代理權限範圍內獨立進行意思表示。代理人在從事代理行為的過程中，並不是機械地執行委託人的意志，而可以在授權範圍內獨立進行或接受意思表示。這是代理與使者的根本區別。當然這種獨立的意思表示不是為了代理人自身的利益，而是為了委託人的利益。
(4) 代理的法律后果由委託人承擔。代理人以委託人的名義與第三人從事民事行為，由此產生的法律效果完全歸屬於委託人。因為代理人是以被代理人的名義並為謀求被代理人的利益而進行活動的，代理人依據代理權進行的民事活動，實質上就是被代理人的活動。

【相關連結】行紀行為與居間行為
行紀行為又稱信託行為，是指行紀人受委託人的委託，用委託人的費用，以自己的名義為委託人從事購買、銷售及其他商業活動，因其活動系以自己的名義進行，故相對於第三人而言，其活動的后果只能直接由行紀人自己承受，然后再依委託合同的規定轉移給委託人。換言之，行紀人的活動不能形成代理的三方關係。
居間行為是指居間人為他方報告成交機會即提供商業信息，他方當事人在居間人介紹的交易成立后，向居間人給付一定報酬的行為。居間人在委託人與第三人訂立合同的過程中，發揮穿針引線的媒介作用而非代理。

(二) 代理的分類

《民法通則》按代理權產生的根據不同，將代理分為法定代理、指定代理和委託代理。

1. 法定代理

法定代理是依據法律規定而產生代理權的代理。法定代理權的發生不需要依賴任何授權行為，而是直接來源於法律的規定。法定代理主要是為無行為能力人和限制行為能力人設定的代理。法定代理主要有以下幾種情形：①監護人對被監護人享有法定代理權。②夫妻日常家務事代理權，特別重大的事項不得適用代理，如轉讓不動產。③基於客觀必需法律的特別授權的代理。在緊急情況下，由代理人直接依據法律而取得的授權。例如船舶、火車等運輸工具在運輸途中因遭意外事故而毀壞，所裝貨物即將腐爛，客觀情況又使得船長或車長無法及時徵求貨主的意見，則船長或車長有權以貨主名義與相對人簽訂買賣合同，貨主為本人，船長或車長為代理人。再如保管人保管財物，而存放保管物的建築物被毀，以致該保管物有毀損或被盜的危險，客觀情況又使得無法與寄托人聯繫並徵求其意見，則保管人即可以寄托人名義與相對人簽訂買賣合同。

2. 指定代理

指定代理是根據人民法院或者其他指定機關的指定而進行的代理。指定代理主要有以下幾種情形：①無行為能力人和限制行為能力人，沒有監護人，或數個監護人就監護發生爭議時，法院指定監護人，此時的監護人實際上就是法定代理人。②為失蹤人指定代理財產管理人。③公民因其他原因不能親自處理自己的事務，又不能通過法定代理和委託代理處理事務，可由法院為其指定代理人。

3. 委託代理

委託代理是指基於被代理人的委託授權而產生代理權的代理。這種委託授權或意思表示除有些必須採用書面形式外既可是口頭的，也可是書面的；既可向代理人表示，也可向第三人表示。書面的授權委託書應當載明代理人的姓名或名稱、代理事項、權限和期間，並由委託人簽名或蓋章。委託書授權不明的，被代理人應當向第三人承擔民事責任，代理人負連帶責任。

除上述分類外，代理還有其他分類方式。根據代理人的人數，代理可分為單獨代理和共同代理。根據是否以本人名義代理為標準可分為直接代理和間接代理。根據代理人的選任，可將代理分為本代理和復代理。

【法律連結】復代理

《民法通則》第六十八條規定：「委託代理人為被代理人的利益需要轉托他人代理的，應當事先取得被代理人的同意。事先沒有取得被代理人同意的，應當在事後及時告訴被代理人，如果被代理人不同意，由代理人自己對所轉托的人負民事責任，但在緊急情況下，為了保護被代理人的利益而轉托他人代理的除外。」根據《民法通則意見》第八十條規定，緊急情況是指由於急病和通訊聯絡中斷等特殊原因，代理人自己不能辦理事項，又不能與被代理人及時取得聯繫。

二、代理權的行使

【案例討論】某供銷總公司有一經營勞保用品的門市部，面積 300 平方米，因連年虧損，商業總公司欲將門市部的房屋、貨架、櫃臺出租。當地的焊材廠勞動服務公司欲開辦一個焊材批發部，缺少臨街鋪面。作為兩家企業的法律顧問王某在瞭解到該情況后，徵求雙方的初步意見。為了減少麻煩，兩家企業均委託王某作為其代理人。在全面考慮雙方利益后，王某擬定了一份租賃合同。合同約定：房屋用於焊材批發業務；租期為 5 年，從 2014 年 6 月 2 日至 2019 年 6 月 1 日；第一年租金 6 萬元，以后每年遞增 5%；除第一年訂立合同時支付外，其餘租金應在下一年到來前 15 天支付。對王某帶回的租賃合同，兩企業未表示異議並完成簽章行為。

王某的代理行為合法嗎？為什麼？

(一) 代理權的依據

法定代理是基於法律規定而產生的代理權，指定代理是基於人民法院或有關機關的指定而取得代理權，委託代理是基於被代理人的授權而產生代理權。在代理活動中，委託代理是最常見的方式。

為了保障委託代理合法有效，作為委託人（被代理人）應當注意以下兩點：一是委託代理可以用書面形式也可以用口頭形式，但法律規定用書面形式的，則應當用書面形式。二是書面委託代理的授權委託書應當載明代理人的姓名或者名稱、代理事項、權限和期間，並由委託人簽名或者蓋章。

《民法通則》規定，因委託書授權不明而造成損害的，被代理人應當向第三人承擔民事責任，代理人負連帶責任。

(二) 代理人的義務

代理權的行使，是指代理人在代理權限內以被代理人的名義實施的代理行為。代理人在行使代理權的過程中應當履行如下義務：

(1) 代理人應勤勉履行代理職責，若代理人不履行其義務或者在替被代理人處理事務時有過失，致使被代理人損失，代理人應對被代理人負賠償責任。

(2) 代理人對被代理人應誠信忠實，不得濫用代理權。

(3) 代理人不得洩露他在代理業務中所獲得的商業秘密和資料。

(4) 代理人未經被代理人許可，不得把代理權委託第三人行使。

(三) 代理權濫用的禁止

濫用代理權是指代理人在代理期間利用代理權去進行損害被代理人的活動。法律禁止代理權的濫用，其有以下幾種情形：

(1) 自己代理。自己代理是指代理人以被代理人的名義同自己進行民事法律行為。自己代理之所以為法律禁止，是因為在自己代理情況下，代理人未尋找相對人，由自己與被代理人發生法律關係，這種行為違反了代理人應當負有的忠實義務。按照忠實義務，代理人必須為被代理人的利益而行為，而不能為了自己的利益而行為。

(2) 雙方代理。雙方代理是指代理人以被代理人名義同自己代理的其他人進行民事法律行為。其特點是：①代理人獲得了被代理人和相對人的授權；②雙方授權的內

容是相同的；③代理人同時代理雙方為同一法律行為。

（3）代理人與相對人惡意串通損害被代理人利益。在互相串通的情況下，如果造成了被代理人的損害，應當由代理人與相對人負連帶責任，賠償被代理人因此所受的損失。

(四) 代理權的終止

代理權的終止，是指代理人與被代理人之間的代理關係消滅。根據《民法通則》第六十九條、第七十條規定，對不同代理權終止情形作出了不同規定：

（1）委託代理終止：①代理期間屆滿或者代理事務完成；②被代理人取消委託或者代理人辭去委託；③代理人死亡；④代理人喪失民事行為能力；⑤作為被代理人或者代理人的法人終止。

（2）法定代理或者指定代理終止：①被代理人取得或者恢復民事行為能力；②被代理人或者代理人死亡；③代理人喪失民事行為能力；④指定代理的人民法院或者指定單位取消指定；⑤由其他原因引起的被代理人和代理人之間的監護關係消滅。

三、無權代理

【案例討論】2015年，某縣土產公司派業務員張明赴外地聯繫購進干果事宜，張明隨身帶著蓋有公司印章的空白合同書和介紹信，其中介紹信寫有「本單位委託張明同志前往你處聯繫購買干果，請予接洽」。張明抵達外地一家果品公司后，發現當地的香蕉特別便宜，質量也屬上乘，遂與該市果品公司商洽，雙方訂立購買香蕉和葡萄干合同一份，其中香蕉10噸，每公斤1.8元，葡萄干1噸，每公斤24元，共計價款4.2萬元。貨物運到土產公司，土產公司以張明自作主張購進香蕉為由，不承認所訂立的合同，拒收全部貨物。果品公司的送貨人則將貨物卸到土產公司門口。香蕉經風吹日曬，開始變質腐爛，后當地工商部門聞訊趕來對香蕉作了及時處理，但已造成一定損失。由於土產公司不承認合同，拒付貨款，果品公司只得向法院起訴，要求土產公司支付全部貨款並承擔違約責任。問：
(1) 如何認定張明的代理行為？
(2) 法院應如何處理此案？

無權代理就是代理人無代理權、超越代理權或在代理權終止以後所從事的代理行為。無權代理的四種情形：①不具備默示授權條件的代理；②授權行為無效的代理；③超越授權範圍的代理；③代理權消滅后的代理。

（1）無權代理的處理方式：無權代理非經被代理人追認不生效力。被代理人追認前，無權代理人所作的代理行為處於效力不確定的狀態，第三人處理方式有：①由第三人向被代理人發出催告，要求被代理人在一定時間內答覆是否予以追認；②允許第三人在被代理人追認以前，撤回他與無權代理人所訂立的合同。但第三人在訂立合同時明知其為無權代理人者，不得撤回。

（2）無權代理的法律責任：第三人不知道該代理人沒有代理權而與之訂立了合同，無權代理人就要對第三人承擔責任；第三人明知該代理人沒有代理權而與之訂立了合同，無權代理人就不負責任。

四、表見代理

【案例討論】 王某長期擔任長江實業有限公司的業務主管，經常代表公司處理客戶的合同關係，都獲得了公司的認可。由於公司的新任總經理與王某性格不合，無理解除了王某的工作關係。在遭解雇一個月後，王某懷恨在心，繼續以公司郵件方式從老客戶供貨商處騙得 20 萬元的貨物，然後逃之夭夭。供貨商要求公司付款，才知悉王某已經被解雇事實。供貨商堅持認為在其與王某做生意期間，未收到關於公司已解雇王某的任何通知，是不知情的善意第三人，公司應對王某的行為負責。雙方相持不下，對簿公堂。問：

（1）公司是否要對王某的行為負責？公司應當吸取什麼教訓？
（2）王某是否要承擔刑事責任？

表見代理是指行為人沒有代理權、超越代理權或者代理權終止以後，以被代理人名義訂立合同，相對人有理由相信行為人有代理權的，該代理行為有效。其中的行為人即為無權代理人。表見代理行為有效，以保護善意的相對人，從而維護社會公平正義。

1. 表見代理的構成要件

（1）無權代理人並沒有獲得本人的授權。表見代理屬於廣義的無權代理，其只能在行為人無代理權的情形下發生。

（2）無權代理人具有代理權外觀形態。代理權外觀形態是指本人的授權行為已經在外部形成了一種表象，足以使第三人有合理的理由相信無權代理人已經獲得了授權。如本人在終止代理權後沒有收回代理證書及授權委託書等。

（3）相對人主觀上善意並無過失。相對人主觀善意是指相對人不知道或沒有理由知道無權代理人實際上沒有代理權。相對人無過失是指行為人沒有代理權，並非因疏忽大意或懈怠造成的。

（4）代理權外觀形態的形成與本人有一定牽連關係。本人的行為若與權利外觀的形成具有一定的牽連性，本人就應當接受表見代理的法律後果。相反，本人行為與外觀形成不具有牽連性或者毫無關係，則對本人不產生代理後果。

2. 表見代理的效果

（1）表見代理人所從事的代理行為應直接歸於被代理人，即被代理人應當受到表見代理人與相對人訂立的合同的約束，直接承享合同的權利與義務。

（2）表見代理的相對人認為合同沒有意義，可行使撤銷權，使該合同不發生效力。

3. 無權代理與表見代理的關係

廣義的無權代理包括了表見代理，而狹義的無權代理則是指除表見代理以外的無權代理。我國民法理論採納表見代理制度的目的是為了保護相對人的利益，維護交易安全；而狹義的無權代理制度設立的目的是為了保護被代理人的利益，根本目的不是為了保護相對人。同時這二者在構成要件、法律後果以及對本的效力是都有不同之往處，在此不再贅述。

第二節　國際貨物運輸代理

一、國際貨物運輸代理概述

(一) 國際貨物運輸代理的定義

國際貨運代理業務，是指國際貨運代理企業接受進出口貨物收貨人、發貨人或其代理人的委託，以委託人名義或者以自己的名義辦理國際貨物運輸有關業務，收取代理費、佣金或其他增值服務報酬的行為。

國際貨運代理企業是國際貨運代理業務的實施主體，在一般情況下，它接受貨主委託，代辦租船、訂艙、配載、繕制有關證件、報關、報驗、保險、集裝箱運輸、拆裝箱、簽發提單、結算運雜費，乃至交單議付和結匯。通過國際貨運代理把國際貿易業務中相當繁雜的工作相對集中地辦理、協調、統籌、理順關係，以提高工作效率。國際貨運代理工作具有極強的專業性、技術性和政策性。在國際貨運市場上，國際貨運代理企業處於貨主與承運人之間，不是運輸或倉儲業務中的當事人。但隨著國際物流的發展，國際貨運代理企業越來越多地承擔承運人的職責。

【案例討論】某國際貨運代理企業作為進口商的代理人，負責從 A 港接受一批藝術作品並在 400 海里外的 B 港交貨。因該批作品用於國際某市藝術節展覽，代理協議要求貨運代理企業在規定的日期之前在 B 港交付全部貨物。貨運代理企業在 A 港接收貨物后，通過定期貨運卡車將大部分貨物陸運到 B 港。因貨運卡車出現季節性短缺，一小部分貨物無法及時承運。於是貨運代理企業在市場租用了一輛貨運車以運往 B 港。然而在運輸過程中，承運貨物的貨車連同貨物一起下落不明。

問：該損失由誰承擔責任？為什麼？

(二) 國際貨物運輸代理的性質

國際貨運代理人是主要接受貨主委託，辦理有關貨物報關、交接、倉儲、調撥、包裝、轉運、租船和定艙等各種業務提供服務的企業組織。從貨運代理業務上看，國際貨物運輸代理人是以貨主代理人身分並按代理業務項目提供的勞務，由貨主向其支付代理費或佣金。從承攬綜合性業務上看，它可以是發貨人或收貨人的代理人，也可以是承運人的代理人，或者是貨主與承運人之間的仲介人。

國際貨物運輸代理業性質上屬於服務行業，是國際貿易、國際運輸方式發展的產物。隨著信息化的發展和客戶需求的不斷提高，貨運代理已擺脫「純代理人身分」的局限性，通過自身擁有的物流設施及拓展業務的額外服務中，承擔部分或全部承運人的職責，以獲取「附加價值」或「增值效益」。

二、國際貨物運輸代理法規

國際貨物運輸代理法規是指調整國際物流業務中的物流代理及相關活動的法律規範的總稱。

規範貨物運輸代理的法規主要有《民法通則》、《海商法》《國際貨物運輸代理業管理規定》（1995）、《國際貨運代理企業備案（暫行）辦法》《外商投資國際貨物運輸代理企業管理辦法》《外商投資國際貨運代理企業審批管理方法》《國際船舶代理管理規定》等也是國際貨物運輸代理重要法律規範。本節主要介紹《國際貨物運輸代理業管理規定》等相關規定。

【法律連結】《國際貨物運輸代理業管理規定實施細則》第二條規定

國際貨代企業作為代理人從事國際貨運代理業務的，是指接受進出口貨物收貨人、發貨人和其他委託方或其代理人的委託，以委託人名義或者以自己的名義辦理有關業務，提供增值服務，收取代理費、佣金或其他的增值服務報酬的行為。

國際貨代企業作為獨立經營人從事國際貨運代理業務的，是指接受進出口貨物收貨人、發貨人和其他委託方或其代理人的委託，承辦貨物運輸，簽發運輸單證，履行運輸合同，提供增值服務並收取運費以及服務報酬的行為。

三、國際貨物運輸代理的業務範圍

國際貨物運輸某一個環節或與此有關的各個環節的業務，可以通過貨主委託代理方式將其交付給國際貨運代理企業辦理。代理協議具體內容由雙方當事人協商確定。國際貨運代理所受理的業務主要有：

（1）接受發貨人即出口商的代理業務：①選擇運輸路線、運輸方式和適當的承運人；②向選定的承運人提供攬貨、訂艙；③提取貨物並簽發有關單證；④包裝、儲存、稱重和量尺碼；⑤安排保險；⑥將貨物的港口后辦理報關及單證手續並將貨物交給承運人；⑦支付運費及其他費用；⑧收取已簽發的正本提單並付發貨人；⑨安排貨物轉運；⑩通知收貨人貨物動態；⑪記錄貨物滅失情況；⑫協助收貨人向有關責任方進行索賠。

（2）接受收貨人即進口商的代理業務：①報告貨物動態；②接收和審核所有與運輸有關的單據；③提貨和付運費；④安排報關和付稅及其他費用；⑤安排運輸過程中的存倉；⑥向收貨人交付已結關的貨物；⑦協助收貨人儲存或分撥貨物。

（3）特種貨物裝掛運輸服務及海外展覽運輸服務等。

（4）其他代理服務：①貨物及運輸工具的報關、報檢、報驗；②貨物的監裝、監卸、集裝箱拼裝拆箱、分撥、中轉及相關的短途運輸服務；③國際多式聯運、集運（含集裝箱拼箱）等。

四、國際貨物運輸代理企業的設立條件

貨物運輸代理企業，應當符合企業法和運輸代理法所規定條件。一般情況下，個人獨資企業、合夥企業和公司企業都可以依法辦理國內貨物運輸代理業務。但由於國際貨物運輸代理業務的特殊性，《國際貨物運輸代理業管理規定》等規定國際貨運代理企業除應當依法取得中國企業法人資格，採用有限責任公司或股份有限公司組織形式外，同時還應當具備下列條件：

（1）股東符合法定條件。申請設立國際貨代企業的股東可以是企業法人、自然人或其他經濟組織。但與進出口貿易或國際貨物運輸有關，並擁有穩定貨源的企業法人

應當為大股東,且應在國際貨代企業為控股股東。企業法人以外的股東不得在國際貨代企業成為控股股東。

(2) 有固定的營業場所和必要的營業設施。其中,固定營業場所即自有房屋、場地須提供產權證明,租賃房屋、場地,須提供租賃契約;必要的營業設施包括一定數量傳真、計算機、短途運輸工具、裝卸設備、包裝設備等。

(3) 有符合法律規定的註冊資本最低限額要求。具體為:①經營海上國際貨運代理業務的,註冊資本最低限額為 500 萬元人民幣;②經營航空國際貨運代理業務的,註冊資本最低限額為 300 萬元人民幣;③經營陸路國際貨運代理業務或者國際快遞業務的,註冊資本最低限額為 200 萬元人民幣。企業經營兩項以上業務的,註冊資本最低限額為其中最高一項的限額。

(4) 有合法的企業名稱。國際貨運代理企業的名稱、標誌應當符合國家有關規定,同時名稱中應含有表明行業特點的「貨運代理」「運輸服務」「倉儲」「配送」「集運」「物流」或「服務貿易」等相關字樣。

(5) 有必要的從業人員。具有至少 5 名從事國際貨運代理業務 3 年以上的業務人員。從業資格由業務人員原所在企業證明或者取得外經貿部頒發的資格證書。

(6) 法律法規所規定的其他條件。國際貨運代理企業在申請設立分支機構或國際貨運代理業務經營範圍中如包括國際多式聯運業務時,還應當具備法律規定的其他條件。

五、國際貨物運輸代理企業的管理

國務院商務部負責對全國的國際貨物運輸代理業實施監督管理。省、自治區、直轄市和經濟特區的人民政府商務機關(以下簡稱地方對外貿易主管部門)依照法律規定,在國務院商務部授權的範圍內,負責對本行政區域內的國際貨物運輸代理業實施監督管理。

申請設立國際貨物運輸代理企業,申請人應當向擬設立國際貨物運輸代理企業商務主管部門提出申請,必須取得商務部頒發的《國際貨物運輸代理企業批准證書》(以下簡稱批准證書)。

國際貨運代理企業應當持批准證書向工商、海關部門辦理註冊登記手續。任何未取得批准證書的單位,不得在工商營業執照上使用「國際貨運代理業務」或與其意思相同或相近的字樣。

國際貨運代理企業完成企業註冊登記手續,並到海關、檢驗檢疫、外匯管理、稅務等部門辦理開展國際貨運代理業務所需的相關手續。

六、國際貨物運輸代理企業的職責

【案例討論】某國際貨代公司接受發貨人委託,安排一批福建產的鐵觀音茶葉海運出口至法國,代理業務範圍包括對貨物租箱、監裝、報關、報檢等,代理協議還約定代理人工作失職將承擔貨物總金額 10% 的違約金。貨代公司在收到租賃船運公司所提供的集裝箱後,完成了裝箱工作並交付承運。為保障貨物運輸安全,發貨人自行辦理了貨物運輸保險即一切險。收貨人在目的港拆箱提貨時發現集裝箱內異味濃重,經查

明該集裝箱存有上次所載貨物精萘的殘存物，貨代公司監裝時並未清洗，致使茶葉受精萘污染。問：
(1) 收貨人可以向誰索賠？為什麼？
(2) 最終應由誰對茶葉受污染事故承擔賠償責任？

(一) 國際貨物運輸代理作為代理人的職責

國際貨運代理企業作為代理人接受委託辦理有關業務，應當與進出口收貨人、發貨人簽訂書面委託代理協議。雙方發生代理業務糾紛，應當以所簽書面協議作為解決爭議的依據。

(1) 承擔國際貨運代理的傳統代理職責。主要代理貨主訂艙，保管貨物和安排貨物運輸、包裝、保險等，並代為支付因運送、保管、保險、報關、簽證、辦理匯票的承兌和為其服務所引起的一切費用運費。同時，還代為支付由於國際貨運代理不能控制的原因所致使合同無法履行而產生的其他費用。客戶只有在提貨之前全部付清上述費用，才能取得提貨的權利。否則，國際貨運代理企業對貨物享有留置權，以保障自身權益。

(2) 國際貨運代理應對本人及其雇員的過錯承擔責任。其錯誤和疏忽包括：未按指示交付貨物；儘管得到指示，辦理過程中仍然出現疏忽；報關有誤；運往錯誤的目的地；未能按必要的程序取得再出口（進口）貨物退稅；未取得收貨人的貨款而交付貨物等。

(3) 國際貨運代理還應對經營過程中造成第三人的財產損害或人身傷亡承擔責任。國際貨運代理能夠證明他對第三人的選擇做到了合理的謹慎，那麼他一般不承擔因第三人的作為或不作為所引起的責任。

(二) 國際貨物運輸代理企業作為當事人的職責

國際貨運代理作為當事人是指在為客戶提供所需的國貨貨運代理服務中，是以本人的名義對第三人辦理業務的獨立經營人。作為國際貨運代理作為當事人，國際貨運代理不僅根據代理合同對其本身代理業務和雇員的過失負責，而且應向貨主、第三方承擔承運人的負責。

(1) 對貨主承擔承運人責任。其主要表現在三個方面：一是大部分情況屬於對貨物的滅失或殘損的責任；二是因職業過失給貨主造成經濟損失的責任；三是遲延交貨的責任等。國際貨運代理企業作為獨立經營人，與貨主發生業務糾紛時應當以所簽運輸單證作為解決爭議的依據；與實際承運人發生業務糾紛時應當以其與實際承運人所簽運輸合同作為解決爭議的依據。

(2) 對海關的責任。有報關權的國際貨運代理在替客戶報關時應遵守海關的有關規定，向海關當局及時、正確、如實申報貨物的價值、數量和性質。報關有誤，國際貨運代理將會遭到罰款，並難以從貨主裡補償。

(3) 對第三人的責任。因貨物問題或工作失誤對裝卸公司、港口當局等參與貨運的第三人造成損失時，應當承擔賠償責任。

七、國際貨物運輸代理的責任限制與免責

(一) 國際貨物運輸代理的責任限制

國際貨運代理企業應對代理行業承擔責任。國際貨運代理企業作為獨立經營人且負責履行或組織履行國際多式聯運合同時，其責任期間自接收貨物時起至交付貨物時止。

各國為了保護本國的航運業，通常將賠償責任用法律加以限制。換言之，國際貨運代理與承運人一樣，均有權將其責任限制在合理的限額內。當國際貨運代理為承運人時，其享受有關承運人的責任限制。

(二) 國際貨物運輸代理的免責

免責是指根據國家法律、國際公約、運輸合同的有關規定，責任人免於承擔責任的事由。國際貨運代理與承運人一樣享有除外責任。對此，國內貨物運輸法及相關國際公約中都有所規定。國際貨運代理的免責情形主要有：

(1) 客戶的疏忽或過失所致。

(2) 客戶或其代理人在搬運、裝卸、倉儲和其他處理中所致。

(3) 貨物的自然特性或潛在缺陷所致，如：由於破損、泄漏、自燃、腐爛、生鏽、發酵、蒸發或由於對冷、熱、潮濕的特別敏感性。

(4) 貨物的包裝不牢固、缺乏或不當包裝所致。

(5) 貨物的標誌或地址的錯誤或不清楚、不完整所致。

(6) 貨物的內容申報不清楚或不完整所致。

(7) 不可抗力所致。

實訓作業

一、實訓項目

1. 某縣水果公司欲在水果批發市場採購包括香蕉、西瓜等時令水果一批，前者限購10噸，后者限購30噸，以供節日銷售。為了完成此項業務，公司打算委派本單位業務工作人員朱某負責辦理。請學生模擬水果公司總經理的身分，向朱某草擬一份授權委託書。

2. 將學生分組，查詢國際貨運代理業務的基本流程，並分析每一流程環節中貨運代理企業的職責與法律風險。

二、案例分析

(一) 王某於2012年至2015年6月期間曾是某服裝貿易公司的業務員，專門負責公司廣東、香港片區的服裝業務。王某辭職經營期間，利用身邊留存的一張蓋有原公司公章蓋章的空白合同書，以服裝貿易公司名義與香港的長期供貨商在廣州訂了一份服裝採購合同。依照合同規定，香港供貨商提供男女毛滌等面料及各種樣式和規格的男女服裝200打，貨款總額人民幣24萬元；交貨期為同年8月；貨款在貨到后10日內

付清；違約金為貨款總額的 15%。2015 年 8 月，服裝貿易公司收到了香港供貨商的提貨單和付款通知，服裝貿易公司認為王某涉嫌合同詐欺，既不提貨也不付款。在協商不成的情況下，香港供貨商向法院起訴。

試分析王某的代理是無權代理還是表見代理，本案應如何處理。

（二）中國甲貿易出口公司與外國乙進口公司以 CFR 洛杉磯、信用證付款的條件達成出口貿易合同。出口貿易合同和信用證均規定不準轉運。甲貿易出口公司在信用證有效期內委託丙貨代公司，丙貨代公司以承運人的名義簽發提單，並標註不準轉運。在運輸途中，實際承運人即船運公司為接載其他貨物，擅自將甲公司托運的貨物卸下，換裝其他船舶運往目的港。由於中途延誤，貨物抵達目的港的時間比合同約定抵達時間晚了 23 天，造成貨物變質損壞。乙公司向貨代公司提出索賠，理由是貨代公司簽發的是直達提單，而實際則是轉船運輸，構成詐欺行為。

試分析貨代公司應否向受害方承擔責任，為什麼。

第十一章
物流市場秩序法實務

競爭是市場經濟的重要支柱和發展源泉。我國物流業和連鎖經營業起步較晚，企業管理和技術設施相對較差。當外資企業特別是歐美、日本等發達國家和地區的大型物流企業、連鎖經營企業紛紛入駐中國之時，連橫合縱，搶奪市場份額，市場競爭必然更加激烈。有競爭，必然有作為競爭對立物的不正當競爭，而且后者的最終結果必然擾亂競爭秩序，破壞社會主義市場經濟，損害經營者的合法權益，最終損害消費者和用戶的利益。為了規範競爭，保障市場秩序的公正合理，我國建設了市場秩序法律制度。無論是物流企業還是連鎖經營企業，無論是內資企業還是外資企業，都必須遵守我國市場秩序法律制度，運用合法的競爭手段求得企業的生存和發展。

【導入案例】在「雙十一」購物狂歡節期間，黃金貴在天貓商城網購一臺創維彩電，由賣家送貨上門，因促銷賣方還表示加價600元，即向其贈送一個烏金木材質的電視櫃，總價格22,999元。在網上付款成功后的第七天，快遞公司就送來了貨物，黃金貴拆開包裝后發現：彩電屏幕有非常明顯的刮痕，嚴重影響外觀和節目觀看效果；電視櫃不是烏金木材質量，而是普通板材且有裂紋。當黃金貴聯繫賣家反應訴求時，賣家卻說「彩電發貨時是完好無損的，刮痕是物流公司在運輸途中導致的，責任應先由物流公司承擔；電視櫃雖然不是烏金木材質量但屬於贈送品，不屬於質量擔保範圍；賣家經營的是網店，不提供發票」。問：
(1) 彩色電視存在刮痕問題，買方是否應先找物流公司承擔責任？
(2) 電視櫃不是烏金木材質且質量很差，消費者能否要求賣家退貨？
(3) 以網店為由而不提供發票，賣家說法有道理嗎？

第一節　反不正當競爭法概述

一、不正當競爭行為概念

不正當競爭行為是指經營者違反公平正當競爭，損害其他經營者的合法權益，擾亂社會經濟秩序的行為。不正當競爭行為包括壟斷行為、限制競爭行為和不正當競爭行為等三類行為。其中，狹義的不正當競爭行為專指我國《中華人民共和國反不正當競爭法》所規定不正當競爭行為。

各國認為凡在商業經營活動中違反誠實經營的競爭行為即構成不正當的競爭行為，並把違反誠實信用原則和公平競爭原則作為不正當競爭概念的核心內容。物流行業的發展，必須支持正當競爭行為，反對和制止不正當競爭行業、壟斷行為。

【案例連結】2013 年 1 月，國家發展改革委員會對韓國三星、LG，臺灣地區奇美、友達、中華映管、瀚宇彩晶等六家國際大型液晶面板生產商的價格壟斷行為，做出處罰決定，除責令涉案企業全部退還國內彩電企業多付價款 1.72 億元外，還處以合計 3.53 億元人民幣經濟處罰。據查，在 2001 至 2006 年期間，上述六家企業利用優勢地位，合謀操縱液晶面板價格，在中國大陸實施價格壟斷行為，涉案液晶面板銷售數量合計 514.62 萬片，違法所得 2.08 億元。該案是自《中華人民共和國反壟斷法》實施以來國家機關首次對境外企業開出的反壟斷罰單。

二、反不正當競爭的法律制度

(一) 反不正當競爭法

反不正當競爭法，是指調整在維護公平競爭、制止不正當競爭過程中發生的社會關係的各種法律規範的總稱。

1993 年 9 月 2 日第八屆全國人大常委會第三次會議通過的《中華人民共和國反不正當競爭法》（以下簡稱《反不正當競爭法》）。2007 年 8 月 30 日第十屆全國人民代表大會常務委員會第二十九次會議通過《中華人民共和國反壟斷法》（以下簡稱《反壟斷法》），自 2008 年 8 月 1 日起施行。除此之外，專利法、商標法、著作權法、食品衛生管理法、藥品管理法、廣告法等法律法規中都有反不正當競爭行為的相關規定。本節主要介紹《反不正當競爭法》和《反壟斷法》的相關規定。

【案例連結】1999 年 1 月至 2000 年 2 月，太原市煤炭氣化（集團）有限公司對申請辦理燃氣熱水器的用戶，根據其購買燃氣熱水器來源不同，收取不同的安裝費。對從當事人指定經銷點購買燃氣熱水器的用戶收取 550 元/臺的安裝費，而對從其他渠道自購符合選型標準的燃氣熱水器的用戶，除收取安裝費外，還在額外收取每臺燃氣熱水器 100~200 元入網費。山西省工商行政管理部門依據《反不正當競爭法》有關規定，認定太原煤炭氣化（集團）有限公司利用其公用企業的壟斷地位，採取差別待遇收費用的方式，強制用戶購買其指定的經營者的燃氣熱水器，損害其他經營者的合法競爭，屬於違法行為。因此作出處罰決定，責令該公司停止違法行為並沒收違法所得 3.22 萬元。

(二) 反不正當競爭的立法宗旨及基本原則

反不正當競爭法律都明確規定了立法宗旨，即為保障社會主義市場經濟健康發展，鼓勵和保護公平競爭，制止不正當競爭行為，保護經營者和消費者的合法權益，規定了反不正當競爭法律的基本原則：

（1）制止不正當競爭行為，保護經營者和消費者合法權益的原則。這項原則貫穿於反不正當競爭法律的各項規定之中。

（2）依法進行市場交易的原則。例如《反不正當競爭法》規定：「經營者在市場

交易中，應當遵守自願、平等、公平、誠實、信用的原則，遵守公認的商業道德。」這是對依法交易的基本要求，也為經營者的具體競爭行為提供了模式。

(3) 對不正當競爭行為進行監督檢查的原則。為了有效地制止不正當競爭行為，該法對不正當競爭行為的監督檢查作出了明確規定。其監督檢查，既包括政府有關部門的監督檢查，也包括一切組織和個人的社會監督。

三、《反壟斷法》中壟斷行為

經營者可以通過公平競爭、自願聯合，依法實施集中，擴大經營規模，提高市場競爭能力。根據《反壟斷法》規定，經營者或行政機關等不得有下列壟斷行為：

(一) 經營者達成壟斷協議

壟斷協議，是指排除、限制競爭的協議、決定或者其他協同行為。《反壟斷法》規定，壟斷協議主要有三類表現形式。一是與具有競爭關係的經營者達成的橫向壟斷協議：①固定或者變更商品價格；②限制商品的生產數量或者銷售數量；③分割銷售市場或者原材料採購市場；④限制購買新技術、新設備或者限制開發新技術、新產品；⑤聯合抵制交易。二是經營者與交易相對人達成縱向壟斷協議：①固定向第三人轉售商品的價格；②限定向第三人轉售商品的最低價格。三是國務院反壟斷執法機構認定的其他壟斷協議。為了適應社會的發展需要，《反壟斷法》對壟斷協議也作出了除外規定。

(二) 經營者濫用市場支配地位

市場支配地位，是指經營者在相關市場內具有能夠控制商品價格、數量或者其他交易條件，或者能夠阻礙、影響其他經營者進入相關市場能力的市場地位。濫用市場支配地位的行為：①以不公平的高價銷售商品或者以不公平的低價購買商品；②沒有正當理由，以低於成本的價格銷售商品；③沒有正當理由，拒絕與交易相對人進行交易；④沒有正當理由，限定交易相對人只能與其進行交易或者只能與其指定的經營者進行交易；⑤沒有正當理由搭售商品，或者在交易時附加其他不合理的交易條件；⑥沒有正當理由，對條件相同的交易相對人在交易價格等交易條件上實行差別待遇；⑦國務院反壟斷執法機構認定的其他濫用市場支配地位的行為。《反壟斷法》對市場支配地位的認定依據作出了明確的規定。

(三) 具有或者可能具有排除、限制競爭效果的經營者集中

經營者集中是指下列情形：①經營者合併；②經營者通過取得股權或者資產的方式取得對其他經營者的控制權；③經營者通過合同等方式取得對其他經營者的控制權或者能夠對其他經營者施加決定性影響。經營者集中達到國務院規定的申報標準的，經營者應當事先向國務院反壟斷執法機構申報，未申報的不得實施集中。對外資併購境內企業或者以其他方式參與經營者集中，涉及國家安全的，除依法進行經營者集中審查外，還應當按照國家有關規定進行國家安全審查。

【案例連結】2008 年 9 月 3 日，可口可樂公司宣布，計劃以二十四億美元收購在香港上市的中國匯源果汁集團有限公司。對此併購，消費者和其他經營者對其壟斷行為提出異議。2008 年 11 月 3 日，中國匯源果汁集團有限公司表示可口可樂併購匯源案已送交商務部審批。商務部審查認為，可口可樂併購匯源會影響或限制競爭，不利於中

國果汁行業的健康發展。2010年3月18日，根據《反壟斷法》規定，商務部作出禁止可口可樂收購匯源的處理決定。此次併購案成為了《反壟斷法》實施以來首個未獲通過案例。

(四) 行政性壟斷

《反壟斷法》對行政機關和法律、法規授權的具有管理公共事務職能的組織不得濫用行政權力進行行政性壟斷：

(1) 限定或者變相限定單位或者個人經營、購買、使用其指定的經營者提供的商品。

(2) 妨礙商品在地區之間的自由流通：①對外地商品設定歧視性收費項目，實行歧視性收費標準，或者規定歧視性價格；②對外地商品規定與本地同類商品不同的技術要求、檢驗標準，或者對外地商品採取重複檢驗、重複認證等歧視性技術措施，限制外地商品進入本地市場；③採取專門針對外地商品的行政許可，限制外地商品進入本地市場；④設置關卡或者採取其他手段，阻礙外地商品進入或者本地商品運出；⑤妨礙商品在地區之間自由流通的其他行為。

(3) 以設定歧視性資質要求、評審標準或者不依法發布信息等方式，排斥或者限制外地經營者參加本地的招標投標活動。

(4) 採取與本地經營者不平等待遇等方式，排斥或者限制外地經營者在本地投資或者設立分支機構。

(5) 強制經營者從事本法規定的壟斷行為。

(6) 制定含有排除、限制競爭內容的行政性規定。

四、《反不正當競爭法》中不正當競爭行為

【案例討論】在成都貨物托運市場，有一家紅螞蟻貨代經營服務部自成立以來，憑藉誠實信用和良好的服務精神，贏得了客戶的信任，生意紅火。而在同一市場上的甲、乙二人成立的合夥企業所經營貨代業務，由於市場競爭激烈和沒有相應的市場品牌，生意一直不景氣。因此，甲、乙二人決定將企業名稱更名為「螞蟻」，並採用了與紅螞蟻貨代經營服務部相似的裝潢。自此以後，紅螞蟻經營服務部業務量明顯下滑，經調查發現是螞蟻企業的上述行為所致，因此要求其停止侵權行為，但遭到了拒絕。

螞蟻企業的行為是否是不正當競爭行為？為什麼？

《反不正當競爭法》對不正當競爭行為作出了具體規定。不正當競爭行為的主要表現：

(一) 公用企業或其他依法享有獨占地位的經營者的限制競爭行為

公用企業或其他依法享有獨占地位的經營者，主要包括供電、供水、供熱、供氣、郵政、電信、交通運輸等行業的經營者。公用企業在市場交易中的下列行為屬於限制競爭行為：①限定用戶或消費者只能購買和使用其附帶提供的相關商品，而不得購買和使用其他經營者提供的符合技術標準的同類商品；②限定用戶或消費者只能購買和使用其指定的經營者生產或者經銷的商品，而不得購買和使用其他經營者提供的符合

技術標準的同類商品；③強制用戶、消費者購買其提供的不必要的商品及配件；④強制用戶、消費者購買其指定的經營者提供的不必要的商品；⑤其他限制競爭的行為。

(二) 政府機構的限制競爭行為

政府機構指的是除國務院以外的各級行政機構。政府機構構成限制競爭行為必須具備濫用行政權力這一要件。濫用行政權力指行政行為違反合法、合理原則。

(三) 搭售或附加其他不合理條件

附加其他不合理條件包括限制轉售價格、限制轉售地區、限制轉售客房等。

(四) 串通投標

串通投標是一種聯合限制競爭行為，其表現或者是投標者非法串通損害招標者利益，或者是招標者與某投標者串通損害其他投標者利益。投標者串通投標的辦法可以是投標者共同壓價報價，不進行價格競爭，另一種辦法是一批投標者在一系列投標中安排輪流提出最高報價。

(四) 欺騙性交易行為

《反不正當競爭法》第五條規定了四種欺騙性交易方法：①假冒他人註冊商標；②擅自使用知名商品特有的名稱、包裝、裝潢，或者使用與知名商品近似的名稱、包裝、裝潢，造成和他人知名商品相混淆，使購買者誤認為是他人的商品；③擅自使用他人的企業名稱或姓名，引人誤認為是他人的商品；④在商品上偽造產地，對商品質量作引人誤解的虛假表示。

(五) 商業賄賂

商業賄賂是指經營者為爭取交易機會，暗中給予能夠影響市場交易的有關人員以財物或其他好處。所謂暗中給予是指給予的財物或其他好處不在交易對方的正規帳目中予以反應。根據我國《反不正當競爭法》的規定，經營者銷售或者購買商品，可以以明示方式給對方折扣，也可以給中間人佣金，但必須如實入帳；接受折扣佣金的經營者也必須如實入帳。凡在帳外暗中給予對方單位或者個人回扣的，以行賄論處；對方單位或者個人在帳外暗中收受回扣的，以受賄論處。

(六) 虛假廣告

虛假廣告是指經營者利用廣告或其他使公眾知道的方法，對商品的質量、製作成分、性能、用途、生產者、有效期限、產地等作引人誤解的虛假宣傳。構成虛假廣告必須達到引起一般公眾誤解的程度。另外，我國《反不正當競爭法》第九條還規定：「廣告的經營者不得在明知或應知的情況下，代理、設計、製作、發布虛假廣告。」

(七) 侵犯商業秘密

商業秘密是指不為公眾所知悉，能為權利人帶來經濟利益，具有實用性，並經權利人採取保密措施的技術信息和經營信息。侵犯商業秘密包括下列行為：①以盜竊、利誘、脅迫或其他不正當手段獲取權利人的商業秘密；②披露、使用或允許他人使用以前項手段獲取的權利人的商業秘密；③與權利人有業務關係的單位和個人違反合同約定或違反權利人有關保守商業秘密的要求，披露、使用或允許他人使用其所掌握的權利人的商業秘密；④第三人明知或應知上述違法行為，獲取、使用或披露他人的商業秘密。

【案例連結】侵犯商業秘密案

廣州國際海運市場有一家華海國際貨代有限公司，其業務量在2005年6月明顯減少，特別是一些重要的客戶先後中斷業務往來。后華海公司經過調查，發現其重要客戶都將業務轉入了一家新成立的瓊海國際貨代有限公司。而該瓊海公司的經理和部門經理都是半年前其公司先後辭職的業務部副經理和兩名業務員。根據勞動合同保密條款和《反不正當競爭法》，華海公司將原業務部副經理、業務員和瓊海公司送上法庭。法院判決被告存在侵權商業秘密行為，並承擔相應賠償責任。

（八）掠奪定價

掠奪定價指經營者以擠垮競爭對手為目的，以低於成本的價格銷售商品的行為。此種行為有兩項構成要件：

（1）以擠垮競爭對手為目的。如果非以擠垮競爭對手為目的，而是為應付經營中的困難情況而以低於成本的價格銷售商品則不構成掠奪定價。《反不正當競爭法》第十一條規定四種不構成掠奪定價的情況：①銷售鮮活商品；②處理有效期限即將到期的商品或其他積壓商品；③季節性降價；④因清償債務、轉產、歇業降價銷售商品。

（2）以低於成本的價格銷售商品。

（九）不正當有獎銷售行為

不正當有效銷售包括欺騙性有效銷售、巨獎銷售和利用有獎銷售手段推銷質次價高的商品。我國《反不正當競爭法》第十三條規定：①採用謊稱有獎或者故意讓內定人員中獎的欺騙方式進行有獎銷售；②利用有獎銷售的手段推銷質次價高的商品；③抽獎式的有獎銷售，最高的金額超過五千元。

（十）詆毀競爭對手的商業信譽

詆毀競爭對手的商業信譽將會削弱對手對顧客的吸引力，方式為捏造、散布虛假信息，從而爭奪和擴大自己的市場。該行為違背公認的商業道德和市場競爭規則，因而是不正當、違法的。

五、對不正當競爭行為的監督檢查

（一）對壟斷行為的監督檢查

反壟斷執法機構依法對涉嫌壟斷行為進行調查和查處。

根據《反壟斷法》的規定，反壟斷執法機構調查措施主要有進入被調查的經營者的營業場所或者其他有關場所進行檢查；詢問被調查的經營者、利害關係人或者其他有關單位或者個人，要求其說明有關情況；查閱、複製被調查的經營者、利害關係人或者其他有關單位或者個人的有關單證、協議、會計帳簿、業務函電、電子數據等文件、資料；查封、扣押相關證據；查詢經營者的銀行帳戶等。

反壟斷執法機構對涉嫌壟斷行為調查核實后，認為構成壟斷行為的，應當依法作出處理決定，並可以向社會公布。對反壟斷執法機構調查的涉嫌壟斷行為，被調查的經營者承諾在反壟斷執法機構認可的期限內採取具體措施消除該行為后果的，反壟斷執法機構可以決定中止調查。

（二）對不正當競爭行為的監督檢查

根據《反不正當競爭法》的規定，工商行政管理部門是監督檢查不正當競爭行為

的機構，縣級以上各級人民政府工商行政管理部門對不正當競爭行為進行監督檢查；法律、法規規定由其他部門監督檢查的，依照規定辦理。

監督檢查部門在監督檢查不正當行為時，享有下列職權：①按照規定程序詢問被檢查的經營者、利害關係人、證明人，並要求提供證明材料或者與不正當競爭行為有關的其他資料；②查詢、複製與不正當競爭行為有關的協議、帳冊、單據、文件、記錄、業務函電和其他資料；③檢查與各種不正當競爭行為有關的財物，必要時可以責令被檢查的經營者說明該商品的來源和數量，暫停銷售，聽候檢查，不得轉移、隱匿、銷毀該財物。

監督檢查部門在監督檢查不正當競爭行為時，被檢查的經營者、利害關係人和證明人應當如實提供有關資料或者情況。

【案例連結】天王電子有限公司虛假宣傳案

2001 年，天王電子有限公司在產品簡介中，聲稱天王牌手錶在「金橋獎」的評比中獲得最高獎項、「全國銷售量第一」等。引起了手錶企業的不滿和消費者的投訴。后經查實其作了不真實的宣傳。根據查證的事實，河北省保定市工商行政管理部門認定天王電子有限公司的行為違反了《反不正當競爭法》，對該公司作出行政處罰。天王電子有限公司不服處罰決定，向法院提起訴訟；對一審不服，又提起了上訴。

2002 年 7 月，二審法院作出終審判決，駁回天王電子有限公司的上訴，維持原判。

第二節　產品質量法

一、產品質量與產品質量法

（一）產品與產品質量

我國產品質量法中所稱產品，是指「經過加工、製作，用於銷售的產品」，不包括建設工程和雖然經過加工、製作，但不用於銷售的產品以及天然物品。

產品質量，是指依據法律規定或者合同約定的對產品適用、安全和其他特性的要求。它既包括產品的結構、性能、精度、純度、機械物理性能和化學性能等內在的質量，也包括形狀、色彩、光澤、手感、音響等外觀方面的質量。

（二）產品質量法

產品質量法，是指為了調整產品生產與銷售以及對產品質量進行監督管理過程中所形成的社會關係的法律規範的總稱。其主要內容有：產品質量監督管理、產品質量責任、產品質量損害賠償和處理產品質量爭議等。

1993 年我國頒布的《中華人民共和國產品質量法》（以下簡稱《產品質量法》）是產品質量管理法和產品責任法的統一，它將產品的管理、監督與產品的質量責任結合為一體；將對產品質量的事前監督、事中監督和事後監督統一起來。2000 年 7 月九屆全國人大常委會十六次會議對《產品質量法》進行了修正。

我國《產品質量法》所調整的主體是指生產者、銷售者、用戶、消費者和國家質量管理監督機關；所調整的客體即經過加工、製作，用於銷售的產品，但建設工程、

軍工產品、初級產品除外；所調整的社會關係包括：生產者、銷售者與用戶、消費者的關係，質量監督管理機構與生產者、銷售者的關係，生產者、銷售者之間及其與其他經營者之間的關係。

【案例連結】2004年以來，大量營養含量低下的劣質嬰兒奶粉通過鄭州、合肥、阜陽等地的批發市場流入農村銷售網點。劣質嬰兒奶粉導致嬰兒生長停滯、發育不良、免疫力低下，誘發各種疾病，僅阜陽地區就有189例中度傷害，12例嬰兒死亡的惡性事件。劣質嬰兒奶粉不但使消費者受到嚴重傷害，而且擾亂了正規企業的正常生產經營行為，使奶粉行業進入了「冬季」。

當年4月，國務院調查組進駐阜陽，進行專項整治調查工作。至5月16日，阜陽市公安部門抓獲制售偽劣奶粉犯罪嫌疑人47名。其中，有涉嫌生產銷售偽劣產品罪，也有涉嫌銷售不符合衛生標準食品罪。同時，司法機關也追究劣質嬰兒奶粉事件中的職務犯罪。

二、產品質量的監督與管理

(一) 產品質量管理體制

《產品質量法》第六條規定：「國家鼓勵推行科學的質量管理方法，採用先進的科學技術，鼓勵企業產品質量達到並且超過行業標準、國家標準和國際標準。對產品質量管理先進和產品質量達到國際先進水平、成績顯著的單位和個人，給予獎勵。」該條規定了我國產品質量監督管理體制。全國的產品質量監督管理工作由國務院產品質量監督部門（即國家技術監督局）負責，國務院各有關部門、縣級以上地方政府的技術監督部門以及有關部門，負責各自職責範圍內產品的監督管理工作。由此可見，國家對產品質量的監督、管理以間接管理為主，直接管理為輔，必須加強企業對產品質量的全方位、全過程的監督和管理，實行全面質量管理，包括：自檢、互檢、外檢；先檢、后檢。此外，還應強調社會監督，包括用戶和消費者的監督。

(二) 產品質量管理制度

1. 企業質量體系認證制度

企業質量體系認證是指依據國家質量管理和質量保證系列標準，由國家認可的認證機構，對自願申請認證的企業的質量體系，進行檢查、確認、頒發認證證書，以證明企業質量體系和質量保證能力符合相應標準要求的活動。企業質量體系的認證機構是國務院技術監督部門或由其授權的部門認可的認證機構，一般指行業認證委員會。獲得企業質量體系認證的企業，並不等於獲得產品質量認證，因而不得在其產品上使用產品質量認證標誌，但在申請產品質量認證時可免除對企業質量體系認證的檢查。

2. 產品質量認證制度

產品質量認證是依據產品標準和相應技術要求，經認證機構確認並通過頒發證書和認證標誌，以證明企業某一產品符合相應標準和相應技術要求的活動。產品質量認證由企業自願申請（法律另有規定的除外），並由國家技術監督局或其授權部門認可的認證機構——行業認證委員會，根據有關標準和技術要求對企業產品進行認證，予以確認的活動，分為安全認證和合格認證。獲準產品質量認證的產品，除接受法律法規的檢查外，免於其他檢查；並享有實行優質優價、優先推薦評為國優產品等國家規定

的優惠待遇。

但取得產品質量認證的企業仍必須接受認證委員會對其認證產品及質量體系的監督、檢查,如達不到認證時所達到的條件,應當停止使用認證標誌;如企業認證產品的質量嚴重下降或質量體系達不到認證時所具備的條件,給用戶、消費者造成損失,或經監督檢查發現由於企業責任而使產品不合格的,認證委員會可撤銷認證證書,違者仍使用認證標誌銷售的,處以違法所得兩倍以下的罰款。

三、生產者、銷售者的產品質量責任和義務

【案例討論】張某在2014年5月6日購買2.4L手動擋轎車一輛,在6月30日中午行駛到瀋陽市東陵區高坎鎮奧林匹克花園附近,在土路上行駛(上坡),感到車內有菸味,發現車底盤有明火。雖經撲救火勢仍得不到控制,遂打119報警,最后火警將火撲滅。保險公司趕到現場進行拍照取證,並確認屬於自燃。由於張某未投自燃險,車輛燒毀非保險事故,保險公司不予以理賠。於是,張某找到汽車的銷售商,要求銷售方作出賠償,銷售方認為該車本身不存在質量問題,不予賠付。張某要求其提供書面說明,並要求就此向生產企業反應問題,也遭到了拒絕。問:

在本案中,生產者或銷售者就產品質量負有哪些責任和義務?

(一) 生產者的產品質量責任和義務

1. 作為的義務

(1) 生產者應當使其生產的產品達到以下質量要求,即:不存在危及人身、財產安全的不合理的危險,有保障人體健康和人身、財產安全的國家標準、行業標準的,應符合該標準,即要求生產者不得生產缺陷產品。

(2) 除了對產品存在使用性能的瑕疵作出說明的以外,產品質量應當具備使用性能,即要求生產者應當盡合同義務、擔保義務。

(3) 產品的實際質量應符合在產品或者其包裝上註明採用的產品標準,並符合以產品說明、實物樣品等方式表明的質量狀況。

(4) 除裸裝的食品和其他根據產品的特點難以附加標示的產品可以不附加產品標示外,其他任何產品或產品包裝上均應當有標示,即有中文表明的產品名稱、生產廠名和廠址;有產品質量檢驗合格證明;根據產品的特點和使用要求,需要標明產品規格、等級、所含主要成分的名稱和含量的,相應予以標明;限期使用的產品,標明生產日期和安全有效的日期。

(5) 產品包裝應符合規定的要求。使用不當容易造成產品本身損壞或可能危及人身財產安全的產品,如劇毒、危險、易碎、儲運中不能倒置以及有其他特殊要求的產品,除包裝必須符合相應要求外,還應以警示標誌或者中文警示說明,以標明儲藏運輸的注意事項。

2. 不作為的義務

(1) 生產者不得生產國家明令淘汰的產品。國家明令淘汰的產品,有的是危害社會整體利益的,如浪費資源、能源、污染環境的產品;有的是威脅或危及社會個體人身健康和財產安全的產品,如一些具有潛在危險的藥品。

（2）生產者不得偽造產地，不得偽造或冒用他人的廠名、廠址。
（3）生產者不得偽造或冒用認證標誌、名優標誌等質量標誌。
（4）生產者生產產品，不得摻假、摻雜，不得以次充好，不得以不合格產品冒充合格產品。

(二) 銷售者的產品質量責任和義務

（1）銷售者進貨時的質量檢查義務。銷售者進貨時，要對所進貨物進行檢查，查明貨物的質量，同時，對貨物應具備的標示也應檢查。進貨檢查驗收是區分生產者和銷售者責任的依據，是銷售者對國家的義務和對用戶、消費者的潛在義務。

（2）銷售者在進貨後、銷售前的質量義務。銷售者進貨后應當採取措施，保持銷售產品的質量。

（3）銷售者銷售的產品的標示應當符合《產品質量法》對生產者產品標示的有關規定。

（4）銷售者不得違反法律規定的禁止性規範。銷售者不得銷售失效、變質的產品；不得偽造或冒用認證標誌、名優標誌等質量標誌；不得摻雜、摻假；不得以假充真、以次充好；不得以不合格產品冒充合格產品。

四、違反產品質量責任和義務的法律責任

(一) 違反產品質量的民事責任

1. 違反產品質量擔保義務的損害賠償

售出的產品如違反了產品明示或默示的質量擔保義務，銷售者應承擔相應的法律責任。《產品質量法》規定，售出的產品有下列情形之一的，銷售者應當負責修理、更換、退貨；給購買產品的用戶、消費者造成損失的，銷售者應當賠償損失：①不具備產品應當具備的使用性能而事先未作說明的；②不符合在產品或者其包裝上註明採用的產品標準的；③不符合以產品說明、實物樣品等方式表明的質量狀況的。

銷售者依照前款規定負責修理、更換、退貨、賠償損失后，屬於生產者的責任或者屬於向銷售者提供產品的其他銷售者的責任的，銷售者有權向生產者、供貨者追償。銷售者未按照前款規定給予修理、更換、退貨或者賠償損失的，由管理產品質量監督工作的部門或者工商行政管理部門責令改正。

生產者之間、銷售者之間、生產者與銷售者之間訂立的產品購銷、加工承攬合同有不同約定，合同當事人按照合同約定執行。

2. 因產品存在缺陷引起的損害賠償

【案例討論】江某從家電連鎖超市購買了一臺電冰箱，回家后安裝完畢準備試試怎麼樣，誰料剛剛插好電源，因冰箱漏電而將江某擊倒在地，江某當即不省人事，經奮力搶救終於脫離危險，但因此住院一個多月。江某要求家電連鎖超市和冰箱廠賠償其經濟損失，但家電連鎖超市說自己只負責冰箱的銷售，質量問題與其無關；冰箱廠則說冰箱出廠時有合格證，表明當時沒有質量問題，既是家電連鎖超市賣出去的，責任應在家電連鎖超市。江某無奈只能訴至法院。法院受理后查明，冰箱確實存在質量問題。問：

江某的損失應由誰來承擔？

產品應符合保障人體健康、人身或財產安全的國家標準、行業標準。產品缺陷，是指產品存在危及人身、財產安全的危險，或者不符合國家標準、行業標準等。

(1) 責任主體的確定

由於產品存在缺陷，造成人身、他人財產損害的，受害人可以向產品的生產者要求賠償，也可以向產品的銷售者要求賠償。屬於產品的生產者的責任，產品的銷售者賠償的，產品的銷售者有權向產品的生產者追償。屬於產品的銷售者的責任，產品的生產者賠償的，產品的生產者有權向產品的銷售者追償。

因產品存在缺陷，造成人身、缺陷產品以外的其他財產損害的，生產者應當承擔賠償責任。生產者能夠證明有下列情形之一的，不承擔賠償責任：①未將產品投入流通的；②產品投入流通時，引起損害的缺陷尚不存在的；③將產品投入流通時的科學技術尚不能發現該缺陷的存在的。除此之外，在實踐中有下列情況者不負質量責任：①損害是由於消費者擅自改變產品性能、用途或者沒有按照產品的使用說明使用並且確因改變或使用不當造成的；②損害是由於受害人的故意所為造成的；③損害是由於常識性的危險造成的；④產品造成損害，是由於使用者自身特殊敏感所致；⑤產品已過了有效期限；⑥超過訴訟和賠償請求時效。

【法律連結】根據《產品質量法》的規定，因產品存在缺陷造成損害要求賠償的訴訟時效期限為2年，自當事人知道或應當知道其權益受到損害時起計算。因產品存在缺陷造成損害要求賠償的請求權，在造成損害的缺陷產品交與最初用戶、消費者滿10年喪失；但是，尚未超過明示的安全使用期的除外。

(2) 損害賠償範圍

因產品存在缺陷造成受害人人身傷害的，侵害人應當賠償醫療費、治療期間的護理費、因誤工減少的收入等費用；造成殘疾的，還應當支付殘疾者生活自助用具費、生活補助費、殘疾賠償金以及由其扶養的人所必需的生活費等費用；造成受害人死亡的，應當支付喪葬費、撫恤費、死亡賠償金以及由死者生前扶養的人所必需的生活費等費用；造成受害人財產損失的，侵害人應當恢復原狀或者折價賠償。受害人因此遭受其他重大損失的，侵害人應當賠償損失。

3. 產品質量民事糾紛的處理

因產品質量發生糾紛時，當事人雙方可以通過協商或者調解解決。當事人不願通過協商、調解解決或者協商、調解不成的，可以根據當事人各方的協議向仲裁機構申請仲裁；當事人各方沒有達成仲裁協議的，可以向人民法院起訴。

仲裁機構或人民法院對產品質量無法確定時，可以委託省級以上人民政府產品質量監督管理部門或者其授權的部門考核合格的產品質量檢驗機構，對有關產品質量進行檢驗。

【法律連結】《民法通則》第一百二十二條規定：「因產品質量不合格造成他人財產、人身損害的，產品製造者、銷售者應當依法承擔民事責任。運輸者、倉儲者對此負有責任的，產品製造者、銷售者有權要求賠償損失。」

(二) 違反產品質量的行政責任
1. 違反產品質量的行政責任形式
違反產品質量的行政責任形式包括對生產者、銷售者的行政處罰和對個人責任者給予的行政處分，如責令停產、責令停止銷售、吊銷生產許可證、吊銷執照、沒收非法收入、罰款以及警告、記過、開除等。
2. 違反產品質量應承擔行政責任的行為
違反產品質量應承擔行政責任的行為有：
（1）生產、銷售不符合保障人體健康，人身財產安全的國家標準、行業標準的產品。
（2）生產者、銷售者在產品中摻雜、摻假，以次充好，或者以不合格產品冒充合格產品。
（3）生產國家明令淘汰的產品。
（4）銷售變質、失效的產品。
（5）生產者、銷售者偽造產品產地，偽造、冒用他人廠名、廠址，冒用認證標誌、名優標誌等質量標準。
（6）以行賄、受賄或者其他非法手段推銷或者採購上述四類產品，即《產品質量法》第三十七條至第四十條所禁止生產、銷售的產品。
（7）產品標示、包裝產品的標示不符合《產品質量法》第十五條的有關規定。
（8）偽造檢驗數據或結論。
3. 行政責任的處理程序
當事人對依照法律、行政法規的規定由工商行政管理部門、管理產品質量監督工作的部門或其他有權國家機關作出的行政處罰不服的，可以在接到處罰通知之日起15日內向作出處罰決定的機關的上一級機關申請復議，對復議決定不服的，可以在接到復議決定之日起15日內向人民法院起訴；當事人也可以在接到處罰通知之日起15日內直接向人民法院起訴。

當事人逾期不申請復議也不向人民法院起訴，又不履行處罰決定的，作出處罰決定的機關可以申請人民法院強制執行。
(三) 刑事責任
對由於產品質量的原因造成人身傷亡、財產損害觸犯刑律的，對責任人依法追究刑事責任。

第三節　消費者權益保護法

一、消費者與消費者權益保護法

(一) 消費者

【案例討論】2015年5月，沈某等五位農民從縣農資配送中心購買尿素五袋，並趁下雨天將化肥撒入莊稼地，以利於肥料的吸收，誰知幾日後，莊稼葉片萎黃，年底收

成比往年大幅度減產。沈某把剩余的尿素帶到縣技術監督局檢驗，結果發現所買化肥中含有大量生石灰，遇水產生熱量燒壞莊稼。沈某等人以農資配送中心為被告向人民法院起訴，依據消費者權益保護法要求損害賠償。農資配送中心稱沈某等人買的化肥是生產資料，所以原告不是消費者，無權依據消費者權益保護法提出賠償要求。問：誰的主張符合法律要求？為什麼？

消費包括生產資料消費和生活資料消費兩個方面，但一般情況下都認為消費者主要是生活資料消費。我國《中華人民共和國消費者權益保護法》第二條規定：「消費者為生活需要購買、使用商品或者接受服務，其權益受本法保護；本法未作規定的，受其他有關法律法規的保護。」因此，消費者是指為滿足個人生活消費需要而購買、使用商品或者接受服務的自然人。

消費者具有以下法律特徵：

（1）消費者是以生活消費為目的的自然人。生活消費通常是指為了滿足個人物質和文化生活需要而進行的各種物質和精神產品以及勞動服務的消費行為。因此，如果是為了生產消費的目的，就不屬於《中華人民共和國消費者權益保護法》保護的範圍，但「農民購買、使用直接用於農業生產的生產資料，參照本法（《中華人民共和國消費者權益保護法》）執行」。

（2）消費者是購買、使用商品或接受服務的自然人。消費者獲得商品、使用商品或接受服務，可以通過有償或無償的形式表現出來。如果商家為了宣傳或達到其他商業目的向公民免費提供服務和贈送商品，這時的公民也都屬於消費者。

（3）消費者是個體社會成員。法人和其他社會組織、社會團體均不屬於消費者的範疇。

（二）消費者權益保護法

消費者權益保護法是調整生產者、銷售者與消費者之間，以及國家在保護消費者權益過程中所發生的社會關係的法律規範的總稱。

消費者權益保護法有廣義、狹義之分。廣義的消費者權益保護法是指所有保護消費者權益的法律法規。它不僅包括消費者權益保護的專門法，還包括民法、產品質量法、食品衛生法、藥品管理法、標準化法、廣告法、價格法、反不正當競爭法等法律中的相關規定。狹義的消費者權益保護法，是指 1993 年 10 月 31 日第八屆全國人大常委會第四次會議通過的《中華人民共和國消費者權益保護法》（以下簡稱《消費者權益保護法》）。2013 年 10 月 25 日，第十二屆全國人民代表大會常務委員會第五次會議通過了《消費者權益保護法》修正案。

二、消費者的權利

【案例討論】某消費者在買車前獲得的汽車資料顯示車內有八個喇叭，購車后發現后門上的四個喇叭不響。維修工檢查后發現這四只喇叭只有裝飾網，內部沒有喇叭。向廠家反應后，廠家稱產品本來就是如此。消費者要求得到與宣傳質量相符的汽車，或退車、賠償。企業回覆：溝通多次但消費者堅持自己的觀點，將繼續協商處理，但具體解決的時間無法確定。處理結果：消費者對企業的回覆不滿意，要求廠家針對喇

以一事給出說法。問：
(1) 廠家是否侵犯了消費者的知情權？
(2) 消費者的知情權包括哪些內容？

消費者根據《消費者權益保護法》主要享有以下權利：
1. 安全保障權
《消費者權益保護法》規定了安全保障權，包括人身安全權和財產安全權兩個方面的內容。前者包括健康不受損害和生命安全有保障；后者有主、客觀標準之分，主觀標準是人們制定的標準，包括國家和有關部門制定的國家標準、行業標準，客觀標準即實踐標準，是人們在正常使用的情況下，所應達到的安全標準。
2. 知悉真情權
《消費者權益保護法》第八條規定：「消費者享有知悉其購買、使用的商品或者接受的服務的真實情況的權利」；「消費者有權根據商品或者服務的不同情況，要求經營者提供商品的價格、產地、生產者、用途、性能、規格、等級、主要成分、生產日期、有效期限、規格、費用等有關情況。」這項權利的規定包括兩層意思：一是消費者在購買、使用商品或者接受服務時，有權詢問、瞭解商品或服務的有關情況；二是經營者提供的商品或服務的情況必須是真實的。
3. 自主選擇權
消費者自主選擇權主要包括以下幾個方面的內容：①有權自主選擇提供商品或者服務的經營者；②有權自主選擇商品品種或者服務方式；③有權自主決定購買或者不購買任何一種商品，接受或者不接受任何一項服務；④在自主選擇商品或者服務時，有權進行比較、鑑別地挑選。此外，消費者還有權選擇購買商品或者接受服務的場所，有權根據商品或者服務的不同情況選擇商品的商標、產地、價格等以及服務的名稱、內容、費用等。

【案例連結】2014年3月，消費者姜先生投訴稱：其於2013年11月收到某電信公司通知其本人電話中獎，每月減免話費50元，但2013年11月至2014年2月份的話費不但沒有減免還多加了收費項目。他向該公司提出疑問，得知該公司已將其電話改為包月，包月費109元，達到此消費額的可享受折扣，未達到的要補到這個基數。姜先生認為該公司未經他同意便將電話改為包月，不但享受不到所謂優惠，反而每月多付出不應有的費用。經調解，該公司取消了姜先生的包月服務。

4. 公平交易權
《消費者權益保護法》規定的公平交易權表現在以下兩個方面：①有權獲得質量保障、價格合理、計量正確等公平交易條件；②有權拒絕經營者的強制交易行為。
5. 求償權
《消費者權益保護法》第十一條規定：「消費者因購買、使用商品或者接受服務受到人身、財產損害的，享有依法獲得賠償的權利。」享有求償權的主體是因購買、使用商品或者接受服務而受到人身、財產損害的消費者，包括四種類型：①商品的購買者；②商品的使用者；③服務的接受者；④第三人。

6. 結社權

《消費者權益保護法》規定：「消費者享有依法成立維護自身合法權益的社會組織的權利。」

7. 獲得有關知識權

《消費者權益保護法》規定：「消費者享有獲得有關消費和消費者權益保護方面的知識的權利。」

8. 維護尊嚴權

《消費者權益保護法》第十四條規定：「消費者在購買、使用商品或接受服務時，享有其人格尊嚴、民族風俗習慣得到尊重的權利，享有個人信息依法得到保護的權利。」

9. 監督權

《消費者權益保護法》規定：「消費者享有對商品和服務以及保護消費者權益工作進行監督的權利。消費者有權檢舉、控告侵害消費者權益的行為和國家機關及其工作人員在保護消費者權益工作中的違法失職行為，有權對保護消費者權益工作提出批評、建議。」由此可見，該條所規定的監督對象是經營者和國家機關及其工作人員；監督的方式是檢舉、控告、批評、建議。

【法律連結】《消費者權益保護法》第四十四條規定，消費者通過網路交易平臺購買商品或者接受服務，其合法權益受到損害的，可以向銷售者或者服務者要求賠償。網路交易平臺提供者不能提供銷售者或者服務者的真實名稱、地址和有效聯繫方式的，消費者也可以向網路交易平臺提供者要求賠償；網路交易平臺提供者作出更有利於消費者的承諾的，應當履行承諾。網路交易平臺提供者賠償后，有權向銷售者或者服務者追償。網路交易平臺提供者明知或者應知銷售者或者服務者利用其平臺侵害消費者合法權益，未採取必要措施的，依法與該銷售者或者服務者承擔連帶責任。

三、經營者的義務

經營者，是向消費者提供其生產、銷售的商品或者提供服務的單位和個人，它是以營利為目的從事生產經營活動並與消費者相對應的另一方當事人。其義務包括：

1. 履行法定和約定的義務

《消費者權益保護法》規定：經營者應當依法履行法定義務，即依照《消費者權益保護法》《產品質量法》和其他有關法律法規履行義務；經營者也應該依約履行合同義務，即經營者與消費者的約定。經營者向消費者提供商品或者服務，應當恪守社會公德，誠信經營，保障消費者的合法權益；不得設定不公平、不合理的交易條件，不得強制交易。

2. 聽取意見和接受監督的義務

《消費者權益保護法》規定，消費者不僅在購買商品時，即使在不購買商品時，也有權對經營者、經營者的商品提出意見和建議；同時，經營者不僅要接受消費者的監督，而且要接受社會的監督；消費者對經營者提出意見，進行監督，不僅指商品本身，而且可對人，即對經營者及其工作人員進行監督，對商品環境問題也可以提出意見，進行監督。

3. 保證商品和服務安全的義務

《消費者權益保護法》規定:「經營者應當保證其提供的商品或者服務符合保障人身、財產安全的要求。對可能危及人身、財產安全的商品和服務,應當向消費者作出真實的說明和明確的警示,並說明和標明正確使用商品或者接受服務的方法以及防止危害發生的方法。賓館、商場、餐館、銀行、機場、車站、港口、影劇院等經營場所的經營者,應當對消費者盡到安全保障義務。」經營者發現其提供的商品或者服務存在缺陷、有危及人身、財產安全危險的,應當立即向有關行政部門報告和告知消費者,並採取停止銷售、警示、召回、無害化處理、銷毀、停止生產或者服務等措施。採取召回措施的,經營者應當承擔消費者因商品被召回支出的必要費用。

4. 提供商品和服務真實信息的義務

商品和服務的真實信息,是消費者行使自主選擇權的基礎,對此,《消費者權益保護法》規定經營者提供商品和服務真實信息的義務:①經營者應當向消費者提供有關商品或者服務的真實信息,不得作引人誤解的虛假宣傳;②經營者對消費者就其提供的商品或者服務的質量和使用方法等問題提出的詢問,應當作出真實、明確的答覆;③經營者提供商品或者服務應當明碼標價。

5. 標明真實名稱和標記的義務

《消費者權益保護法》規定:「經營者應當標明真實名稱和標記」;「租賃他人櫃臺或者場地的經營者,應當標明其真實名稱和標記。」經營者標明真實名稱和標記是對消費者權益的尊重。經營者不得以虛假的名稱和標記欺騙消費者。

6. 出具購貨發票等憑證或者服務單據的義務。

《消費者權益保護法》規定,購貨憑證或服務單據,一般指發票、保修單等。它們都屬於書面憑據,是經營者與消費者發生的購貨合同關係的證明,是今后消費者要求經營者履行「三包」等項責任和發生糾紛后消費者要求索賠的有力證據。

7. 保證商品或者服務質量的義務

《消費者權益保護法》規定的該項義務與第三項義務有所不同,它是規定經營者的一般商品質量義務。經營者應當保證在正常使用商品的情況下,其提供的商品應具有的質量、性能、用途和有效期限;應當保證商品的實際質量狀況與其以廣告、實物樣品等方式表明的質量狀況相符。該條也包含著對消費者的一定制約:①若因消費者非正常、不合理地使用,則不能要求經營者對商品承擔義務;②在購買時消費者對於已知的瑕疵商品不能向經營者主張上述權利,但存在該瑕疵不違反法律強制性規定的除外。

8. 履行「三包」或其他責任的義務

《消費者權益保護法》規定:「經營者提供的商品或者服務不符合質量要求的,消費者有權依照國家規定、當事人約定退貨,或者要求經營者履行更換、修理等義務。」經營者所需履行的義務具體如下:若沒有國家規定和當事人約定的,消費者可以自收到商品之日起七日內退貨;七日後符合法定解除合同條件的,消費者可以及時退貨;若不符合法定解除合同條件的,可以要求經營者履行更換、修理等義務;因退貨、更換、修理的,經營者應當承擔運輸等必要費用,但法律另有規定的除外。

9. 不得從事不公平、不合理交易的義務

《消費者權益保護法》規定:「經營者不得以格式條款、通知、聲明、店堂告示等

方式，作出排除或者限制消費者權利、減輕或者免除經營者責任、加重消費者責任等對消費者不公平、不合理的規定，不得利用格式條款並借助技術手段強制交易。格式條款、通知、聲明、店堂告示等含有前款所列內容的，其內容無效。」

10. 不得侵犯消費者其他權益的義務

《消費者權益保護法》第二十七、二十八、二十九條規定：①經營者不得對消費者進行侮辱、誹謗；②不得搜查消費者的身體及其攜帶的物品；③不得侵犯消費者的人身自由；④經營者及其工作人員對收集的消費者個人信息必須嚴格保密，不得洩露、出售或者非法向他人提供。

四、消費者爭議的解決方式

由於消費者和經營者利益上存在衝突，消費者在購買、使用商品或接受服務的過程中，不可避免地會與經營者就彼此之間的權利義務發生爭執而引起消費者爭議。對此，我國《消費者權益保護法》規定了下列解決途徑：

1. 與經營者協商解決

協商解決是指爭議發生后，經營者和消費者雙方在沒有第三人實質參與的情況下，本著平等、自願、互利的原則，就爭議問題相互交換意見，達成和解協議，使糾紛得以解決。

2. 請求消費者協會調解

這是指在協商不成的情況下，消費者可向消費者協會反應情況，由消費者協會作為第三人出面主持消費爭議的調解。消費者協會應在查明事實、分清是非、明確責任的基礎上，引導雙方協商，促成爭議盡快解決。但是，消費者協會不得強制爭議各方進行調解，調解必須在各方自願的基礎上依法進行。

3. 行政申訴

當經營者和消費者就消費者權益爭議不能通過和解方式解決時，也可以根據商品和服務的性質直接向有關行政部門提出申訴。有關行政部門主要指工商、物價、技術監督、衛生、商檢等機關，應當依法在各自的職責範圍內保護消費者權益。

如發現經營者違反法律、行政法規，應承擔行政責任時，可依法對其予以行政處罰；發現有犯罪嫌疑的，應移交司法機關處理。

4. 申請仲裁

仲裁，是指雙方當事人在爭議發生之前或者爭議發生之后達成協議，自願將爭議交由第三方作出裁決，以解決爭議的法律制度。消費者與經營者產生消費爭議后，如果雙方協商和解不成，消費者可以根據事前或事后與經營者達成的仲裁協議向仲裁機關申請仲裁。

5. 向法院提起訴訟

訴訟是解決消費者爭議最具權威性的方式。消費爭議發生后當事人在沒有仲裁協議的情況下，可以向有管轄權的人民法院提起訴訟。

【案例連結】網購消費爭議處理方式

消費者陳女士在淘寶網上「舒達家居生活館」網店花費近14,000元購買了一款舒達加利福尼亞床墊及相應配件。賣家在商品描述中保證絕對正品，假一賠十。陳女士

因忙於裝修，在收貨後第二個月才拆開，使用時發現該床墊與專櫃宣傳的品質相差甚大。通過舒達加利福尼亞專櫃諮詢及品牌公司售後服務確認，陳女士買到的是高仿假貨。隨後，陳女士向網店交涉，但網店不但不予回覆，而且還將該產品下架，並刪除陳女士的商品評論。無奈之下陳女士投訴到省消費者權益保護委員會。省消費者權益保護委員會按照淘寶店網店的電話進行聯繫，網店矢口否認其為舒達家居生活館。在省消費者權益保護委員會指導下，陳女士向電商淘寶網投訴賣家，最終解決了消費糾紛。

五、侵害消費者合法權益行為的法律責任

(一) 民事責任

1. 侵犯消費者民事權益的主要情形

《消費者權益保護法》規定，經營者提供商品或者服務有下列情形之一的，除本法另有規定外，應當按照《中華人民共和國產品質量法》和其他有關法律法規的規定承擔民事責任：①商品存在缺陷的；②不具備商品應當具備的使用性能而出售時未作說明的；③不符合在商品或者其包裝上註明採用的商品標準的；④不符合商品、實物樣品等方式表明的質量狀況的；⑤生產國家明令淘汰的商品或者銷售投資、變質的商品的；⑥銷售商品的數量不足的；⑦服務的內容和收取的費用違反約定或法律規定的；⑧對消費者提出的修理、重作、更換、退貨、補足商品數量、退還貨款和服務費用或者賠償損失的要求，故意拖延或者無理拒絕的；⑨法律法規規定的其他損害消費者權益的情形。

2. 損害賠償的具體範圍

（1）人身損害的民事責任。人身損害的民事責任包括：①經營者在提供商品或服務時造成消費者或其他受害人身體傷害的，應當支付醫療費、治療期間的護理費、因誤工減少的收入及其他費用；②經營者提供商品或服務造成消費者或其他受害人殘疾的，除賠償上述費用外，還應當支付殘疾者生活自助用具費、生活補助費、殘疾賠償金以及由其扶養的人所必需的生活費等費用；③經營者提供商品或服務，造成消費者或其他受害人死亡的，應當支付喪葬費、殘廢賠償金以及由死者生前扶養的人所必需的生活費等費用；④經營者違反本法第二十五條規定，侵害消費者的人格尊嚴或者侵犯消費者人身自由的，應當停止侵害，恢復名譽，消除影響，賠禮道歉並賠償損失。

（2）財產損害的民事責任。在《消費者權益保護法》中，對經營者在財產損害方面的民事責任作了具體規定，除了消費者與經營者另有約定的以外，這些責任形式主要有以下幾種：①修理；②重作；③更換；④退貨；⑤補足商品數量；⑥退不定期貨款和服務費用；⑦賠償損失。

3. 詐欺經營行為的懲罰性賠償制度

《消費者權益保護法》第五十五條規定：「經營者提供商品或者服務有詐欺行為的，應當按照消費者的要求增加賠償其受到的損失，增加賠償的金額為消費者購買商品的價款或者接受服務的費用的三倍；增加賠償的金額不足 500 元的，為 500 元。法律另有規定的，依照其規定。」經營者明知商品或者服務存在缺陷，仍然向消費者提供，造成消費者或者其他受害人死亡或者健康嚴重損害的，受害人有權要求經營者依照本法第四十九條、第五十一條等法律規定賠償損失，並有權要求所受損失兩倍以下的懲罰性賠償。

(二) 行政責任

有關行政部門發現並認定經營者提供的商品或者服務存在缺陷，有危及人身、財產安全危險的，應當立即責令經營者採取停止銷售、警示、召回、無害化處理、銷毀、停止生產或者服務等措施。

根據《消費者權益保護法》的規定，經營者有侵犯消費者權益的，應承擔行政責任，受到行政處罰。行政處罰的具體方式包括責令改正、警告、沒收違法所得、處以違法所得 1 倍以上、5 倍以下的罰款，情節嚴重的可責令停業整頓或吊銷營業執照。

(三) 刑事責任

經營者侵犯消費者和受害人合法權益構成犯罪的，應當承擔刑事責任。

實訓作業

一、實訓項目

網路電商銷量時代，網路買賣爆炸式增長，網購爭議數量也大幅上升。目前，網路電商銷量模式可分兩類：一是自營商品為主的網路電商自營模式，即電商自己負責銷售和售後服務的營運模式，以京東、蘇寧易購、國美在線、當當、亞馬遜為代表；二是電商簽約第三方賣家入駐電商平臺的電商他營模式，如天貓商城。因此網購爭議可分為與自營商品電商產生網購爭議和與電商平臺上的第三方賣家產生網購爭議，其網路處理程序存在區別。

學生分組查詢並介紹電商網路平臺處理網購爭議的程序規定及網購爭議證據要求。

二、案例思考

1. 某銷售公司所在地的夏季氣候十分炎熱，涼席銷路一向很好。2013 年春，該公司訂購了一大批井岡山產的涼席，準備在夏季賣出。但當年夏季氣候反常，比往年夏季氣溫低許多，造成涼席銷路不好，倉存積壓。為了打開銷路，收回資金，該公司決定用獎勵的方法來促銷涼席，即將購買涼席的價款 10% 給予購買者。在此期間，有一家中型酒店的採購員簽訂了 260 張涼席的買賣合同，為此公司將所買涼席貨款的 10% 作為採購員的獎勵，雙方對「獎勵」資金均不入財務帳目。在採購員的推薦下，該公司又用同一種方法很快推銷完積壓的涼席。此事被其他經營者舉報，當地的工商部門依據《反不正當競爭法》進行了查處。

請問銷售公司的經營行為觸犯了《反不正當競爭法》嗎？為什麼？

2. 2012 年 8 月，某市春花紙廠推出「玫瑰」牌餐巾紙，每箱價格為 30 元。該品牌投放市場以後，以其低廉的價格、良好的質量贏得廣大消費者的青睞。與此同時，當地的雲蘭紙廠的「沙龍」牌餐巾紙在市場上卻無人問津。雲蘭紙廠面對嚴峻的市場形式，作出戰略調整，以每箱 28 元的價格投放市場。因雲蘭紙廠的產品質量也不錯，很快就贏得了一定的市場份額。2013 年 3 月，春花紙廠將產品價格降為 25 元每箱。同年 7 月，雲蘭紙廠為了徹底擊垮對手，作出了大膽決定，以低於成本價的每箱 20 元的價格投放市場，並同時優化紙質。2015 年 2 月，春花紙廠因產品滯銷、財政困難而停

產。2015 年 3 月 13 日，春花紙廠向人民法院提起訴訟，狀告雲蘭紙廠的不正當競爭行為，並要求賠償損失。

請問雙方的降價行為違反了《反不正當競爭法》嗎？為什麼？

3. 因產品質量問題被舉報，2013 年 3 月 8 日海寧質監局行政執法人員依法對位於海寧市袁花鎮某電器生產企業進行執法檢查，發現該廠在未取得強制性產品認證的情況下擅自生產列入強制性產品目錄的室內加熱器、嵌入式燈具。經調查查明，該企業生產室內加熱器 34 箱 136 只、嵌入式燈具 35 箱 384 只，且均為不合格產品。

電器生產企業是否違反了《產品質量責任法》？為什麼？

第十二章
涉外物流管制法實務

物流或連鎖經營事業的國際化是其當前重要的發展方向，如物流企業從事進出口商品物流服務、連鎖經營企業出現跨國採購或者國外經營等。為了維護國家主權，促進經濟發展，各國都建立了一套外貿秩序管制法律制度。從事涉外物流經營的企業無論是貨物進出口還是交通工具進出境，都必須遵守外貿秩序管制法律制度，接受執法機關的監管。按照管理對象不同，各國的外貿秩序管制法可分為對外貿易法、海關法、商品檢驗檢疫法、外匯管理法、關稅法、原產地規則、保護競爭和限制壟斷法等。本章僅闡述我國的對外貿易法、涉外物流和涉外商品經營活動所涉及的進出口通關與出入境檢驗檢疫法律制度。

【導入案例】2014年4月13日《福州晚報》報導深圳海關緝私人員查獲：某國際物流公司從事通關貨運時，其車載貨櫃除了正常通知貨物外，還隱藏了大量的手機主板、電腦顯示屏和線路板等配件、平板電腦等電子產品。此案犯罪偵查和審訊已查明，走私犯罪分子以國際物流公司為幌子，香港和大陸之間長期從事夾帶走私業務，每月多達20餘次。此案涉嫌走私案值累計近億元。依據法律規定，除涉案企業被納入通關黑名單外，企業責任人及直接參與走私人員也被依據《海關法》《刑法》等追究法律責任。

根據本案，說說國家實行涉外物流管制的必要性。

第一節　對外貿易法

一、對外貿易法概述

對外貿易法，是指調整對外貿易關係的法律規範的總稱。它主要規定一個國家對外貿易的基本原則、主要管理體制和維護外貿管理秩序的各項措施。

1994年5月12日第八屆全國人大常委會第七次會議通過了《中華人民共和國對外貿易法》（以下簡稱《對外貿易法》）。除香港地區、澳門地區和臺灣地區單獨關稅區外，《對外貿易法》是規範我國外貿市場秩序的基本法律。為了適用中國加入世貿的需要，2004年4月6日本法經第十屆全國人大常委會第八次會議修訂，於2004年7月1日實施。修改后的《對外貿易法》強調了對外貿易主管部門對外貿的管理職能，即

「適度的貿易管理、有力的貿易保護和促進、嚴格的違法處罰。」

【案例連結】中國對俄羅斯出口硅鋼的反傾銷案

1999年，武漢鋼鐵（集團）公司代表國內產業，對從俄羅斯進口硅鋼向外經貿部提起了反傾銷調查。同年12月，外經貿部公布初步裁定公告，認為原產於俄羅斯的進口冷軋硅鋼片存在傾銷，對國內相關產業存在實質損害，並且國內相關產業的實質損害與進口產品傾銷之間存在因果關係，自本公告之日起對原產於俄羅斯的進口冷軋鋼片實施臨時反傾銷措施，即進口經營者必須交納與傾銷幅度（11%～73%）相適用的現金保證金。經涉案利害關係方的申請，外經貿部召開了聽證會，進行了實地核查。2000年9月11日，外經貿部發布終裁公告，決定自1999年12月30日起五年內，對原產於俄羅斯的冷軋硅鋼片徵收6%～62%的反傾銷稅。

二、對外貿易法的基本原則

1. 實行統一的對外貿易制度的原則

實行統一的對外貿易制度，是指由中央政府統一制度、全國範圍內統一實施的對外貿易制度。《對外貿易法》第四條規定：「國家實行統一的對外貿易制度，鼓勵發展對外貿易」。因此，對外貿易政策措施，只能由中央政府制定，各級地方政府不能自行制定。它有助於外貿經營者開展公平自由的競爭，有助於國家開展國際貿易工作，維護國家主權和尊嚴。

2. 維護公平、自由對外貿易秩序的原則

維護公平、自由對外貿易秩序，是指國家在法律政策上為企業提供平等、自由的競爭環境，尊重、維護外貿經營者的合法外貿經營行為，實現公平的進出口秩序。《對外貿易法》第四條規定，國家「維護公平、自由的對外貿易秩序」。維護公平、自由對外貿易秩序是與國際規範接軌的需要，也是保障我國對外貿易持續、快速、健康、協調發展的基石。

3. 實行貨物與技術的自由進出口的原則

實行貨物與技術的自由進出口，是指除法律、行政法規明確禁止或者限制進出的商品以外，國家准許商品自由進出口，任何單位和個人均不得設置障礙。《對外貿易法》第十四條規定：「國家准許貨物與技術的自由進出口。但是法律、行政法規另有規定的除外。」這項規定既符合中國經濟發展的需要，也符合世界貿易組織的宗旨和基本原則。

4. 逐步發展國際服務貿易的原則

逐步發展國際服務貿易，是指基於我國是發展中國家的需要，國際服務貿易市場逐步開放。服務貿易是世界貿易組織管轄的一個重要領域。由於我國服務貿易比較落後，缺乏國際競爭力，為了國內服務貿易的發展，我國對國際服務貿易採取積極、穩妥、開放的態度，通過談判逐步開放國內服務貿易市場。

5. 實行平等互利、互惠對等的國際貿易關係的原則

實行平等互利、互惠對等的國際貿易關係，是指根據我國締結或者參加的國際條約、協定或者根據互惠、對等原則給予對方國家當事人在對外貿易的最惠國待遇、國民待遇等。任何國家或者地區在貿易方面對我國採取歧視性的禁止、限制或者其他類

似措施的,我國可以根據實際情況對該國或者地區採取相應的措施。

三、對外貿易法的管理制度

【案例討論】 在一次廣交會展銷期間,互利物流採購中心業務員遇到了一款電子新產品,市場前景看好,欲擬採購。但在對該產品進行調查時發現,其生產企業在南非,產品也屬於首次參展,國內尚無其他貨源。如果需要,必須與該生產企業訂購,而互利物流採購中心的營業範圍僅是國內商品採購。問:
如果要實現該產品的合法採購和銷售,互利物流採購中心應怎麼辦?

(一) 對外貿經營者的管理

根據《對外貿易法》的規定,在我國從事對外貿易經營活動的主體可以是法人、其他組織或者個人。其具體規定如下:

(1) 應取得對外貿易經營資格。對於貨物或者技術進出口的對外貿易經營資格,實行備案登記制,商務部公布了《對外貿易經營者備案登記辦法》。符合法律規定的所有企業法人、其他組織和個人向國務院對外貿易主管部門或者其委託的機構辦理備案登記後,可以從事進出口業務。個人辦理對外貿易經營資格備案登記的前提是辦理工商登記或者其他執業手續。對於涉外服務貿易經營資格,根據服務貿易准入清單,依照法律、行政法規的規定賦予經營資格。對於對外工程承包或者對外勞務合作的經營資格,經營者應取得相應的資質或者資格。

(2) 根據世界貿易組織規則,實行國營貿易管理貨物的進出口業務只能由經授權的企業經營。授權的企業包括國有企業和其他所有制性質的企業。例如,對小麥、原油、成品油、化肥、橡膠、鋼鐵、木材、膠合板、羊毛、腈綸、棉花、菸草及製品、食糖、植物油的進口,由國家指定的專業外貿公司經營。對原油、成品油、茶葉、煤炭、棉花、醋酸酐、乙醚、三氯甲烷、重水、偏二甲肼、高氯酸氨、鎢酸等的出口,實行國家指定的外貿公司經營。其他公司不得經營上述貨物的進出口業務。

(3) 根據對外貿易法規定,外貿經營者可以接受他人的委託,在經營範圍內代為辦理對外貿易業務。

(二) 對貨物和技術進出口的管理

《對外貿易法》確立了我國進出口貿易管理的基本制度:採取自由、限制、禁止等分類管理措施。其主要內容有:

(1) 國家准許貨物與技術自由進出口,但是法律、行政法規另有規定的除外。國務院對外貿易主管部門基於監測進出口情況的需要,可以對部分自由進出口的貨物實行進出口自動許可,並公布其目錄。

(2) 國家實行貨物和技術自由進出口,但有兩個重要例外,即一般例外和安全例外,並對其實行目錄管理。國家對貨物和技術進出口的一般例外,即限制或者禁止進出口的貨物和技術有,例如,有損國家安全、社會公共利益或者公共道德的、為保護人的健康或者安全,保護動物、植物的生命或者健康、保護環境的、進口國家或者地區市場容量有限的、保持國家收支平衡的或者國際條約規定的等。國家對貨物和技術進出口的安全例外,即國家在貨物、技術進出口方面可以採取任何必要的措施。例如,

禁止國家對與裂變、聚變物質或者衍生此類物質的物質有關貨物、技術進出口，以及與武器、彈藥或者其他軍用物資有關的進出口，維護國家安全；在戰時或者為維護國際和平與安全，國家在貨物、技術進出口方面可以採取任何必要的措施。

（3）對於限制進出口的貨物，國家採用配額、關稅配額和許可證方式進行管理。進出口貨物配額、關稅配額的分配按照公開、公平、公正和效益原則進行分配。對限制進出口的技術，採取許可證管理。

（4）建立統一合格評定、認證、檢驗、檢疫制度。國家實行統一的商品合格評定制度，根據有關法律、行政法規的規定，對進出口商品進行認證、檢驗檢疫管理。

（5）對進出口貨物進行原產地管理。原產地管理，是指對進出口貨物確認其生產或者製造國，從而適用不同的外貿待遇，它是外貿管理措施之一。我國和世界上多數國家在其關稅法中確立了進出口貨物原產地管理，即對不同生產或者製造國家的進口貨物適用不同的關稅率。

(三) 對國際服務貿易的管理

根據《對外貿易法》規定，我國實行國際服務貿易市場採取逐步開放政策，給予締約方或者參加方以市場准入和國民待遇。國務院對外貿易主管部門和國務院有關部門，依照相關法律、行政法規規定，制定、調整並公布國際服務貿易市場准入目錄。

《對外貿易法》規定了國際服務貿易的一般例外和安全例外。

(四) 對與外貿有關的知識產權保護的管理

依據《對外貿易法》和相關法律規定，國家知識產權局、海關等部門保護與對外貿易有關的知識產權。進出口貨物侵犯知識產權，危害對外貿易秩序的，國家依法做出行政處罰和刑事處罰。

(五) 對外貿的秩序與調查

《對外貿易法》確立了反壟斷、反不正當競爭原則。國家有關部門依照法律、行政法規規定，可以對有損外貿秩序的經營活動進行調查和取證。根據調查結果，做出反傾銷、反補貼的裁定，並以公告的形式公布。

(六) 對外貿易的救濟

對外貿易救濟是指國家根據對外貿易調查結果，對其他國家或者地區企業的某些損害或者嚴重威脅我國的社會公共利益或者產業利益的貿易做法，採取減輕或者消除其損害或者威脅的強制性措施。這些強制性措施主要有：反傾銷、反補貼和保障措施。

四、違反對外貿易法的法律責任

（1）《對外貿易法》規定了違反對外貿易秩序的違法行為：未經授權擅自進出口實行國營貿易管理的貨物的行為；進出口屬於禁止進出口的貨物、技術，或者未經許可擅自進出口屬於限制進出口的貨物、技術的行為；從事屬於禁止的國際服務貿易活動的，或者未經許可擅自從事屬於限制的國際服務貿易活動的行為；違反對外貿易秩序管理規定，非法從事對外貿易經營活動的行為；外貿管理工作人員的違法行為。

（2）違反《對外貿易法》的法律責任有行政責任和刑事責任。其中，行政責任形式主要有：責令改正、沒收違法所得、罰款、不受理配額或者許可證的申請、禁止從事有關進出口經營活動等。除了依法追究行政責任外，對外貿違法行為觸犯刑法構成犯罪的還要追究相應的刑事責任。

第二節　進出口通關

一、進出口通關概述

進出口通關，是指貨物、運輸工具、物品等從進入關境邊界或者申請出境辦結海關手續的一項海關監管活動。它是海關對進出境對象的監督和管理，也是國家主權運用的象徵。在從事涉外物流或者跨國商品購銷時，物流企業和相關當事人必然涉及進出口貨物及運輸工具的通關業務。

依據通關的對象不同，進出口通關分為進出口貨物通關、進出境運輸工具通關和進出境物品通關。本節重點講述進出口貨物通關和進出境運輸工具通關。在通關時，進出口貨物和運輸工具進入海關監管範圍。貨物、運輸工具通關的時間，一般是指進口貨物或者運輸工具從進入關境時起至海關放行時止；出口貨物或者運輸工具從向海關申報出口並運入海關監管區時起至運離關境時止。

為了規範進出口貨物通關秩序，各國制定了一系列相關法律制度。其中，海關法是進出口貨物通關法律制度的核心內容。《中華人民共和國海關法》（以下簡稱《海關法》），於1987年頒布實施並於2000年7月進行了修正。在我國，《海關法》僅適用於中國關境，即中國的整個區域。中國香港、澳門特別行政區和臺灣地區作為中國的單獨關境區，不適用《海關法》。

【案例連結】廈門走私案

廈門特大走私案是新中國史上查處的涉案金額特別巨大、案情極為複雜、危害極其嚴重的走私犯罪案件。經查明，1996年至1999年上半年，賴昌星走私犯罪集團及其他走私犯罪分子，在廈門關區走私進口成品油450多萬噸、植物油45萬多噸、香菸300多萬箱、汽車3,588輛，以及大量西藥原料、化工原料、紡織原料、電子機械等貨物，價值高達人民幣530億元，偷逃稅款人民幣300億元。

二、進出口通關的主體

進出口通關中的法律主體有兩類：一是進出口通關的國家管理機關即管理主體；二是從事進出口通關活動的當事人即被管理主體。

(一) 進出口通關的管理機關

進出口通關的管理機關，包括海關機關和有關的國家機關。後者如國家經濟貿易委員會、中華人民共和國商務部、中華人民共和國國家工商行政管理總局、國家質量檢驗總局等。依據《海關法》的規定，海關是對進出口通關進行全面管理的國家機關。

海關的職責主要有：監管進出境的運輸工具、貨物、行李物品、郵遞物品和其他物品，徵收關稅和其他稅費，查緝走私並編製海關統計和辦理其他海關業務等。海關的職權有：檢查權、調查權、扣留權、關稅徵收保全和強制扣繳權、稽查權、連續追緝權、佩帶和使用武器權、行政處罰權等。

(二) 進出口通關的當事人

進出境通關的當事人，有以下幾類：

（1）進口貨物的收貨人和出口貨物的發貨人。其是向海關辦理貨物進出口手續的主要當事人。

（2）進出境運輸工具的承運人。運輸工具進出境時要向海關辦理通關手續，承運人也是通關的當事人。

（3）報關代理人。報關代理人是指專門代辦進出境報關業務的報關企業。目前，由於貨物及運輸工具通關的專業性，進出口貨物絕大多數是由報關企業代理報關。

除上述當事人外，還有進出口貨物的經營管理人，如保稅倉庫、出口監管倉庫、加工貿易企業的經營管理者；侵犯知識產權的進出口貨物的知識產權人等。

【案例連結】報關員處罰案

2003年至2006年4月間，梁某為協助寧波某機械公司在進口貨物時偷逃應納稅款，採用偽造合同等商業單證的手段，瞞報海運費。因貨物進口申報價格低於實際價格，該公司在此期間偷逃應納稅款5萬餘元。寧波海關依據《中華人民共和國海關行政處罰實施條例》對梁某的違法行為處以一萬元罰款等行政處罰。

《海關行政處罰實施條例》規定，報關員協助走私以及其對委託人提供情況的真實性未進行合理審查或因工作疏忽導致申報不實行為的，處以罰款及沒收違法所得，情節嚴重的暫停執業或取消報關從業資格。

三、進出口貨物通關程序

國家依據進出口貨物的不同性質和進出口企業的不同信用等級，將進出口通關程序分為四種：

（一）一般通關程序

一般通關程序，即《海關法》規定的普通程序，適用於一般貿易進出口貨物和進出境運輸工具的通關。它包括四個環節：

（1）報關與受理。報關，是指運輸工具和貨物在進境后或者出境前，當事人根據海關法規定的要求和方式向海關所作的聲明。其中，「根據海關法規定的要求」是指根據貨物的性質、種類和特徵，當事人應當將具備的法定進出境條件的細節向海關申報並附上必要的單證；「海關法規定的方式」主要是指書面方式，書面方式又可分為紙質申報單申報方式和電子報關方式。受理，是指在海關接受申報后審核遞交的單證齊全、準確、有效和清楚，予以受理。

（2）查驗。查驗，是指海關對進出口貨物的品名、規格、原產地、數量、價格等商品要素是否與報關單中所列項目一致而進行的實際核查。查驗有無瞞報、偽報和申報不實等走私違規行為是貨物通關的法定環節，它是海關執法的重要體現。在現代條件下，為了加快進出口貨物的通關速度，實行抽查方式。

（3）徵稅。海關對於應稅進出口貨物，依據《中華人民共和國海關關稅條例》和《中華人民共和國海關進出口稅則》等規定徵收關稅和其他稅費。目前，除了徵收關稅外，我國海關還代收進口貨物的國內其他稅收，如增值稅、消費稅、船舶噸稅；代收其他稅費，如海關監管手續費、反傾銷稅、反補貼稅等。

（4）放行。放行，是指海關對一般貿易進出口貨物終結監管且允許貨物進入自由流通狀態的行政行為。放行是一種要式行政行為，必須由海關在進口貨物提單或者出

口貨物裝運單上蓋上「海關放行章」印記后方能生效。對於一些特定的進出口貨物，如保稅貨物、暫時進出口貨物等，放行並不意味著海關監管的終結，只是海關現場監管的結束，通關的過程尚未完成。

(二) 特定通關程序

根據《海關法》的規定，對於保稅貨物、暫時進出口貨物、特定減免稅進口貨物等實行特定通關程序。海關的放行並不意味著海關監管的終結，還有兩個環節：一是核查，即海關對適用特定通關程序的進口貨物在放行後和結關前，按照《海關法》規定進行核對和查驗；二是核銷，即對於保稅貨物、暫時進出口貨物、特定減免稅進口貨物等在海關放行後按照法定要求動作或者使用後，由海關核定銷案。核銷意味著這些貨物辦結了海關手續，海關監管終結。

(三) 優先通關程序

根據《海關對企業實施分類管理辦法》規定，海關將企業進行分類管理，分類通關。在企業分類管理的評估中被列為 A 類管理的企業，可實行優先通關程序。其優先待遇體現在：優先受理報關、實行「門對門」的驗貨、實行擔保放行、免檢放行等。

(四) 便捷通關程序

適用便捷通關的企業可以申報便捷通關手續。在便捷通關程序中，海關地企業實行信用管理，進出口貨物主要根據企業的申報審核放行，在通關現場一般不開箱查驗，進出口地海關也不得自行到企業稽查。換言之，便捷通關程序是對企業進出口貨物實行直通式信任放行程序。

四、進出口報關規則

報關是進出口通關的第一環節，也是啟運進出口通關最重要的一個環節。由於進出口貨物和進出境運輸工具的不同，在報關時也有不同的規則。

(一) 進出口貨物的報關

進出口貨物的收發貨人及其代理人在接到進口貨物提貨通知書或者備齊貨物準備出口後，應及時著手辦理以下相關手續，以備報關。

(1) 準備報關單證。報關單證分為以下三類：①貨物及運輸單證，包括提貨單、裝箱單、商業發票等；②進出口證件，包括進口許可證、出口許可證、貨物檢驗證書、動植物檢疫證書、衛生檢驗證書、海關頒發的《加工貿易登記手冊》、徵免稅證明、暫時進出口貨物的擔保申請以及結關需要的單證等；③海關需要的其他單證，包括貿易合同、貨物原產地證明、營業執照、執業證書等。

(2) 填製報關單。根據海關的要求，報關人員在填製報關單時要規範和準確。根據貿易性質和海關管理要求不同，報關單可分為進口貨物報關單、出口貨物報關單、來料加工補償貿易專用進口貨物報關單、來料加工補償貿易專用出口貨物報關單、進口轉關貨物報關單、出口轉關貨物報關單等。進口貨物報關單一式五聯：海關作業聯、企業留存聯、海關核銷聯、進口付匯證明聯。出口貨物報關單一式六聯，除上述五聯外，增加出口退稅證明聯。

(3) 進出口貨物的收發貨人需要委託專業或代理報關企業向海關辦理申報手續的，應在進出口口岸就近向專業報關企業或代理報關企業辦理委託報關手續。報關委託書以海關要求的格式為準。

【法律連結】就列入《進口許可證管理商品目錄》《出口許可證管理商品目錄》的進出口貨物進行報關時，報關單位應向海關機關提交有效的《進口許可證》或者《出口許可證》；所遞交的許可證必須做到「證貨相符」「單證相符」。否則，海關不予放行。

《進口許可證》或者《出口許可證》原則上實行「一批一證」制度，即許可證在其有效期內只能對同日、同運輸工具的同批進口貨物作一次性報關使用。對不能實行一批一證的出口商品，發證機關在簽發出口許可證時必須在備註欄註明「非一批一證」字樣，在其有效期內可依法多次使用。

(二) 進出境運輸工具的報關

進出境運輸工具進出我國關境時應由其承運人或者代理人向海關申報。申報內容：進出境的時間、航次；運載貨物或者物品的有關情況；運輸工具服務、工作人員名單及其自用物品、貨幣、金銀製品等情況；運輸工具所載旅客情況；其他需要向海關申報的情況。以上內容分別填寫在載貨清單、工作人員名冊、自用物品及運輸工具備用物品清單、貨幣、金銀清單和旅客清單等，並向海關交驗。除此以外，根據運輸工具的不同，申報時還須效驗運輸工具的合法營運的相關文件，如船舶國籍證書、噸位證書、簽證簿、海關監管簿等。

五、進出口通關規則

報關是進出口通關過程的一個重要環節，但並不意味著通關的終結。進出口貨物和進出境運輸工具的當事人還要遵守和履行進出口通關規則。進出口通關規則，是規範進出口通關全過程中當事人的行為規範。

(一) 收發貨人或者報關企業的通關規則

(1) 在法定期限內如實報關。《海關法》規定，進口貨物的收貨人應當自載運該貨物的運輸工具申報進境之日起 14 日內，出口貨物的發貨人除海關特準的外，應當在貨物運抵海關監管區后裝貨的 24 小時以前，向海關申報。進口貨物的收貨人超過規定期限向海關申報的，由海關徵收滯報金。

(2) 交驗法定單證。進出口貨物在報關時，還應根據貨物的性質所適用的通關程序，負有交驗法定單證的義務，以證明其在報關單上所作的聲明。法定單證，包括前面報關準備中所述的單證。

(3) 接受查驗。《海關法》規定，進出口貨物應當接受海關查驗。海關查驗貨物時，進口貨物的收貨人、出口貨物的發貨人應當到場，並負責搬移貨物，開拆和重封貨物的包裝。海關認為必要時，可以開驗、復驗或者提取貨樣。經收發貨人申請，海關總署批准，其進出口貨物可以免驗。

(4) 繳納稅款或者提供擔保。《海關法》規定，除法定免稅、零稅或者海關批准免稅的外，進出口貨物在收發貨人繳清稅款或者提供擔保后，由海關簽印放行。對於繳納稅款有困難，經海關批准緩納稅款的，在緩稅期屆滿時應當完納稅款。對於暫時進出口貨物和保稅貨物，應向海關提供《海關法》認可的擔保。

進口貨物的收貨人自運輸工具申報進境之日起超過 3 個月未向海關申報的，其進

口貨物由海關提取依法變賣處理，所得價款在扣除運輸、裝卸、儲存等費用和稅款后，尚有余款的，自貨物依法變賣之日起一年內，經收貨人申請，予以發還；其中屬於國家對進口有限制性規定，應當提交許可證件而不能提供的，不予發還。逾期無人申請或者不予發還的，上繳國庫。

確屬誤卸或者溢卸的進境貨物，經海關審定，由原運輸工具負責人或者貨物的收發貨人自該運輸工具卸貨之日起 3 個月內，辦理退運或者進口手續；必要時，經海關批准，可以延期 3 個月。逾期未辦手續的，由海關按規定處理。

對於上述貨物不宜長期保存的，海關可以根據實際情況提前處理。收貨人或者貨物所有人聲明放棄的進口貨物，由海關提取依法變賣處理；所得價款在扣除運輸、裝卸、儲存等費用后，上繳國庫。

【法律連結】 船舶噸稅，是海關對進出我國港口的外國船舶徵收的稅種。其主要目的是維護航道設施建設。《中華人民共和國海關船舶噸稅暫行辦法》規定其納稅義務人：進出我國港口外國籍船舶的經營人；期租中國籍船舶的外國經營人；中外合資經營的船舶或者外商投資企業租用中、外籍船舶進出我國港口的經營人以及我國租用外國籍船舶在國際、國內沿海航行進出我國港口的經營人。

(二) 承運人的通關規則

(1) 運輸工具進出境地點規則。《海關法》規定，進出口貨物、運輸工具、物品，必須通過設立海關的地點進境或者出境。在特殊情況下，需要經過未設立海關的地點臨時進境或者出境的，必須經中央政府或者其授權的機關批准，並依法辦理海關手續。

(2) 進出境運輸工具事先通知規則。《海關法》規定，進出境船舶、火車、航空器到達和駛離時間、停留地點、停留期間更換地點以及裝卸貨物、物品時間，運輸工具負責人或者有關交通運輸部門應當事先通知海關，其目的是加快通關速度。運輸工具報關原則上要在入境后 24 小時內或者離境前 24 小時向海關申報。

(3) 運輸工具進出境行駛路線規則。《海關法》規定，進境運輸工具在進境以後向海關申報以前，出境運輸工具在辦結海關手續以后、出境以前，應當按照交通主管機關規定的路線行進；交通主管機關沒有規定的，由海關指定。其目的是防止運輸工具在此期間脫離海關的監管以至於發生卸貨物行為。

(4) 如實申報交驗單證規則。進出境運輸工具進出我國關境時，應由其承運人或者代理人向海關如實申報下列事項：進出境的時間、航次；運載貨物或者物品的有關情況；運輸工具服務、工作人員名單及其自用物品、貨幣、金銀製品等情況；運輸工具所載旅客情況；其他需要向海關申報的情況。

(5) 接受海關檢查和監管規則。《海關法》規定，進出境運輸工具到達或者駛離設立海關的地點時，運輸工具負責人除了應當向海關如實申報和交驗單證外，還應當接受海關監管和檢查。停留在設立海關的地點的進出境運輸工具，未經海關同意，不得擅自駛離。進出境運輸工具從一個設立海關的地點駛往另一個設立海關的地點的，應當符合海關監管要求，辦理海關手續，未辦結海關手續的，不得改駛境外。

六、法律責任

違反《海關法》的行為可分為走私行為和違反海關監管規定的行為。《海關法》對違反《海關法》的表現行為及其法律責任作出了具體規定。對此，本節不再講述。

第三節 出入境檢驗檢疫

一、出入境檢驗檢疫概述

出入境檢驗檢疫，是指檢驗檢疫部門和檢驗檢疫機構依照法律規定，對出入境的商品、運輸工具以及人員進行檢驗檢疫、認證及簽發官方檢驗檢疫證明等的監督管理活動。它與海關監管一樣同是國家主體的體現，其目的是保護國家經濟順利發展，保護人類的生命和生活環境的安全與健康。無論是國際物流還是跨國商品購銷，在辦理通關前後，會涉及出入境檢驗檢疫業務。

出入境檢驗檢疫的對象包括進出境的商品、運輸工具和人員。根據檢驗檢疫強制性與否，出入境商品及運輸工具又可分為法定檢驗與合同檢驗。前者又稱強制檢驗，也是國家外貿管制的重要措施之一。后者又稱自願檢驗，是當事人根據對外貿易合同規定申請而進行的檢驗檢疫。根據專業的需要，本節重點講述出入境商品和運輸工具的法定檢驗檢疫。

為了加強出入境檢驗檢疫工作，規範各當事人在檢驗檢疫中的行為，維護社會公共利益和出入境各方的合法權益，各國都制定了相應的出入境檢驗檢疫法律制度。1989年，我國頒發實施了《中華人民共和國進出口商品檢驗法》（以下簡稱《進出口商品檢驗法》）。2002年4月28日，第九屆全國人大常務委員會第二十七次會議《關於修改〈進出口商品檢驗法〉的決定》修正，並於2002年10月1日實施。《進出口商品檢驗法》與隨后頒布實施的《進出境動植物檢驗檢疫法》《國境衛生檢疫法》《食品衛生法》等，構成了出入境檢驗檢疫的基本法律制度。

【相關連結】近年來，全球頻繁發生的高致病性禽流感，不但造成了嚴重的經濟損失，而且也威脅人類的健康和生存。據資料統計，2005—2006年，僅在我國發生的高致病性禽流感疫情中就有19.4萬只家禽發病，其中死亡18.6萬只。政府預防性撲殺2,284.9萬只。各國政府都積極應對高致病性禽流感，特別是對來自疫區的商品和運輸工具等進行嚴格的檢驗檢疫和消毒處理。在我國，出入境檢驗檢疫被譽為防止禽流感等病毒傳播的一道「國門」。

二、出入境檢驗檢疫的主體及權責

（一）出入境檢驗檢疫的管理主體及職責

1. 出入境檢驗檢疫的管理機關

根據《進出口商品檢驗法》規定，國務院設立進出口商品檢驗部門，主管全國進出口商品檢驗工作。國家商檢部門設在各地的進出口商品檢驗機構（以下簡稱商檢機

構）管理所轄地區的進出口商品檢驗工作。1998 年，國務院將進出口商品檢驗局、動植物檢疫局和衛生檢疫局合併為國家出入境檢驗檢疫局。2001 年，原國家出入境檢驗檢疫局和國家質量技術監督局合併組建國家質量監督檢驗檢疫總局。國家質量監督檢驗檢疫總局成立後，原國家出入境檢驗檢疫局設在各地的出入境檢驗檢疫機構、管理體制及業務不變。

2. 出入境檢驗檢疫機構主要職責：

（1）對進出口商品進行檢驗、鑒定和監督管理。

（2）對進出境動植物及其產品，包括其運輸工具、包裝材料的檢疫和監督管理。

（3）對出入境人員、交通工具、運輸設備以及物品進行國境衛生和口岸衛生監督管理。

（4）根據對外貿易關係人或者外國檢驗機構的委託，辦理進出口商品鑒定業務。

（5）法律規定的其他業務。

（二）出入境檢驗檢疫報檢人及義務

1. 出入境檢驗檢疫報檢人

出入境檢驗檢疫報檢人包括報檢單位和報檢員。出入境檢驗檢疫是由報檢單位承擔和負責，具體業務由其報檢員來完成。

報檢單位不受登記地的地域限制，可以異地辦理報檢業務。報檢單位按其登記性質可分為自理報檢單位和代理報檢單位。

（1）自理報檢單位，是指根據法律規定自行辦理或者委託代理報檢單位辦理出入境檢驗檢疫報檢的出入境貨物的單位。其主要包括進出口收發貨人、承運人、進出口貨物的生產、加工、儲存和經營單位等。

檢驗檢疫機構對自理報檢單位實行備案管理制度。凡屬於自理報檢單位範圍的，在首次辦理報檢時，必須持有關證件向當地出入境檢驗檢疫機構辦理備案登記手續，取得《自理報檢單位備案登記證明書》和報檢單位代碼。

（2）代理報檢單位，是指經檢驗檢疫機構註冊登記，依法接受當事人委託並為其辦理出入境檢驗檢疫業務的單位。其必須是在我國工商行政管理部門註冊登記的境內企業法人。

檢驗檢疫機構對代理報檢單位實行註冊登記制度。從事出入境檢驗檢疫代理報檢業務的單位，必須辦理註冊登記手續，取得《代理報檢單位註冊登記證書》和報檢單位代碼。

（3）報檢員是指通過國家報檢員資格考試取得報檢員資格證書，經檢驗檢疫機構註冊，負責辦理出入境檢驗檢疫報檢業務的人員。

【法律連結】根據《出入境檢驗檢疫代理報檢管理規定》規定，代理報檢單位必須具備的條件是：（一）必須取得《企業法人營業執照》；（二）註冊資本在人民幣 150 萬元以上；（三）具有固定經營場所和開展代理報檢業務的設施；（四）有不少於 10 名取得《報檢員資格證》的工作人員；（五）國家質檢總局規定的其他條件。

2. 出入境檢驗檢疫報檢人的義務

（1）遵守國家有關檢驗檢疫法律法規和規章制度。

（2）在報檢時提供合法有效的證單，完整、規範填製報檢單，在規定的時間和地點辦理報檢手續，並對報檢的真實性承擔法律責任。

（3）遵守檢驗檢疫監管要求；協助檢驗檢疫工作人員進行現場檢驗檢疫、抽樣、制樣以及必要的衛生處理工作。

（4）對已經檢驗檢疫合格放行的出口貨物應加強批次管理，不得錯發、錯運、漏發，以免造成貨證不符。對入境的法定檢驗檢疫貨物，未經檢驗檢疫合格或者檢驗檢疫機構許可的，不得銷售、使用或者拆卸、運遞。

三、出入境檢驗檢疫的程序

由於出入境對象不同，檢驗檢疫工作的具體內容很多，工作程序也比較複雜。出入境檢驗檢疫的一般工作程序如下：

1. 報檢或者申報受理

報檢或者申報，是指申請人按照規定向檢驗檢疫機構申報檢驗檢疫工作的手續。它是出入境檢驗檢疫程序起動的第一步。檢驗檢疫機構接受報檢或者申報後，應當進行審核，填寫規範、資料齊全的，予以受理。

2. 計費和收費

對已經受理的報檢或者申報的，檢驗檢疫機構按照《出入境檢驗檢疫收費辦法》的規定計費並且收取。

3. 抽樣或者採樣

對須檢驗檢疫並出具結果的出入境貨物，檢驗檢疫機構應當派人到現場抽取或者採取樣品。對樣品不能直接進行檢驗的，應當制樣。樣品及制樣經檢驗檢疫後應重新封識。

4. 檢驗檢疫

檢驗檢疫機構對樣品或者制樣進行檢驗檢疫，以判斷其各項指標是否符合法定標準、合同約定標準或者買方所在國官方機構的有關規定。

5. 衛生除害處理

按照《衛生檢疫法》《進出境動植物檢疫法》等規定，對有關出入境貨物、動植物、運輸工具、交通工具等實施衛生除害處理。

6. 簽證與放行

對出境貨物，實行報檢後先檢驗檢疫，再放行通關。經檢驗檢疫合格的，檢驗檢疫機構簽發《出境貨物通關單》，作為海關核放貨物的依據；經檢驗檢疫不合格的，簽發《出境貨物不合格通知單》。

對入境貨物，實行報檢後先放行通關，再進行檢驗檢疫制度。檢驗檢疫機構受理報檢並進行必要衛生除害處理或者檢驗檢疫後簽發《入境貨物通關單》，海關據以驗放貨物後，再經檢驗檢疫合格的，簽發《入境貨物檢驗檢疫證明》；不合格的，簽發檢驗檢疫證書，供當事人對外索賠。

【法律連結】檢驗檢疫的更改、撤銷、重新報檢和復驗

已經報檢的出入境貨物，在尚未實施檢驗檢疫或者尚未出具證單的，當事人可以更改或者撤銷報檢；在領取檢驗檢疫證單後，符合條件的，可以重新報檢。報檢人對檢驗結果有異議的，可以向作出檢驗檢疫結果的檢驗檢疫機構或者其一級機構申請復

驗，也可以向國家質檢總局申請復驗。對復驗結果不服的，可以申請行政復議，也可以提起行政訴訟。

四、報檢範圍

具體的報檢範圍包括以下幾方面：

（1）法定檢驗檢疫的範圍：①列入《出入境檢驗檢疫機構實施檢驗檢疫的進出境商品目錄》內的貨物；②入境廢物、進口舊機電產品；③出口危險貨物包裝容器的性能檢驗和使用鑒定；④進出境集裝箱；⑤進境、出境、過境的動植物、動植物產品及其他檢疫物；⑥裝載動植物、動植物產品和其他檢疫物的裝載容器、包裝物、鋪墊材料；⑦進境動植物性包裝物、鋪墊材料；⑧來自動植物疫區的運輸工具；⑨裝載進境、出境、過境的動植物、動植物產品及其他檢疫物的運輸工具；⑩法律、行政法規規定的其他應檢對象。

（2）輸入國家或者地區規定必須憑檢驗檢疫機構出具的證書方准入境的報檢範圍。例如，一些國家或者地區規定，對來自中國的動植物及其產品、食品、產品的木質包裝，需要我國檢驗檢疫機構出具相關證書，方可驗放貨物。

（3）國際條約規定的檢驗檢疫範圍。屬於該範圍的，報檢人須向檢驗檢疫機構報檢並獲取相關證書。

（4）對外貿易合同約定須憑檢驗檢疫機構簽發的證書進行交接、結算的報檢範圍。

（5）申請簽發一般原產地證明書、普惠制原產地證明書等原產地證明書的。

五、出入境報檢規則

（一）出入境貨物的報檢規則

1. 出境貨物的報檢規則

（1）報檢的時限：出境貨物，發貨人最遲應在出口報關或者裝運前7天報檢，對於個別檢驗檢疫週期較長的貨物，應留有相應的檢驗檢疫時間；需要隔離檢疫的出境動物在出境前60天預報，隔離前7天報檢。

報檢的地點：法定檢驗檢疫貨物，除活動物需由口岸檢驗檢疫機構負責外，原則上向產地的檢驗檢疫機構報檢。

（2）應當提供報檢需要的相關單據。相關單據主要有：《出境貨物報檢單》、外貿合同或者銷售確認書或者訂單、信用證、有關函電、生產企業檢驗結果原件以及其他單據等。

（3）填製《出境貨物報檢單》。填製要求必須做到完整、準確、清晰、不得塗改，並由報檢單位加蓋印章。

對於出境一般報檢的貨物，檢驗檢疫合格後，在當地海關報關的，由報關地檢驗檢疫機構簽發《出境貨物通關單》；在異地海關報關的，由產地檢驗檢疫機構簽發《出境貨物通關單》或者「換證憑條」，貨主或者其代理人憑前者向報關地的檢驗檢疫機構申請換發《出境貨物通關單》。

2. 入境貨物的報檢規則

【案例討論】新疆某外貿公司從韓國進口一批聚乙烯，擬從青島口岸入境后轉關至

北京，最終運至西安使用。該公司或者其代理人向檢驗檢疫機構申請領取《入境貨物通關單》時遇到以下問題：一是不知應何時辦理報檢手續；二是不知應向何地的檢驗檢疫機構辦理手續。

請你依據入境貨物報檢規則為其提供法律解答。

入境貨物的報檢規則如下：

（1）報檢的時限：入境貨物，收貨人應在海關放行後 20 天內報檢；輸入微生物、人體組織、生物製品種畜、禽等應當在入境前 30 天報檢；輸入其他動物的，應在入境前 15 天報檢；輸入植物、種子、種苗及其他的繁殖材料的，應在入境前 7 天報檢；入境貨物需要對外索賠出讓的，應在索賠有效期前不少於 20 天內報檢。

報檢的地點：政府批文中規定檢驗檢疫地點的，在規定的地點報檢；大宗散裝、易腐爛變質商品、廢舊物品及在卸貨時發現包裝破損、重數量短缺的商品，必須在卸貨口岸報檢；需要結合安裝調試進行檢驗的成套設備、機電儀產品以及在口岸開件後難以恢復包裝的商品，應在收貨人所在地檢驗檢疫機構報檢；其他入境貨物，應在入境前或者入境時向報關地檢驗檢疫機構報檢。

（2）應當提供報檢需要的相關單據。相關單據主要有：《入境貨物報檢單》、外貿合同或者銷售確認書、發票、提單或者運單、裝箱單以及其他單據。

（3）填製《入境貨物報檢單》。填製要求必須做到完整、準確、清晰，不得塗改，並由報檢單位加蓋印章。

（二）出入境集裝箱的報檢規則

根據我國出入境檢驗檢疫的相關規定：對所有出入境集裝箱都實施衛生檢疫；對來自動植物疫區的、裝載動植物、動植物產品和其他檢驗檢疫物的，以及箱內帶有植物性包裝物或者鋪墊材料的集裝箱，實施動植物檢疫；法律規定的其他應檢疫情形。

（1）集裝箱入境報檢規則。集裝箱入境前、入境時，承運人、收貨人必須向入境口岸檢驗檢疫機構報檢。未經檢驗檢疫機構許可的，集裝箱不得提運或者拆箱。集裝箱結合貨物，原則上一次性報檢，檢驗檢疫機構應一併檢驗檢疫。

（2）集裝箱出境報檢規則。集裝箱出境前、出境時或者過境時，承運人、收貨人必須向所在地檢驗檢疫機構報檢；在出境口岸裝載拼裝的集裝箱，必須向出境口岸檢驗檢疫機構報檢。未經檢驗檢疫機構許可的，集裝箱不準裝運。

出入境集裝箱報檢時，報檢人應規範填寫報檢單，並提供相關單據。

（三）出入境交通工具衛生檢疫申報規則

1. 出入境船舶衛生檢疫申報規則

（1）入境船舶衛生檢疫申報。船方或者其代理人應當在船舶預計抵達口岸 24 小時前向入境口岸檢驗檢疫機構申報，填報入境檢疫申請表。如在航行中發現檢疫傳染病、疑似檢疫傳染病或者有人非因意外傷害而死亡並死因不明的，船方必須立即向入境口岸檢驗檢疫機構報告。同時，受入境檢疫的船舶必須按照規定懸掛檢疫信號。檢疫地點必須是最先到達的國境口岸的檢疫錨地或者經檢驗檢疫機構指定的地點。經檢疫或者衛生處理后，簽發《船舶入境檢疫證》。

（2）出境船舶衛生檢疫申報。船方或者其代理人應當在船舶離境前 4 小時內向出境口岸檢驗檢疫機構申報，辦理出境檢疫手續。符合規定，簽發《交通工具出境衛生

檢疫證書》。

【相關資料】白天入境檢疫時，在船舶的明顯處懸掛國際通語檢疫信號：「Q」字旗，表示本船沒有染疫，請發給入境檢疫證；「QQ」字旗，表示本船有染疫或者有染疫嫌疑，請即刻實施檢疫。夜間入境時，在船舶的明顯處垂直懸掛下列燈號：紅燈三盞，表示本船沒有染疫，請發給入境檢疫證；紅紅白燈四盞，表示本船有染疫或者有染疫嫌疑，請即刻實施檢疫。

2. 出入境列車衛生檢疫申報規則

出入境列車在到達或者出站前，承運人應向檢驗檢疫機構提前預報列車預定到達時間或者預定發車時間。列車到達車站后，檢疫人員首先登車，依照規定進行檢疫和處理。在檢查結束前任何人不準上下列車，不準裝卸貨物、物品等。

3. 出入境汽車及其他車輛的衛生檢疫申報規則

對出入境汽車及其他車輛裝載的貨物，應當按照規定提前向檢驗檢疫機構申報。申報內容包括貨物種類、數量及重量、到達地等。對入境貨運汽車，檢疫或者必要的衛生處理后，簽發《運輸工具檢疫證書》。

4. 出入境航空器衛生檢疫申報規則

入境飛機，可通過地面航空站或者機長按照規定向到達機場的航空站的檢驗檢疫機構申報，並申報飛機國籍、機型、號碼、識別標誌、預定到達時間、經停站等相關內容。特別是來自疫區，在飛行中發現檢疫傳染病、疑似檢疫傳染病，或者有人非因意外傷害而死亡並死因不明的，對衛生檢疫申報有特別規定。

出境飛機，應當在出境起飛前向檢驗檢疫機構提交飛機總申報單、貨物倉單和其他有關檢疫證件，並提供飛機國籍、機型、號碼、識別標誌、預定起飛時間、經停站等相關內容。經檢疫或者必要的衛生處理后，簽發《交通工具出境衛生檢疫證書》。

六、檢驗檢疫的簽證與放行

對出境貨物經檢驗檢疫合格的，檢驗檢疫機構簽發《出境貨物通關單》，作為海關核放貨物的依據；經檢驗檢疫不合格的，簽發《出境貨物不合格通知單》。

對入境貨物經檢驗檢疫機構受理報檢並進行必要衛生除害處理或者檢驗檢疫后，簽發《入境貨物通關單》，海關據以驗放貨物后，再經檢驗檢疫合格的，簽發《入境貨物檢驗檢疫證明》；不合格的，簽發檢驗檢疫證書，供當事人對外索賠。

七、違反出入境檢驗檢疫的法律責任

我國《進出口商品檢驗法》《進出境動植物檢驗檢疫法》《國境衛生檢疫法》和《食品衛生法》都規定了違反檢驗檢疫的行為表現及其法律責任。

附一和附二分別是中華人民共和國海關出口貨物報關單和中華人民共和國出入境檢驗檢疫出境貨物報檢單。

附一：　　　　　　　　　中華人民共和國海關出口貨物報關單

預錄入編號：　　　　　　　　　　　　　海關編號：

出口口岸		備案號		出口日期		申報日期	
經營單位		運輸方式		運輸工具名稱		提運單號	
發貨單位		貿易方式		徵免性質		結匯方式	
許可證號		運抵國		起運港		境內貨源地	
批准文號		成交方式		運費		保費	雜費
合同協議號		件數		包裝種類		毛重（千克）	淨重（千克）
集裝箱號			隨附單據			生產廠家	
標記嘜碼及備註							
項號　商品編號　商品名稱、規格型號　數量及單位　最終目的國（地區）　　單價 總價 幣制 徵免							
錄入員錄入單位	茲聲明以上申報無訛並承擔法律責任		海關審單批註及放行日期（簽章） 審單　　　　　　審價	
報關員 單位地址 郵編　　電話	申報單位（簽章） 填報日期		徵稅　　　　　　統計	
			查驗　　　　　　放行	

附二：   中華人民共和國出入境檢驗檢疫
                              出境貨物報檢單

報檢單位（加蓋公章）：   *編號：
報檢單位登記號：   聯繫人：   電話：   報驗日期： 年 月 日

發貨人	（中文）				
	（外文）				
收貨人	（中文）				
	（外文）				

貨物名稱（中/外文）	H.S編碼	產地	數/重量	貨物總值	包裝種類及數量

運輸工具名稱號碼		貿易方式		貨物存放地點	
合同號		信用證號		用途	
發貨日期		輸往國家（地區）		許可證審批號	
啟運地		到達口岸		生產單位註冊號	
集裝箱規格、數量及號碼					

合同、信用證訂立的檢驗檢疫條款或特殊要求	標記及號碼	隨附單據（劃「V」或補填）	
		□合同 □信用證 □發票 □換證憑單 □裝箱單 □廠檢單	□包裝性能結果單 □許可/審批文件 □ □

需要證單名稱（劃「V」或補填）		*檢驗檢疫費	
□品質證書 □重量證書 □數量證書 □獸醫衛生證書 □健康證書 □動物衛生證書	□植物檢疫證書 □熏蒸/消毒證書 □出境貨物換證憑單 □出境貨物通關單 □ □	總金額（人民幣）	
		計費人	
		收費人	

報檢人鄭重聲明： 1. 本人被受權報檢。 2. 上列填寫內容正確屬實，貨物無偽造或冒用他人的廠名、標誌、認證標誌，並承擔貨物質量責任。 簽名：_____	領取證單	
	日期	
	簽名	

註：有「*」號欄由出入境檢驗檢疫機關填寫   ◆國家出入境檢驗檢疫局制

實訓作業

一、實訓操作

資料：上海大鵬鞋業公司（自理報檢單位備案登記號為3100600018）與美國星河公司簽訂外貿合同，即Sales Contract，該合同項下的貨物H.S編碼為6403190010，編碼對應商品名稱為野生動物皮革制鞋面其他運動鞋靴，檢驗檢疫類別為「/N」，計量單位為雙，貨物生產完畢後存放於該公司倉庫內。報檢時提供合同、信用證、發票、廠檢單、出口許可證等。要求檢驗貨物的品質及數量等。

Sales　Contract
No：ZW780321
Date：Aug. 5, 2015
The Buyer：Star River Import & Export Corp. Long Beach U.S
The Seller：DaPeng Shoes Corp. Shanghai China. This contract is made by between the Seller and the Buyer, whereby the Seller agrees to sell and the Buyer agrees to buy the under-mentioned goods according to the terms and conditions stipulated below：

（1）Name of Commodity：「DaPeng」Shoes
（2）Quantity：5,000Pairs/100 Cartons
（3）Unit Price：USD10/Pair
（4）Amount Total：USD50,000
（5）Packing：In 〖Cartons
（6）Port of Loading：Shanghai Port
（7）Port of Destination：Long Beach U.S
（8）Date of Shipment：Nov. 2005/By Vessel
（9）Terms of Payment：L/C（No.：T3LONG43980—432）
（10）Shipping Mark：DaPeng/Star River
（11）Documents Required：The Certificate of Quality is issued by CIQ, the L/C No.
　　　　　　　　　　　　　　　　　　　　Is showed within as required.
The Buyer　　　　　　　　　　　　　　　　　　　　　　　　　　　　The Seller

根據報檢單的填寫要求，請你依據上述資料填製一份《出境貨物報檢單》。

二、案例分析

2015年8月，太原某美好生產企業通過外貿代理，由某食品出口公司與法國某配送企業簽訂進出口合同。其中約定：出口美好牌瓶裝醋，10,000箱，每箱24瓶，每瓶500毫升，運輸包裝為紙箱，FOB上海，裝船時間為10月等。該批貨物收貨人指定承運人廣州某國際船舶公司，並按合同要求提供集裝箱運輸。問：

（1）哪一家企業應該批貨物申請報檢和報關？依據法律規定，指出其出口貨物報檢和報關地點。

（2）廣州國際船舶公司應否辦理報檢和通關手續？

第十三章
物流交易爭議程序法實務

物流經濟活動中所發生的物流爭議可以分為兩種：一種是物流交易關係主體之間的爭議即物流交易爭議，另一種是物流管理關係主體之間的爭議即物流管理爭議。這兩種爭議由於性質不同，其爭議處理的方式存在差異，所適用的程序法律制度也不同。物流交易爭議處理方式主要有協商、調解、仲裁和民事訴訟，其中仲裁和民事訴訟是最重要的解決方式；物流管理爭議處理方式主要有行政復議、行政訴訟等。基於篇幅限制，本章主要介紹物流交易爭議處理過程中所涉及經濟仲裁和民事訴訟的相關法律制度。

【導入案例】

格力建材有限公司（簡稱托運人）與順豐運輸有限公司（簡稱承運人）簽訂《貨物運輸合同》。合同約定：承運人自 2015 年 5 月 1 日起至 2016 年 4 月 30 日，對托運人發往重慶、貴陽、遂寧等地的全部貨物承擔公路運輸任務；托運人在承運人完成每批貨物運輸行為后 15 日內支付運費等相關費用。同時，合同中明確規定了「爭議解決辦法」條款：「如產生爭議，雙方協商解決；協商不成的，雙方有權通過當地法院或當地仲裁委解決糾紛」。當承運人提供第七批運輸服務時，托運人以運輸服務質量存在問題而未按約定支付運費。雙方多次協商，難以解決爭議。

在此情形下，承運人應提起訴訟還是申請仲裁以解決合同糾紛？

第一節　經濟仲裁法

一、仲裁與仲裁法

（一）仲裁的概念

仲裁是解決爭議的一種常見方式，其可分為經濟仲裁和行政仲裁。由於經濟仲裁和行政仲裁屬於不同的仲裁制度，故兩者存在較大差異。經濟仲裁是指當事人在爭議發生前或爭議發生後達成仲裁協議，自願將其之間的合同糾紛和其他財產權益糾紛交給仲裁協議所確定的仲裁機構予以裁決，從而解決爭議的法律活動。本章所稱「仲裁」僅指經濟仲裁，其已經成為物流交易爭議重要解決方式之一。

(二) 仲裁法

仲裁法是指由國家制定和認可的，調整仲裁機構與仲裁當事人的仲裁活動和活動中產生的仲裁法律關係的法律規範的總和。1995年9月1日起施行的《中華人民共和國仲裁法》（以下簡稱《仲裁法》），為經濟仲裁領域的基本法律依據。除《仲裁法》外，全國人大批准加入的國際公約，國務院及相關部委制定的相關法規、規章等，都是仲裁規則體系的組成部分。另外，根據仲裁、審判實踐的需要，最高人民法院也制定了相應的司法解釋，對《仲裁法》進行了細化和補充。

【法律服務連結】四川蓉城律師事務所，是一家合夥制律師事務所。其擁有現代化的設施，提供高效優質的法律服務，確保客戶的合法權益。其提供以下專業領域法律服務：貨物運輸法、商品採購法、貨物倉儲法、企業法、稅務金融法、房地產法、國際貿易與海事法、知識產權法等諮詢、調解、仲裁和訴訟等服務。

(三) 經濟仲裁的特徵

經濟仲裁作為解決經濟糾紛的一種方式，與訴訟等其他解決爭議方式相比具有以下特徵：

1. 仲裁具有合意性

經濟糾紛是否通過仲裁解決，完全要根據雙方當事人的意願決定。沒有仲裁協議，仲裁機構不得實行強制仲裁。此外，仲裁地點、仲裁機構以及具體爭議事項的提交，也都由當事人的仲裁協議決定。

2. 仲裁機構的民間性

仲裁委員會獨立於行政機關，與行政機關沒有隸屬關係。仲裁委員會是中國仲裁協會的會員。仲裁委員會組建以後不受任何機關領導管制，屬於民間的準司法組織，其裁決與法院判決一樣具有法律效力。

3. 仲裁具有快捷、保密性

從程序上講，仲裁實行一裁終局制，能及時解決爭議，防止累訟發生，具有快捷性。從審理方式來看，仲裁開庭審理，除非當事人同意外，原則上不允許他人旁聽。與訴訟相比，仲裁對當事人的商業秘密具有較強的保密性。

4. 仲裁裁決具有強制性

經濟糾紛的仲裁，雖然是雙方當事人自主約定提交的，但是仲裁裁決一經作出，即以國家強制力來保證實施。這一點與當事人之間的協商、民間調解等方式不同。與協商、調解相比，仲裁是一種能夠導致有約束力裁判的訴訟外程序，能夠滿足當事人徹底解決爭議的需要。

(四) 仲裁的原則和制度

【案例討論】

成都天華貿易公司與湖南富美制革廠簽訂了皮革買賣合同，合同中約定「如因皮革買賣合同發生爭議，提交成都市仲裁委員會裁決」。后合同在履行中發生爭議。天華公司向對方所在地的人民法院起訴，但未說明雙方訂有仲裁協議，在法院受理此案後，富美制革廠以雙方已訂立仲裁協議而提出了管轄權異議。

法院應如何處理？

《仲裁法》規定經濟仲裁工作主要遵循以下原則和制度。
1. 協議仲裁原則
協議仲裁原則是仲裁的基本原則，也是國際上的通行做法。我國《仲裁法》規定：當事人採用仲裁方式解決糾紛，應當雙方自願，達成仲裁協議。沒有仲裁協議，一方申請仲裁的，仲裁委員會不予受理。我國仲裁機構無權主動提起案件。即使當事人已達成協議，也要由一方當事人自願向仲裁機構書面提出申請仲裁，仲裁機構才可依法予以受理。
2. 先行調解原則
《仲裁法》第五十一條規定：「仲裁庭在作出裁決前，可以先行調解。當事人自願調解的，仲裁庭應當調解。調解不成的，應當及時作出裁決。不能以調代裁，久調不決。」
3. 裁審擇一制度
仲裁與訴訟是兩種不同的爭議解決方式。當事人之間發生的爭議只能在仲裁或訴訟中選擇其一加以採用。根據法律規定，仲裁協議排除法院的訴訟管轄權，只有在沒有仲裁協議或者仲裁協議無效的情況下，法院才可以行使訴訟管轄權。
4. 一裁終局制度
《仲裁法》規定：「仲裁實行一裁終局的制度。裁決作出後，當事人就同一糾紛再申請仲裁或者向人民法院起訴的，仲裁委員會或者人民法院不予受理。」即裁決作出後即發生法律效力，即使當事人對裁決不服，也不能再就同一爭議向法院起訴，同時也不能再向仲裁機構申請仲裁。當事人對裁決應當自動履行，否則對方當事人有權申請人民法院強制執行。

二、經濟仲裁的適用範圍

仲裁適用範圍是仲裁立案和裁決的範圍。《仲裁法》規定，平等主體的公民、法人和其他組織之間發生的合同糾紛和其他財產權益糾紛為仲裁範圍。《仲裁法》從仲裁適用範圍和仲裁適用範圍除外規定兩方面進行了表述：

(一) 仲裁適用範圍

(1) 合同糾紛是仲裁的主要內容。除法律有特殊規定外，凡平等主體之間的合同糾紛都可以申請仲裁。這些合同糾紛既包括《合同法》中規定的合同糾紛，如買賣合同糾紛、贈與合同糾紛、借款合同糾紛、建設工程合同糾紛等；也包括其他法律規定的合同糾紛，如《著作權法》規定的著作權合同糾紛、《合夥企業法》規定的合夥協議糾紛等；還包括法律未作類型化規定的無名合同糾紛，如勞務合同糾紛、債權轉讓合同糾紛等。

(2) 平等主體之間發生的其他財產權益糾紛也可以申請仲裁。財產權益糾紛，是指具有財產給付內容的其他糾紛，主要為各種侵權責任糾紛，包括海事侵權糾紛、侵害消費者權益糾紛和其他涉及財產權益方面的侵權糾紛。

(二) 仲裁適用範圍除外規定

不能申請仲裁的範圍。婚姻、收養、監護、扶養、繼承糾紛與人身關係緊密相連，

這些糾紛未列入仲裁範圍；依法應當由行政機關處理的行政爭議也不能仲裁，如有關勞動爭議和農村土地承包合同糾紛的仲裁，都不適用《仲裁法》的規定。[1]

三、仲裁機構

（一）仲裁委員會

《仲裁法》規定的仲裁是機構仲裁，即應由設立常設性的仲裁機構即仲裁委員會負責仲裁事項。仲裁委員會可以在直轄市和省、自治區人民政府所在地的市設立，也可以根據需要在其他設區的市設立。仲裁委員會由設區的市人民政府組織有關部門和商會統一組建。設立仲裁委員會，應當經省、自治區、直轄市的司法行政部門登記。仲裁委員會獨立於行政機關，與行政機關沒有隸屬關係。各仲裁委員會的法律地位是平等的，相互之間也沒有隸屬關係。

仲裁委員會應具備下列條件：

（1）有自己的名稱、住所和章程。
（2）有必要的財產。
（3）有該委員會的組成人員。
（4）有聘用的仲裁員。

仲裁委員會由主任1人、副主任2至4人、委員7至11人組成。仲裁委員會的主任、副主任和委員應當由法律、經濟貿易專家和有實際工作經驗的人員擔任，其中法律、經濟貿易專家不得少於三分之二。

仲裁委員會應當從公道、正派的人員中聘任仲裁員，並按照不同專業設仲裁員名冊。仲裁員應當符合下列條件之一：

（1）從事仲裁工作滿8年。
（2）從事律師工作滿8年。
（3）曾任審判員滿8年。
（4）從事法律研究、教學工作並具有高級職稱。
（5）具有法律知識、從事經濟貿易等專業工作並具有高級職稱或者具有同等專業水平。

【知識拓展】中國國際經濟貿易仲裁委員會（英文簡稱CIETAC，中文簡稱「貿仲委」），於1956年4月由中國國際貿易促進委員會組織設立。當時名稱為對外貿易仲裁委員會，1980年改名為對外經濟貿易仲裁委員會，1988年改名為中國國際經濟貿易仲裁委員會。2000年，貿仲委同時啟用中國國際商會仲裁院的名稱。中國國際經濟貿易仲裁委員會是以仲裁的方式，獨立、公正地解決契約性或非契約性的經濟貿易等爭議的常設商事仲裁機構，是世界上主要的常設商事仲裁機構之一。

（二）仲裁協會

中國仲裁協會經民政部登記后成立，取得社會團體法人資格。中國仲裁協會實行

---

[1] 《中華人民共和國勞動爭議調解仲裁法》規定了勞動仲裁程序，《中華人民共和國農村土地承包經營糾紛調解仲裁法》規定了農村土地承包經營糾紛仲裁程序。

會員制，各仲裁委員是中國仲裁協會的法定會員。仲裁協會的章程由全國會員制定。中國仲裁協會是仲裁委員會的自律組織，指導和協調仲裁委員會的工作。仲裁協會主要行使下列職責：

（1）中國仲裁協會根據《仲裁法》和《中華人民共和國民事訴訟法》的有關規定制定仲裁規則以及其他仲裁規範性文件。

（2）中國仲裁協會對仲裁委員會及其組成人員、仲裁員的違紀行為進行監督。

四、仲裁協議

【案例討論】武漢的甲公司因買賣貨物未交付貨款，而與乙公司達成一份還款協議，協議中規定，「對上述問題發生糾紛，雙方友好協商解決。如協商仍不能解決，乙方有權選擇仲裁方式解決。」后因執行還款協議再次發生爭議，乙公司向甲公司發出傳真，稱「如不盡快還款，將被迫按照還款協議的規定向武漢仲裁委員會提請仲裁解決。」甲公司在回覆的傳真中稱「如貴公司堅持仲裁，我公司只能奉陪。」乙公司遂準備向武漢仲裁委員會提請仲裁，但其代理律師認為申請人乙公司與被申請人甲公司就仲裁機構、地點等事項並未達成一致意見，仲裁條款無效。

根據《仲裁法》的規定，仲裁條款是否有效？為什麼？

仲裁協議是指當事人自願把他們之間已經發生或可能發生的財產性權益爭議提交指定的仲裁機構進行仲裁的書面協議。與行政仲裁不同，仲裁協議是經濟仲裁的前提。相對於當事人之間的經濟合同，仲裁協議具有獨立性。當經濟合同成立後未生效、被撤銷、變更、解除、終止或無效，不影響仲裁協議的效力。

（一）仲裁協議的類型、形式與內容

1. 仲裁協議的類型與形式

根據仲裁協議的表現形式不同，仲裁協議有以下三種類型：

（1）仲裁條款。其是雙方當事人在合同中訂立的，將今後可能因該合同所發生的爭議提交仲裁的條款。

（2）仲裁協議書。其當事人之間訂立的，一致表示願意將他們之間已經發生或可能發生的爭議提交仲裁解決的單獨的協議。

（3）其他文件中包含的仲裁協議。在民事經活動中，當事人除了訂立合同之外，還可能在相互之間以信函、電報、電傳、傳真、電子數據交換、電子郵件等形式達成的請求仲裁的協議。

根據《仲裁法》規定，仲裁協議應以書面形式作出，口頭方式達成的仲裁的意思表示無效。

2. 仲裁協議的內容

仲裁協議的內容必須包括以下三個方面，否則無效：

（1）請求仲裁的意思表示。

（2）仲裁事項。

（3）選定的仲裁委員會。

【法律連結】仲裁協議選定仲裁機構明確肯定的司法解釋

根據最高人民法院的司法解釋：①仲裁協議約定的仲裁機構名稱不準確，但能夠確定具體的仲裁機構的，應當認定選定了仲裁機構；②仲裁協議僅約定糾紛適用的仲裁規則的，視為未約定仲裁機構，但當事人達成補充協議或者按照約定的仲裁規則能夠確定仲裁機構的除外；③仲裁協議約定兩個以上仲裁機構的，當事人可以協議選擇其中的一個仲裁機構申請仲裁，當事人不能就仲裁機構選擇達成一致的，仲裁協議無效；④仲裁協議約定由某地的仲裁機構仲裁且該地僅有一個仲裁機構的，該仲裁機構視為約定的仲裁機構。該地有兩個以上仲裁機構的，當事人可以協議選擇其中的一個仲裁機構申請仲裁；當事人不能就仲裁機構選擇達成一致的，仲裁協議無效。

(二) 仲裁協議的法律效力

仲裁協議的法律效力，是指一項有效的仲裁協議對有關當事人和機構的作用或約束力。其表現在以下三個方面：

(1) 約束雙方當事人對糾紛解決方式的選擇權。發生糾紛后，當事人只能通過向仲裁協議中所確定的仲裁機構申請仲裁的方式解決該糾紛，而喪失了就該糾紛向法院提起訴訟的權利。

(2) 排除了法院的司法管轄權。

(3) 賦予仲裁機構案件管轄權並限定仲裁的範圍。

(三) 仲裁協議的無效

1. 仲裁協議無效情況

根據《仲裁法》的規定，仲裁協議在下列情形下無效：

(1) 以口頭方式訂立的仲裁協議無效。

(2) 約定的仲裁事項超出法律規定的仲裁範圍，仲裁協議無效。

(3) 無民事行為能力人或者限制民事行為能力人訂立的仲裁協議無效。

(4) 一方採取脅迫手段，迫使對方訂立仲裁協議的，仲裁協議無效。

(5) 仲裁協議對仲裁事項沒有約定或約定不明確，或者仲裁協議對仲裁委員會沒有約定或者約定不明確，當事人對此又達不成補充協議的，仲裁協議無效。

2. 對仲裁協議效力的確認機構

在我國對仲裁協議法律效力的確認機構是仲裁委員會和人民法院。當雙方當事人分別向仲裁委員會和人民法院請求確認仲裁協議的效力時，人民法院有權對此作出裁定。

當事人對仲裁協議的效力有異議，應當在仲裁庭首次開庭前提出。

【司法案例】仲裁協議的獨立性

江蘇省物資集團輕工紡織總公司（以下簡稱輕紡公司）與香港裕億集團有限責任公司和加拿大太子發展有限公司簽訂了進口舊電機合同，並約定合同糾紛在協商不成的情況下由中國國際經濟貿易仲裁委員會仲裁。在合同履行中，輕紡公司發現二被告所交的貨物不是舊電機，便以二被告侵權為由向江蘇省高級人民法院提起訴訟。二被告對法院管轄權提出異議，但被法院裁定駁回，理由是二被告有詐欺行為，並參照了上海高級人民法院的一個司法案例。二被告不服，向最高人民法院提起上訴。1998年

5月31日，最高人民法院裁定撤銷江蘇省高級人民法院的上述裁定，認為本案仲裁協議有效，人民法院無管轄權。

五、經濟仲裁程序

根據《仲裁法》的規定，仲裁程序主要包括仲裁的申請與受理、仲裁庭的組成、開庭與裁決。其他細節事項由仲裁委員會自行規定。

(一) 申請、審查和受理

《仲裁法》規定，仲裁不實行級別管轄和地域管轄，當事人可以向雙方約定的仲裁機構申請仲裁。

1. 當事人申請仲裁，必須滿足以下三個條件：
(1) 存在有效的仲裁協議。
(2) 有具體的仲裁請求和事實、理由。
(3) 屬於仲裁委員會的受理範圍。

符合條件的，當事人應當向仲裁委員會遞交仲裁協議、仲裁申請書及副本。其中仲裁申請書必須採用書面方式。仲裁申請書應當載明下列內容：
(1) 當事人的姓名或名稱及當事人的身分信息，機構組織為當事人的還應包括法定代表人或者主要負責人的姓名和職務。
(2) 仲裁請求和事實根據、理由。
(3) 證據、證人姓名和住所。
(4) 所申請的仲裁委員會的名稱。
(5) 申請仲裁的年、月、日。
(6) 申請人的簽章。

2. 對仲裁申請的審查

仲裁委員會對仲裁申請的審查主要從以下兩方面進行：
(1) 審查當事人申請仲裁是否符合條件。
(2) 審查申請書的內容是否完整、明確，申請手續是否齊備。

3. 審查後的處理

仲裁委員會收到仲裁申請書之日起5日內，經審查認為符合受理條件的，應當受理，並通知當事人；認為不符合受理條件的，應當書面通知當事人不予受理，並說明不予受理的理由。如果仲裁委員會在審查中發現仲裁申請書有欠缺，應當讓申請人予以完備；如果認為仲裁協議需要補充，也應當讓當事人補充協議。當事人彌補仲裁申請書的欠缺或者補充仲裁協議後，仲裁委員會自其遞交完備的仲裁申請書或者補充仲裁協議之日起5日內予以受理。

【知識拓展】在「互聯網+」時代，廣州仲裁委制定了《網路仲裁規則》。該規則的主要內容有：①在線立案，在線繳費；②在線送達，在線審理，在線接收當事人的材料，並按照當事人確認的電子郵箱、手機號碼、傳真等電子通訊方式向當事人送達相關仲裁文書，當事人也可以通過網路仲裁平臺提交答辯書、證據等相關材料，仲裁庭以書面審理為主，認為必要時可通過網上開庭方式比如視頻、電話會議等方式進行開庭審理；③確認電子證據的原件形式和效力認定，電子商務交易過程中形式的主要

證據均為電子數據，對於電子證據原件形式的確定及證明力的認定，則是認定案件事實的關鍵；④較短的答辯期限與審理期限；⑤程序轉換，雙方當事人一致同意或者仲裁庭認為案件複雜的，可以將案件轉為線下，按照《廣州仲裁委員會仲裁規則》審理。

(二) 仲裁庭的組成

1. 仲裁委員會受理案件后，組成仲裁庭裁決案件，仲裁庭行使仲裁權

仲裁庭可以由 3 名仲裁員或者 1 名仲裁員組成。由 3 名仲裁員組成的，設首席仲裁員。當事人約定由 3 名仲裁員組成仲裁庭的，應當各自選定或者各自委託仲裁委員會主任指定 1 名仲裁員，第 3 名仲裁員由當事人共同選定或者共同委託仲裁委員會主任指定。第 3 名仲裁員是首席仲裁員。當事人約定由一名仲裁員成立仲裁庭的，應當由當事人共同選定或者共同委託仲裁委員會主任指定仲裁員。當事人沒有在仲裁規則規定的期限內約定仲裁庭的組成方式或者選定仲裁員的，由仲裁委員會主任指定。仲裁庭組成后，仲裁委員會應當將仲裁庭的組成情況書面通知當事人。

2. 仲裁員的迴避與更換

《仲裁法》規定，仲裁員有下列情形之一的，必須迴避，當事人也有權提出迴避申請：

（1）是本案當事人或者當事人、代理人的近親屬。
（2）與本案有利害關係。
（3）與本案當事人、代理人有其他關係，可能影響公正仲裁的。
（4）私自會見當事人、代理人，或者接受當事人、代理人的請客送禮的。

仲裁員迴避的形式包括：
（1）仲裁員自行迴避。
（2）當事人提出申請迴避。

仲裁員因其他原因的更換主要是指仲裁員因有迴避以外的其他原因而不能履行職責而被更換的情形，主要包括仲裁員死亡、生病、被除名以及拒絕履行職責等。

(三) 開庭與裁決

【案例討論】在審理某物流商品採購合同糾紛時，仲裁庭首席仲裁員認為合同存在重大誤解，依據《合同法》規定應當撤銷；仲裁庭的其他兩名仲裁員意見相反，認為本合同不存在重大誤解，當事人應當繼續履行合同。

根據《仲裁法》的規定，本案應當如何作出裁決？

1. 開庭

仲裁庭審理案件可採取兩種方式：開庭審理與書面審理。仲裁應當採用開庭審理的方式，即仲裁庭在當事人和其他仲裁參與人的參加下，對案件進行仲裁的審理形式。但如果當事人協議不開庭的，仲裁庭採用書面審理方式，即根據仲裁申請書、答辯書以及其他材料作出裁決。

仲裁一般不公開進行。當事人協議公開，可以公開進行，但涉及國家秘密的除外。

開庭之前，仲裁委員會應當在仲裁規則規定的期限內將開庭日期通知雙方當事人。當事人有正當理由的，可以在仲裁規則規定的期限內請求延期開庭。是否延期由仲裁

庭決定。

申請人經書面通知，無正當理由不到庭或者未經仲裁庭許可中途退庭的，可以視為撤回仲裁申請。被申請人經書面通知，無正當理由不到庭或者未經仲裁庭許可中途退庭的，可以缺席判決。

當事人應當對自己的主張提供證據。仲裁庭認為有必要收集的證據，可以自行收集。仲裁庭對專門性問題認為需要鑒定的，可以交由當事人約定的鑒定部門鑒定。根據當事人的請求或者仲裁庭的要求，鑒定部門應當派鑒定人參加開庭。當事人經仲裁庭許可，可以向鑒定人提問。證據應當在開庭時出示，當事人可以質證。在證據可能滅失或者以後難以取得的情況下，當事人可以申請證據保全。當事人申請證據保全的，仲裁委員會應當將當事人的申請提交證據所在地的基層人民法院。

當事人在仲裁過程中有權進行辯論。辯論終結時，首席仲裁員或者獨任仲裁員應當徵詢當事人的最后意見。仲裁庭應當將開庭情況記入筆錄。當事人和其他仲裁參與人認為對自己陳述的記錄有遺漏或者差錯的，有權申請補正。如果不予補正，應當記錄該申請。筆錄由仲裁員、記錄人員、當事人和其他仲裁參與人簽名或者蓋章。

2. 和解、調解和裁決

在仲裁委員會受理案件後，仲裁庭作出仲裁裁決前，當事人可以自行和解。達成和解協議的，可以請求仲裁庭根據和解協議作出裁決書，也可以撤回仲裁申請。當事人達成和解協議，撤回仲裁申請後反悔的，可以根據仲裁協議申請仲裁。

仲裁庭在作出裁決前，可以先行調解。當事人自願調解的，仲裁庭應當調解。調解不成的，應當及時作出裁決。調解達成協議的，仲裁庭應當製作調解書或者根據協議的結果製作裁決書。調解書與裁決書具有同等法律效力。調解書應當寫明仲裁請求和當事人協議的結果。調解書由仲裁員簽名，加蓋仲裁委員會印章，送達雙方當事人。調解書經雙方當事人簽收後，即發生法律效力。在調解書簽收前當事人反悔的，仲裁庭應當及時作出裁決。

裁決應當按照多數仲裁員的意見作出，少數仲裁員的不同意見可以記入筆錄。仲裁庭不能形成多數意見時，裁決應當按照首席仲裁員的意見作出。

裁決書應當寫明仲裁請求、爭議事實、裁決理由、裁決結果、仲裁費用的負擔和裁決日期。當事人協議不願寫明爭議事實和裁決理由的，可以不寫。裁決書由仲裁員簽名，加蓋仲裁委員會印章。對裁決持不同意見的仲裁員，可以簽名，也可以不簽名。仲裁庭仲裁糾紛時，其中一部分事實已經清楚，可以就該部分先行裁決。裁決書自作出之日起發生法律效力。

(四) 申請撤銷仲裁裁決及法院處理

【案例討論】甲公司與乙公司因物流加工合同而產生爭議，經某仲裁委員會組成仲裁庭進行仲裁，最終作出仲裁裁決。但甲公司未執行該裁決，乙公司便申請人民法院執行，但甲公司認為對方當事人隱瞞了足以影響公正裁決的證據的，不應執行該裁決。

若有足夠的證據，甲公司應當怎麼處理此事？

(1) 當事人提出證據證明裁決有下列情形之一的，可以在自收到裁決書之日起6個月內向仲裁委員會所在地的中級人民法院申請撤銷仲裁裁決：

①沒有仲裁協議的。
②裁決的事項不屬於仲裁協議的範圍或者仲裁委員會無權仲裁的。
③仲裁庭的組成或者仲裁的程序違反法定程序的。
④裁決所依據的證據是偽造的。
⑤對方當事人隱瞞了足以影響公正裁決的證據的。
⑥仲裁員在仲裁該案時有索賄受賄、徇私舞弊、枉法裁決行為的。
另外，人民法院認定該裁決違背社會公共利益的，應當裁定撤銷。

（2）人民法院在受理撤銷裁決的申請後，必須組成合議庭對申請及裁決進行審查。經審查，人民法院可以根據不同的情況作出不同的處理：

①撤銷仲裁裁決。若仲裁裁決存在超出仲裁申請的情形，人民法院應撤銷超裁部分。但超裁部分與其他裁決事項不可分的，人民法院應撤銷仲裁裁決。
②駁回撤銷仲裁裁決的申請。
③通知仲裁庭重新仲裁。具有前述④、⑤項情形的，可通知重新仲裁，並在通知中寫明具體的理由。

（五）裁決的執行

裁決依法生效后，當事人應當自覺履行。一方當事人不履行的，另一方當事人可以依照民事訴訟的有關規定，向人民法院申請執行。受申請的人民法院應當執行。在執行中，雙方當事人可以自行和解，達成和解協議，被執行人不履行和解協議的，人民法院可以根據申請執行人的申請，恢復執行程序。

對於國內仲裁裁決不予執行的理由包括以下幾點：

（1）當事人在合同中沒有訂立仲裁條款或者事后沒有達成書面仲裁協議的。
（2）裁決的事項不屬於仲裁協議的範圍或者仲裁機構無權仲裁的。
（3）仲裁庭的組成或者仲裁的程序違反法定程序的。
（4）認定事實的主要證據不足的。
（5）適用法律確有錯誤的。
（6）仲裁員在仲裁該案時有貪污受賄、徇私舞弊、枉法裁決行為的。

人民法院對仲裁裁決，經組成合議庭予以審查，確認符合以上情形之一的，應作出不予執行的裁定；人民法院認定執行仲裁裁決違背社會公共利益的，也應裁定不予執行。

仲裁裁決被人民法院裁定不予執行的，當事人可以根據雙方達成的書面協議，重新申請仲裁，也可以向人民法院起訴。

一方當事人申請執行裁決，另一方當事人申請撤銷裁決的，人民法院應當裁定中止執行。人民法院裁定撤銷裁決的，應當裁定終結執行。撤銷裁決的申請被裁定駁回的，人民法院應當裁定恢復執行。

第二節　民事訴訟法

一、民事訴訟與民事訴訟法

(一) 民事訴訟概念

民事訴訟，是指在雙方當事人和其他訴訟參與人的參加下，由法院按照民事訴訟法的規定審理裁決當事人之間民事糾紛的法律行為。其中，民事糾紛是指平等主體的公民之間、法人之間、公民和法人之間基於財產關係和人身關係而發生的爭議。物流交易糾紛屬於民事糾紛的範疇，當事人依法可以通過民事訴訟方式予以解決。

(二) 民事訴訟法

民事訴訟法，是指國家制定的規範法院與民事訴訟參與人訴訟活動、調整法院與訴訟參與人法律關係的法律規範的總和。

我國 1991 年頒布實施了《中華人民共和國民事訴訟法》（以下簡稱《民事訴訟法》）。2007 年，《民事訴訟法》經歷了第一次修改。2012 年，全國人民代表大會常務委員會對《民事訴訟法》進行了修改。為了配合《民事訴訟法》施行，最高人民法院作出了相關的司法解釋，主要有 2015 年《關於適用〈中華人民共和國民事訴訟法〉的解釋》（以下簡稱《民訴解釋》）。

(三) 民事訴訟法的基本制度

《民事訴訟法》的基本制度包括：

1. 合議制度

合議制度是相對於獨任制度而言的，是指由三名以上的法官或法官與陪審員組成合議庭，對案件進行審理並作出裁判的法律制度。人民法院審理案件，除基層人民法院審理簡單民事案件可以適用獨任制外，都應當適用合議制。在司法實踐中，基層人民法院受理的民事案件大多數屬於簡單民事案件，簡易程序審理為最常見的審理方式。

2. 迴避制度

審判人員、書記員、翻譯人員、鑒定人和勘驗人與案件有利害關係或者其他關係，可能影響案件公正審理的，應當退出對案件的審理，以保證人民法院裁判結果的公正性。

3. 公開審判制度[①]

公開審判制度，是指依照法律規定，對民事案件的審理和宣判向群眾、社會公開的制度。人民法院審理民事案件，除涉及國家秘密、個人隱私或者法律另有規定的以外，應當公開進行。對離婚案件、涉及商業秘密案件，當事人申請不公開審理的，法院可以不公開審理。

4. 兩審終審制度

兩審終審，是指一個民事案件經過兩級人民法院審判後即告終結的制度。除一審終審案件外，當事人不服一審人民法院的判決或裁決的，允許當事人上訴至二審人民

---

① 公開審判制度屬於司法公開之一部分，司法公開另外還包括了開庭信息公開、裁判文書公開、執行信息公開等。

法院。二審人民法院對案件所作的判決裁定為生效裁判，當事人不得就此再行上訴。

二、民事訴訟的管轄

民事訴訟案件的管轄，是指各級人民法院之間和同級人民法院之間受理第一審民事案件的分工和權限。根據《民事訴訟法》的規定，民事訴訟的管轄主要分為級別管轄、地域管轄和協議管轄。

【案例討論】成都長運物流（集團）有限責任公司（以下簡稱長運公司）與長春市經典汽車銷售有限責任公司（以下簡稱經典公司）簽訂了一份總標的金額為800萬元的汽車採購合同。合同中約定了爭議解決條款，即「本合同糾紛發生后，當事人可以向合同簽訂地成都市法院訴訟」。在合同生效后，經典公司履行了自己的合同義務，但長遠公司一直拖欠貨款200萬元。在多次交涉未果的情況下，經典公司決定向人民法院提起訴訟。出於訴訟成本考慮，經典公司想由長春市法院來審理本案。

經典公司向長春市的法院提起訴訟，法院會如何處理本案？

1. 管轄恒定與級別管轄

管轄恒定，具體來說，是指具有管轄權的人民法院受理案件后，其對案件的管轄權不因當事人的住所地、經常居住地變更，行政區劃的改變或訴訟標的額的擴大、縮小而改變。當然，當事人故意規避級別管轄規定的除外。

級別管轄，是指按照一定的標準，劃分上下級人民法院之間受理第一審民事案件的分工和權限。確定級別管轄，主要以案件的性質、案件的繁簡程度、案件的影響範圍為標準。[①]

基層人民法院管轄除《民事訴訟法》規定由上級人民法院管轄以外的所有第一審民事案件。中級人民法院管轄以下三類第一審民事案件：

（1）重大涉外案件。

（2）在本轄區有重大影響的案件。

（3）最高人民法院確定由中級人民法院管轄的案件。高級人民法院管轄在本轄區有重大影響的第一審民事案件。最高人民法院管轄在全國有重大影響和認為應當由其審理的第一審民事案件。

2. 地域管轄

地域管轄是指同級人民法院之間受理第一審民事案件的分工和權限。地域管轄又可分為：

（1）一般地域管轄。一般地域管轄是指以當事人所在地為根據確定管轄法院。一般適用「原告就被告」的原則，即由被告住所地人民法院管轄，被告是公民的，其住所地為戶籍所在地，住所地與經常居住地不一致的，由經常居住地人民法院管轄。被告是法人或者其他組織的，其住所地為主要辦事機構所在地。

（2）特殊地域管轄。特殊地域管轄是指依據訴訟標的所在地、法律事實所在地、

---

① 最高人民法院於2015年發布了《關於調整高級人民法院和中級人民法院管轄第一審民商事案件標準的通知》（法發〔2015〕7號）。

被告住所地與法院轄區之間的關係所確定的管轄。特殊地域管轄的確定有兩個規律：首先，被告住所地人民法院有管轄權，但海難救助、共同海損引起的案件例外；其次，密切聯繫地的人民法院對案件有管轄權。

3. 專屬管轄

專屬管轄是指法律規定特定類型的案件只能由特定的法院管轄，其他法院無權管轄，當事人也不得通過協議改變的管轄制度。如：因不動產糾紛提起的訴訟，由不動產所在地人民法院管轄；因港口作業中發生糾紛提起的訴訟，由港口所在地人民法院管轄；因繼承遺產糾紛提起的訴訟，由繼承人死亡時住所地或者主要遺產所在地人民法院管轄。

4. 協議管轄

協議管轄，又稱合意管轄或約定管轄，是指雙方當事人在民事糾紛發生之前或之後，以書面方式約定訴訟管轄的人民法院。《民事訴訟法》第三十四條規定：「合同或者其他財產權益糾紛的當事人可以書面協議選擇被告住所地、合同履行地、合同簽訂地、原告住所地、標的物所在地等與爭議有實際聯繫的地點的人民法院管轄，但不得違反本法對級別管轄和專屬管轄的規定。」

三、民事訴訟參與人

【案例討論】張某對李某享有 5 萬元債權，已到清償期，但李某無力償還。此時，李某對王某享有 7 萬元的到期債權，且李某怠於行使。現張某向王某提起代位權訴訟，法院依法追加李某作為本案第三人。一審法院判決張某勝訴，王某應向張某支付 5 萬元。宣判後，李某、王某均提出上訴，李某請求法院判令王某支付其剩餘的 2 萬元，王某請求法院判令張某對李某不享有債權。

請問，李某、王某是否均享有上訴的權利呢？

民事訴訟參與人是指依法參加民事訴訟活動，享有訴訟權利、承擔訴訟義務的人。根據《民事訴訟法》規定，民事訴訟參與人包括當事人和訴訟代理人。

(一) 當事人

民事訴訟中的當事人，是指因民事權利義務發生爭議，以自己的名義進行訴訟，並受人民法院裁判約束的人。其具體包括：

1. 原告

原告是因民事權益發生爭議或受到侵害，向人民法院起訴要求保護其合法權益的公民、法人或其他組織。

2. 被告

被告是指與原告發生民事權益爭議或被指控侵害他人民事權益，並被人民法院通知應訴的公民、法人或其他組織。

3. 共同訴訟人

共同訴訟人是指當事人一方或雙方為兩人以上，兩人以上的一方共同起訴或共同應訴的人。兩人以上共同起訴的，稱為共同原告；兩人以上共同應訴的，稱為共同被告。

當事人一方或雙方為兩人以上，其訴訟標的是共同的，法院必須合併審理並在裁判中對訴訟標的合一確定的訴訟，是必要的共同訴訟。其中一人的訴訟行為，經其他共同訴訟人承認，對全體共同訴訟人發生法律效力。當事人一方或雙方為二人以上，其訴訟標的是同一種類，人民法院認為可以合併審理，並經當事人同意合併審理的訴訟，是普通共同訴訟。其中一人的訴訟行為，對其他共同訴訟人不發生法律效力。

　　如果共同訴訟的一方當事人人數眾多，可以由當事人推選代表人進行訴訟，代表人的訴訟行為對其所代表的當事人發生法律效力，但代表人變更、放棄訴訟請求和承認對方當事人的訴訟請求，進行和解，必須經被代表的當事人同意。

　　4. 第三人

　　第三人是指對他人之間的訴訟標的有獨立的請求權，或者雖沒有獨立的請求權，但與訴訟結果有法律上的利害關係，因而參加到他人已經開始的民事訴訟中來，以維護自身合法權益的人。其中，有獨立請求權的第三人與本訴的原被告雙方對立，處於原告的地位，享有原告的訴訟權利，承擔原告的訴訟義務；無獨立請求權的第三人則依附或支持某一方當事人而參加訴訟，在訴訟中享有一定的訴訟權利，人民法院判決其承擔民事責任的，享有提起上訴的權利，以及在二審程序中承認和變更訴訟請求、進行和解、請求執行等權利。

　　(二) 訴訟代理人

　　訴訟代理人是指為了被代理人的利益，在法定的或者委託的權限範圍內，以被代理人的名義進行訴訟的人。訴訟代理人可分為法定代理人和委託代理人。

　　1. 法定代理人

　　法定代理人是指根據法律規定代理無訴訟行為能力的當事人實施訴訟行為的人。法定訴訟代理人的範圍與監護人的範圍是一致的，他在訴訟中類似與當事人的地位。如未成年人以其父母為其法定訴訟代理人；精神病人以其父母、配偶、成年子女為其法定訴訟代理人等。法定訴訟代理人之間互相推諉代理責任的，由人民法院指定其中一人代為訴訟。

　　2. 委託代理人

　　委託代理人是指受訴訟當事人或法定代理人的委託，以當事人的名義並在受權範圍內代為訴訟行為的人。當事人或其法定代理人，可以委託 1 至 2 人代為訴訟，受託人的範圍包括：律師、基層法律服務工作者、當事人的近親屬或者工作人員、當事人所在社區、單位以及有關社會團體推薦的公民。在實踐生活中，由於律師精通法律和善於訴訟業務，通過委託律師作為自己的訴訟代理人更能有效維護自己的合法權益。

　　四、民事訴訟程序

　　民事案件審理過程中所適用的程序主要包括：第一審程序、第二審程序、審判監督程序和執行程序等。

　　(一) 第一審程序

　　第一審程序包括普通程序和簡易程序。適用普通程序審理的案件，由 3 名以上單數的審判員、陪審員共同組成合議庭或者審判員組成合議庭。適用簡易程序審理的案件，由審判員一人獨任審理。第一審普通程序是最完整的審判程序，是民事訴訟審判的基礎程序，適用具有獨立性、廣泛性和排他性。其通常包括以下幾個階段：

1. 起訴和受理

起訴是指當事人就民事糾紛向人民法院提起訴訟，請求人民法院按照法定程序進行審判的行為。依照《民事訴訟法》的規定，起訴的條件如下：

（1）原告是與本案有直接利害關係的公民、法人或其他組織。

（2）有明確的被告。

（3）有具體的訴訟請求、事實和理由。

（4）屬於人民法院受理民事訴訟的範圍和受訴人民法院管轄。

起訴的方式，以書面起訴為原則，以口頭起訴為例外。起訴時，原告應按被告人數提交起訴狀副本。人民法院接到當事人提交的民事起訴狀時，對符合規定的，應當登記立案；需要補充必要相關材料的，人民法院應當及時告知當事人，並在相關材料補齊后，7日內決定是否立案。立案后發現不符合起訴條件或者屬於民事訴訟法第一百二十四條規定情形的，裁定駁回起訴。對駁回起訴裁定不服的當事人，可以提起上訴。

2. 審理前的準備

人民法院應當在立案之日起5日內將起訴狀副本發送被告，被告在收到之日起15日內提出答辯狀。被告提出答辯狀的，人民法院應當在收到之日起5日內將答辯狀副本發送原告。被告不提出答辯狀的，不影響人民法院審理。人民法院對決定受理的案件，應當在受理案件通知書和應訴通知書中向當事人告知有關的訴訟權利義務。合議庭組成人員確定后，應當在3日內告知當事人。審判人員應認真審核訴訟材料，組織證據交換、召集庭前會議等。

3. 開庭審理

開庭審理是指在人民法院審判人員的主持下，在當事人和其他訴訟參與人的參加下，在法庭上，依照法定的程式和順序，對案件進行實體審理並作出裁判的訴訟活動。人民法院審理民事案件，應當在開庭前3日通知當事人和其他訴訟參與人。開庭審理的主要步驟如下：

（1）宣布開庭

開庭審理前，書記員應當查明當事人和其他訴訟參與人是否到庭，宣布法庭紀律。原告經傳票傳喚，無正當理由拒不到庭的，或者未經法庭許可中途退庭的，可以按撤訴處理；被告反訴的，可以缺席判決。被告經傳票傳喚，無正當理由拒不到庭的，或者未經法庭許可中途退庭的，可以缺席判決。開庭審理時，由審判長核對當事人，宣布案由、審判人員和書記員名單，告知當事人有關的訴訟權利與義務，詢問當事人是否申請審判人員和書記員迴避。

（2）法庭調查

根據《民事訴訟法》的規定，法庭調查按照下列順序進行：①當事人陳述；②證人作證，宣讀未到庭的證人證言；③出示書證、物證、視聽資料和電子數據；④宣讀鑒定意見和勘驗筆錄。

（3）法庭辯論

法庭辯論是由當事人及其訴訟代理人就案件事實和法律適用各自陳述自己的意見和理由。法庭辯論按照下列順序進行：①原告及其訴訟代理人發言；②被告及其訴訟代理人答辯；③第三人及其訴訟代理人發言或答辯；④互相辯論。

法庭辯論終結，由審判長按照原告、被告、第三人的先后順序徵詢各方最后意見。

雙方同意調解的，可以進行調解，調解達成協議的，人民法院應當製作調解書，經雙方當事人簽字后生效。

（4）評議和宣判

法庭辯論終結後，對不進行調解或調解不成的，由合議庭評議，確定案件事實和認定法律適用，依法作出裁判。宣告判決時，必須告訴當事人上訴權利、上訴期限和上訴的法院。

（二）第二審程序

第二審程序，是指民事訴訟當事人不服地方各級人民法院的第一審裁判，在法定期限內通過第一審法院向上一級人民法院提起上訴，是第二審級的人民法院審理上訴案件所適用的程序。當事人不服第一審判決的，上訴期限為15日；不服第一審裁定的，上訴期限為10日。

上訴應當遞交上訴狀。上訴狀應當包括：當事人的姓名、法人的名稱及其法定代表人的姓名或者其他組織的名稱及其主要負責人的姓名；原審人民法院名稱、案件的編號和案由；上訴的請求和理由，並按照對方當事人或者代表人的人數提出副本。

對上訴案件，第二審人民法院應當組成合議庭，開庭審理。經過審理，按照下列情形，分別作出處理：

（1）原判決認定事實清楚，適用法律正確的，判決駁回上訴，維持原判。

（2）原判決適用法律錯誤的，依法改判。

（3）原判決認定事實錯誤，或者原判決認定事實不清、證據不足的，裁定撤銷原判決，發回原審人民法院重審，或者查清事實後改判。

（4）原判決違反法定程序，可能影響案件正確判決的，裁定撤銷原判決，發回原審人民法院重審。

當事人對重審案件的判決、裁定，可以上訴。第二審人民法院的判決、裁定，是終審的判決、裁定。

（三）審判監督程序

審判監督程序即再審程序，是指對已經發生法律效力的判決、裁定、調解書，人民法院認為確有錯誤，當事人基於法定的事實和理由認為有錯誤，人民檢察院發現存在應當再審的法定事實和理由，而由人民法院對案件再行審理的程序。再審程序不是每個案件必經的程序，而是在第一審程序和第二審程序之外的特殊程序，對保護當事人的合法權益具有重要意義。提起審判監督程序的情形如下：

1. 基於審判監督權的再審

根據民事訴訟法的規定，本院院長及審判委員會、最高人民法院、上級人民法院可以基於審判監督權提起再審。再審既可以由原審人民法院進行，也可以由最高人民法院、上級人民法院提審或指令下級再審。

【案例討論】某基層法院院長李某發現本院審結的一起物流倉儲合同糾紛案件可能存在實體錯誤，當事人未及時上訴判決已經生效，即將進行執行，但執行判決可能會造成無法挽回的損失。

根據法律的規定，李某應如何維護當事人的權利？

2. 基於檢察監督權的抗訴和再審

最高人民檢察院對各級人民法院已經發生法律效力的裁判，上級人民檢察院對下級人民法院已經發生法律效力的裁判，發現有下列情形之一的，應當按照審判監督程序提出抗訴：

(1) 有新的證據，足以推翻原判決、裁定的。
(2) 原判決、裁定認定的基本事實缺乏證據證明的。
(3) 原判決、裁定認定事實的主要證據是偽造的。
(4) 原判決、裁定認定事實的主要證據未經質證的。
(5) 對審理案件需要的主要證據，當事人因客觀原因不能自行收集，書面申請人民法院調查收集，人民法院未調查收集的。
(6) 原判決、裁定適用法律確有錯誤的。
(7) 審判組織的組成不合法或者依法應當迴避的審判人員沒有迴避的。
(8) 無訴訟行為能力人未經法定代理人代為訴訟或者應當參加訴訟的當事人，因不能歸責於本人或者其訴訟代理人的事由，未參加訴訟的。
(9) 違反法律規定，剝奪當事人辯論權利的。
(10) 未經傳票傳喚，缺席判決的。
(11) 原判決、裁定遺漏或者超出訴訟請求的。
(12) 據以作出原判決、裁定的法律文書被撤銷或者變更的。
(13) 審判人員審理該案件時有貪污受賄、徇私舞弊、枉法裁判行為的。

地方各級人民檢察院對同級人民法院已經發生法律效力的判決、裁定，發現上述情形之一的，可以向同級人民法院提出檢察建議，並報上級人民檢察院備案；也可以提請上級人民檢察院向同級人民法院提出抗訴。人民檢察院提出抗訴的案件，接受抗訴的人民法院應當自收到抗訴書之日起30日內作出再審的裁定。

3. 基於當事人訴權的申請再審

申請再審是指當事人對已經發生法律效力的判決、裁定認為確有錯誤，請求原審人民法院或者上一級人民法院對案件再次審理並加以改判的訴訟行為。但它不停止判決、裁定的執行。當事人申請再審，應當在判決、裁定發生法律效力后6個月內提出，或自知道或者應當知道相關事由之日起6個月內提出。當事人的申請符合前述十三種情形之一的，人民法院應當再審。

當事人對已生效的調解書，提出證據證明調解違反自願原則或者調解協議的內容違反法律的，可以申請再審。

人民法院審理再審案件，一律實行合議制；若由原審人民法院再審的，應當另行組成合議庭。

依照原審程序進行審理再審的案件，原來是第一審審結的，再審時適用第一審審理，最高人民法院和上級人民法院提審的除外。再審後所作的判決、裁定，當事人不服可以上訴。再審的案件原來是第二審審結的，再審時適用第二審程序審理；上級人民法院按照審判監督程序提審的案件，按照第二審程序審理。再審后的判決、裁定為終審裁判，當事人不得上訴。

(四) 執行程序

執行是人民法院的民事執行組織依法運用國家強制力將已經生效且具有給付內容

的法律文書付諸實現的活動。

　　生效的民事判決、裁定、調解書，由第一審人民法院執行。仲裁裁決書、調解書和公證債權文書由被執行人住所地或者被執行財產所在地的人民法院執行。申請執行的法定期間為二年。申請執行時效的中止、中斷，適用法律有關訴訟時效中止、中斷的規定。

　　在執行程序中，法院強制執行措施主要有查詢、凍結、劃撥被執行人的存款；扣留、提取被執行人應當履行義務部分的收入；查封、扣押、凍結、拍賣、變賣被執行人應當履行義務部分的財產；限制未履行義務當事人的高消費行為。

　　附一和附二分別是仲裁申請書文本格式和法人單位的民事起訴狀文本格式。

附一：仲裁申請書文本格式

仲裁申請書

申請人：姓名、性別、出生年月、民族、文化程度、住址。
（申請人若為單位，應寫明單位名稱、單位地址、單位電話、法定代表人姓名及職務）
委託代理人：姓名、單位
被申請人：姓名、性別、出生年月、民族、文化程度、住址。
（被申請人若為單位，應寫明單位名稱、法定代表人姓名及職務、單位地址）
請求事項：（寫明申請仲裁所要達到的目的）
1.
2.
3.
事實和理由：（寫明申請仲裁或提出主張的事實依據和法律依據，包括證據情況和證人姓名及聯繫地址。特別要注意寫明申請仲裁所依據的仲裁協議。）_____
_____。此致
　　XXX 仲裁委員會
　　附：1. 申請書副本 X 份（按被申請人人數確定份數）；
　　　　2. 證據 X 份；
　　　　3. 其他材料 X 份。

申請人：（簽名或蓋章）
X 年 X 月 X 日

附二：法人單位的民事起訴狀文本格式
民事起訴狀
原告名稱：_____地址：_____
法定代表人：（姓名）_____職務：_____
委託代理人：（姓名）_____工作單位：_____
被告名稱：_____地址：_____
法定代表人：（姓名）_____職務：_____
案由：
請求事項：（寫明訴訟所要達到的目的）
1.
2.
3.
事實和理由：（寫明申請訴訟或提出主張的事實依據和法律依據，包括證據情況和證人姓名及聯繫地址。）_____
_____。

　　此致
　　XXX 人民法院
　　附：1. 訴狀副本 X 份（按被告人人數確定份數）；
　　　　2. 證據 X 份；
　　　　3. 其他材料 X 份。

具狀人：（簽名或蓋章）
X 年 X 月 X 日

實訓作業

一、實訓項目

2015 年 2 月 15 日，貴州省糧油批發總公司與黑龍江大興糧站簽訂了 2 萬噸的東北某地生產小麥的買賣合同。合同約定黑龍江大興糧站的交貨期是 6 月，交貨地點茅臺鎮，任何一方違約應向對方支付違約金 200 萬元。同時，合同還約定爭議解決條款，即「當爭議不能協商解決時，當事人有權向買方所在地法院提起訴訟」。在合同訂立後，貴州糧油批發總公司向黑龍江大興糧站支付預付款 400 萬元。但合同履行期內，黑龍江大興糧站發函表示，「因氣候異常，無法履行交貨義務。」據查，黑龍江大興糧站的違約行為造成了貴州省糧油批發總公司各項經濟損失 360 萬元。貴州省糧油批發總公司註冊登記地位於遵義市。

通過上述買賣合同糾紛案情描述，請你以貴州省糧油批發總公司名義擬定一份民事起訴書。

二、案例分析

（一）在一份倉儲合同糾紛中，王某請求確認其與劉某簽訂的合同有效。甲仲裁員認為該合同系無效合同，乙仲裁員認為該合同系效力待定合同，首席仲裁員丙認為該合同系有效合同。

根據《仲裁法》規定，本案應當如何裁決？

（二）甲公司和乙公司訂有一份運輸合同，合同中約定「如發生爭議，雙方同意向北京地區的仲裁委員會申請解決。本合同有效期 1 年，有效期過後合同自動終止。」1 年後，乙尚有 5,000 元運輸費用未支付，甲遂依據合同中的仲裁條款申請仲裁。乙方向仲裁委員會提出異議，認為該仲裁條款隨著合同的終止而失效，且對仲裁機構約定不明。

根據《仲裁法》規定，仲裁條款的效力應當如何認定？

國家圖書館出版品預行編目(CIP)資料

物流法規實務學 / 姚會平 主編. -- 第一版.
-- 臺北市：崧燁文化，2018.08

面 ； 公分

ISBN 978-957-681-437-2(平裝)

1.企業法規 2.物流管理 3.中國

494.023　　　107012347

書　名：物流法規實務
作　者：姚會平 主編
發行人：黃振庭
出版者：崧燁文化事業有限公司
發行者：崧燁文化事業有限公司
E-mail：sonbookservice@gmail.com
粉絲頁　　　　　　網　址：
地　址：台北市中正區重慶南路一段六十一號八樓815室
8F.-815, No.61, Sec. 1, Chongqing S. Rd., Zhongzheng Dist., Taipei City 100, Taiwan (R.O.C.)
電　話：(02)2370-3310　傳　真：(02) 2370-3210
總經銷：紅螞蟻圖書有限公司
地　址：台北市內湖區舊宗路二段 121 巷 19 號
電　話：02-2795-3656　傳真：02-2795-4100　網址：
印　刷：京峯彩色印刷有限公司（京峰數位）

　　本書版權為西南財經大學出版社所有授權崧博出版事業股份有限公司獨家發行電子書繁體字版。若有其他相關權利需授權請與西南財經大學出版社聯繫，經本公司授權後方得行使相關權利。

定價：500 元
發行日期：2018 年 8 月第一版

◎ 本書以POD印製發行